当代科普概论

杨文志　编著

中国科学技术出版社

·北　京·

图书在版编目（CIP）数据

当代科普概论/杨文志编著 . —北京：中国科学技术出版社，2020. 6
（科普人才建设工程丛书）
ISBN 978 - 7 - 5046 - 8650 - 3

Ⅰ. ①当…　Ⅱ. ①杨…　Ⅲ. ①科普工作—概论—中国　Ⅳ. ①N4

中国版本图书馆 CIP 数据核字（2020）第 079571 号

策划编辑	王晓义
责任编辑	王晓义
封面设计	孙雪骊
责任校对	张晓莉
责任印制	徐　飞

出　　版	中国科学技术出版社
发　　行	中国科学技术出版社有限公司发行部
地　　址	北京市海淀区中关村南大街 16 号
邮　　编	100081
发行电话	010 - 62173865
传　　真	010 - 62179148
网　　址	http://www.cspbooks.com.cn

开　　本	720mm × 1000mm　1/16
字　　数	450 千字
印　　张	24. 5
版　　次	2020 年 6 月第 1 版
印　　次	2020 年 6 月第 1 次印刷
印　　刷	北京中科印刷有限公司
书　　号	ISBN 978 - 7 - 5046 - 8650 - 3/N·270
定　　价	98. 00 元

内 容 简 介

为适应建设世界科技强国、建设社会主义现代化强国、推进国家治理体系和治理能力现代化等对科普与全民科学素质的需求，笔者在认真总结科普理论创新与知识积累的成果，以及科普工作实践经验和成果的基础上，对新时代科普发展的新场景、新趋势进行深入的理论思考和探索，在2002年编写出版的《科学技术普及概论》基础上，重新编写《当代科普概论》，与原书相比修改比例超过90%。本书包括当代科普概要、当代科普发展历程、当代科普使命责任、当代科普创作创意、青少年科技教育创新、全民科普服务创新、全媒体科技传播、当代科普的评价、新时代科普新图景9章，阐释了新时代科普发展的逻辑起点，以及从工具理性科普走向价值理性科普、从区域科普走向全域科普、从科普管理走向科普治理等新观点。希望本书能对从事科普理论研究、科普教学、科普员培训、科普管理、科普实践工作者，以及热心科普事业的各方面人士有所帮助。

前　言

当今世界，正处在百年未有之大发展、大变革、大调整的大变局时代，新一轮科技革命和产业变革正在重构全球创新版图，重塑全球经济结构，为全球化带来不确定性。当今世界之变无不源于科技，科技从来没有像今天这样深刻影响着国家的前途命运，从来没有像今天这样深刻影响着人们的生活福祉。科技是国之利器，一个国家的强大根本上取决于科技的强大，国家之间的竞争归根结底是科技实力的竞争。近代以来，世界各国现代化之路无不遵循着从科技强到经济强、国家强的基本路径。每次科技革命都改写了世界经济版图和政治格局。世界经济中心的几次转移都彰显了一个不争的事实，就是领先科技出现在哪里，尖端人才流向哪里，发展的制高点和经济的竞争力就转向哪里。中国要强盛、要复兴，就一定要大力发展科技，努力成为世界主要科技中心和创新高地，努力建成世界科技强国。

科学文化素质是建设世界科技强国的基石。科技强盛、民族复兴，不仅靠科技创新照亮，也要靠科学文化素质铺就。科学文化素质是国家创新能力和核心竞争力的重要部分，是一个国家和民族创新思维和创新行为的决定因素，是建设世界科技强国的群众基础和社会基础。世界科技强国不仅体现在科技创新成就上，而且体现在国民科学文化素质上，谁走在科技创新的前沿，拥有高科学文化素质的国民，谁就将在当今和未来世界博弈中抢足风头、掌握主动。科普是提高公民科学文化素质的最根本途径，科技创新、科普是实现创新发展、建设世界科技强国的两翼，必须把科普放在与科技创新同等重要的位置。新时代中国特色社会主义航向已经明确，中华民族伟大复兴的巨轮正在破浪前行，建设世界科技强国的风帆已经扬起，形势逼人，挑战逼人，使命逼人，这要求我们必须全面普及科学知识、弘扬科学精神、传播科学思想、倡导科学方法，激发青少年科学梦想，为提升全民科学素质，厚植创新文化土壤，建设科普强国砥砺奋进，戮力前行！

中华人民共和国成立70多年来，我国已经消灭绝对贫困，即将实现全面小康，面向公众的科普工作取得辉煌成就。特别是20世纪90年代以来，我国紧紧抓住公民科学素质建设全球浪潮的机遇，主动融入世界公民科学素质大潮，不失时机地推进全民科学素质行动。1999年，在中华人民共和国建立

50 周年之际，中国科协向中共中央、国务院提出《关于实施全民科学素质行动计划的建议》，提出到 2049 年使 18 岁以上全体公民达到一定的科学素质标准，使全体公民了解必要的科学知识，并学会用科学态度和科学方法判断及处理各种事务。中国科协的建议得到中共中央和国务院的充分肯定，2002 年 6 月 29 日第九届全国人民代表大会常务委员会第 28 次会议通过《中华人民共和国科学技术普及法》，2006 年 2 月国务院颁布实施《全民科学素质行动计划纲要（2006—2010—2020 年）》，开启了科普和公民科学素质建设的中国模式，取得了巨大成就，堪称世界典范，为我国实施创新驱动发展战略和全面建成小康社会、建成世界科技强国、奋力实现中国梦奠定了坚实基础。短短 15 年，我国公民科学素质建设取得长足进步，据中国公民科学素质调查数据，2018 年我国公民具备科学素质的比例达到 8.47%，比 2005 年的 1.60% 提高约 4.3 倍；缩小了与西方主要发达国家的差距。2020 年将超过 10%。但也应该看到，我国公民科学素质与发达国家相比仍有较大差距。有研究表明，已进入创新型国家行列的 30 多个发达国家，公民具备科学素质的比例最低都在 10% 以上，一些先行发达国家都在 20% 以上。

进入新的时代，新一轮科技革命和产业变革不断推进，科技同经济、社会、文化、生态深入协同发展，对人类文明的演进和全球治理体系发展产生深刻影响，以科技创新推动可持续发展成为破解全球性问题的必由之路。随着我国阔步迈入全面小康、挺进建设现代化强国、实现中华民族伟大复兴的征程，以及面临世界百年未有的大变局，当代科普的场景和使命随之发生深刻变化，国家、社会、人民对科普提出了新的要求，当代科普肩负着前所未有的强国使命，面临构筑人类命运共同体的新命题。一幅以建设世界科普强国为逻辑背景，从工具理性走向价值理性、从区域科普走向全域科普、从科普管理走向科普治理的新时代科普生动的魅力图景，正在徐徐展开。

面对新时代、新形势，面对建设世界科技强国、建设社会主义现代化强国、推进国家治理体系和治理能力现代化等对科普和全民科学素质的需求，当代科普必须守正创新。为此，编者在认真总结科普理论创新与知识积累的成果，以及科普工作实践经验和成就的基础上，对新时代科普发展的新场景、新趋势进行了深入的理论思考和探索，在 2002 年编写出版的《科学技术普及概论》基础上，重新编写《当代科普概论》，对原书的修改比例超过 90%。本书包括当代科普概要、当代科普发展历程、当代科普使命责任、当代科普创作创意、青少年科技教育创新、全民科普服务创新、全媒体科技传播、当代科普的评价、新时代科普新图景 9 章。希望本书能对从事科普理论研究、科普教学、科普员培训、科普管理、科普实践工作者，以及热心科普事业的各方面人士有所帮助。

本书编著的后期，正值抗击新冠肺炎疫情时期，一方面欣喜地看到党中央动员全国人民，与病毒进行殊死战斗的可歌可泣的伟大场面；另一方面也痛惜地看到很多公众被一些别有用心的人"带偏了节奏"，更使我感悟和确信当代科普的极端重要性、提高公民科学素质的极端重要性。在本书编著过程中，得到了中国科协有关领导和同志的悉心指导和大力支持，在此表示衷心感谢！在本书修订过程中，编者参阅了大量研究文献，并引用一些公开发布的文件、文献资料，在此也对文件起草者、文献作者表示衷心的感谢！

科普是不断迭代的伟大事业，当代科普理论研究和实践遵从唯变不变之道，每位科普工作者都仅仅是科普历史长河中的过客。由于编者的学识、经验、眼界等所限，不足之处在所难免，恳请专家、学者和广大科普工作者批评指正。

目　　录

第一章　当代科普概要

当代科普已经成为科技类公共服务重要组成部分，已经成为现代人精神文化生活中不可或缺的重要组成部分，成为科技强国和社会文明进步的重要标志。在长期的社会实践中，人们不断深化对科普规律的认识，把握当代科普的基本规律，对于指导新时代科普实践具有重要的现实意义。

第一节　科普定义辨析

科普是社会发展过程产生的社会和文化现象，是社会进步的客观反映，是科技自身发展的内在要求。当代科普是有意识、有目的的人类社会活动，是科技传播与应用、不断提高公众科学文化素质的过程。

一、科普基本定义

随着人们对科普认识的增强，以及科普对社会影响程度的提高，对当代科普概念的总结和对科普理论的探讨，成为科普实践的必要工作。目前，对当代科普概念的理解和认识不尽一致。

（一）科普一般定义

2002 年颁布的《中华人民共和国科学技术普及法》（以下简称《科普法》）对科普做了宽泛的定义，即国家和社会采取公众易于理解、接受、参与的方式，普及科学技术知识、倡导科学方法、传播科学思想、弘扬科学精神的活动。实质上，这个定义可以理解为，当代科普是指把人类已经掌握或正在探究中形成的科学知识、科学方法，以及融入其中的科学思想和科学精神，通过各种有效的手段、方式和途径，广泛地传播和普及到广大公众，并为广大人民群众所了解、掌握和理解的过程。显然，这里定义的当代科普是广义的科普，包括科技的教育、传播和普及活动等一切方式。

（二）科普主要流派

从定义讲，概括起来，当代科普有教育学定义论、传播学定义论、科学学定义论、法律定义论、借用定义论、词义定义论等不同流派。它们的观点几乎完全不同，蕴含的科普理论基础和学科发展方向也有很大的不同。①

1. 教育学定义论。这种流派对当代科普的定义倚重于教育学，如《科普创作概论》对科普定义为："科普就是把人类已经掌握的科学技术知识和技能以及先进的科学思想和科学方法，通过多种方法和途径，广泛地转播到社会的有关方面，为广大人民群众所了解，用以提高学识，增长才干，促进社会主义的物质文明和精神文明建设。它是现代社会中某些相当复杂的社会现象和认识过程的概括，是人们改造世界、造福社会的一种有意识、有目的的行动。"这种基于教育学原理的科普定义，实际上把科普定义为公众科学教育。虽然它没有把科普的传授主体（科技工作者）表明，但把公众视为一般的学生，定义在教与学、知识上游与下游、成熟知识传承的关系之上，是以教者为主导的当代科普。该定义主要强调科学和技术的传承，忽视了当代科普中公众的参与、探索和创新，以及公众的学习迁移和构建。

2. 传播学定义论。这种流派对当代科普的定义倚重于传播学，强调科普过程中传播的重要性。如《科技传播学引论》认为："科普活动是一种促进科技传播的行为，它的受传者是广大公众，它的传播内容有三个层次，包括科学知识和适用技术，科学方法和过程，科学思想和观念。科普活动要通过大众传播，从而达到提高公众科技素养的效果。"吴国盛等在《从科学普及到科学传播》中明确提出：建议用科学传播取代当代科普的观点；强调科学传播可使科普的单向传播变为双向互动的过程；科学传播是科学和人文交互融合的过程，是一种文化建设活动。这种定义基于传播学原理，是建立在现代科技发展基础之上，突出科普以受众为中心，传播者与受众的平等互动。

随着现代社会的进步发展，建立在现代印刷、电子出版、影视声像、全媒体等基础之上的当代科普传播手段，具有传播距离远、传播速度快、信息容量大、保真性强、可信度高、中间环节少等特点，可以充分满足当代科普大众化、公平性、平等性、低成本、高效益、自然风险小等要求，很好地支撑科学传播的时效性。大众媒体已成为公众获得科技知识信息的重要渠道之一，对公众的影响越来越大。

与西方国家的"科学传播"不同，我国学者主张当代科普不仅强调科学和技术的主动传播，更强调对科学文化和技术文化的全面认识，强调科学和技术对社会的广泛影响。在中国特定的国情下，不仅要做到"传播"，更注重的是"普遍达到"，引导和把握科学和技术不断社会化和大众化。在这个过程中，引领人们在学习和获得科技知识、掌握科技方法的同时，形成科学精神，

---

① 杨文志，吴国彬.现代科普导论[M].北京:科学普及出版社,2004:2.

确立科学世界观，为形成和确立正确的人生观和价值观，奠定科学理性、务实求真的思想基础。①

3. 科学学定义论。这种流派对当代科普的定义倚重于科学学，《基层科普干部简明读本》认为："科普就是把人类研究开发的科学知识、科学方法以及融化于其中的科学思想、科学精神，通过多种方法、多种途径传播到社会的方方面面，使之为公众所理解，用以开发智力、提高素质、培养人才、发展生产力，并使公众有能力参与科技政策的决策活动，促进社会的物质文明和精神文明。"这是基于科学学原理的当代科普，它把科普认定为科学在发展过程中、在社会化过程中必然发生的社会现象，产生于科学活动向社会延伸的阶段之内，产生于科学的理论和成果向社会生产力和文化力转化的过程中，是整个科学活动的重要组成部分，是科学活动两翼中的一翼。它的基本职能之一就是把科学和技术转化为社会生产力。

4. 法律定义论。这种流派主要从法律适应性角度对当代科普定义。2002年6月29日颁布的《中华人民共和国科学技术普及法》第二条定义为："本法适用于国家和社会普及科学技术知识、倡导科学方法、传播科学思想、弘扬科学精神的活动。开展科学技术普及，应当采取公众易于理解、接受、参与的方式。"这实际上是从法律的适应性角度，把当代科普规定为国家和社会采取公众易于理解、接受、参与的方式，普及科学知识，倡导科学方法，传播科学思想，弘扬科学精神的活动。

5. 借用定义论。这种流派对当代科普的定义主要借用了国外公众理解科学运动、科学—技术—社会（STS）教育等多种理念，认为当代科普就是科学家与普通公众相互交流的过程。一方面，科学家要以平等的姿态与普通公众一起探讨解决科学技术与社会发展之间出现的各种问题，使公众理解科学；另一方面，科学家也要理解公众，科学已不仅仅是科学家的科学，而是全社会的科学、全社会的事业，公众具有参与政府对科技发展及政策的决策权。

6. 词义定义论。这种流派对当代科普的定义基于科普的词义，认为当代科普就是科学和技术的普惠。也有人认为，科普词义本身就不准，应采用科技传播或公众理解科学的名词更为合适。

（三）科普方式演变

随着科技的飞速发展和信息技术的广泛应用，科普的理念和服务模式发生了根本改变，由传统科普转向当代科普。当代科普服务，即科普内容+科普表达（或科普产品）+科普连接+科普受众，其本质是科普内容与科普受众的连接。在传统科普服务体系中，科普受众获取科普内容主要依赖科普图

---

① 程萍,宁学斯,康世功.新时代科普工作的新理念[N].科普时报,2019-09-13(1).

书、科普期刊、科普广播、科普电视节目，以及现场的科普讲座、参观科普场所等途径（图1-1）。

随着信息社会的发展，在互联网环境下，由于科普信息的发布、传播、获取和利用方式的改变，科普服务在深度和广度上随之发生变化（表1-1、图1-2）。互联网络科普服务与传统科普服务的区别主要体现在以下三个方面。

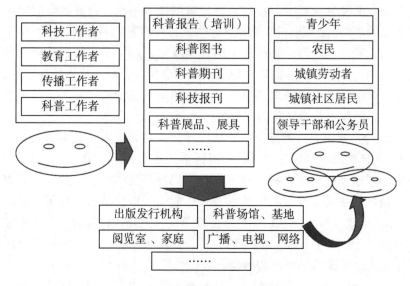

图1-1　现代科普服务模式①

表1-1　当代科普服务与现代科普服务的比较②

方式	环　境	
	传统科普服务	当代科普服务
个性服务	见面、咨询等	微信、腾讯 QQ 等
	信件、电话等	微信、语音、电子邮件等
集中服务	现场、讲座等	直播、视频、图文等
阅读服务	图书、期刊、报纸等	微信公众号、朋友圈、手机软件等
对话服务	现场、论坛等	网络社群、社区论坛等
		微博、博客等

---

① 杨文志.科普供给侧的革命[M].北京:中国科学技术出版社,2017:10.
② 杨文志.科普供给侧的革命[M].北京:中国科学技术出版社,2017:11.

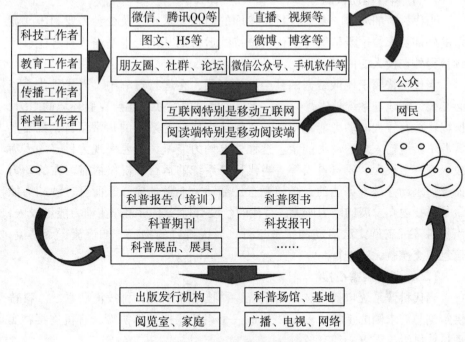

图1-2 当代科普服务模式①

一是科普信息传播方式的变化。互联网络为科普信息发布提供了更大的自由度，使其对正式、传统的科普内容载体和信息交流途径的依赖减小，使正式科普出版物、科普场馆、传统媒体等不再是科普信息传播的唯一方式。

二是科普信息获得渠道的变化。借助互联网络，公众除了从图书馆、阅览室等获取所需要的科普内容，更多的是直接通过互联网，特别是移动互联网，泛在化、方便地获取科普内容信息。

三是科普信息交流方向的变化。公众可以通过互联网自媒体平台发布、分享科普信息，与科技工作者、科普专家、科普传播者交换意见，改变了传统的科普服务的单向性，实现了双向、多向的科普信息交流、互动、分享。

二、科普运行机制

当代科普既是由科学家参与的科学活动，也是必须有公众参与的社会活动，因此属于社会综合系统。当代科普的系统运行必须通过一套运行机制来实现，没有机制的运行，当代科普的功能就无法实现。而当代科普的机制是否健全完备和科学有效，是发挥科普功能和作用的关键。

---

① 杨文志.科普供给侧的革命[M].北京:中国科学技术出版社,2017:11.

（一）科普驱动机制

当代科普的动力主要来自科技发展的内在要求，以及社会需要和国际竞争的外部要求，这既是保持当代科普持续运行的基础，也是当代科普能够持续获得外在投入的前提。

当代科普属于耗散结构的社会综合事物，在运行过程中，当代科普系统必须要不断地与系统外进行物质、能量、信息的交换，还要克服环境的阻力，所以往往有较大的动力能量消耗。要保持当代科普系统的正常运行，就需要源源不断地输入新的动力能量。这种外部动力能量，主要表现为科普的人力投入、资金投入、要素投入等。当代科普系统的运行，仅仅依靠内在的动力而保持永动性是不可能的，必须要有外部动力能量的输入，而且这种动力能量是科技内在发展的动力所无法替代的。没有持续不断的外在动力能量投入，当代科普机制就无法启动和正常运行，当代科普的物流、知识流、产品流、信息流交换就无法进行。

（二）科普供需衔接

当代科普系统包括科技供给系统、科技传输系统、科技消费系统。科普供给侧与需求侧的衔接，就是要使这三个系统保持整体协调、有机连接，实现科普供给与需求的动态平衡。

当代科普作为系统工程，它的供给系统主要由其生产者、生产工具、产品等构成。科技的生产者是生产系统起主导作用的因素，主要是指科学家、研究人员和广大的劳动群众；科技的生产工具主要是指科技的研究方法和研究手段；科技的产品主要是指科学家和广大的劳动群众在科学研究和社会实践中所产生的科学技术知识、科学精神、科学思想、科学方法等。

科技传输系统是由科技传播者、传播内容、传播载体（介质）等构成。科技传播者是科技传输系统中起主导作用的因素，主要是指包括科学家、工程师、科普作家、科普宣传教育工作者、科普志愿者等在内的科普工作者。科普供给的内容是指科学家、研究人员和广大劳动群众在科学研究和社会实践中产生的、成熟的或正在形成的，且必须为公众所掌握或公众有兴趣想掌握的那些科学技术知识、科学精神、科学方法、科学思想。当代科普的传播载体（介质）是指传播所必需的物质的、显像化的传播介质，如科普文章、科普图书、科普音像制品、科普文创作品、科普展品等科普产品。

随着当代科普的日益社会化，人际传播（知识的载体主要是人）方式越来越不适应社会发展和日益增长的公众科普需求的要求，但人际传播作为当代科普传播的最基础方式作用却不可替代。由于互联网等新媒体传播的快捷性、广泛性、低成本等优势，使互联网科普已经成为当代科普的主要方式。当代科普载体将所传播的科学技术知识、科学精神、科学思想、科学方法，附加在特定传播介质（纸质、电子、电波、多媒体等）上进行显像化、有形化、产品化，进行有效广泛的普及传播。因此，科普创作、科普传播品生产和扩散等当代科普事业的发展越来越重要。

科技消费系统是由科普的目标对象结构、对象需求、对象能力、对象收益等构成。当代科普的成效，最终必须反映在科普对象身上。科普的对象结构，主要是指科普对象的职业、地域、知识、年龄、性别、民族等，构成多组的特定科普对象，不同的科普对象对传播内容的需求和对传播者的要求有多种，收益不同。当代科普的对象需求，主要是指科普对象所急需得到的科普内容和最适合的科普传播形式和手段。科普的对象能力是指科普对象对科普传播内容的接受和消化能力，以及对科普传播形式和手段的适应程度。科普的对象收益，是指科普最终对科普对象产生的效果，这既是当代科普中最重要的，也是当代科普的终极目标。

当代科普对象收益，往往受到普及传播级差、距离的影响。普及传播级差是指普及传播源与接受点之间中转的级差。普及传播距离是指普及传播源与接受点之间的距离（包括时间、空间、内容、形式等距离）。普及传播级差越小、距离越近、中转越少，知识信息的丢失越少、失真程度越小，科普的效率就越高、科普对象的收益越大、获得感越强。当代科普的关键是要彻底解决好科普从供给侧到需求侧的"最后一米"难题。

当代科普的供给侧与需求侧的衔接中，社群组织仍然起到主导作用。判断当代科普管理体制和整合机制是否合理、完善和有效，取决于它们是否与科普的客观规律相符合，是否有利于推进当代科普事业发展。从科普供给的角度看，主要决定是否拥有符合科普对象需要的内容、先进的科普技术、科学的科普方法、畅通的普及传播渠道、有效的普及传播方式等；从科普需求的角度看，主要决定是否及时满足科普受众口味、泛在化的需求，是否精准满足不同科普对象的个性化、定制化的需求等。当代科普，谁能很好地解决科普的供给侧与需求侧的矛盾，谁就赢得当代科普发展的机会。

（三）科普要素结构

当代科普是开放的、社会的、文化的、生态的、经济的、政治的复合大系统，涉及科技、社会、政治、经济、文化等方面，也涉及目标、内容、制度、方法等方面的因素，更涉及"一个都不能少"、多元化的社会公众。一个多因素、多层次、多元化当代科普系统，必然遵循当代科普自身的运行规律。当代科普必须有效桥接科普背景、科普目标、科普主体、科普对象、科普内容、科普载体、科普效果等要素。

科普背景或科普场景，是指当代科普活动所处的内部和外部环境。它是当代科普系统赖以存在的环境基础，它在相当程度上决定和影响着当代科普的目标、主体、对象、内容、载体、方式、效果等要素。当代科普背景是科普环境的预设,在当代科普实践中,大到一项国家科普计划或行动,小到一项具体的科普活动、一个科普项目、一种具体的个人科普行为,都是在特定的科普背景下进行的,科普背景规定了科普活动的客观条件、现实需求、工作定位、目标对象、内容形式、资源多寡等。人类的科普活动离不开适时实地的科普背景,不根据科普的特定背景因时因地制宜,科普就无法实施或不识时务。

科普目标,是提高公众科学文化素质,科普目标是当代科普的目标指向。每项科普活动的目标都是具体的、可预期、可感知、可度量的。在科普活动设计阶段,要对科普活动目标有预期,要分析科普背景,明确科普的环境条件和社会需求,目的是确定合适的科普目标。

科普主体,是指构成科普系统的主要部分,主要是指科学家共同体,以及科技工作者组成的科普组织和科普工作者。科学家共同体是科学技术产生的源头,是当代科普的源泉,他们发起和参与科普活动是科普动力的本源。当代科普是庞大的、面向公众的社会系统工程,需要严密高效的科普组织系统来运作,需要亿万科普人的共同参与。科普组织和科普工作者往往是科普活动的发起者,没有科普组织的发动、运作,以及广大科普工作者的积极参与,当代科普活动就无法开展,科普活动也无法推进。

科普对象,包括所有社会公众。科普对象相对科普传播主体而言,是科普的受众主体;相对科普服务供给侧而言,是科普服务的需求侧;相对科普服务产品而言,是科普服务的用户。科普目标对象是细分的,而科普目标对象的需求也是细分的、变化的。只有精准对接科普目标对象的需求,科普主体作用才能得到充分发挥,科普才是有效的。

科普内容,是指当代科普活动中传递给公众具有核心价值的科普信息,它是公众科学素质的基本构成因素。我国《科普法》明确规定,科普内容是普及科学技术知识,倡导科学方法,传播科学思想,弘扬科学精神。科普的科学内容为王,永不过时。当代科普活动能否取得成效,关键在于其科普内容能否符合科普目标对象的要求,是否符合公众科学素质提高的要求。科学素质具有层次性,公众对科普内容有挑剔性、选择性,不同的科普目标对象有不同的科普内容需求,而且是动态变化的。

科普载体,指的是把科普内容从主体(即传授者)运达科普对象——公众的承载介质或工具。在当代科普过程中离不开科普载体,科普载体对科普所惠及的范围大小、持续时间、喜爱偏好、传播强度、接受程度等产生极大的影响。随着社会的文明发展,当代科普载体越来越丰富多彩,按表达形式可分为人格载体、语音载体、印刷载体、影视载体、实物载体、全媒体载体、虚拟现实载体等类型。

科普效果，是指科普活动结出的"果实"，最终检验科普目标实现程度、科普用户满意程度、科普功能作用的标志。科普效果往往不能立竿见影，具有滞后性，但每项科普活动的效果都是可期待的、可预期的、具体的、可感知和可度量的。科普效果表现多种多样，既有直接效果，也有间接效果；既有局部的、个体的效果（某个人、某个地区科学素养的提高等），也有整体的效果（整个国家、民族的科学素养的提高和改善等）；既有单方面的效果（如某种知识、技能的获得），也有多方面的综合的效果（观念的改变、人力资源素质的改善、科学素质的提高等）。根据科普效果在不同领域的表现，可分为科普的科技效果、政治效果、社会效果、经济效果、文化效果、环境效果等。

三、科普历史断代

目前，关于科普历史的研究文献不多，对科普历史的断代也没有形成共识。纵观人类科普的历史发展，大致可以把科普的历史发展阶段分为传统科普、现代科普、当代科普三个历史阶段。

（一）传统科普

有专家把这一阶段从近代科技革命后算起，实际上在科技革命之前人类社会漫长的发展过程中，科学和技术一直处在积累阶段，是在为科技革命打基础，这期间实际也有科学和技术的传播，只不过没有体制化和系统化而已。所以，前科普阶段的历史应从原始公社算起。第一次科学革命开始于15世纪下半叶，特点是由以东方为代表的古代科学向西方近代科学转变，主要标志是近代天文学、近代医学和经典力学的创立。第一次科学革命之后，人类的科学活动逐步摆脱作为神学之"婢女"的地位，并且基本上还处于收集、整理材料的初始阶段。科学作为系统化的知识体系还未完全建立起来，科学的社会功能远未得到社会的普遍认可，因而科普只能借助该时期的知识传播和技能传授活动来进行。这一时期，科学知识更多的是作为技术传统、宗教传统或者哲学传统的一部分来进行传播和普及的。

（二）现代科普

这一阶段大约从19世纪中叶到20世纪50年代。19世纪被称为科学世纪，第二次科学革命在19世纪中叶开始酝酿，到19世纪后半叶和20世纪初走向高潮，其规模和影响远远超过前一次。这一时期，随着经典力学和经典电磁学理论体系的日益成熟和完善，以及细胞学说、能量转化与守恒定律、生物进化学说等三大定律的相继发现，近代科学的各个门类的理论体系逐步建立起来。20世纪之初的物理学革命，使现代科学在整个20世纪空前大发展，经典物理学和数学中许多一向被视为天经地义的基本原理，接连受到怀疑和重新审查。在相对论提出和量子力学创立之后，又提出了粒子理论、概率论等学科理论，核物理学、半导体物理学和超导物理学，数学中的拓扑学和微分几何学、模糊数学等分支学科，以及天体物理学、海洋地质学、高分子化学、遗传学、生命科学等新兴学科相继确立。

这个阶段，科学作为一种在历史上起推动作用的革命的力量逐渐受到人们的广泛关注，科学技术由此进入高歌猛进、异彩纷呈的大发展时期。此时，人们认识到科学的研究和运用显然已构成社会发展进步的基础。随着社会对科学技术的需求和企望日益高涨，科普活动也相应进入一个十分活跃的时期。这期间涌现出大批热衷于科学知识普及的科学家和工程师，通过撰写文章、发表演说、演示表演，积极用通俗易懂的方式向社会普及宣传科学知识，向公众展示科学技术的美好前景。

（三）当代科普

这一阶段大约从 20 世纪 50 年代至今。20 世纪中期以来，科学革命的巨大成就为新技术革命提供了理论基础，科学与技术的结合更加紧密。两次世界大战、"冷战"及和平条件下的激烈国际竞争，成为新的科学技术发展的强有力的刺激因素和巨大杠杆；科学技术的社会化，各国政府有组织的大规模投入和有计划地开发，为科学技术的加速发展创造了条件。所有这些，促成规模空前的第三次技术革命或新技术革命的到来。第三次科学革命，是以原子能、电子计算机和空间技术的广泛应用为主要标志，出现了一系列新的技术领域，如核能、计算机、激光、空间技术、信息技术、互联网技术、大数据技术、区块链技术等。许多传统技术领域如能源、材料、机电加工、建筑、交通运输、军事、农业、医药等也都有巨大发展。迄今为止，新技术革命仍在继续深入，正在深刻地改变着世界格局，重构全球版图，深刻改变人类的物质文化生活，决定着世界文明的转型和未来。

这个阶段，以战后一些发达国家出现的公众理解科学活动为主要标志，以人类"生活科学化、科学生活化"为主要特征，借助信息高速公路的便利，通过如火如荼的公民科学素质建设、公众理解科学、公众理解基础研究、公众理解技术、公众理解健康，以及科技传播活动，对传统科普、现代科普的目的、内容、方式方法、对象、主体，以及科学技术与社会、科学家与公众的关系等，不断提出新的理念和挑战。

第二节　当代科普场景

随着科技文明发展，当代科普争奇斗艳、繁花似锦。无论在国际学界还是在各国实践层面，当代科普呈现多元的发展趋势，类科普概念丛生，类科普活动繁荣，呈现出欣欣向荣的局面。

一、公众理解科学

公众理解科学是指科技共同体为赢得公众对科学、技术、工程，以及正在从事和开展的科学研究的理解，开展相应的科技传播、普及活动，促进公众对其相关科技知识、科学方法和本性的理解、对科学的社会作用以及科学与社会之间关系的理解，从而赢得社会支持。公众理解科学是与科普相向而行的共同事业，但有不同的场景、不同的理念、不同的语境。

（一）科普发展的拐点

1945 年 8 月 6 日和 8 月 9 日，美国在日本广岛、长崎两地分别投掷原子弹。这是人类历史上首次将原子弹投入实战，使科技这把双刃剑的另一面毫不留情地展现出来，这首先引起科学家的忧虑和思考。科学家意识到，把原子弹带来的后果告知广大公众是自己不可推卸的道义责任。

1962 年美国生物学家雷切尔·卡逊的著作《寂静的春天》揭示环境污染对生态的广泛而深刻的影响，在社会公众中掀起洪涛巨澜。随后的生态环境问题、三里岛事件、博帕尔毒气泄漏事件、切尔诺贝利核电站事件等接踵而至，社会公众要求理解科学技术的呼声逐渐响亮。与此同时，科学家们也意识到了让公众理解科学、支持科学事业的重要性。从 20 世纪 80 年代中期开始，在英国、美国、澳大利亚等国兴起了名为公众理解科学的科普运动。

（二）给科普带来变化

开启科普发展史上的一个新的重要阶段，为当代科普带来新的变化。

一是科普的重视程度得到加强。公众理解科学活动受到各国政府和全社会的广泛关注，政府参与科普的程度明显加强。20 世纪 90 年代以来，美国、英国、日本，以及欧盟等国家和组织相继开展对公众科学素养的系统调查，了解公众对科学技术的认识水平及态度，并作为政府做科技决策的参考依据。

二是科学家与公众的关系重构。公众理解科学活动改变了科学家和公众的关系。公众理解科学是一种科学家与普通大众之间双向交流的过程，科学家不再把公众当作空瓶子，只是单向地给予甚至灌输，而是真心实意地要与社会公众建立起平等对话的关系，相互交流，共同合作，以平等的姿态与普通大众一起探讨解决科学技术与社会发展之间出现的各种问题。相应地，科学家也要理解公众。科学技术在社会中的地位从由非科学家脑子里的科学形象所确定，变成了全社会的科学，成为全社会的事业。实质上，公众理解科学是基于科普的科学技术社会反馈机制，成为当代科学家推进科学事业的一个必不可少的组成部分。在科学社会化、社会科学化的当今，现代科学，尤其是科学技术的社会应用，在许多时候绝不仅仅是单纯的科学问题，科学家并不具备，也不应当享有比普通公众更多的发言权。

三是科学伦理纳入科普内容。当代科普不能一味地宣扬科学技术的正面成就，对科学技术的负面后果也要同样实事求是地告知公众，并帮助公众用质疑和批判的眼光，去理解科学的局限性和技术的负面效应。在现代民主社会，公众作为纳税人，作为科学技术事业的支持者及科技应用后果的主要承受者，有权利对科学技术的社会影响进行全面的了解，这也是当代科学家不容推托的道义责任。同时，当代科普也不再仅仅是普及科学知识本身，还要促进公众理解科学的探索过程和一般的研究方法，理解科学的思维方式和精神实质。

四是科学界和媒体交流加强。在此之前，科学家都是自己来普及科学，随着大众传播手段的现代化，尤其是电视机的出现，对科普的传播方式和手段产生了极大的影响。例如，1980 年，卡尔·萨根将其名著《宇宙》拍成电视系列片，在世界上引起强烈反响。该片先后被翻译成 10 多种语言，在 60 多个国家放映，观看人次达到 5 亿。科普把大众传媒视为沟通科学家和普通大众的一座桥梁，要想在传播媒介中准确、适宜地反映科学、报道科学，科学家与传播媒介就必须保持和谐一致的关系。

（三）科普成熟的标志

从某种意义上说，科学的发展是建立在交流的基础上的，科学家最先是通过科学实践活动同大自然进行交流，随后与同行之间的学术交流开始增多起来。现在科学本身的发展，要求科学家们必须与公众进行交流，因为科学已不再仅仅是面对自然的传统意义上的科学，而是一种面对社会的科学。如果说，最初的、传统的科学研究是追求科学知识本身，那么当今，科学知识的社会影响及其后果的社会控制已成为科学家不得不面对的问题。对当代科学家来说，已不是要不要科普的问题，而是如何更好地普及科学、促进公众理解科学的问题。当今的科学家只有积极主动地了解公众，积极投身于公众理解科学的活动之中，在促进公众理解科学、公众理解基础研究、理解文化层次的科学，提高公众科学素质的同时，与公众一道携手推动科学与社会的发展，才能在现代社会攀上人类科学事业新的高峰，这已成为当代科学事业发展进步的必然要求。在公众理解科学语境下，科学是真正意义上的为了公众的科学，是全社会的科学。这时候的科学家及科学团体比以往任何时候都更加注重科学的全面价值，更加意识到自己肩上的社会责任。从这个意义上说，公众理解科学既是当代科普成熟的标志，也是当代科学和科学家进步成熟的标志。

二、科学教育

科学教育是指通过现代科技知识及其社会价值的教学，让学习者掌握科学概念，学会科学方法，培养科学态度，懂得如何面对现实中的科学与社会有关问题做出明智抉择，以培养科技专业人才，提高全民科学文化素质为目的的教育活动。教育与科普有着紧密的关系，教育是科普的基础，当代科普是教育的继续和补充。科学教育与当代科普之间的界限很难分开，两者同属于教育范畴，但科学教育的范畴要大，广义上的科学教育包含当代科普。但科学教育与当代科普由于体制和社会建制不同，其内容、方式、途径，以及参与主体等许多方面都有所不同。

（一）科普的重要方式

教育是当代科普的基础，教育不普及就谈不上科技的普及。教育分为正规教育和非正规教育。正规教育一般是指学校的基础教育和系统化教育；非正规教育一般是指学校以外的非基础性和非系统化的教育。当代科普属于非正规教育的一种形式，其重点在科技方面的教育。当代科普是学校教育的继续和延伸，是教育的必要补充。没有当代科普的补充和继续，公众在学校正规教育所学到的知识就会老化、得不到及时更新，就会落后于时代，不能适应当代生产和生活的需要，甚至沦为功能性文盲。同时，随着社会的进步和科学教育事业的发展，当代科普与正规教育已紧密结合，已经很难分开；当代科普已经进入学校的正规教育和系统之中，成为与正规教育配合的不可缺少的重要组成部分。教育具有传播、普及科学技术的作用，当代科普可以采取教育的形式，如系统性讲座、广播电视讲座、培训班等。

（二）与科普殊途同归

科学教育尚无统一的定义，有人认为科学教育是指传授科学技术知识和培养科学技术人员的社会活动；有人认为科学教育是一种有目的地促进人的科学化的活动；有人把科学教育定义为培养科学技术人才和提高民族科学文化素质（包括科学知识、科学观念、科学的价值观、科学方法、科学精神、科学道德等）的教育；还有人认为，科学教育是从科学发展的角度出发，研究科学教育与科学发展的关系。从 STS 教育的角度看，科学教育涉及个人需要、社会问题、就业准备，以及学术深造四个领域，因此是一种向学生传授用于日常生活和未来科技世界的科学知识，教育学生如何处理科学与社会问题，让学生具有今后择业所必需的科技基础与继续学习科学所必备的理论基础的教育。从上述已有认知可以看到，在现代科技教育主要体现为科学精神与人文精神的结合、现代科技与人类生活的结合、科学内容与科学过程的结合、知识教育与能力培养的结合，目的是提高全民科学文化素质，这一点上大家有基本共识。由此,这与当代科普的目的是相向而行、殊途同归。

(三) 与当代科普融合

科学教育就是以科技为内容的教育,一般主要指学校教育,是社会学、教育学与传播学研究的对象。科学教育与当代科普之间的界限很难分开,但其方式、途径,以及参与主体都有所不同。尤其从管理体制来看,科学教育属于正规教育范畴,而且主要在学校内教育,具有一定的基础性、规范性和强制性;而当代科普属于非正规教育,主要通过非正规教育手段进行,可以与科技的发展和社会需要结合紧密,可以因人施教,比较灵活,可以根据科普目标对象人群的需要做精准定制。特别是科学教育界提倡的 STS 教育理念,要求在人类生活的背景中去教学生学科学,并明确 STS 教育的任务是发展科技探究能力、提供科技知识、培养个人和社会应用科技于决策的能力、加强对科技本身的理解及其态度价值观的培养、在与科学有关的社会问题上正确处理科学技术与社会的关系等。这与当代科普思想的基本一致。在科学教育迅速发展的当今,科学教育可以乘着当代科普这条大船,发挥其形式灵活、环境宽松、启发兴趣等特点和优势,有效化解科学课程难学、难教的问题,培养青少年创新思维、创新能力,培养学生爱科学学科学和用科学的能力,帮助学生树立实事求是的科学态度,激发青少年科学梦和家国情怀。

三、科学传播

科技传播是指科技共同体和公众通过平等互动的沟通交流活动,或通过各种有效的传播媒介,将人类在认识自然和社会实践中所产生的科学、技术及相关的知识,在包括科学家在内的社会全体成员中传播与扩散,增加人们对科学的兴趣和理解,促进科学方法和科学思想的传播及科学精神的弘扬,增进全社会的科学理性。在实践和研究过程中,科普、科学传播等术语,经常被不同的研究者交替使用,同时也引发过争论。

(一) 与科普的纷争

传统的科学普及模式被认为是"教科书式"的,代表缺失模型的立场①。尽管缺失模型受到科学家、科学传播者的普遍接受与采纳,但批评的声音从未停止。

科学传播意味着有双向的互动交流,即传播者和被传播者应该处于同等地位。于是,有学者主张用"科学传播"取代"科普"。支持者认为:第一,科学的公众形象和社会功能在变化,科普的理念也在变化,由居高临下的单向传播过程变成公众与科学家之间平等的双向互动过程;第二,政府和传媒

---

① 刘兵,宗棕.国外科学传播理论的类型及述评[J].高等建筑教育,2013,22(3):142-146.

的介入，使科普的运作方式发生变化，由少数个人的事业变成了一项社会立体工程。但反对方不认同，认为科学传播是大概念，包括科普、科技新闻，不能替代科普、科技新闻。争论最终无果，当代科普和科学传播在一定程度上还是并行使用的。显而易见，科普与科学传播同属现代大科普的生态环境，其论争的核心，不是谁取代谁，而是应该讨论当代科普与科学传播各自适合的不同应用场景的问题。另有一些学者为了逃避争议，杜撰出"科普传播"一词，而实际上科普本身就含有"传播"的意味，虽然这种"传播"是自上而下的、单向的。"科普传播"的出现和使用，使原本就纷繁复杂的科普生态增加了新的复杂因素。

科学传播作为研究领域的历史非常短暂，在学界，"科学普及""公众理解科学"与"科学传播"经常被混淆在一起交替使用，但这一系列有着"家族相似性"的概念却反映了不同时期科学、公众与社会的关系，成为科学传播理论研究的热点和焦点。从"缺失模型""民主模型"到"混合论坛模型"，科学传播模型的理论研究将公众与科学的关系抽象地表现出来，揭示专家知识对外行知识从忽视到认可的演进过程，同时也反映出科学传播走向具有反馈、参与多元立场共生的趋势。但这种基于"公众理解科学"背景的静态理论研究带有理想化的色彩，未能深入科学传播活动本身。[①]

（二）媒体的立场

在科学传播过程中，媒介是不可或缺的重要力量。随着互联网等新媒体技术的发展，公众获取信息的渠道越来越便利，媒体在科学传播方面也发生了相应的变化。第一，媒体报道科学技术新闻的数量越来越多，促使科学技术成为基本的公共议题，也成为固定的媒介观察对象。第二，媒体报道科学技术的立场更全面，不是仅作为向公众进行"传播"和"翻译"的工具，而是以更平等、更多元的视角来报道科学技术。第三，媒体对科学技术多元化的报道产生越来越多的争议，媒体成为科学争论的主要场所。同时，在科学媒介化的过程中，受到"认识论文化"的影响，不同认识论文化背景下的公众争论也有不同；对不同的科学领域，媒体报道对公众的影响程度也不一样。

（三）公众的立场

随着《公众理解科学》期刊于 1992 年推出，在公众理解科学的语境下，公众被预设为缺乏科学知识的被动的接受者，而科学家可以探究出真正的科学知识，科普者将简化后的科学知识传播给大众，对一般公众而言，理解科学的既成知识最为重要。在米勒看来，理解的目的不在于使公众赞赏科学，支持科学的发展，而是通过理解揭示科学的风险。英国皇家学会 2004 年发布

---

① 刘兵,宗棕.国外科学传播理论的类型及述评[J].高等建筑教育,2013,22(3):142－146.

的《社会中的科学》报告提出一系列的目标，将公众理解科学相应地转变为公众参与科学。作为早期的公众参与科学活动，共识会议最早起源于20世纪70年代的美国，主要用于对新医学技术作出专业评估，20世纪80年代后在丹麦形成比较成熟的模式。丹麦技术委员会采取让外行公众在共识会议中担任主要角色，就存在争议的科学或技术问题向专家提问，并评估专家对此作出的回应，最终达成共识。1985—1999年，就基因技术、动物器官移植、食品生物技术召开多次共识会议。以相同内容为主题的共识会议也在欧洲、美洲、亚洲、大洋洲等地的国家召开，成为公众参与科学的主要形式。[①]

四、技术推广

科普与技术推广既有联系，又有区别。从字义上讲，普及是普遍达到，推广是推而广之。普及在程度上应当比推广更广泛、更深入，达到它应当达到的广度和深度。科普中包含着技术知识的普及，科普的范畴要比技术推广广泛得多。科普和技术推广在目的、内容、措施等方面有较大的区别。

（一）工具价值的分野

在目的性方面，当代科普的目的强调的是科学理性，提高公众科学文化素质，把经济效益包括其中。技术推广强调的是工具理性，仅仅以提高经济效益为主要目的，而把提高公众科学文化素质放在次要的位置。

在方式方面，技术推广往往要采取行政或经济措施，例如，推广良种就要设置良种繁育机构，建立良种繁育制度；推广新式农具、农药，就要解决所需的原材料问题、生产问题、供销问题、维修问题等。没有这样一些措施保证，技术就不可能被推广。在工业上也如此，技术推广要解决中间实验、产品开发、物资供应，以及能源、资金、销售等一系列实际问题。这类工作当然不是科普所能承担的，但在技术宣传、技术培训、技术指导、技术服务等方面，如编写新技术资料、培训教材等，这些工作同当代科普就很难有什么本质的区别。

（二）实操目标的区分

在内容方面，技术推广往往只是局限在技术范畴，强调技术本身，主要讲"是什么"和"怎么做"，而对"为什么"不一定强调。科普内容的范畴则大得多，除了技术知识，大量的是科学知识、科学方法、科学思想、科学精神的内容，即在普及技术知识时，不仅要讲清"是什么"和"怎么做"，更要讲清其中的科学道理。可见科普与技术推广不是两个截然不同的并列概念，而是有相当一部分是互相重叠的交叉概念，应当相辅相成，互相促进。

---

①　刘兵,宗棕.国外科学传播理论的类型及述评[J].高等建筑教育,2013,22(3):142-146.

(三）开展科普的切口

技术推广旨在教会公众使用技术，通过技术示范、技术培训、技术服务、技术咨询、技术读本等公众喜闻乐见的形式，将新技术、新工艺、新品种等教会公众使用，帮助公众提高技能水平、提升职业技艺、增加收益、增强自信。公众在获得实惠的同时，也极大地增强了对科技的认知，增强了热爱科技、渴望科技、学习科技、应用科技的愿望，为开展科普打下良好的群众基础和社会基础。

五、科学幻想

科学幻想又译作科学虚构，简称科幻，是指基于科学文化的超现实图景的创造性想象和这种想象形成的思维结果，是科学性遐想和艺术性幻想融合的结晶。

(一）创新的重要源泉

想象是人类从蒙昧走向科学的翅膀，科学幻想是一种特殊的想象，依据科技新发现、新成就，以及在这些基础上可能达到的预见，用幻想艺术的形式，描述人类利用这些新成果完成某些奇迹，表现科技远景或社会发展对人类自身的影响。科学幻想植根于现实、启迪创新、拓宽视野，引导人类不断地从必然王国走向自由王国。例如，颠覆性技术是无法通过外推法获得的创新技术，这些技术往往来自非热点领域、人们的愿望、非逻辑的灵感。从科幻中提取颠覆性技术的创意，是一些国家正在尝试的做法。美国和日本都已经从中获得有价值的经验。①

(二）科学文学的融合

文学、艺术是展示人类想象力的绝佳媒介，而幻想类文艺作品则将人类想象力推向极致。科幻以人类想象力为基础，以科学逻辑知识为准绳，将广阔的宇宙世界、未来世界与人类心灵世界相联系，致力于思考全人类都关心的终极问题。科幻是基于科学文化的超现实图景的创造性想象和这种想象形成的思维结果，是科学性和幻想性融合的结晶。科普要求的是真实准确，科幻要求的是想象和艺术魅力。科普是把现有的科学思想、原理和成果介绍给读者，是一种科学作品；科幻是以科学为基础，推论出科学技术可能发展的前景，是一种文学作品。科幻作品通常包括科幻小说、科幻电影、科幻动画、科幻漫画、科幻游戏、科幻音乐等不同的类别。科幻已发展成为一种文化，形成一种风格，科幻文化也成为一种由科幻作品衍生而来的亚文化。

(三）当代科普的标识

科幻创作的繁荣是国家创新能力提升的重要标志之一，科幻文学的兴起

---

① 吴岩.中国科幻小说创意创新报告[R].2016 中国科幻大会主旨报告,2016 年 9 月 8 日.

意味着中国新一代人生活方式的转变。科幻创作与其他文学创作不同,它更多的不是回顾过去,而是无止境地接近未来,畅想未来可能出现的人和事,畅想科技的发展和人类生活的改变。新时期的科幻创作要打破常规,突破现有物质形态的限制,要把科学幻想、人类情思、社会理想融为一体。科幻创作要与自然科学的发展保持密切关系,要随时把握自然科学研究方向与最新成果,如果闭门造车,作品多半会沦为某种理念的化身,无法适应读者了解科学前沿的需要。科幻创作要充分考虑文学自身的规律性,结合美妙的语言、创新的结构、跌宕起伏的情节,体现人物的情感与思想。科幻创作要为人类整体树立切近的社会理想,在自由想象的同时肩负起自身的社会责任,弘扬社会正能量,体现人类整体的精神风貌和当代人对未来的追求。

六、科学素质

随着科技对政治、经济、社会、文化,以及公民个体的生产、生活方式产生影响的日益广泛和深刻,公民科学素质问题越来越多地引起学术界和社会各方面的关注。当代科普是公民科学素质形成的过程,公民科学素质是当代科普的结果。

(一)科学素质的缘起

科学素质这一概念诞生于 20 世纪 50 年代的美国,最初是作为美国科学教育改革的理念被提出来,然后不同的学者和组织结合特定时期的个人和社会目标赋予它不同的内涵和内容。美国的教育改革家科南特 1952 年在为《科学中的普通教育》写的前言中,首次使用"科学素质"一词。[1] 1958 年美国著名科学教育专家赫德出版专著《科学素质:它对美国学校的意义》,使"科学素质"第一次成为科学教育的主题。1993 年联合国教科文组织和国际科学教育理事会首次提出"全民科学素质"的概念,标志着科学素质研究突破学校科学教育范式,走向在终身学习背景下不断提高全民科学素质的更加广阔的领域。[2]

2006 年国务院颁布的《全民科学素质行动计划纲要(2006—2010—2020年)》把公民科学素质界定为:"公民具备基本科学素质一般指了解必要的科学技术知识,掌握基本的科学方法,树立科学思想,崇尚科学精神,并具有一定的应用它们处理实际问题、参与公共事务的能力。"[3] 公民科学素质,不仅包括公民个人需求和国家目标,而且包括处理实际问题和参与公共事务的能力,同时突出科学精神的传统,把握"具备科学素质"的结果或目标所具

---

① 丁邦平.国际科学教育导论[M].太原:山西教育出版社.2002.
② 程东红.关于科学素质概念的几点讨论[J].科普研究,2007(3):7-12.
③ 全民科学素质行动计划纲要(2006—2010—2020 年)[M].北京:人民出版社,2006.

有的动态性和层次性特征。科学素质的内涵、结构和功能随着时代的演进而变化，公民个体具备科学素质的状态在其生命过程及相应的社会实践中也是变化的。科学素质不是人的先天禀赋，而是从后天生活和实践中获得的。①

（二）科学素质类概念

在科学素质研究和实际工作中，由于关注范畴的不同、强调重点的不同，经常会涉及全民科学素质，包括科学素养、技术素质、信息素养等相关概念。

第一，公民科学素养的概念。我国各类文献中论及的"科学素质"和"科学素养"，从概念的内涵与外延看，皆源于英文 scientific literacy，即对于 scientific literacy 一词存在"科学素质"和"科学素养"两种中文译法。scientific literacy 应是后天修习而得而不是源于天生，是人们在生活经验或者学习经历中增长的一种修养。科学素质中"素质"的包容面似乎比心理学中的"素质"更宽泛，它不仅包括能力的自然前提，而且包括人们在实践中增长的科学修养。如果不考虑心理学上的特指，"科学素质"和"科学素养"作为 scientific literacy 的汉译可以互换。在中文学术性文献中使用"科学素质"和"科学素养"两种表述的均有，而政策性文献中多使用"科学素质"一词②。

第二，公民技术素质的概念。技术素质包含在广义的科学素质范畴之中。《美国国家技术教育标准》提出，技术素质指的是使用、管理、评价和理解技术的能力③。美国技术素质委员会（CTL）、美国国家工程院（NAE）和国家研究理事会（NRC）认为，技术素质包括三个相互依赖的维度：知识、思维和行为方式、能力④。我国一些学者认为，技术素质是指一个人对与技术有关的知识和方法的掌握、运用及评价的总体水平。它包括对技术的基本知识和基本技能的掌握，运用技术解决问题的能力，以及对技术的意识、态度和社会责任的理解。还有些学者认为，技术素质是指个体在技术方面所具有的较为稳定的内在品质与涵养，将技术素质的要素定义为技术知识、技术行为能力、技术思想和方法、技术态度和情感⑤。

第三，公民信息素养的概念。随着信息社会的到来，一个与科学素质相关的概念——信息素养提了出来。信息素养与技术素质一样，被包含在广义的科学素质之中。信息素养在当代科技迅速发展和信息资源极其丰富的环境

①②　程东红.关于科学素质概念的几点讨论[J].科普研究,2007(3):7-12.

③　国际技术教育协会.美国国家技术教育标准:技术学习的内容[M].黄军英,等,译.北京:科学出版社,2003:9.

④　美国技术素养委员会,美国国家工程院,美国国家研究理事会.从技术角度讲,为什么美国人需要对技术有更深入的了解[Z].中国科学技术协会信息中心,2005.

⑤　王秀红.普通高中学生技术素养现状调查及教育对策研究[D].南京:南京师范大学,2005.

下变得越来越重要。由于环境变得愈渐复杂，个人在学习、工作和生活中面临着多样化的、丰富的信息选择。信息可以来自图书馆、社区、行会、媒体和互联网。越来越多的未经过滤的信息的出现导致它们失去真实性、正确性和可靠性。另外，个人很难理解和评估以图片、声像和文本的形式存在的信息。信息的不可靠性和不断增加的数量对社会形成威胁。如果缺乏有效利用信息的能力，就不能使大众从大量信息中汲取知识。

第四，全民科学素质与公民科学素质的概念。全民科学素质与公民科学素质是一个相对的概念，在政策性文献中使用频率较高。全民科学素质与公民科学素质是两个不同工作目标人群范畴的概念。

全民科学素质中的"全民"存在两种理解：全民可以指"全体公民"；全民也可以指"所有人"。实际上，无论在美国还是在中国，全民科学素质中的"全民"本身就具备这两层意思。从全民科学素质建设的目标看，全民瞄准的是所有成年公民，这里仅指全体公民。从全民科学素质建设的对象看，因为要实现一个人或群体到成年后具备基本的科学素质，就必须从未成年时期的养成开始。所以，这里的全民是指所有人。在中国，全民是指 14 亿多人，其中包括 18 岁以下的未成年人。由此，全民科学素质是指一个国家或区域所有人的科学素质。

公民科学素质是一个比全民科学素质相对较小的概念，仅指具有一个国家的国籍，根据该国的法律规范享有权利和承担义务的自然人的科学素质。例如，中国实施的"全民科学素质行动"中，工作目标人群包括未成年人、农民、城镇劳动者、领导干部和公务员、城镇社区居民等，覆盖全国的所有人群。而在中国公民科学素质调查中，其所调查的对象仅为公民，即 18—69 岁的成年公民，而不包括未成年人和 70 岁及以上的中国公众。

（三）当代科普与科学素质

科学素质具有后天习得性、积累自增性、系统层次性、动态历史性等基本特点，[①] 当代科普是科学素质习得的重要途径。科普的目的是不断普及科学知识、弘扬科学精神、传播科学思想、倡导科学方法，推动全民科学素质持续提升。科学素质的后天习得性源于知识与技能的特殊性，它并不是人类与生俱来的，而是一个人通过后天的生活经验或者学习经历来获得的。这种后天习得性也凸显了学习的重要性，特别是在以知识为基础的社会中尤其如此。科学素质的"后天习得性"，使通过科普等有效方式，倡导、组织而提高个体、公众乃至全民科学素质成为可能。

---

① 李正风，刘小玲，等.提高全民科学素质的目的、意义[M]//全民科学素质行动计划制定工作领导小组办公室.全民科学素质行动计划课题研究论文集.北京:科学普及出版社,2005:285－315.

第三节　当代科普基本特点

当代科普本质上是面向公众、大众化的科学活动，科普的内容须具科学性、时代性、通俗性，科普的过程离不开科学家、科技专家的参与，科普的成效集中体现在公众需要、公众获得感的满足程度上。

一、科学性是科普的灵魂

科普的科学性是指科普过程中涉及的概念、原理、定义和论证等内容的叙述是否清楚、确切；历史事实、任务，以及图表、数据、公式、符号、单位、专业术语和参考文献写得是否准确，或者前后是否一致等；科普内容是否符合客观实际，是否反映出事物的本质和内在规律，论据是否充分，实验材料、实验数据、实验结果是否可靠等。科学性是科普的根、科普的魂，也是科普的最低要求。

（一）无科学就无科普

科普的文章、图书、期刊、报纸、视频、多媒体等，如果不能确保内容的科学性和准确性，就会误导公众。科普的灵魂或者说科普的真谛就在于科学性，与其他的文艺作品或者其他作品不同，科普作品需要准确、真实、实证、可重复性等。科普跟科研不完全一样，科研是需要探索、创新，但科普往往是把已经研究好的或正在研究中的科学知识准确地表达出来，给公众一个非常准确的结论和概念，而不是似是而非，模棱两可，更不能是错误的。[①]

信息时代既为科普工作提供了便捷和迅速的通道，也对科普工作提出了新的挑战和难题。在全媒体时代，虚假科学新闻和谣言传播速度极快，影响面甚广，危害颇深。在科学素质尚没有普遍提高的当今，民众对很多事物并没有很强的信息甄别能力和辨伪能力，极易偏听偏信以致被网络上的不实科学信息误导。虽然官方机构和媒体每年都要举办科学谣言粉碎活动，但影响力有限。特别是，即使官方辟谣后，互联网企业并不删除相关虚假科学新闻，这些新闻仍可随时查得。[②]

日益泛在化的网络让科技信息加快传播，网络已经成为科普的主战场。第九次中国公民科学素质调查结果显示，超过半数的公民利用互联网及移动互联网获取科技信息。同时，在具备科学素质的公民中，高达91.2%的公民

① 刘嘉麒.科学性是科学普及的灵魂[J].科普研究,2014(5):7－8＋15.
② 武向平.浅析"科学家与科学普及"之若干问题[J].中国科学院院刊,2018,33(7):663－666.

通过互联网及移动互联网获取科技信息，互联网已成为具备科学素质公民获取科技信息的第一渠道。互联网的发展使信息以前所未有的速度和广度传播，同时也在一定程度上加快了一些谣言和伪科学的传播，这正所谓"当真理还在穿鞋，谣言已走遍天下"。在互联网时代，尤其要更加强化科普传播内容的科学性。

（二）科学家不能缺位

保证科普的科学性，离不开科学家、工程技术专家和广大科技工作者的潜心参与。随着科技的发展，科技新名词让人眼花缭乱、应接不暇。可当公众想理解它们的含义以及对未来生活的影响时，却不容易找到权威而又通俗的阐述，专业色彩很浓的概念和公式总让人感觉云山雾罩。术业有专攻，在学科日益细化的今天，任何人都有知识盲区，科普传播就是要尽可能地共享信息，弥合认识的偏差。例如，政府部门决策时如果缺少对科技前沿与产业发展的深刻理解，就可能误判新兴产业的方向，因此为决策部门传播有价值且通俗易懂的科技知识显得尤为重要。[①]

1. 科普是科学家的重要使命。强国梦不仅仅是让一些科学家能够引领世界的科技大潮，也要让全国人民能够生活得有品位、有尊严、有获得感。科普之道路，任重而漫长，但实现中华民族伟大复兴的召唤，时不我待。科学家是一切自然科学知识的源头，是科普的主力，永远无法被替代。站在人类和社会发展的角度，科学家有义务和责任把自己从事的研究以公众能够接受的方式展示出来，使公众理解科学、学习科学，进而推动人类社会进步。我国著名科普作家高士其曾说过："科学普及是科学工作者的重要任务之一。只有把科学研究和科学普及相互结合才是一个完整的科学工作者。"

历史上，不乏科学家做科普产生重大影响的故事：布鲁诺勇敢地宣扬传播哥白尼的"日心说"，影响整个欧洲 17 世纪的科学和哲学观；赫胥黎是达尔文进化论的坚定追随者和第一个提出人类起源问题的科学家，同时也是一个伟大的科普工作者，他一生追求促进自然科学知识的发展，推动科学研究方法在生活诸方面的应用；发明电磁感应效应的大物理学家法拉第的系列讲座《蜡烛的故事》，成为历史上科学家做科普的佳话与经典，给社会带来一股巨大的科学暖流，影响深远；爱因斯坦也曾著有《物理学的进化》一书，即使没有数学基础的民众也能从中了解"人类的智力如何寻找观念世界和现象世界的联系"；霍金的《时间简史》无疑是当代科学家做科普最成功的典范，其影响范围之广、影响效果之大、影响时间之久都是空前的——即使初入学

---

① 喻思娈. 院士该不该做科普 [EB/OL]. (2019 – 12 – 20)［2017 – 04 – 14］. http：//scitech. people. com. cn/n1/2017/0414/c1007 – 29209966. html.

堂的小朋友都知道《时间简史》，读不读其实都已不影响它存在的价值和意义。①

2. 有益于科学家赢得公众尊重。从科学发展规律而言，科普是科研事业发展的内生需求，只有公众理解科学，才能更支持科技发展。用科学精神、科学文化去影响更多的人，不仅是为了传播科学知识，而且为了让科学事业获得更多支持，也是基于实实在在的责任感。科学文化就是要传达寻找事物发展规律过程中实事求是的精神和作风，科学界一直在用科学的语言引导着人类对自身和客观世界的思考。中外科学家在科学探索中共同形成的科学思想、理念和精神文化，已经成为人类文化的重要组成部分，并不断向大众播撒科学和科学理念的种子，不断培育大众的科学意识。

当今，科学家获得业内认同，只是成长过程中的一个台阶，而得到大众认同则会更上一个台阶。在全球背景下的科学竞争中，科学研究水平的高低，不只关乎科学家自身，更关乎国家和民族的未来。国民科学素养的提高，能够有力推动科学实力的增长。科学知识从实验室到大众之间的"公里数"，可以成为衡量一个国家民众科学素养的标准之一。大众越是理解科学、越是拥有丰富的科学知识，就越会给科学事业更大的支持。科学家对研究项目和成果的深刻的理解，如果能够通过一定的传播手段，向大众深入浅出地解释科学，大众就会更深刻地理解科学进步与美好生活直接、间接的联系，也能在自己的工作和生活中用上更科学的方法，遵循更科学的路径。②

3. 科学家做科普需要条件。科技工作者做科普有很多限制因素，把科学研究的专业术语转化成大众能听懂的"大白话"是一种技能、一门艺术，并非每位从事前沿科学研究的优秀科学家，都能成为合格的科普专家。③ 科学家做科普也许会面临比一般人更大的困难。尽管他们是科学家，但是研究科学的人不见得懂传播规律。科普更多的是宣传性质的工作而非研究性的工作。④

当今，我国科技界是以科研成果衡量科研成绩，那些花精力做科普的科学家的工作，无法量化评价，不受重视，因而很难调动科学家从事科普的积极性。西方国家许多科学家、科技人员亲自上阵做科普，这得益于这些国家都有相应的激励机制。在这些国家，科学家花纳税人的钱，就必须对公众负责，每个科学项目、每个研究领域，科学家要争取公众的支持，都要在一定的时间内，用通俗的科普语言，告诉公众自己在干什么。这样，良好的科学氛围慢慢形成，公众也能了解科学家从事的工作、了解科学家。我国要激励

① 武向平.浅析"科学家与科学普及"之若干问题[J].中国科学院院刊,2018,33(7):663-666.
② 张泽.肩负起科学普及的责任[N].人民日报,2018-06-08(20).
③ 武向平.浅析"科学家与科学普及"之若干问题[J].中国科学院院刊,2018,33(7):663-666.
④ 张晓磊.神秘侠客的科普情怀[Z].中国科普作家协会,2019-06-27.

科学家从事科普，就必须把科普成绩纳入其职业考评体系，并在项目申请和完成环节，增加对科普的要求。科学家与工程师们也应该学习有效的沟通技巧，因为传播技巧对与公众交流至关重要。①

好的科学家，往往不仅能够"入乎其内"，通常还能"出乎其外"，与公众分享象牙塔中的思考与收获。科普与科技创新二者缺一不可，如果科普滞后，公众对科学家的研究的价值和目的不理解，似是而非，乃至谣言满天飞，最终影响的只会是科学家从事的科学研究自身。科学家从事科普是自觉行为，以科普项目形式进行的方式并非长久之策，在鼓励科学家投身科普的同时，要破除相关的体制机制障碍，为科学家投身科普创造条件。②

4. 科学家要把科普作为广告来对待。科普有很多种，基层科技传播是科普，科学记者的报道是科普，科普作家的写作也是科普。最好的科普作品不一定是由科学家写出来的，就像最好的历史小说不是由历史学家来写，最好的侦探小说也不是侦探来写。科普的任务是宣传和传播，它是科学的广告和营销。在产品的宣传过程中，最了解产品性能的人是科学家无疑，但要把产品推广到大众当中去，需要的首先是一个懂得大众营销的广告人，科普作家无疑就充当了这个角色。

科普作品是科学的广告，教科书是科学的说明书，两者各司其职。科普的目的是让大家记住科学这个意象。对大众来说，不一定要理解科学具体在做什么、某一个细节如何实现，这不是广告的任务，是说明书的任务。科普最重要的作用就是无论如何让受众记住有科学这个意象，并在熟悉的过程中逐渐接受。优秀的科普作品，好看是首位的。科普作品是广告，是为了扩大科学的市场，而不是为了让读者精确地了解科学。好的科普作品的标准依然是两个字：好看。科普作品并不拘泥于任何笔法，无论是武侠还是神话，一切写作形式的目的只有一个，便是讲一个精彩的故事，调动读者的阅读兴趣，这也是科普的基本任务。对于科普作品"有趣""正确"两要素的排序，科普书跟教科书有本质的区别，如果是教科书，那么要100%保证准确，1%的好看流畅足矣。科普作品也许做不到100%的正确，但一定要保证100%的有趣。一本无趣的科普书，99%的读者在阅读后5小时便会忘记90%的内容，哪怕100%的正确依然起不到科普的作用。科普首要任务就是影响大众的认识，让大众对科学的元素更感兴趣。最理想的科普环境，就是在尽可能大的范围内，把科学的氛围烘托起来。③

① 袁志彬. 科学家如何做好科普工作？［N］. 广州创新,2018 - 02 - 12.
② 喻思娈. 院士该不该做科普［EB/OL］.（2019 - 12 - 20）［2017 - 04 - 14］. http:∥scitech. people. com. cn/n1/2017/0414/c1007 - 29209966. html.
③ 张晓磊. 神秘侠客的科普情怀［Z］. 中国科普作家协会,2019 - 06 - 27.

（三）媒体人不能越位

媒体人不能代替科学家做科普。除了科学家的科普讲座、科普文章、科普书籍，媒体无疑是科普的最有效和最广泛的载体，在科普工作中发挥巨大的传播作用，特别是进入全媒体时代，这一作用被发挥得淋漓尽致。需要注意的是，当媒体和媒体人担任科普的源头和传播渠道时，既可以传递正能量，也可以传递负能量。

1978 年，作家徐迟写出影响一代人的报告文学《哥德巴赫猜想》。当时的豆蔻少年，一遍遍吟诵着其中饱含深情的词句，心中升起对科学的崇尚和对科学家的敬仰，点燃立志科学报国的一腔热情。这部作品大概可以称得上是中华人民共和国成立以来媒体人做科普最成功和最具影响力的典范，向社会传递科学和科普的巨大魅力和正能量。当今，能够像《哥德巴赫猜想》这样引起社会巨大反响的作品少了或者干脆不见了，究其原因，是像徐迟这样能够深入生活的媒体人少了。眼下，一些媒体人不直接面访科学家，而是凭网上搜寻到的支离破碎资料，就杜撰出科学家和其从事科学研究的故事。这些故事和其中的"科学知识"，不仅给科学家本人也给社会造成不良影响。

难怪有位科学家曾说："作为科学家每上一次报纸就会丢掉一个朋友，上一次电视就会丢掉所有朋友。"虽然可以怪罪科学家尚未学会和媒体打交道，但主要原因还是当今的一些媒体和媒体人不再"沉下去"深入生活，不再把科学的严谨及对科学的敬畏放在第一位，而把能否吸引眼球当成最大的动力和推手。更有甚者，一些媒体人在制作和报道所谓科学事件新闻的背后，带着强烈个人色彩，预先设定舆论的导向，选择性片面取舍科学事实，仅列举有利于自己观点的"科学证据"，利用电视和网络的广泛传播效果，在社会上产生极其恶劣的影响。[①] 媒体人不能完全代替科学家做科普，科学家要站出来担任科普使者。

二、群众性是科普的生命

当代科普是一项面向全体公众的社会教育活动，依靠群众，发动群众，从群众中来，到群众中去，走群众路线是当代科普的生命线。

（一）以公众为中心

当代科普是增进人民福祉、促进人的全面发展的重要事业，必须坚持以公众为中心，坚持把满足公众对美好生活的向往作为当代科普的出发点和落脚点。

一是要坚持科普为民向善的思想。科普为了公众，助力人们提高就业创

---

① 武向平.浅析"科学家与科学普及"之若干问题[J].中国科学院院刊,2018,33(7):663-666.

业能力，助力提高人们物质生活和精神文化生活的水平与质量，这就要求科普要面向民生。科普还要助力公众提高参与公共事务的能力，这就要求科普要面向民主决策，为公众参与公共决策提供必要的科普背景知识。科普成果为人民共享，让科普成果最便捷地惠及全体人民。

二是要尊重科普受众的主体地位。在当代科普实践中，必须尊重科普受众的主体地位，充分激发和调动公众积极主动参与科普过程，针对不同受众施以不同的形式和内容，一切以适于公众掌握、满足公众需要为标准。实践证明，由于科普对象层次不一、需求不同、接受能力不尽相同，当代科普要取得好的效果必须贴近公众，在内容上要符合每位受众的个性需求，在形式上要生动活泼，易于公众理解和参与，满足每位受众的偏好。

三是要让普通人参与科学的过程。当代科普，实际上就是公民科学、大众科学，是普通人都能参与的科学。任何人都可以参加，参与者使用与专业科学研究人员相同的研究计划，并且规定对他们收集到的数据进行录入和检验，解决真实的科学问题，而不仅是演示科学概念。当代科普要促进普通人与科学家合作，利用公民参与科学活动的数据优势，完成真正的科学研究。在公民科学活动中，成年人、青少年甚至儿童都可以与专业科学研究人员展开合作，开展真实的科学研究。2018 年美国科学院发表的一份关于公民科学的报告认为，公民科学为科学研究和普及提供了新的场所，并特别适合人们在学习中理解社会和文化，在学习中理解公平、多样性和权力等相互交叉的价值观。这种使普通人能参与具体科学研究的公民科学，对拉近科学与公众之间的距离是一种很好的渠道和方式，不仅使参与的公众真正体验科学研究的乐趣，也极大地节省科学研究成本，还能加速科研工作的产出速度。当然，也有一些专家担心，参与公众的科学素养不足会带来各种问题。[①]

（二）依靠大众参与

当代科普一切依靠公众，从公众最关心、最直接、最现实的利益问题入手，让公众亲历科普、参与科普，既是公众自身的要求，也是科普服务本身的需求。

第一，亲历科普是公众的愿望。著名教育家波利亚曾指出："获取知识的最佳途径是自己的体验，因为自身体验最清楚，也最容易得出其中的内在规律、性质和联系。"在经历探究的过程中可发展对科学本质的理解，引发他们思考，触动心灵，培养好奇心和探究欲，使他们学会探究解决问题的策略，并愿意进一步开展研究。[②] 当代科普要善于给公众留有亲身经历的空间，通过

---

① 周俊敏.公民科学——普通人都能参与的科学[企鹅号].科学媒介中心,2019 - 09 - 09.
② 徐利红.引导学生在亲历探究中触摸科学[J].教学月刊(小学版),2014(10):综合.

现场科普展演展示、科普互动参与、科学实验体验，以及参观科研院所、实验室、科学场馆，与科学家面对面互动交流等各种有效方式，吸引和组织公众亲历科普、努力引导公众动手动脑亲身参与丰富多彩的科普活动，让公众"零距离"接触科学，切身体验科学发现、科学探究、科学创造、科学生活、科学生产的过程，培养科学兴趣，化解对科学的神秘感。

第二，科普需要公众的参与。科普公共服务往往需要在公众参与中完成，公民有参与科普活动的权利。当代科普中，依据公众参与度不同，分为高接触科普、中接触科普和低接触科普等三类。高接触科普服务指公众在科普服务过程中，参与其中全部或者大部分的活动，如科技馆、科普报告会、科幻电影等科普服务。中接触科普服务指公众只是部分或局部时间内参与其中的活动。低接触科普服务指在服务推广中公众与科普服务的提供者接触较少的服务，其间的交往主要是通过仪器设备进行的，如互联网、出版物等传播媒介提供的科普服务。

第三，公众参与是当代科普的标识。公众参与式科普是当代科普发展的必然要求，是当代科普由管理走向治理的必然要求。英国研究理事会将参与式科普界定为："促进个体和群体之间争论和互动，并且创造一种人们讨论科学议题的氛围。"从决策层面看，参与式科普可能不会产生结果，但它增加人们对这些议题的兴趣和意识，科学家可以与公众进行交流，公众之间也可以彼此交流。在参与式科普中，公众变被动为主动，科学共同体与公众共同合理地建构科学传播的"公共领域"，公众和科学共同体处于同等地位，双方平等地开展对话协商。[①] 随着信息化智能社会的到来，基于众创、众包、众扶、众筹方式的参与式科普正在成为潮流。

（三）满足全民需求

科普是公益性事业，也有文化产业属性，满足公众需求是当代科普的根本所在。科学技术是生产力，而且是第一生产力，但科学技术的土壤是文化，而且是先进文化。没有土壤的树是长不高的，没有深厚科学文化的土壤，是孕育不出先进科学技术的。作为生产力，科学是有用的；作为文化，科学是有趣的，两者互为条件。当代科普是科学技术与文化的桥梁，是社会竞争的软实力和创新社会的基因，当代科普作为公共服务产品，其根本目的是最大化地满足社会公众的需求。要解决当代科普公共服务供给不充分、不平衡问题，也应采用市场竞争的方式来高效率、高质量提供科普公共服务产品。

---

① 王大鹏. 让公众更好地参与科学 [EB/OL]. (2017 – 05 – 26) [2019 – 12 – 20]. http://kepu.gmw. cn/2017 – 05/26/content_24611060.htm.

三、公共性是科普的特质

科普兴则民族兴，科普强则国家强。科普作为公益性事业，日益成为推动人类社会创新发展的驱动力量，成为国富民强的重要标志。

（一）科普的服务性

当代科普主要由政府主导、社会力量参与，通过公共科普设施、科普产品、科普活动及其他相关科普服务等，来满足公民的基本科普需求的行为，其本质是一种具有一般性服务特性的公共服务。

一是科普服务的无形性。在参与或消费之前，科普服务是看不到也无法触及的。例如，准备去听一场科普报告时，听众无法确知其质量、品味是否如预期；现场情景、科普服务人员的服务质量事前没法确知。

二是科普服务的不可分割性。除科普出版物等一些科普实物载体，科普服务的特性是生产与消费同时发生，无法分割。例如，接受科普咨询或参观科技馆时，要得到专家、讲解员所提供的科普服务，科普受众必须在现场，科普受众与科普服务提供者的互动关系会影响科普服务的结果。

三是科普服务的变异性。科普服务的生产与价值传达主要是靠人，人就容易受到情绪与身体状况的影响，而无法确保每次都表现出一致的科普服务水平。科普服务质量依据提供者时间、地点、场景、服务方式、情绪等不同而有差异。

（二）科普的公共性

科普产品的公共性是指科普所提供的产品和服务是由公众共同占有和享用，具有公共性、社会性、整体性，受益主体是公众、社会和国家、民族，甚至全人类，而绝不限于社会成员的某一个个体。当代科普不仅促使公众具备科学文化素质，也能提高社会生产力水平、形成良好的社会风尚、促进科学技术和经济的可持续发展，使整个国家、社会、人群、个体都能从中受益。正是基于科普公益性的认知，当今许多国家将科普作为整个国家发展的基础工作予以极大的重视。随着我国建成世界科技强国、实现中华民族伟大复兴的中国梦的国家战略的确立，加强国家科普能力建设，增加科普公共服务供给，已经成为我国政府的意志。

政府是社会公众利益的代表，公益性科普事业或产业应该主要由政府来投资。国家对科普事业和产业投资的目的，是为了追求科普特定的公共利益与需要，生产或提供具有公共利益或效用的科普公共产品或科普准公共产品，以满足公众需要及其对社会公共利益的追求。此外，除政府科普投入，社会各界也是科普投入的重要方面。当今，一些发达国家的科普经费主要来源于政府和捐赠，政府对科普活动的经费支持主要起杠杆作用，从而带动民间机构和公民个人对科普活动和科普组织进行捐赠。例如，澳大利亚科技节的活动经费预算每年为 70 万澳元，其中 62% 是来自社会赞助。

（三）科普的公平性

均等化是科普公共服务公平性的基本要求，是指政府为社会公众提供基本的、在不同阶段具有不同标准的、最终大致均等的科普公共物品和科普公共服务。其核心是促进科普机会均等，重点是保障所有公众得到科普基本公共服务的机会。解决科普服务均等性问题，与科普资源的享有程度相关，是世界各国面临的普遍难题，也是我国科普的工作目标。

科普公共服务均等化，既包括在不同地区之间、城乡之间、不同年龄人群之间、不同身份人群之间、不同性别人群之间、网上网下之间、不同时间之间等的均等，也包括科普公共服务的供给与需求之间的服务产品内容、服务产品形态、服务供给方式等的均衡。当今制约我国科普均等化的主要问题，仍然是科普公共服务供给总体不足、公众对科普公共服务的自主性有限、选择机会不多。同时，科普事业主导科普公共服务供给，科普产业发展滞后，科普公共服务供给来自需求侧的颠覆力量极其有限。

第二章　当代科普发展历程

科普随着人类社会和科学技术的进步而发展。回顾总结我国科普历史，对充分认识当代科普在国家政治、经济、社会、科技、文化，以及人们日常生产和生活中的地位与作用，继承发扬科普优良传统，守正创新具有重要意义。

第一节　我国科普历史沿革

我国有着悠久的文明历史。中国古代的教育萌芽于原始公社和夏、商、西周时期，到了西周已经有了较为完备的教育制度。我国的科普正是随着古代科学技术和教育的发展而发展的。

一、古代科普缘起

最早的科普如同教育的产生一样，源于人类生产和生活的需要，但科普的起源要比学校教育早。在古代，人类为了自己的生存，需要从事物质资料的生产，人们在生产劳动和生活实际中发现的一些规律、技巧，需要传递给别人，别人则需要向这些发现规律和掌握技巧的人模仿、学习，这就有了原始的科普产生动机。因此，最早的科普应该在学校产生之前，在人们的生产和生活交往中就存在，科普产生于正规的学校教育之前，并为后来学校的科学教育奠定了很好的基础。

（一）古代科技发展

中华民族的祖先很早就在华夏广阔的土地上生活，原始社会人类的足迹遍及我国南北各地。与世界其他古代文明相比，我国奴隶制国家的形成较晚。例如，发源于现今土耳其境内的亚美尼亚高原的幼发拉底河和底格里斯河的两河流域文明，非洲的尼罗河三角洲的古埃及，约在公元前3000多年分别出现许多奴隶制城邦，随后又发展成为奴隶制国家。在南亚次大陆及其邻近岛屿形成的古印度约在公元前3000年以后，过渡到奴隶制社会（史称哈巴拉文明）。

　　从奴隶制向封建制过渡的春秋战国时期，我国的科技出现明显的飞跃。经过秦朝与汉朝，总体水平迅速提高。而两河流域在公元前 6 世纪为波斯人占据，从此结束它的文明史。古埃及至公元前 525 年实际上成了波斯帝国的一部分，其后又为希腊人所统治，它的历史从而告终。哈巴拉文明至公元前1750 年后突然中断。古希腊出现奴隶制的时间与我们差不多，但后来其文明也中断了。在世界古代文明中，只有中华文明一直延续。所以，我国古代科技自秦汉以后，在世界科技史上产生了重大的影响，例如中国古代的四大发明。然而，中国古代科技作为古代社会的产物，除医学外，基本上停留在经验性阶段，没有形成理论体系。这与我国古代统治阶级长期坚持推行人伦化教育、轻视自然科学，主张修己治人、轻视庶民教育有直接关系。

　　古希腊的自然哲学比较发达，自然科学的一些部门，如天文学、数学特别是几何学的理论性较强，科学思想、科学方法也都达到了相当水平。我国古代的科学家不注重理性思维，他们的成果基本上都是实用性的。我国古代哲学家不甚关心自然界中的问题，对自然界的知识所知甚少，他们对自然界的认识只有一些笼统的猜想。这种现象对哲学和自然科学两个方面的发展都十分不利。

　　儒家文化是中国古代的主流文化。儒家文化主要围绕人与自身、人与人、人与集体、人与社会的道德关系展开，"德"在其中占主导地位。能力则不同程度上被忽视，甚至有"女子无才便是德"之说。中国本土文化中，唯一能长期与儒家既相抗衡又互为补充的哲学学派只有道家。道家面对知识积累和返璞归真的矛盾，否定人的能力，明确主张"绝学""弃智"而"为道"。儒家和道家文化对能力的轻视和否定，是中国古代科学技术未能达到更高形态的一种文化原因。

　　我国古代科学多为经验之谈。以农学为例，我国古代农学著作数量很多，包括已散失的，已知有 370 多种，为古代世界各国之冠。但它们基本上都是各种农业生产具体经验的记载，几乎未曾作出理论性的概括和总结，更没有形成学科理论体系。又如我国古代天文学，基本上只是为制定历法服务。

　　我国古代数学成就甚大，但基本上是一门实用性的学科。众多的数学家中，只有三国时期魏国的刘徽为《九章算术》作了详注，对《九章算术》中的全部公式和定理给出了证明，对一些重要的概念也给出较为严格的定义。刘徽被认为是我国古代数学理论的奠基者，可惜刘徽这样的工作未能继续和展开。①

---

　　①　本书编写组.科学技术普及概论[M].北京:科学普及出版社,2002:4.

（二）古代教育发展

先秦时期，早期的学校产生于奴隶制国家建立之后的夏朝。夏朝之后，商代是靠宗教和军事统治国家，这决定学校教学内容以宗教和军事为主，礼乐教育也比较发达。从甲骨文和古籍所载来看，商代学校还要进行读、写、算教学。西周的学校以"六艺"为基本课程，"六艺"包括礼、乐、射、御、书、数，反映出教育思想已涵盖德、智、体、美等方面的因素。但是，西周的学校教育对生产知识和科学技术极不重视。《尚书大传·略说》称："审曲面执以饬五材，以辨民器，谓之百工。""坐而论道，谓之王公。"当时学校的任务是培养统治者，所以百工技艺就自然不被列进课程内容。

春秋战国时期，经济、政治和文化的急剧变化给社会带来剧烈的震荡。此时官学趋衰，私学骤兴，形成官学与私学并存的局面。诸子百家纷纷立学设教。其中，对教育有较大影响的是儒、墨、道、法四家。当时儒墨两家被称为显学。孔子整理订正的古代文化典籍《诗》《书》《礼》《乐》《易》《春秋》，是我国第一套比较完整的教科书。《乐》后来亡佚，其余五书称为"五经"。墨子被认为是我国古代和世界古代伟大的科学家之一，《墨经》是墨家进行私学教育的教材。在教学内容上已有力学和光学方面的知识；在教学方法上，也已运用自然观察法，这是物理实验的起源。可惜墨学在汉代独尊儒术之后，渐渐消退，以致对整个古代教育的影响甚微。

秦汉后的封建社会时期，秦统一全国后，在教育上采取"以法力教""以吏为师"的学文制度。秦始皇三十四年（公元前213年）以后，开始编写全国统一的识字课本。公元前136年，汉武帝接受董仲舒、公孙弘等人的建议，"罢黜百家，独尊儒术"，规定以五经作为策士铨材的标准。就是以儒家典籍向人们灌输儒家教义，包括儒家的宇宙观、人生观和伦理道德观念，以达到所谓"成德达材""化民成俗"的目的，从而为其统治服务。此时，只有宫廷学校开设天文、数学等科学教育课程。而在此后的两千多年的封建社会里，五经基本垄断学校课程，严重阻碍了科学教育的发展。

三国时期，私学兴盛，当时私学的教学内容多以儒家经学为主，但也有些私学兼教天文、历法等。如郭思设的私学，既教经学又教天文学（《三国志·魏书·管辂传注》）。南北朝的情况大抵相似，只有少数私学涉足"算数、天文"。

隋唐时期是我国封建社会的鼎盛阶段，经济、政治、文化都达到空前的繁荣和昌盛，教育也有长足的发展，其中包括科技教育。隋朝统一中国后，鉴于魏晋南北朝时期玄、佛、道相继兴起，儒学一度衰微的局面，重新重视儒学。科学教育方面，在中央官学新创了算学等专科学校。唐代中央官学也设置算学专科学校，学习内容为财政收支、历法、天文及较复杂的计算技术，修业年限 7 年；同时，还设置医学专科学校。医学分为四门：医学、针学、按摩学和咒禁学，均有严格的修业年限和课程设置。这种情况一直延续到宋代。

元代在地方官学中设置社学、医学和阴阳学。社学是当时较为普及的教育形式，主要是加强对农民的封建道德教化和农桑耕种技术的教育，但没有固定的课程和严格的教学制度。医学和阴阳学属科技教育类，前者专学医，后者学习天文学和术数。

明代中央官学仍保持有医学和阴阳学。清代中央官学建立算学馆，是研究自然科学的学校。康熙五十二年（1713 年），选八旗子弟学习算法；乾隆四年（1739 年），将算学馆隶属于国子监，称国子监算学。①

（三）古代科普萌芽

我国从原始社会解体到奴隶制国家建立，以及封建社会的发展，经历了很长的历史时期。在此期间，学校教育经历萌芽、产生、发展的过程。后来的学校教育发展又为科普教育培养了科普传授者，进一步促进了科普的发展。当然，我国古代的科普远不如现在这样有意识、有系统、有建制地进行，而是隐含在人们的生产和生活实践中，与人们的生产和生活实际紧密地结合。而且古代科普在内容上基本是一些农事生产、生活常识、医疗修身等方面的科学技术知识。

在中国古代社会，科技内容在官学与私学课程中虽有所反映，但重视程度不够。中国古代文化和教育过于重视道德教化和身心义理等人文精神的发展和培养，忽视学科自身的特点和性质，所以学术发展未能向自然科学和社会科学的具体领域延伸，研究成果未能扩展生成独立的学科群。这极大地束缚了自然科学和社会科学诸学科的成长，也使人文学问后来愈益走入"经学"的死胡同。

中国古代文化，特别是占主导地位的儒家文化，在价值观上都是以伦理道德标准为首位。在选择、认可、使用文化知识和教育内容时，主要根据道德教育的目的与任务来确定。虽然隋唐以后也设置一些与自然科学相关的专科学校，并颁布一些科技教材，但其地位远不能与儒家经典相比。六艺中，只有"数"属自然科学方面的内容。但从教育整体来看，科学技术不是学习的重点，也不受人重视。正是由于学校没有把科学技术教育作为主要内容，所以，知识、百工技艺大多只能在民间通过模仿式、师徒式、手工业式，以一传十、十传百的人际传播的方式进行传授，这是当时民间的知识、技能传播盛行的原因所在。同时也说明我国古代科普不受统治者所重视，而在民间

---

①　本书编写组.科学技术普及概论[M].北京:科学普及出版社,2002:5.

却受到劳动人民的重视。①

（四）古代科普方式

我国古代科普的途径和形式主要有以下三种。

第一，言传身教。农业、畜牧业和手工业实践，以及人们生活实际中的科普都靠言传身教。在农业、畜牧业和手工业生产技术中，广泛存在着科学知识和技巧的应用。家族或师傅在把自己所掌握的专门知识与技能传授给子孙和徒弟的过程中，同时也传授了其中所包含的应用科学知识。在实践中，为了便于技艺的掌握，先人创作一些歌谣来传播、普及科学技术知识和技巧。数学方面有《九九歌》《归除歌》等歌诀，气象方面有多种天气谚语和歌谣，医学方面有《药性赋》《药性歌》《医学三字经》《十叟长寿歌》等诗词歌赋，农学方面有《耕田歌》《耕织图诗》和多种农谚。这些歌谣有的在春秋战国就已出现，有的至今仍广为流传。人们通过传诵这些顺口易记的歌谣，就能很快地学会一些科技知识和方法，从而有助于这些知识和方法的普及。

第二，著书立说。随着社会的进步，历代专家、学者又陆续创作印发了多种图文并茂、诗画相配，既有学术价值，又有普及意义的图书，其中有些达到了相当高的水平，如春秋战国时期的《墨经》《考工记》，汉代的《论衡》《氾胜之书》，南北朝的《齐民要术》，宋代的《梦溪笔谈》，明代的《农政全书》《本草纲目》《天工开物》《乐律全书》《徐霞客游记》等。更为重要的是，中国古代学术的特点是综合。有人统计，在《诗经》中，涉及动植物达334种、谷物25种、蔬菜38种、药物17种。从动植物种类划分，有草类37种、花果15种、树45种、鸟类42种、兽类41种、虫类31种、鱼类16种。《春秋》中记载日食37次，还有哈雷彗星，而且相当准确。其他类的著作中的科技知识就更多了。如战国末期秦国丞相吕不韦的门客所编的《吕氏春秋》（公元前239年）中的《上农》《任地》《辩土》和《审时》四篇，主要论述农业生产的重要性和农业生产中因时、因地制宜，充分发挥人的作用等问题。因此，可以认为中国古代的专业科技教育和科普在一定程度上得益于古代学术的综合性特点。

第三，聚徒讲学。古代有专长的士子，可以在私学中讲授科学知识的内容，也可以在带徒中集体讲授知识和技巧，如明末清初的颜元在他创办的漳南书院中，就曾设有水学、火学等科目。②

二、近代科学教育发展

鸦片战争后，我国逐渐沦为半殖民地半封建国家。西方国家靠科学技术

---

① 本书编写组.科学技术普及概论[M].北京:科学普及出版社,2002:6.
② 本书编写组.科学技术普及概论[M].北京:科学普及出版社,2002:7.

的发展日益强盛,给我国有识之士带来许多思考。知识界一些人希望从古代典籍中寻找富国强兵之道,而另一些人士则喊出科学救国、民主救国、实业救国等声音。对我国近代科普的发展产生重大影响。

(一)教会学校科学教育

鸦片战争后,我国国门被打开,国外的教会进入中国,并开设许多教会学校,在客观上给中国带来了最早的科学教育。

1839 年,美国传教士布朗(S R Brown)在广州开设马礼逊学校(不久迁往澳门、香港),开设算术、代数、几何、生理学,还上过化学课。1844 年,由英国"东方女子教育协会"派遣的爱尔德赛女士(Miss Aldersey)在宁波开设中国最早的教会女子学校,课程有圣经、国文、算术等,并教授缝纫、刺绣等技术。1864 年在北京开设的教会学校贝满(Bridgman)女校,开设科学初步、生物、生理学。1864 年美国北长老会传教士狄考文(Calwin W Mateer)创办山东登州文会馆,学制 3 年(备斋,小学程度)。1873 年起增设正斋,中学程度,学制 6 年。1891 年该馆的"正斋课程"中的科学课程有:第一年天道溯源、代数备旨,第二年天路历程、圆锥曲线,第三年测绘学、格物,第四年天道溯源、量地法、航海法、格物(声、化、电、地石学),第五年物理测算、化学、动植物学,第六年微积学、化学辨质、天文揭要。该校还建立物理、化学实验室,并附设有机械厂、发电厂、印刷厂及天文设备。这些科学课程的开设,与以经学为主的传统课程相比,可以说是一种突破性的变革,客观上起到传播西方较先进的科学技术的作用,也为中国培养了一批初步懂得近代科学技术的人才。[①]

(二)洋务学堂科学教育

19 世纪 60 年代初,清政府的一些大臣认识到中国传统的文化已不能与西方列强抗衡,必须学习西方科学技术,引进机器生产,才能挽救清王朝的统治。他们开始推行洋务"新政"。新政中包括办学堂,学习"西文"和"西艺"。

1862 年创办的京师同文馆,是我国近代最早的、也是最有代表性的一所洋务学堂,开始只教授外语。1866 年,洋务派首领恭亲王奕䜣奏请在同文馆内添设天文算学馆。算学馆增设后,同文馆中的学习科目逐渐扩大,其中有算学、天文、格物、医学生理等。1876 年,算学馆报经总理衙门批准,课程设置计划分 8 年课程表和 5 年课程表两种。8 年课程表先学 3 年外语,再开始学习理工类课程;5 年课程表不设外语,用译本直接读理工类课程。其中,科学课程共 6 门,即数理启蒙:初等数学和自然常识;格物:物理学;化学(无机、分析);重学测算(力学);地理金石(矿物学);天文测算

---

① 本书编写组.科学技术普及概论[M].北京:科学普及出版社,2002:8.

（天文学）。

（三）维新派的科学教育

维新派和洋务派主张的主要不同点在于专制政体的变与不变，以及是否要发展资本主义。维新派提倡的"西学"，包括社会政治学和自然科学，即所谓"政学"和"艺学"。对于艺学，他们非常重视。

1876 年，徐寿和英国学者傅兰雅发起成立上海格致书院（1879 年招生）。该院与中国旧式书院、教会学校、洋务学堂均不同，为私立学堂。校内学术气氛较浓，课程以自然科学为主，分矿物、测绘、工程、汽机、制造等专科。徐寿等在创院之始，就购置各种仪器，学者可以免费在院内实验室做实验或用幻灯机。此时，由傅兰雅编写，徐寿、徐建寅翻译的《格物须知》已形成教科书的体系。

1897 年，张元济开办北京通艺学堂。著名维新派人士严复曾到该校"考订功课，讲明学术"。严复是近代中国最早系统地阐述德智体全面发展教育思想的人，而且特别重视科学教育，强调学校课程应以科学教育为核心。他的科学教育思想的特点是以开发民智为目的。他把学习自然科学的"为学之道"分为三步：第一步是"玄学"，内容包括名学（即逻辑学）和数学；第二步是"玄者学"，实际上是物理学和化学；第三步是"著学"，内容包括天学、地学、动植之学、人学等（人学又分为生理之学和心理之学）。严复在重视自然科学的同时，还强调"格物求理"，即掌握规律的途径，倡导归纳法和演绎法等逻辑推理方法。①

（四）清末民初科学教育

1902 年，清朝京师大学堂管学大臣张百熙主持制定《钦定学堂章程》，其中规定中学学制 4 年，教学计划设置 12 门课程。《钦定学堂章程》奠定了我国普通中学课程架构的基础，以后长期沿用，基本未变，史称"壬寅学制"。但这个学制当时未获实行。"壬寅学制"的科学课程设置为博物、物理、化学 3 门，博物含生理、卫生、矿物。

1904 年 1 月，由张之洞主持制订的《奏定学堂章程》，即"癸卯学制"颁布并实行。《奏定学堂章程》规定普通中学学制 5 年。章程中的"各学科分科教法"，可以看作是我国最早的课程标准，它对博物、物理及化学等科学课程内容作了详细规定。

民国初年，蔡元培任教育总长。1912 年颁布《普通教育暂行办法》，学堂改为学校，中学学制改为 4 年。随后颁布《中学校令施行规则》，其中规定

---

① 本书编写组.科学技术普及概论[M].北京:科学普及出版社,2002:9.

了学科及程度，说明了各学科的要旨。①

三、近现代科普兴起

我国有组织、有纲领、较大规模地开展科普，是在鸦片战争之后，一些觉醒的知识分子为挽救民族危亡，寻求强国富民之路，推动了民主与科学的思潮。

（一）救国图存的科普

鸦片战争后，西方列强打开了中国的大门，中国逐渐沦为半殖民地半封建国家。中华民族在付出惨重牺牲之后，看到世界科学技术的发展和自己的落后，被迫开始为国家和民族的命运与前途思考。人们看到科学技术落后的后果，发出"科学救国""民主救国"呐喊，引起中国近代史上对科学技术和科学教育的重视，为我国近代科普的发展创造了良好的社会氛围和基础条件。

在辛亥革命之前，1895年10月，伟大的革命先行者孙中山先生在《创立农学会征求同志书》一文中就明确提出提高与普及相结合的办会主张："今特创立农学会于省城，以收集思广益实效，首以翻译为本，搜罗各国农桑新书译成汉文，俾开风气之先。即于会中设立学堂，以教授俊秀，造就其为农学之师。且以化学详核各处土产物质。阐明相生相克之理，著成专书，以教农民，照法耕种，再开设博览会，出重赞，以励农民。"孙中山先生这里所说的"以收集思广益之实效"和"俾开风气之先"是提高方面的工作，而"以教农民，照法耕种"和"开设博览会"等则是普及方面的工作。②

（二）西学东渐的科普

五四运动前后成立的科学团体，在"科学救国""教育救国""实业救国"思想影响下，办会宗旨大多为研究学术与普及知识并重，如1915年成立的中国科学社、1917年成立的中华农学会、1922年成立的中国天文学会、1927年成立的中华自然科学社等。20世纪30年代成立的科技团体仍然肩负着这两方面的使命，如1932年成立的中国物理学会"一直向着一个目标前进，即一方面谋物理学本身的进步，一方面把已得的物理知识尽量地向大众普及"。1934年成立的中国动物学会"以联络国内动物界学者共谋各项动物学知识之推进与普及为宗旨"。1935年成立的中国数学会"以谋数学之进步及其普及为宗旨"。③

以中国科学社为例。该社由一群中国留学生在1915年创办于美国康奈尔

---

① 本书编写组.科学技术普及概论[M].北京:科学普及出版社,2002:9.

②③ 本书编写组.科学技术普及概论[M].北京:科学普及出版社,2002:10.

大学，旨在"提倡科学，鼓吹实业，审定名词，传播知识"。科学社主要发起人为任鸿隽、秉志、周仁、胡明复、赵元任、杨杏佛（杨铨）、过探先、章元善、金邦正 9 人，任鸿隽任社长。1928 年定址上海，在全国设有分社或支会。社员多为科学、教育、工程、医务界人士。除了学术活动，办有生物研究所、明复图书馆、中国科学图书仪器公司，出版《科学》《科学画报》《科学季刊》等杂志及《论文专刊》《科学丛书》《科学史丛书》等。该社于 1959 年秋停办。

中国科学社成立之初，就把科普当成该社的一项非常重要的工作来做。《科学》杂志自 1915 年创刊以来，始终以"传播世界最新科学知识"为旗帜，在传播科学理念、介绍科学知识与科学原理、及时传达西方最新科技动态、发掘整理中国古代科学成就、阐发科学精义及其效用等方面做出了贡献。《科学》杂志仅在 1919—1938 年就刊行 20 卷，如果按任鸿隽的统计，以每卷 12 期、每期 6 万字计算，即有 1400 余万字；每期除科学消息、科学通讯等内容，以长短论文 8 篇计算，就有论文近 2000 篇；以每人作论文 3 篇计算，则有作者 600 余人通过《科学》发表诸多学术观点。1933 年创办普及性的《科学画报》半月刊，旨在"把普通科学智识和新闻输送到民间去……用简单文字和明白有意义的图片或照片，把世界最新科学发明、事实、现象、应用、理论以及于谐谈游戏都介绍给他们。逐渐地把科学变为他们生活的一部分"。《科学画报》发行量很大，成为当时国人了解科学知识的良师益友，在推进中国科学化运动方面堪称功勋卓著。中国科学社所做的这些工作，有效地传播科学知识和科学思想，开阔国人的科学眼界。[①]

（三）共产党倡导的科普

1921 年中国共产党成立后，就竭力推动科普发展，为我国近现代科普发展做出了积极贡献，也为中华人民共和国成立后的当代科普发展奠定基础。中国共产党最初的领导者大都是新文化运动的中坚分子或支持者，在共产党后来创立的革命根据地和解放区开展了一系列科普工作。例如，1931 年在江西瑞金建立的第一个红色革命政权——中华苏维埃共和国，紧密结合苏维埃社会主义建设、增加工农业产品的产量、工农群众的文化教育，开展灵活多样、丰富多彩的科普活动，列宁小学、职业学校以及夜校、扫盲班开设普及科学常识和实用技术的课程，文艺工作者创作《科技进我家》《破除迷信》等剧目，中央出版局出版百余种科普书籍，各大报刊开辟科普专栏，中央农产品展览所定期举行大规模农产品展览会等。[②]

---

① 张超.中国科学社在中国现代科学发展中的作用[N].光明日报,2008 –11 –30(7).

② 刘晓毛.中央苏区科普工作特点及其启示[J].党史文苑(学术版),2008(24):13 –14.

陕甘宁边区、晋察冀边区时期，中国共产党把开展自然科学大众化运动当成一项革命工作。毛泽东主席在谈到科普时就说："科学普及工作很重要，每个人都要懂得一点自然科学。干部首先要学，还要向边区群众普及科学知识，要帮助他们发展生产，讲究卫生，提高文化。"① 在解放区成立的科技团体，大多以科普工作为己任。例如，1938 年成立的延安国防科学社的宗旨是："研究与发展国防科学，增进大众的科学常识。"1940 年成立的陕甘宁边区自然科学研究会的主要任务是："开展自然科学大众化运动，进行自然科学教育，推广自然科学知识，使自然科学能广泛地深入群众。"1942 年成立的晋察冀边区自然科学界协会的中心任务是："普及自然科学知识，推广先进生产技术。"此外，在晋察冀、晋西北、山东等抗日民主根据地成立的科技团体，也都把科普作为一项重要任务。

中共领导人十分重视科学和科普工作。1940 年 2 月，毛泽东主席在陕甘宁边区自然科学研究会成立大会上说："今天开自然科学研究会成立大会，我是很赞成的，因为自然科学是很好的东西，它能解决衣、食、住、行等生活问题，所以每一个人都要赞成它，每一个人都要研究自然科学。"陈云同志也提出："自然科学的研究可以大大地提高生产力，可以大大改善人民的生活，我们共产党对于自然科学是重视的，对于自然科学家是尊重的。""科学要大众化，要在广大群众中去开展科学工作。"1941 年 5 月，中共中央政治局批准公布的《陕甘宁边区施政纲领》明确提出："奖励自由研究，尊重知识分子，提倡科学知识，欢迎科学人才。"边区政府第二届参议会通过的《边区科学事业案》规定要"组织科学团体，开展科学活动""出版通俗科学读物，普及科学知识"。1941 年 8 月，朱德总司令在研究会第一届年会中说："现在中华民族正处在伟大的抗战建国过程中，不论是要取得抗战胜利，还是建国的成功，都有赖于科学，有赖于社会科学，也有赖于自然科学。"他指出："自然科学，这是一个伟大的力量。……谁要忽视这个力量，那是极其错误的。"1941 年 10 月，延安《解放日报》副刊《科学园地》创刊，德高望重的革命老前辈徐特立撰文《祝科学园地的诞生》："科学！你是国力的灵魂，同时又是社会发展的标志。所以，前进的政党必然把握着前进的科学。"当重温这些精辟的论述时，真能深深感到数典切莫忘祖，继往才能开来。②

尤其是陕甘宁边区科普工作很有特色。陕甘宁边区经济文化落后，边区人民的整体受教育水平很低，绝大部分民众不懂科学，甚至盲目迷信、反对科学，这样的社会环境不利于边区科技水平的整体提高。为此，边区有针对

① 任福君,翟杰全.科技传播与普及概论[M].北京:中国科学技术出版社,2012:29.
② 王渝生.让百姓享受更多科普红利[N].中国科学报,2018－03－16(3).

性地开展以下科普活动。

一是组织科普报告会，出版科普读物。抗战期间，向大众普及科学知识是边区自然科学研究会的四大任务之一。为此，边区自然科学研究会经常组织科普报告会，根据边区生产发展的需要以及群众的疑问来确定报告会的主题和内容，主要是宣讲一些基本的自然科学常识，解释自然界的一些现象。这些报告会一般由研究会统一组织，请相关领域的水平较高的科技人员担任主讲人，使科普报告会深入浅出，既通俗易懂又不庸俗化，普及效果十分好。仅 1941 年 4 月到 1942 年 4 月，研究会举办的科普报告会就达 100 多次[①]，可见当时的科普报告会是很频繁的。

二是在报纸上开辟科普专栏，进行科学知识的传播。这是当时边区科普工作中最常用的途径，以《解放日报》上的科普专栏《科学园地》最为出名。《科学园地》的创办是为了落实边区自然科学研究会第一届年会的议案，这一举措也得到《解放日报》的大力支持，决定每半月在第四版预留 1/2 的版面给《科学园地》，研究会负责编辑内容。1941 年 10 月 4 日，《科学园地》正式创刊，徐特立以满腔热忱写了发刊词"祝科学园地的诞生"。从创刊到1943 年 3 月 4 日止，《科学园地》共出刊 62 期，190 多篇文章，文章内容以生产技术普及和科学常识介绍为主。另外，广大科技工作者还编写《怎样养娃》《怎样种棉花》《怎样养猪》《怎样熬硝》等多种科普小册子，发放给广大群众阅读。这些科普读物对边区工农业建设和群众生产生活起到重要指导作用。

三是组织反迷信活动，传播科学思想。1941 年 9 月 21 日，陕甘宁边区可以看到日食现象，边区自然科学研究会利用这个机会开展了一场生动的反迷信教育活动。研究会组织民众观看日食，并现场解说，用事实来教育广大群众，破除了群众中流行的"天狗吃太阳"的迷信传说。另外，陕甘宁边区还开展反巫神运动。医务工作者向群众解释人生病的原因是病毒和细菌引起的，而不是鬼神作怪，并且揭露巫神的欺骗手法，通过免费治病救人树立起医学在人民心目中的威信。

四是举办生产展览会，推广科技成果。举办展览会是抗战时期陕甘宁边区进行科学普及的重要形式。边区所举办的生产展览会可誉为特殊年代的"临时科技馆""临时科普基地"，它通过展览会把边区一段时间以来的科技发明创造和生产成就集中起来，把分散的科技成果集中展示，更加容易引起人们的注意。展览会具有的生动、具体、直观、可参与等特点，使展品承载

---

① 武衡. 抗日战争时期解放区科学技术发展史资料：第 3 辑[M]. 北京：中国学术出版社，1984：350－352.

的科技信息更易被一般民众所接受，发挥了极好的科技普及效应。抗日战争时期陕甘宁边区举办各类展览会次数多、参观人数多，影响广泛，成为边区科技工作成果展示、技术交流、科学普及的重要平台。[1]

第二节　我国当代科普勃兴

中华人民共和国成立开启了我国当代科普发展的新征程。科普被纳入建国纲领，国家科普体制和制度不断完善，培养了大批科普工作者，建立完善了大批科普设施，使我国从科普大国向科普强国迈进。

一、科普初创与调整

从中华人民共和国成立到改革开放这个时期，是我国当代科普打基础和初创时期。在中华人民共和国成立前夕召开的中国人民政治协商会议上，根据科学家的建议，把"努力发展自然科学，以服务于工业、农业和国防建设，奖励科学的发现和发明，普及科学知识"写进具有临时宪法作用的共同纲领中，使科普成为我国社会各界的共同任务。

（一）科普体制的建立

根据共同纲领的规定，中央人民政府在文化部设立科学普及局，并设立一些相应的科普事业机构。在1950年8月召开的中华全国自然科学工作者代表会议上，成立中华全国自然科学专门学会联合会（简称全国科联）和中华全国科学技术普及协会（简称全国科普协会）两大团体。全国科普协会"以普及自然科学知识，提高人民科学技术水平为宗旨"，面向人民群众开展广泛的科普活动。在这种情况下，考虑到"在政府部门中设立科学普及工作的专管机构，尚非必需。况中央农业、卫生、林垦等部，亦在通过各部业务进行此项工作，较之科学普及局更易于与实际相结合。同时，科普协会业已成立，亦可担负此项任务，故科学普及局已无必要存在"，于是在1951年10月文化部科学普及局并入社会文化管理局，推动和组织科普工作的职能统一由全国科普协会承担。[2]

（二）科普协会的作用

全国科普协会成立于1950年8月22日，梁希任主席，竺可桢、丁西林、茅以升、陈凤桐为副主席，夏康农为秘书长，袁翰青、沈其益为副秘书长。

---

① 王渝生.让百姓享受更多科普红利[N].中国科学报,2018-03-16(3).

② 本书编写组.科学技术普及概论[M].北京:科学普及出版社,2002:11.

全国科普协会的宗旨是通过组织会员进行讲演、展览、出版，以及其他方法，进行自然科学知识的宣传，使劳动人民确实掌握科学的生产技术，促使生产方法科学化，在新民主主义的经济建设中发挥力量；以正确的观点解释自然现象与科学技术的成就，肃清迷信思想；宣扬我国劳动人民的科学技术发明创造，借以在人民中培养新爱国主义精神；普及医药卫生知识，以保卫人民的健康。1950 年 8 月至 1958 年 9 月，全国科普协会在全国范围内共开展科普讲演 7200 万次，举办大小型科普展览 17 万次，放映电影、幻灯 13 万次，参加者达 10 亿人次，此外还开展黑板报、科普墙报、科普画廊，以及科普山歌、小传单等科普宣传；成立科学普及出版社、北京天文馆、模型仪器厂、科技馆筹备处等科普事业机构；出版全国科学期刊《科学大众》《科学画报》《知识就是力量》《学科学》《科学普及资料汇编》《天文爱好者》等，以及地方性通俗科学报刊 32 种，出版文字资料 29.9 万余种，发行 6300 多万份，编制大量科普箱、挂图、幻灯片等形象资料。到 1958 年 9 月，除西藏、台湾，各省、自治区、直辖市都成立省级科普协会，县、市建立协会近 2000 个，协会基层组织 4.6 万多个，会员、宣传员 102.7 万多人。

一是服务党和政府的中心任务。全国科普协会成立以后，一方面积极发展会员，成立分支机构（省、自治区、直辖市的分支机构称分会，县的分支机构称支会，基层的分支机构称会员工作组）；另一方面围绕党和政府的中心任务，积极开展各种科普宣传活动，如 1951—1952 年配合抗美援朝、土地改革和镇压反革命三大政治运动，开展爱国卫生知识、原子弹防御知识、农业生产知识、新法接生知识和破除迷信等宣传普及活动；配合当时干部和群众的政治理论学习，普及"从猿到人"生物进化等自然和社会发展史知识。1953 年春节，大年初一早晨全国许多地区都可看到日偏食现象，当时群众的文化科学水平很低，迷信盛行。全国科普协会联合有关部门在全国范围内开展大规模的春节日偏食宣传观测活动，消除群众的惊恐和疑虑；随即编辑出版大量科普读物，印发科学讲座的讲演稿、科普挂图等。

二是引进传播国外科技技术。协会另一项重要工作是推动翻译苏联的科普图书，比较著名的有商务印书馆的《苏联大众科学丛书》，中国青年出版社的《苏联青年科学丛书》，科学出版社的《科学译丛》以及高等教育出版社选译的《苏联大百科全书》系列等。我国也原创了不少优秀的科普作品，高士其、贾祖璋、董纯才、顾均正等一批名家亲自参与科普图书创作。更有许多一流的大科学家写科普，如梁希、李四光、竺可桢、茅以升、严济慈、林巧稚、华罗庚、钱学森、钱三强……他们的作品引导一代又一代年轻人走向科学的前沿。1956 年 7 月，在各界倡导下，科学普及出版社正式成立，并针对群众生产和生活需求，出版了大量科普书籍。例如，华中工学院的赵学田教授为解决当时大量新入职工人看不懂图纸的问题，深入工厂一线了解需求，再用浅显易懂的创作方式编写了《机械工人速成看图》一书，该书连续再版19次，到1980年，该书共发行1600万册，为新中国工业化建设发挥了科普的巨大作用。[①]

三是推广先进生产技术和经验。1953—1955年，配合国家提出的逐步实现社会主义工业化的目标和第一个五年计划的实施，举办以广大干部为对象的社会主义工业化科学知识讲座和第一个五年计划科学知识讲座，以产业工人为对象的各种工业技术知识讲座、训练班和先进生产经验介绍，并将讲稿、教材编印出版，受到广大干部和工人的欢迎。1954—1956年配合农业合作化运动，1956—1957年配合全国农业发展纲要（草案）的颁布，编印出版大量农业科普读物和宣传资料，受到了广大农村读者的欢迎。有的县乡还开办农民技术夜校和各种短期训练班，指导高小、初中毕业的回乡青年开展新农业技术的试验、示范活动。

1956年10月，全国科普协会与全国总工会联合召开全国职工科普积极分子大会，全国总工会、共青团中央、全国妇联等群众团体的主要领导人赖若愚、胡耀邦、邓颖超和全国科普协会主席梁希、副主席竺可桢等担任筹委会的主任委员和副主任委员。李富春同志代表党和政府到会讲话，高度评价了科普对国家建设，对全国人民，特别是工人、农民和知识分子的意义。大会表彰了1000多名积极开展科普工作的积极分子和学习科学技术的知识分子，确定"结合生产、结合实际、小型多样、力求广泛"的科普宣传方针，进一步提高广大职工向科学技术进军的积极性。大会对提高全社会对科普工作的认识，争取党政领导与社会舆论的支持，加强与有关方面的合作和动员科技界积极参加科普工作，产生深远的影响。

1958年，许多厂矿和农村基层科普组织抓住总结推广先进生产经验和传播普及新技术等工作，开展多种多样的科普宣传教育活动，不少地方还创办了各种科普性质的学校，成立各式各样的群众性的技术革新、技术研究小组，使科普工作从以科普宣传为主，过渡到宣传、培训、试验、研究、总结、推广一起抓的局面，使讲与做、学与用、理论与实际结合起来，知识分子与工农技术骨干结合起来。

四是普及新兴科学技术知识。1954—1956年，配合反对使用原子武器的和平签名运动，按照周恩来总理的指示，在全国各城市组织物理学家和化学家举办2000多场原子能讲座，请著名核物理学家钱三强作示范讲演，然后经过讲师团的集体讨论，编写标准讲稿，使这一知识得到广泛的传播。随后，

---

① 颜实.70年，由科普爱上科学——记新中国科普出版70年[N].光明日报,2019-10-04(8).

又配合国家 12 年科学发展规划的制定和"向科学进军"口号的提出，举办自动化、星际航行、计算机、半导体、高分子、超声波等新兴科学技术知识讲座，请著名科学家钱学森等主讲，开阔人们的眼界，增强人们向科学进军的信心。①

（三）科普工作的调整

1958—1977 年，我国科普经历"大跃进""三年困难时期""文化大革命"等历史阶段，科普工作虽然取得一定成绩，但目标方向和工作方针处在调整变化之中。

一是提高与普及重新结合。1958 年 9 月，全国科联与全国科普协会联合召开全国代表大会，合并成为中华人民共和国科学技术协会（简称中国科协），提高与普及重新结合，成为各级科协和各专门学会的共同任务。

二是推行技术革命群众运动。中国科协成立后，很快全国科普工作转向技术革命群众运动。各地基层科协吸收大量工农群众入会，并大搞技术革命群众运动，全国的科普工作主要围绕"研、总、普、训"，即群众性的试验研究活动，先进经验和创造发明的总结推广，科学技术知识的宣传普及和各种专业技术人才的训练四项内容开展活动。并提出"服务生产，积极向前；远近结合，两当（当时当地的需要）为先；战线辽阔，善抓关键；专业为纲（按专业开展活动），上下相联；左右配合，互相支援"等工作原则。后来又进一步提出更加广泛地动员科技力量，更加有效地支援农业生产；广泛组织开展群众性的科学技术研究小组活动；大搞群众性的科学技术理论总结活动；大力开展各种形式的技术上门活动（即组织科技人员送技术上门，为基层单位提供各种技术服务，如技术鉴定、技术考察，技术会诊、技术总结、技术培训、技术指导等）；大办业余科学技术教育；大搞新技术分科"扫盲"运动和广泛开展青少年科技活动等。

三是大力兴办国家科普事业。按照 1961 年党中央提出的"调整、巩固、充实、提高"八字方针，中国科协在 1961 年 4 月召开全国工作会议，总结 3 年来的经验教训，科普从大搞群众运动，转向扎扎实实兴办科普事业，如恢复科学普及出版社、《科学画报》、模型仪器厂；办展览，办讲座，办广播，加强科教电影的创作和放映工作，整顿城乡的基层科普组织等。1961 年后，随着国民经济好转，出现科普的复苏，出版了一批质量较高的知识科普丛书，科普创作出现高潮期。代表性作品有：文学家和出版家胡愈之倡导、竺可桢等著名科学家参与撰稿的《知识丛书》，数学家华罗庚等编撰、人民教育出版社出版的《数学小丛书》，科学家茅以升主编、人民出版社出版的《自然科学

---

① 本书编写组.科学技术普及概论[M].北京:科学普及出版社,2002:13.

小丛书》，李四光等科学家撰写的《科学家谈 21 世纪》，伍律撰写的《蛇岛的秘密》，叶至善撰写的《失踪的哥哥》等。这些科普图书都受到了广大读者包括青少年读者的广泛欢迎。《十万个为什么》丛书创造了中国科普出版史上的奇迹，第一版于 1961—1962 年由上海人民出版社出版，第二版于 1964—1965 年由上海少年儿童出版社出版，受到社会上广泛欢迎，仅至 1964 年 4 月就已出版发行 584 万册（73 万套），影响我国一代青少年科学观的形成，激发他们对科学的热爱之情，成为新中国少儿科普出版史上的佳话。①

四是群众性科学实验活动。1963 年科学实验被作为建设社会主义的"三大革命运动"之一提出，农村科普又转向大搞群众性科学实验活动，一直到"文化大革命"前夕，1966 年 3 月在福州召开全国农村群众科学实验经验交流会议达到高潮。据不完全统计，当时全国建立农村科学实验小组 100 多万个，参加人数约有 700 万人。会议提出"三大革命一齐抓"的口号，会议结束后，还未来得及写出向中央汇报的报告，历时十年的"文化大革命"就开始了。随之，面向社会的各种科普活动几乎全部停止，科普书刊和影片的出版与发行数量也大幅度下降。

二、科普的繁荣发展

从改革开放到 21 世纪初期的这个时期，是我国当代科普快速发展和繁荣的时期。党的十一届三中全会以后，科普工作得到了全面恢复，并随着国家社会经济和科学文化建设事业的发展，以及改革开放的深入，科普事业不断繁荣发展、开拓创新，逐步走向群众化、社会化、经常化、法制化与现代化。

（一）科普的春天

1977 年 9 月 18 日中共中央发出的《关于召开全国科学大会的通知》中指出"科学技术协会和各专门学会要积极开展工作""必须大力做好科学普及工作"。1978 年 3 月 18 日全国科学大会在北京召开，邓小平同志着重阐述了"科学技术是生产力"这个马克思主义的观点和提出"我国知识分子已经成为工人阶级的一部分"的观点，强调要大力发展科学研究事业和科学教育事业。1978 年 12 月，中共十一届三中全会开启我国改革开放的新时代，这标志着我国科学春天的到来，也给全国科普工作带来了春天。

一是科普工作全面恢复。钱学森于 1977 年 6 月 29 日晚约访中国科协副主席周培源，谈他对加强科协和学会工作以及科普工作的想法和建议。高士其于 1977 年 7 月 12 日给叶剑英副主席写信，力陈科普的重要意义，并提出四点建议：在即将召开的全国科学大会的报告中，要写上一段论述科普工作的重

---

① 颜实.70 年，由科普爱上科学——记新中国科普出版 70 年[N].光明日报,2019 – 10 – 04(8).

要意义，并号召开展科普工作；表扬奖励一批科普工作积极分子；恢复和重建科普事业机构；加强科普工作的组织协调，总结交流经验。随之，组织开展了具有深远意义的活动，对整个科普工作的全面恢复和发展起到有力推动作用。

举办科学家、劳动模范同首都中学生大型谈话会。针对当时全国上上下下都很关心的中学教育问题——"教师不敢教、学生不敢学、家长干着急"，1977 年 8 月，中国科协在北京中山公园音乐堂举办了三场科学家、劳动模范同首都中学生大型谈话会，请了 30 多位全国著名的科学家和劳动模范，分别同 7000 多名中学生讲述学好数理化等基础科学知识的意义和方法，高士其专为青少年写了《让科学技术为祖国贡献才华》的诗，热情勉励他们刻苦学习，为攀登科技高峰打好基础，为建设四个现代化贡献聪明才智。首都各家报纸都在头版头条中作长篇报道，中央人民广播电台多次广播，中央新闻纪录电影制片厂还拍摄新闻纪录片，从而在全国引起强烈反响。几天内就收到了上千封读者和听众来信，这次谈话会的讲稿编成《科学家谈数理化》一书出版，发行 159 万多册。

举办科学家和青少年春节联欢会。1978 年 2 月 3 日在首都体育馆举办由 6000 名科学家和 12000 名青少年科技爱好者参加的春节联欢活动。许多著名科学家在十年浩劫之后第一次在这样盛大、欢快的群众场合公开露面，激动得热泪盈眶。

举办全国科普创作座谈会。1978 年 5 月在上海召开全国科普创作座谈会。许多热心科普工作的著名科学家、科普作家和编辑家出席这次会议。会议对繁荣科普创作起到极大推动作用。[①] 1979 年 8 月，以科普作家为主体，并由科普翻译家、评论家、编辑家、美术家、科技记者，热心科普创作的科技专家、企业家、科技管理干部及有关单位为主体，成立中国科普创作协会（后改名为中国科普作家协会）。1980 年，由中国著名科学家、科普作家高士其先生提议，经国务院批准，成立属于中国科协下属、中国唯一国家级从事科技传播和科普理论研究的机构——中国科普研究所。为了解我国公众的科学素养情况、变化规律、获得科学技术知识的渠道、对我国科学技术发展的看法和了解程度等，开展相关学术研究和为政府决策服务，中国科协先后于 1992 年、1994 年、1996 年、2001 年开展 4 次大规模的中国公众科学素养调查，建立中国公众科学素养监测体系，获得许多宝贵的数据。目前已经完成 10 次中国公众科学素质调查。

二是党和政府高度重视科普。为适应社会经济和科学技术发展的迫切要

① 本书编写组.科学技术普及概论[M].北京:科学普及出版社,2002:17.

求，切实加强我国的科普工作，1994 年 12 月中共中央、国务院印发《关于加强科学技术普及工作的若干意见》，明确提出要"普及科学文化教育，将人民导入科学的生产、生活方式"，把"依靠科技进步和知识传播，促进社会主义物质文明和精神文明建设"作为当前的重要任务。为贯彻落实意见精神，国家科委、中央宣传部、中国科协于 1996 年 2 月在北京共同召开全国科普工作会议，对推动群众化、社会化、经常化科普工作新局面的形成起到重要作用。

为进一步加强科普工作，经国务院批准，科技部、中央宣传部、中国科协于 1999 年 12 月在北京共同召开第二次全国科普工作会议，会议以"崇尚科学，宣传科学，反对迷信，大力推进科学思想和科学精神的普及"为主题。时任中共中央总书记的江泽民同志为会议写了《致全国科普工作会议的信》，强调要把科普工作作为实施"科教兴国"战略的重要任务和社会主义精神文明建设的重要内容，在全社会大力弘扬科学精神、宣传科学思想、传播科学方法，使中华民族的科学文化水平不断提高。会议讨论并在会后以科技部、中央宣传部、中国科协等 9 部门名义印发《2000—2005 年科普工作纲要》。2000 年 11 月，科技部、教育部、中央宣传部、中国科协、共青团中央印发《2001—2005 年中国青少年科学技术普及活动指导纲要》。

为了加强科普理论研究，促进我国科普事业对外交流与合作，提高我国科普工作的水平，由科技部、中国科协、中国科学院和国家自然科学基金委员会联合主办的"2000 中国国际科普论坛"于 11 月 5—9 日在北京的中国科技会堂召开。参加会议的有国际著名科普机构和组织的管理人员与专家学者 40 多人，以及国内科普专家和科普工作者的代表 150 多人。会议进行了认真、热烈的交流和探讨，对增进了解、推动工作起到了积极作用。

三是科普步入法制化的轨道。1996 年以后，全国 10 个省、自治区、直辖市和 4 个地市先后颁布了科普条例，逐步将科普纳入法制化建设的轨道。2001 年年初全国人大教科文卫委员会牵头组织有关方面进行《科普法》的调研和起草工作，2002 年 6 月 29 日经第九届全国人民代表大会常务委员会第 28 次会议通过颁布。《科普法》首次以法律的形式对我国科普的组织管理、社会责任、保障措施、法律责任等做出规定，确立我国科普工作的法律地位，为科普事业的发展提供了法律保障。同时，国家加强对科普工作先进集体和个人的表彰和激励力度，将优秀科普图书纳入国家图书奖评奖范围，将优秀科普电影和电视片评奖纳入国家相应的奖励系列。

（二）科普条件改善

改革开放以来，我国科普组织不断完善、科普投入不断增加、科普设施条件不断改善，有效地支撑了我国科普事业发展。

一是科普组织建设日益完善。改革开放以来，我国科普组织建设得到长足发展，形成组织比较完善、学科分布广泛、覆盖全国的群众性科普工作体系网络。仅以科协为例，截至 2001 年年底，中国科协全国委员会常委会成立普及工作委员会、青少年科学教育工作委员会、促进企业技术创新专门委员会、促进农村科技进步专门委员会、促进少数民族地区科技进步专门委员会，在中国科协所属的全国性学会、协会、研究会中，含有中国科普作家协会、中国科技报研究会、中国自然博物馆协会、中国青少年科技辅导员协会、中国科教电影电视协会、中国农村专业技术协会等全国性的专门科普团体；138 个所属全国性学会成立科普工作委员会或科普专门机构，分别组织开展该学科或专业的科普工作；各省级、地（市）级科协也建有相应的科普组织机构，作为地方科协开展科普工作的一支专业队伍。科普基层组织不断完善，在农村，已有 3.65 万个乡镇成立科协或科普协会，各种农村专业技术研究会（或协会）有 10 万多个，联系 750 多万农户；在城市，已有近 1 万个企业成立厂矿科协（科普是企业科协任务之一），4618 个街道成立科普协会，许多城市社区还建立了科普分会或科普站。连同其他有关部门、单位的科普组织一起，我国基本形成了学科、行业齐全，覆盖农村、城市、学校、企业等方面的科普组织网络体系。同时，科学技术部在政策法规司内设立科普处；中国科学院为了有效地协调和组织发动所属单位的科技人员参与科普，充分发挥单位实验室和研究基地的科普功能，在院部成立科普办公室。

二是科普投入不断增加。改革开放以来，中央财政逐步加大对科普的投入，以中国科协为例，1999 年中国科协的科普经费投入是"七五"期间投入的总和。财政部还设立专门的科技馆（站）建设、科普活动、青少年科技教育等财政支出科目，地方政府也不同程度增加了对科普的财政拨款。"七五"以来，中央财政先后拨款 10 多亿元，加上地方财政配套资金，共投入 30 多亿元，陆续在全国建设一批科技馆。其中，中国科学技术馆、天津科学技术馆、上海科技馆等已经达到国际水平。

三是科普设施不断完善。1995 年，时任中共中央总书记的江泽民同志视察刚刚建成的天津科技馆，题词"育人工程，智力投资"，充分肯定科技馆在提高国民素质方面的重要作用。1999 年 9 月安徽省"九五"重点建设项目——安徽省科技馆建成开馆。2000 年 4 月建筑面积 2.2 万平方米的中国科技馆新馆落成，并正式面向广大公众开放，江泽民同志特为中国科技馆新馆题词："弘扬科学精神，普及科学知识，传播科学思想和科学方法。"中国科技馆新馆建成当年接待公众 120 万人。2000 年 5 月江苏科学宫正式对公众开放；2001 年上海科技馆开馆后就迎来亚太经合组织（APEC）会议，受到世界的瞩目。到 2001 年年底，我国 32 个省、自治区、直辖市中已建成省级科技场馆（科学馆、科普馆、科学宫）24 个，有 6 个省、自治区、直辖市也都在积极兴建或筹建科技馆；部分地级市和县级市也兴建一些科技场馆。为加强新时期科技馆的建设，中国科协于 2000 年 11 月召开中国科协系统科技馆建设工作会议，对新时期科技馆建设在统一思想、提高认识、明确方向上起到重要作用。同时，为进一步规范科技馆的建设，中国科协印发《科学技术馆建设标准》。

四是科普阵地不断拓展。改革开放以来，恢复和重建了科学普及出版社，成立中国科学技术馆和中国科协声像中心；恢复创办各种专业科普期刊社和科技报社，到 2001 年年底，中国科技报研究会的会员单位已达 51 家科技报社。为适应读者需要，半数以上科技报扩大了版面或变更了刊期，提高了报纸的实效性。全国公开出版发行的科普期刊超过 400 种。其中，各级科协及所属学会出版科普期刊 90 余种，部分科普杂志发行量都在 20 万份以上，《航空知识》《兵器知识》《无线电》《科幻世界》等杂志成为深受广大读者喜爱的品牌杂志；23 个省、直辖市建立青少年科技活动中心。20 世纪 80 年代中期以来，中国科协相继为 1700 多个县市配备科普宣传车，1500 多个县市成立科教电影、录像放映队；支持 11 个少数民族聚居的省、自治区建立少数民族地区科普宣传队；许多县、乡成立科普活动中心、科普学校和科普服务部。2001 年中央电视台第十套节目——科教频道开通；中国科协开设中国公众科技网（www. cpst. org. cn）；科技部开设"中国科普"网站（www. cpus. gov. cn）；中国科学院开设"中国科普博览"网站（www. kepu. com. cn），已建成天文、植物、湖泊、水生生物等 10 多个虚拟博物馆；许多网站，如"新浪""搜狐"等，也都建立科普主页。为调动社会力量兴办科普的积极性，1999 年中国科协在全国命名 200 个全国科普教育基地；科技部、中央宣传部、教育部和中国科协在同年联合命名首批 100 个全国青少年科技教育基地。2002 年 6 月，中国科协评选和命名 98 个全国农村科普示范基地。

五是城市社区科普不断发展。针对广大干部、职工和城市居民在学习、工作、生产和生活等方面的实际需要，以及城市发展的新形势，举办了多种新科技知识讲座，电视、录像、函授培训班，业余科技进修院校，广播节目，科教电影汇映，大中小型科普展览与科普画廊，编辑出版各种科普报刊和科普读物，传播普及大量科技信息、知识和成果，开阔了人们的视野，启迪了人们的智慧，提高人们的技能和经营管理能力，促进经济的振兴和人们素质的提高。特别是 1987 年以来，上海、天津、杭州、大连等大、中型城市相继举办了"科普之夏""科普宣传周"和"科技之光"等全市性的大型科普活动，使城市科普工作从多渠道分散进行发展到联合各方面的力量，围绕一些重大主题协同作战。

20 世纪 90 年代以来，随着城市改革发展步伐的加快，城市社会结构发生显著变化，城市居民与单位、机关、企业、团体等关系松散了，而与社区的联系越来越紧密了，个人的生存和生活对社区的依存性加强了。针对这一变化，中国科协及时将城市科普工作的重心向城市社区转移。1999 年，中国科协开展全国科普示范城区创建活动，组织实施"百城万米科普画廊工程"，在城市社区率先组织建立科普志愿者队伍；2002 年 4 月，中央文明办、中国科协倡导并积极组织开展"科教进社区"活动，促进城市科普工作的开展。

（三）科普蓬勃开展

改革开放以来，特别是 20 世纪 90 年代以后，社会上曾经出现迷信、愚昧活动泛滥，反科学、伪科学活动频发，甚至出现"法轮功"邪教活动的现象。为捍卫科学尊严、弘扬科学精神、反对迷信和邪教，1995 年 6 月，中国科协邀请各有关方面座谈，提出"捍卫科学尊严、破除愚昧迷信、反对伪科学"的倡议，先后组织翻译多位国外著名科学家合著的《科学与怪异》，主编《破除迷信100问》等科普图书，以科学道理解释世界上既没有神也没有鬼的事实，对各种装神弄鬼的骗局给予揭穿，提高读者辨别科学与伪科学、迷信与自然现象的能力。①

2000 年 3—4 月，中央文明办、中国科协在北京共同主办"崇尚科学文明，反对迷信愚昧"展览，江泽民、胡锦涛、李岚清、丁关根、李铁映、姜春云、温家宝、吴阶平、周光召、朱光亚等党和国家领导同志观看展览，并予以充分肯定。原定 7 天的展览因群众的需要而延长 5 天，在北京展出期间参观人数达 15 万人次。同时，根据李岚清副总理的指示，中国科协和中央文明办将此展览图片免费发到全国 2345 个市、县，由各地组织群众观看。据2000 年 12 月底对 25 个省的统计，全国共有 6633 万人次的群众观看了这个展览。

2000 年 12 月 23 日，中国反邪教协会在北京成立，同时开通中国反邪教网站。到 2001 年年底，全国有 18 个省、自治区、直辖市，以及 16 个地市建立反邪教协会。协会成立后，开展反对邪教的学术交流和群众性活动，编写科普宣传资料，普及科学知识，揭露邪教的本质。2000 年 12 月发起在北京及全国 31 个主要城市开展声势浩大的"反对邪教保障人权百万公众签名活动"，得到群众的广泛响应和支持，参加签名活动的公众有 150.38 万人，充分表达了我国公众对反对邪教保障人权的民心民意。2001 年 3 月中下旬，中国反邪教协会在日内瓦召开的联合国第 57 届人权大会上，在日内瓦万国广场展示了随团带去重达 1.5 吨、展开长 10 多千米的百万中国公众自发签名的"反对邪教保障人权"巨幅长卷，同时散发了《反对邪教保障人权》等书籍和资料，

---

① 颜实.70年,由科普爱上科学——记新中国科普出版70年[N].光明日报,2019-10-04(8).

充分表达了我国公众反对"法轮功"的愿望和决心。

科普月（周、日）等活动蓬勃发展。全国性的大型科普活动不断向纵深发展，各大城市一年一度的科普活动声势浩大，北京、上海、天津、江苏、陕西，以及杭州、大连等地的科技周、科普月、科技节、科技宣传月等活动，均产生良好的社会效果。1994年，首届全国大中城市大型科普（周）联合活动历时约2个月，有40多个大中城市参与。辽宁、吉林、黑龙江、新疆等北方地区各省、自治区连续10年开展的"科普（科技）之冬"大型活动不断深入发展，取得积极成效。连年开展的国际科学与和平周活动，形成日益广泛的社会影响。各全国性学会积极开展科学普及、科普宣传日、夏令营等多种活动。

同时，利用国际性的纪念年、纪念周、纪念日开展的科普活动，如"国际海洋年""国际科学与和平周""世界人口日""世界环境日""世界地球日""戒烟日"等，也都取得了很好的效果。据不完全统计，"九五"期间中国科协系统开展专题科普宣传8.5万余次，参加活动的人员7000多万人次。1998年，在中国科协成立40周年之际，由全国性学会和地方科协联合在全国96个大、中城市同时举办主题为"掌握科学技术，迎接新的世纪"大型科普活动；9月19日，在京的75个全国性学会组织700多名科技工作者走上街头进行科普宣传和咨询，共吸引群众20多万人。

科普报告会深受公众欢迎。1991年中国科协与中央组织部、中央宣传部、中直机关工委、中央国家机关工委等部门联合，为中央、国家机关司局长以上领导干部举办"九十年代科技发展与中国现代化"系列讲座。1996年3月，又得到中国科学院、中国工程院的支持，共同组织百名院士，在全国10多个中心城市举行了百场科技系列报告会。宁夏回族自治区科协等许多地方科协，也联合有关部门为当地党政领导干部举办了系列科技讲座。1999年，为贯彻落实江泽民同志关于"在全军各个部队、各级机关和广大指战员中，必须迅速掀起并形成一个广泛深入持久地学习现代科技特别是高科技知识的热潮"的指示，经中央军委批准，中国科协会同中国人民解放军总政治部、中国科学院、中国工程院，为驻京部队军以上领导干部举办了现代科技知识系列报告会，军委领导同志出席了报告会，朱光亚、周光召等8位院士作了科技报告，受到部队领导干部的热烈欢迎。湖北省科协组织100多位专家成立科技知识报告团，为领导干部作了上百场报告。2000年，中国科协通过全国性学会和省级科协等共邀请90名专家，组织了464场科普报告，有11.7万人听讲。

群众性主题科普活动丰富多彩。1997年，为迎接香港回归和纪念建军70周年，中国科普作家协会联合百家新闻出版和国防教育单位举办的"强我国防，兴我中华"系列科普知识竞赛活动，参加竞赛的部队官兵、民兵和各界群众超过 5000 万人次，对提高广大群众的国防意识起到了很好的作用。2000年 5—10 月，中央宣传部、科技部和中国科协联合举办"让科学走近生活，让公众理解科学"大型科普宣传活动。

经国务院批准，我国从 2001 年开始，每年 5 月的第三周确定为"全国科技活动周"。首届全国科技活动周以"科技在我身边"为主题，于 2001 年 5月 14—20 日在全国展开，共开展各种主题性科普活动数千项，参加活动的公众有数千万人。第二届全国科技活动周以"科技创造未来"为主题，于 2002年 5 月 18—23 日在全国展开，共开展大型、主题性科普活动 400 多项，如中国科协在北京玉渊潭公园举办的主题性科普游园会、中国科学院在中华世纪坛举办的主题性科普展览、北京市在民族文化宫举办的"开启科学之门"科普展览、中央宣传部和中国科协等联合在云南省洱源县举办的"2002 年科技下乡集中活动"等，都取得了较好的效果。

（四）农村科普发展

改革开放以来，我国逐步形成科普培训、科普示范、科普宣传、科普服务的农村科普体系，对提高农村干部群众的科技文化素质，传播普及推广农村实用技术，培养造就大批有理想、有文化、懂技术、讲文明、会经营、善管理的农村知识青年和致富能手，促进农村商品化生产发展和产业结构调整，实现脱贫致富和消除愚昧落后状态做出了积极的贡献。

第一，农村科普培训取得显著成效。在 20 世纪 80 年代广泛开展经常性农村实用技术培训和农函大培训的基础上，1992 年中央组织部、中国科协开始组织对农村党员基层干部进行大规模、系统的农村实用技术和市场经济知识培训；1996 年 11 月，在江苏省徐州市召开了"全国农村党员、基层干部实用技术培训现场会"；1998 年 10 月，在北京联合召开了"全国农村基层组织建设和党员、干部实用技术培训工作电视电话会议"；2000 年 9 月联合在新疆召开"西部地区农村党员、基层干部实用技术培训调研会"，这些会议对推动这项工作的深入发展起到了十分重要的作用。"九五"期间各级科协与党委组织部门共举办农村党员、基层干部实用技术和市场经济知识培训班 219 万期，培训农村党员、基层干部 6953 万人次。其中，有 4936 万名农村党员、基层干部掌握了 1—2 门实用技术，269 万人获得初级、50 多万人获得中级、5 万多人获得高级农民专业技术职称。这项工作得到中央领导同志的充分肯定，胡锦涛同志曾批示"总结经验、再接再厉、扎实工作、务求实效"；温家宝同志也批示"开展农村党员基层干部实用技术培训，是加强农村基层组织建设的一项重要工作，也是促进农村经济和社会发展的一项重要措施，要积极围绕农村的中心工作，继续把提高农村党员、基层干部素质作为重点"。

第二，农村科普创建工作取得较快发展。20 世纪 90 年代以来，许多省、自治区、直辖市科协开展了创建科普文明村、乡（镇）和"讲精神文明，比科技致富"等竞赛活动。1992 年，中国科协与中央宣传部联合召开全国农村"讲精神文明，比科技致富，建科普文明乡（镇）、村"活动经验交流会，推动了农村治贫与治愚相结合、物质文明与精神文明建设协调发展。中国科协开展"百县千会"农村专业技术协会试点；1997 年在云南省宁蒗彝族自治县组织召开"科普兴县"经验交流会；1998 年组织开展全国科普示范县创建活动，到 2001 年有 103 个县（市）获得全国科普示范县的称号；2002 年全国有 217 个县（市）积极参加第二批"全国科普示范县"的创建活动，创建科普示范县活动在全国掀起新的高潮。

第三，农村科普宣传红红火火。20 世纪 80 年代以来，以"科技下乡"为主要形式的农村科普宣传活动蓬勃开展，各级科协利用冬春农村的农闲，先后组织开展一年一度的"科普之冬""科普之春"等活动。中央宣传部、中央文明办和中国科协等 11 个部委连续多年在全国有计划、有组织地大规模开展"三下乡"活动，各级科协以集中性的技术培训、科普讲座、科普咨询，以及科普大集、送技术服务下乡、送图书下乡等形式，为破除迷信愚昧、弘扬科学精神、普及推广农村实用技术做了大量工作，对满足广大农民群众的科普需求起到重要作用。为改善科普手段，解决农村地区和偏远地区公众进科技馆难、接受科普教育难等现实问题，2001 年 1 月，由中国科协主持研制、安徽省科协等承制的首批 2 台流动科技馆式的 Ⅰ 型"科普大篷车"正式在安徽和云南投入"三下乡"活动，受到了群众的热烈欢迎，每辆大篷车一年内使 35 万—50 万名公众受到了科普教育；2001 年，中国科协又组织研制完成了 Ⅱ 型、Ⅲ 型、Ⅳ 型"科普大篷车"，配置给了 10 个省、自治区，改善了农村和偏远地区公众接受科普教育的条件，提高了这些地区的科普能力。经常性的"科普大篷车下乡"受到农民群众的真诚欢迎。

第四，农技协服务快速发展。20 世纪 80 年代初以来，广大农民依靠科技发展经济的积极性空前高涨，为适应农村经济商品化、市场化和专业化生产的需要，在科技示范户、专业大户的带领下，同一个专业生产的农户自发地组织起来，成立自己的专业技术经济合作组织，这类组织统称为农村专业技术协会（简称农技协）。1995 年 11 月，中国农村专业技术协会在北京正式成立。据中国科协统计，2001 年年底全国共有各类农技协 10.01 万个，会员 750 余万户，占全国 2.4 亿农户的 2.5%。其中，四川省、山东省、黑龙江省等省的协会数超过 1 万个。到 2018 年年底，全国农技协总数 7.8 万个、个人会员 1166.3 万人，其中在民政部门注册的农技协 3.9 万个。农技协的发展为农村科普服务体系建设提供了保障。这些农技协以市场为导向，以产品为龙头，以科技为动力，把农民在自愿互利基础上组织起来，依靠农民的生产积极性，向农业生产的深度和广度进军，表现出强大的生命力和旺盛的活力，在促进我国农业增产、农民增收、农村经济发展和社会进步中发挥了重要作用。

第五，科普助力扶贫做出贡献。20 世纪 80 年代以来，中国科协积极响应党中央关于扶贫的号召，积极发动全国学会、各级科协组织发挥科技优势，深度参加科技精准扶贫，为脱贫攻坚做出积极贡献。

1985 年，中国科协派出第一届中央赴吕梁讲师团；1986 年，中央组织开展定点扶贫工作，中国科协作为中央国家机关中最早响应开展定点扶贫工作的 10 个部委之一，派出第一届赴吕梁科技扶贫工作团，从此开启吕梁定点扶贫工作。2013 年，国务院扶贫办将中国科协定点帮扶县由 6 个调整为临县、岚县 2 个。先后选派 4 届讲师团、20 届扶贫团、150 名优秀干部蹲点挂职扶贫，坚持以科技扶贫为主题，志智双扶，科技特色、群团情怀、动员优势得到充分彰显，得到老区干部群众称心认可，与老区人民结下深厚的不解之缘，教育培养了大批干部。1985—2012 年，中国科协在吕梁市临县、方山县、岚县、石楼县、兴县、中阳县 6 个国家级贫困县坚持开展定点扶贫工作期间，共选派 4 届讲师团、15 届扶贫团，共 137 名干部在吕梁挂职开展科技扶贫工作。多年来，紧密结合吕梁市农业产业发展计划，精准聚焦临县、岚县的马铃薯、食用菌、畜牧养殖等优势产业，通过举办论坛、咨询调研、建立院士工作站、技术推广、新品种引种试种等，助力临县食用菌从无到有、从小到大，成为临县精准脱贫的主要产业；将马铃薯脱毒技术引入岚县，大幅提高产量和品质，使马铃薯产业成为岚县支柱产业。针对不同人群进行健康医疗、电商扶贫、乡村振兴、科普业务、实用技术等科技培训活动。

同时，中国科协组织和发动各级科协组织在全国范围内开展有计划、有组织、大规模的农村科技扶贫开发工作。特别是"九五"期间，中国科协在系统内组织实施"科技扶贫行动——8111 工程"，即明确中国科协及所属全国性学会重点抓好山西吕梁地区的 8 个贫困县；每个省、自治区、直辖市科协及所属学会重点抓好 1 个贫困县；每个省会城市科协及所属学会重点抓好 1 个贫困乡；每个县科协重点抓好 1 个贫困村的扶贫工作。各级科协及所属学会以高度的责任感和满腔的热情积极投身到"8111 工程"中，通过组织科技人员对口支援，引进先进实用技术，开展科技培训、典型示范等多种形式，提高了科技成果的转化速度，加快了贫困地区群众脱贫致富的步伐。据对全国 23 个省、自治区、直辖市科协的统计，1997—2000 年，中国科协系统对243 个贫困县、1890 个贫困乡、1.2 万个贫困村进行了重点对口帮扶，累计派遣蹲点科技人员 10.2 万人次；投入科技扶贫物资、资金 2.43 亿元。帮扶对象中有 156 个县、1192 个乡、9023 个村整体脱贫。

（五）青少年科普兴盛

随着我国科学技术和教育事业的发展，青少年科技教育工作不断开拓创新，青少年科技教育活动蓬勃开展，成绩显著，有效地促进青少年素质教育的发展，提高了青少年的科学素养水平。1979 年，中国科协、教育部、共青团中央、国家体委、全国妇联等联合举办首届全国青少年科技作品展览和科学讨论会，邓小平同志为展览题词："青少年是祖国的未来，科学的希望。"到 2002 年，这项活动已经连续举办 17 届。1979 年开始，中国科协与中国数学会、中国物理学会、中国化学会、中国计算机学会、中国植物学会、中国动物学会等团体陆续举办全国高中学生数学、物理、化学、生物学和计算机学科竞赛；1989 年，中国科协、教育部、国家环保总局、国家自然科学基金委员会等联合开展全国青少年生物与实践科学实践活动；1995 年起，中国科协在全国各地大规模地开展"大手拉小手——青少年科技传播行动"；为提高中小学师资的科技素质，中国科协还与国家教委联合，在全国师范教育系统中开展"园丁科技教育行动"；我国派出参加国际中学生学科奥林匹克竞赛的各代表团连续多年取得优异成绩，为祖国争得了荣誉；中国科协和联合国儿童基金会为帮助贫困地区的孩子继续学习，获取人生的本领，在中国政府的统筹下，1996—2000 年，在我国贫困地区组织实施社区非正规教育项目，在 120 个国家级贫困县的 500 多个村庄办了非正规教育示范点。这些青少年科技教育活动每年吸引数千万青少年参加，有力地推进我国青少年素质教育的进程，为培养和造就未来科技人才奠定基础。

三、科普的创新跃升

21 世纪初以来，我国科普进入政府推动、社会参与的公民科学素质建设新阶段，开启令世界瞩目的当代科普崭新时代。随着科技的迅猛发展，人类社会进入经济全球化、信息化的时代，知识的创造、传播、运用和扩散的规模扩大，速度加快，科技给人类生产生活带来巨大而深刻的影响。公民科学素质的高低，不仅决定个人的全面发展与生活质量，也关系到人类社会的可持续发展，提高公民科学素质，正成为国际社会的共识和行动。

（一）科普的新起点

20 世纪 50 年代以来，科技迅猛发展，特别是从 20 世纪 90 年代至 21 世纪初，为应对人类社会面临的共同挑战，联合国采取了一系列重要举措。2000 年 9 月，联合国第 55 届会议通过《联合国千年宣言》，之后联合国教科文组织先后制定和发布《科学和利用科学知识宣言》《科学议程：行动框架》《世界范围内的素养》《明天的素养》《全民教育世界宣言》《联合国扫盲十年：普及教育》《达喀尔行动纲领——全民教育：实现我们的集体承诺》

《2000 年以后计划》等系列重要文件。这些文件从科学服务于全人类共同利益的角度出发，说明要达到和平利用科学解决人类所面临的经济的、伦理的、社会的、文化的、环境的、性别歧视的以及健康的问题，就需要在普及全民教育的基础上，提高公民的科学素质、推理能力与技巧以及伦理价值观，以便社会公众更好地加入与新知识应用有关的活动，为人类社会进步做贡献。

这个时期，美国等一些发达国家积极通过改革正规教育和开展公众理解科学活动等举措，推动提升公民科学素质。1985 年，美国基础教育课程改革"2061 计划"，针对从幼儿园到高中阶段的技术教育问题，提出一系列重大改革举措。欧盟先后制定和发布《欧洲的科学、社会与公民》《2000—2005战略目标：塑造新的欧洲》《实现欧洲领域的终身学习》《科学与社会行动计划》等重要文件，以期使公民科学素质与各国发展战略相适应。经济合作发展组织（OECD）发布《促进公众理解科学技术》《信息时代的素养》《测度学生的知识与技能》《国际学生评估计划》（简称 PISA）等文件，世界银行发布《职业教育、技术教育及其培训》《提高生产力所需的技能》等文件。英国议会 1988 年通过《教育改革法》，将科学列为"核心学科"，并于 1989 年颁布《国家科学课程标准》，指导英国中小学科学教育改革，2000 年公布面向 21 世纪的《国家科学教育标准》，指导科学教育改革。[①] 此外，加拿大、德国、澳大利亚等都在改革科学教育，提高学生科学素质方面采取许多重要举措。

这些发达国家在推进公民科学素质建设中的做法，为我国当代科普发展和公民科学素质建设提供了宝贵的经验和启示。改革开放以来，特别是实施科教兴国战略以来，我国的公民科学素质建设有了较大的发展，但到 20 世纪90 年代，与世界先进国家相比，我国的公民科学素质建设仍存在巨大差距。2003 年，我国公民具备科学素质的比例为 1.98%（美国 2000 年为 17%，欧共体 1992 年为 5%，加拿大 1989 年为 4%，日本 1991 年为 3%），而且公民科学素质的城乡差距十分明显，我国农村居民具备科学素质的比例仅为城市居民的 1/6，一些不科学的观念和行为普遍存在，愚昧迷信在某些地区较为盛行。超过 1/2 的人相信求签，超过 1/4 的人相信星座预测，各有超过 1/5 的人相信周公解梦和相面。公民科学素质水平低下，已成为制约我国经济发展和社会进步的主要瓶颈之一。

对此，党和政府对公民科学素质建设高度重视，采取一系列重要措施来提高我国公民的科学文化素质。2002 年 6 月我国颁布《中华人民共和国科学技术普及法》，明确规定政府及相关部门在科普方面的职责，明确提出科普是

---

① 翟俊卿,阚阅,杨迪.英国《科学与数学教育愿景》评析[J].全球教育展望,2015(8):57-64.

全社会的共同任务，规定社会各界的责任。国务院组织制定颁布《国家中长期科学和技术发展规划纲要（2006—2020 年）》，将提高全民族科学文化素质，营造有利于科技创新的社会环境作为重要政策和措施纳入其中。根据我国公民科学素质现状和形势发展需要，中国科协于 1999 年 11 月正式向中共中央、国务院提交实施《全民科学素质行动计划》的建议，提出一项为期 50 年的国民科学素质行动计划，即全民科学素质行动计划，也称"2049 计划"，目标是到 2049 年使 18 岁以上全体公民达到一定的科学素质标准，使全体公民了解必要的科学知识，并学会用科学态度和科学方法判断及处理各种事务。中共中央和国务院对此高度重视，及时采纳了这一建议，2002 年 4 月，国务院办公厅对中国科协《关于实施全民科学素质行动计划的建议》复函，责成中国科协会同有关部委，做好全民科学素质行动计划实施准备工作。2003 年，成立由中国科协、中央组织部、中央宣传部等 14 个部门组成的全民科学素质行动计划制定工作领导小组，由中国科协主席周光召院士担任领导小组组长，正式启动全民科学素质行动计划制定工作。经过 3 年的艰苦工作，国务院于 2006 年正式颁布实施《全民科学素质行动计划纲要（2006—2010—2020 年）》（以下简称《全民科学素质纲要》），明确"政府推动，全民参与，提升素质，促进和谐"的工作方针，提出到 2020 年的目标是公民科学素质在整体上有大幅度的提高，达到世界主要发达国家 21 世纪初的水平。该纲要的颁布实施，是我国当代科普有纲领、有计划、有目标的标志，是我国科普从社会自发行动转向国家意志的标志，是开启当代科普和世界公民科学素质建设的中国模式、中国方案的标志。

（二）科学文化建设

"十一五"时期以来，各地各部门围绕科学素质纲要工作主题，组织动员社会各界广泛开展各类多样性主题宣传，使主题更加深入人心，推动科学发展观、新发展理念等在全社会的树立和落实，在全社会厚植创新发展的科学文化沃土，为实现"两个一百年"奋斗目标和建设世界科技强国筑牢创新发展根基，取得明显成效。

1. 推动科学发展观在全社会的树立和落实。"十一五"时期，各地各部门围绕"节约能源资源、保护生态环境、保障安全健康"主题，组织动员社会各界广泛开展节能减排、环境保护和安全生产、防灾减灾等主题宣传，使主题更加深入人心，推动科学发展观在全社会的树立和落实。5 年间，全国共组织开展各具特色的科技周、科普日等群众性科技活动，直接参与公众突破 5 亿人次。例如，上海国际科学与艺术展每年都有来自美国、意大利等十几个国家和地区的作品参展；广西每年举办科普山歌会，唱出了品牌、提高了素质；北京、上海以举办奥运会和"世博会"为契机，向居民推广低碳、健康、文明的生活理念和方式；四川汶川发生特大地震后，有关地区在抗震救灾工作中，向当地群众发放了大量图书、挂图、小册子等宣传资料，中央人民广播电台和四川省广播电台及时播出防震减灾系列广播节目，积极面向灾区开展抗震救灾的科普宣传和心理干预工作；针对禽流感、手足口病、艾滋病、甲型 H1N1 流感、地震、雨雪冰冻灾害等突发事件，各地区及时组织编印科普宣传资料、举办科普讲座和报告会，面向公众宣传疾病预防、卫生保健知识，倡导健康的生活方式。

2. 促进创新驱动发展战略在全社会深入贯彻落实。"十二五"时期，各地各部门深刻领会党中央、国务院对全民科学素质工作的要求，服务全面深化改革，服务创新创造，服务公众民生，广泛开展科技教育、传播与普及活动，推动创新驱动发展战略在全社会的贯彻落实。中央宣传部联合相关部门先后 2 次就加强科技宣传工作印发意见，为科普宣传提供有利的政策环境。中央宣传部、国家新闻出版广电总局多年来坚持组织媒体对最高科技奖获得者、"最美科技人员"进行宣传报道，广泛宣传科学精神。2011 年起中国科协、教育部等 6 部门联合开展科学道德和学风建设宣讲教育活动，各地共开展各类宣讲教育活动 4.5 万余场，接受宣讲教育的研究生达 470 万人次、本科生 430 万人次、新上岗研究生导师、新入职教师和科技工作者近 50 万人次。各地各部门围绕工作主题，依托全国科普日、科技活动周、文化科技卫生"三下乡"、健康中国行——全民健康素养促进行动、大学生志愿者千乡万村环保科普行动、质检科技周、安全科技活动周、平安中国、世界地球日、世界环境日、世界无烟日、世界气象日、防灾减灾日、林业科技活动周、文化遗产日等活动，积极开展创新创造创业相关的科技宣传，5 年间全国科普日和科技活动周活动累计参与公众突破 10 亿人次。国家发展改革委等多部门联合举办 2015 年全国大众创业万众创新活动周，拓宽创业者融资渠道和科技水平。

围绕社会公众关切的焦点、热点问题，以科学发展、创新发展为指导，及时开展释疑解惑，引导广大群众科学理性对待改革中出现的各种问题。中央宣传部、中国科协围绕雾霾、转基因、PX 项目、食品安全、核科学与技术等事关国家经济发展和民生的话题，组织编写《科学解读公众关注热点》，并组织媒体广泛传播。2011 年起国家食品药品监管总局联合 16 个部门每年举办全国食品安全宣传周活动，参与人次累计超过 10 亿；同时积极开展全国安全用药月活动，宣传合理用药科学知识。中央宣传部、国家新闻出版广电总局、国家卫生计生委等单位第一时间通过主流媒体回应公众对 H7N9、埃博拉病毒等公共卫生问题的关切。环境保护部积极应对雾霾、垃圾焚烧等各类环境问题。在雅安地震、云南鲁甸地震发生之后，国家地震局、中央宣传部、中科院等部门及时开展地震应急科普宣传，组织地震专家解疑释惑，有力维护了地震灾区社会稳定。

3. 以习近平新时代中国特色社会主义思想为统领，在全社会厚植创新发展沃土。"十三五"以来，各地各部门把学习贯彻习近平新时代中国特色社会主义思想作为首要政治任务，认真落实习近平总书记关于科学普及和公民科学素质建设的系列重要指示精神，广泛开展科学教育、科学传播与科学普及，为实现"两个一百年"奋斗目标和建设世界科技强国筑牢创新发展根基。

深入贯彻习近平新时代中国特色社会主义思想，牢牢把握全民科学素质工作正确方向。各地各部门深刻理解习近平新时代中国特色社会主义思想丰富内涵，准确把握新时代全民科学素质工作在服务于实现中华民族伟大复兴的中国梦，以及构建人类命运共同体中的责任担当，深入分析新时代全民科学素质工作不平衡、不充分主要矛盾的具体表现和深层原因，不断提高推动工作高质量发展的能力。中央组织部把学习贯彻习近平新时代中国特色社会主义思想作为干部教育培训的中心内容。中央宣传部把开展全民科学素质宣传教育作为社会主义核心价值观建设的重要内容。中国科协举办"全国科技工作者日"系列活动和科技工作者学习贯彻党的十九大精神座谈会，引导科技工作者学在前列、悟在前头、做在实处。

广泛传播科学精神和科学知识，助推创新驱动发展。各地各部门深入宣传新发展理念，弘扬科学精神，普及科学知识。中央组织部、中央宣传部等多部委广泛开展黄大年、南仁东、李保国、钟扬、王逸平等优秀科技工作者先进事迹宣传，大力弘扬我国科学家科技报国的高尚情操、无私奉献的爱国情怀和坚守创新的科学精神。中央宣传部、国家发展改革委等部委举办"伟大的变革——庆祝改革开放40周年大型展览""砥砺奋进的五年"大型成就展，精心打造全国"双创"活动周等重点活动，大力宣扬FAST、"蛟龙""墨子"等我国高精尖科技创新成果，激发起全国的创新热情和强烈的民族自信心，推动培育形成新的经济增长点。中国科协联合相关部门连续多年主办"全国科普日"，科技部牵头举办"全国科技周"，紧扣生活热点，展示科技成果，传播科学精神，2018年参与人次均突破3亿，是全社会影响广泛的全民科技品牌活动。生态环境部发布《公民生态环境行为规范（试行）》，联合有关部门开展"美丽中国，我是行动者"主题实践活动，让"绿水青山就是金山银山"的理念深入人心。中国科协举办首届世界公众科学素质促进大会，发布《世界公众科学素质促进北京宣言》《中国公民科学素质建设报告》，推动构建国际组织机制，在全国乃至世界范围掀起提升科学素质、共建人类命运共同体的热潮。中国农学会宣传推广农业绿色生产先进适用技术，加快推进农业现代化。中国电子学会开展创新驱动助力工程，加强与地方政府、区域组织等机构合作，服务区域经济社会发展。中国核学会、中国化工学会、中国环境科学学会、中国食品科学技术学会、中国仪器仪表学会、中国药学会、中华医学会、中华预防医学会等组织专家积极参与全国科普日活动，为公众答疑解惑。

推动科学理性深入人心，促进社会环境文明和谐。中央宣传部等 15 部委开展"三下乡"活动，受到"老少边穷"地区群众的热烈欢迎。卫生健康委邀请世界卫生组织结核病/艾滋病防治亲善大使彭丽媛出席世界艾滋病日、防治结核病日活动，取得良好社会效益。"8·8"九寨沟地震、广西一氧化碳中毒、非洲猪瘟疫情等热点事件发生后，中国国家地震局等相关主管部委官方网站、中央广播电视总台、"科普中国"平台快速有效应对，第一时间推出科普作品，开展释疑解惑，有效引导舆情。科技部支持在香港举办"创科博览"国家创新成就展，支持在澳门举办科技活动周。中国科协、中国航天科技集团公司举办"创科驱动成就梦想"香港回归祖国 20 周年航天科普展览活动，增强港澳同胞国家认同感和民族自信心。自然资源部围绕"世界地球日"活动主题，宣传推广自然资源科学知识。生态环境部举办《生物多样性公约》生效 25 周年专题宣传活动，提高全社会共同参与生物多样性保护的意识。应急部持续开展"防灾减灾宣传周""安全生产月""消防宣传月"，以及应急管理和安全生产教育"七进"（进企业、进校园、进机关、进社区、进农村、进家庭、进公共场所）等系列活动，提高人民群众的公共安全意识。国家林草局组织开展全国林业科技周、林业科学冬（夏）令营、全国爱鸟周等林业科普品牌活动，宣传生态文明，普及生态知识，提高公众生态科学素养。国家气象局持续开展"世界气象日"活动，举办"全国气象科普日""气象科技活动周"，提高公众气象防灾减灾和应对气候变化的能力和意识。2018 年 7 月应急管理部、国家地震局等召开全国首届地震科普大会，出台《加强新时代防震减灾科普工作的意见》。中国科协、国家能源局、国家原子能机构、国家核安全局共同开展"科普中国——绿色核能主题科普活动"，为争取广大公众理解和支持核能事业发挥积极作用。中央宣传部、国家新闻出版广电总局推动主流媒体积极响应人民群众日益增长的科学文化需求，上星综合频道科普栏目数量显著提升，《最强大脑》《加油！向未来》《机智过人》《中国青少年科学总动员》《科技盛典》等优秀科普节目掀起热潮，科普公众号在两微一端等新媒体阵地有效发声，科学风尚在全社会日益成为主流。①

---

① 全民科学素质纲要实施工作办公室.全民科学素质行动"十三五"中期工作总结［Z］.全民科学素质工作动态,2019 年第四期.

（三）提升科学素质

2006年以来，全民科学素质行动接续实施了3个五年，全国各地各部门围绕重点人群的特点和需求，有针对性地开展工作，公民科学素质持续快速提升，中国公民具备科学素质的比例由2005年的1.60%、2010年的3.27%、2015年的6.20%，攀升到2018年的8.47%，提高了4.3倍，进一步缩小了与西方主要发达国家的差距。

1. 2010年我国公民具备科学素质比例达到3.27%。全民科学素质行动实施第一个五年是2006—2010年，全国各地各部门根据未成年人、农民、城镇劳动者、领导干部与公务员等重点人群的特点和需求，有针对性地开展工作，公民科学素质明显提升。据第八次中国公民科学素养抽样调查，2010年我国具备科学素质公民的比例达到3.27%，相当于日本（1991年3%）、加拿大（1989年4%）和欧盟（1992年5%）等主要发达国家和地区20世纪80年代末的水平，实现了《全民科学素质纲要》提出的"十一五"期间的发展目标。

在未成年人科学素质工作方面，一是在中小学全面实施素质教育，依托课堂主渠道，充分发挥基础教育在提高未成年人科学素质方面的重要作用。各地以中小学为重点，依托科学教育特色学校建设等试点工作，加强教材开发，改进教学方法，加强科学教育特色学校创建和校内外青少年科学实践基地建设，提高学校的科学教育水平。江苏省、福建省、广东省等省制定出台一系列中小学科技教育政策措施以及工作意见。吉林省、湖南省组织小学科学课教学观摩和质量调研等工作，有效促进科学教育教学工作的发展。海南省教育厅制定一系列规范和标准，推动中小学校实验室标准化建设和信息化建设，满足科学实验对实验室和仪器设备的需求。二是校外科技教育和科普活动丰富多彩，吸引青少年广泛参与。各地广泛组织青少年参与各类科技竞赛和科普活动，大大提高了青少年的创新意识和动手实践能力。上海市组织实施的科普网络游戏"青少年玩世博"，将"教育"和"游戏"有机结合，在"玩"中学科技，受到青少年喜爱。三是加强了校内外科学教育资源的整合。各地的科技类博物馆、青少年宫、儿童活动中心、社区青少年科学工作室、科研院所等各类场所都成为青少年开展课外科技活动和学习体验等活动的重要场所，为青少年科学素质提升营造了良好社会环境。一些地区通过开展"科技馆活动进校园"和青少年学生校外活动场所科普教育共建共享试点等工作，有效地促进了科技场馆的科技资源与学校科学教育的整合。北京启动青少年科技创新"雏鹰计划"，推动首都科研院所、高等院校、科普基地等丰富的科技资源转化为中小学创新教育课程资源。各地妇联积极推动家庭教育在提高未成年人科学素质中的作用。

在提高农民科学素质方面，一是统筹规划，大力推进农民科技培训和科普工作。各地充分利用职业教育和成人教育资源，大力开展农村实用技术培训和农村劳动力转移培训；充分发挥高等农业院校、广播电视大学系统远程教育资源，形成覆盖县、乡、村的开放型农民实用技术教育培训网络，方便广大农民就近学习实用技术和科学文化知识。2006—2010 年，农村劳动力转移培训阳光工程培训农民 1.65 亿人次。2006—2009 年，全国教育系统完成农村实用技术培训 1.76 亿人次。河北省利用农村信息服务站整合互联网、手机短信、电话语音等多种手段全方位服务农户。安徽省通过顺口溜、示意图等农民群众易于理解和接受的方式传播科技知识。大连市利用现代信息通信技术，实现农业专家与农户远距离视频咨询服务。二是农村科普示范体系日益完善，引导和辐射带头作用进一步增强。在"科普惠农兴村计划"的引导带动下，各地结合实际，大胆创新，开展了富有特色的惠农活动。5 年间，中央财政通过转移支付的方式安排 7.5 亿元，各级地方财政累计投入科普惠农专项资金超过 3.1 亿元，累积表彰 1 万余个先进集体和个人。三是少数民族农牧民、青年农民、农村妇女等特定群体的科学素质工作得到加强。各民族地区积极成立双语科普宣传工作队，开展双语科普广播、科普演出、科普知识展览、卫生健康义诊等活动，加强针对少数民族群众的"双语"科普资源服务。各地共青团组织通过建立农村青年就业创业见习基地，向农村青年传授实用技能和科普知识。辽宁省科技厅积极选送青年农民上大学进行定向培训。各地妇联依托基层近 15 万所农村妇女学校，对 500 万名农村妇女进行农业科技培训和转移就业技能培训；依托双学双比活动、巾帼科技致富工程等，帮助广大农村妇女在最短的时间内了解并掌握到最新的农技动态和先进的农业技术。

在提升城镇劳动者职业技能和科学生活能力方面，一是为应对国际金融危机对我国经济的影响，促进劳动就业，各地各部门全面推进各类职业技能培训，城镇劳动者的职业技能和就业能力明显提升。各地人力资源社会保障部门积极推动职业技能培训。2006—2009 年，新培养技师和高级技师 141.6 万人、高级技工 599.2 万名；组织开展再就业培训近 2400 万人次，再就业率达到 68%；实施的"能力促创业计划"共组织近 320 万人参加创业培训，培训后创业成功率达 60% 以上，实现平均 1 人创业带动 3 人就业的倍增效应。各级工会积极开展技能竞赛活动，引导职工开展科技创新，提升企业科技创新能力。2008—2010 年，全国共建设 3 万多家"职工书屋"，开展多种形式的读书活动，丰富职工的精神文化生活。二是开展重点培训，提高农民工职业技能水平和城市生活能力。各地统筹协调农业、教育、科技、住房城乡建设、扶贫等部门，针对产业结构调整和技术升级的需要，强化农民工专项技能培训。对进城务工青年开展系统化、规范化、"订单式"的岗位技能、安全知识等培训。重点推进煤矿、危化品、建筑施工、交通运输等高危行业农民工安全培训，加强农民工安全生产防范意识。三是社区居民科学素质工作广泛开展，促进了居民科学文明健康生活方式的形成。针对社会结构变迁，各地积极探索提升社区居民科学素质新模式，城区科学素质工作的中心逐渐向社区转移。通过社区培训机构、科普画廊、职工书屋、青少年科技活动室等阵地，面向社区居民举办讲座、展览、文艺活动等各类群众喜闻乐见的经常性科普活动。北京通过实施"社区科普益民计划"，加强社区科学素质工作的设施和队伍建设，明显改善工作条件。辽宁省、山东省和青海省等省通过"社区科普大学"为社区居民，尤其是老年人，提供贴近生活、贴近实际的培训课程。广东省通过创建示范社区、开发科普读物、创建志愿者服务站，建立城镇居民科学素质的建设平台。

在领导干部和公务员科学素质建设方面，一是把科学素质纳入领导干部和公务员教育培训、评价考核的重要内容。各地组织、人事部门将科学素质内容纳入各级干部教育培训规划和计划，编写教材，在广大干部和公务员中扎实开展各类教育培训。把提高各级领导干部和公务员的科学素质培养作为建设学习型党组织的重要内容，向他们推荐有关图书。各地依托党校、行政学院和干部学院，将科学素质列入教学计划，加大培训力度，着力增强领导干部和公务员践行科学发展及科学决策的能力。各地在公务员选拔中，都加入了科学素质相关内容的测查，测查方式和手段不断完善。安徽省在选调生考试和在职公务员的年度考核中，将科学素质作为重要内容。二是不断创新培训形式，促成干部学习蔚然成风。国家行政学院、中国浦东干部学院、中国心理学会等联合开展领导干部心理健康教育研究与试点。江西省委组织部将"全民科学素质纲要"培训纳入全省地方干部专题培训计划，对各县全民科学素质工作领导小组成员进行培训。一些地方积极倡导领导干部和公务员"读一本科普书、听一次科普讲座、参加一次科普活动"。北京市举办公务员科学素质竞赛，推动公务员深入理解科学发展观，为提高全社会科学素质树立典范。网络培训、在线学习等信息化手段丰富领导干部和公务员的学习形式。浙江省每周定期为省管干部和有关人员发送科普短信，全年累计发送短信15.6万条。广东省惠州市开通干部网络大学堂，开设科学技术、业务知识等课程200多门，干部上网学习超过35万人次。

2. 2015年我国公民具备科学素质比例达到6.20%。全民科学素质行动实施第二个五年是2011—2015年，全国各地各部门围绕重点人群，加大工作力度，促进全民科学素质整体水平得到较大提升。

稳步推进未成年人科学素质行动，青少年创新意识和实践能力不断提高。这个时期，各地各部门通过完善基础教育阶段科学教育，扎实提高学校特别是农村中小学校科学教育质量，广泛开展多种形式的科技教育、传播和普及活动，有效地提升了未成年来人的学习能力、实践能力和创新能力。2011 年，教育部出台义务教育科学等学科课程标准，把科学素质的课程理念落实到科学课程的教学中，并对小学科学课程标准进行修订和完善，组织普通高中相关学科课程标准研制；2012 年，教育部制定了《3—6 岁儿童学习与发展指南》，对加强幼儿科学启蒙教育提出了明确要求。中国科协、教育部、共青团中央等部门联合开展全国青少年科技创新大赛、中学生英才计划、全国青少年调查体验活动、机器人竞赛、挑战杯等系列科普活动。其中，全国青少年科技创新大赛已经成功举办 30 届，每年吸引 1000 多万青少年参加，成为青少年科技创新展示交流的重要平台；2013 年，教育部、中国科协和中国载人航天工程办公室共同主办"神舟十号"航天员太空授课活动，全国 8 万余所中学的 6000 余万名师生同步收看，社会反响热烈；共青团中央联合有关部委实施"中国少年儿童平安行动"，2012—2014 年共开展关注少年儿童心理健康成长的报告会 2969 场，2015 年向少年儿童免费赠送 60 万份少年儿童平安行动专刊。2004 年以来，教育部连续举办 11 届全国中等职业学校"文明风采"竞赛活动，仅 2014 年就有 4399 所学校、228.8 万名学生参加；2012—2015 年，中国科协联合多部门组织 37285 名两岸四地优秀高中生参加科学营活动；共青团中央连续 16 年组织开展"少年科学院"活动，目前每年有 20 万名青少年参加课题研究活动；全国妇联举办"家庭亲子科普周""书香童年、亲子阅读"和"艺术工坊"等有益于青少年心智成长的公益活动，每年近 10 万名家长和孩子参加。

突出农民增收致富，农民科学素质得到提升。5 年间，各地各部门广泛开展农民科学教育、科技培训、科技传播和普及活动，着力培养有文化、懂技术、会经营的新型职业农民。农业部实施农村劳动力培训阳光工程，大力开展务农农民培训；联合财政部实施新型职业农民培育工程，5 年累计投入资金达 55 亿元，覆盖全国所有县（市、区）。将农民科学素质提升与产业发展紧密结合，大力开展全国冬春农业科技大培训，2011—2013 年累计发放技术资料 8.5 亿份，对农民开展培训和咨询服务 2730 万人次。2013 年以来，农业部、全国妇联等多部门联合开展农村妇女科学素质网络竞赛，参与农村妇女超过 1000 万人次。共青团中央联合相关部门实施"青年星火带头人培训工作""农村青年科技特派员创业行动""雨露计划·扬帆工程"助学行动等，2011 年以来共培训农村青年 1007 万余人；2014 年启动实施农村青年创业致富"领头雁"培养计划，5 年时间培养了 100 万名农村青年致富带头人。全国妇联与农业部等共同认定巾帼现代农业科技示范基地 866 个，培训 20 多万名农村妇女。国家民委等部门于 2014 年启动边境民族地区双语科普试点工作，帮助少数民族群众提高科学素养，巩固边防安全。国家气象局通过气象科技下乡、气象灾害防御等方式，气象灾害应急覆盖99.7%的村庄。2006年以来，中国科协与财政部联合实施"科普惠农兴村计划"，累计投入专项转移支付资金22.5亿元，奖补13872个农村科普工作先进单位和个人，奖补对象辐射带动农户8227万户，共开展各类培训、讲座105.8万次，累计培训农牧民1.4亿人次。

突出职工职业技能和创新创造能力，城镇劳动者的科学素质显著提高。5年间，各地各部门不断开展形式多样的继续教育、职业培训和科技教育、传播与普及活动，提高城镇劳动者就业能力、创业能力和适应职业变化的能力。人社部、财政部实施国家高技能人才振兴计划，培养造就具有精湛技艺的高技能人才；人社部制定《专业技术人员继续教育规定》，会同财政部、科技部、教育部、中科院等部门启动实施专业技术人才知识更新工程，每年培训100万名高层次、急需紧缺和骨干专业技术人才，实施1054期高级研修项目，开展急需紧缺人才培养培训和岗位培训，累计培训546.6万人次，设立国家级专业技术人员继续教育基地100个。人社部初步建立面向城乡全体劳动者的职业培训制度，加强对在校大学生和离校未就业高校毕业生开展创业培训，2011—2014年，全国共开展政府补贴职业培训7967万人次，发放职业培训补贴资金共计280多亿元，劳动者参加就业技能培训后就业率超过70%；全国总工会通过资助职工参加继续教育、举办各类读书活动、开展岗前或在岗培训、举办技术技能大赛、进行重点工程劳动竞赛、开展技术创新攻关等方式，帮助1000万名以上职工提高学历层次、2000万名以上职工提升技术等级，对1000万名职工开展转岗和就业、创业培训，扶持建设500个全国职工教育培训优秀示范点、3500个示范点、7000家职工书屋示范点，带动各级建设10万家职工书屋；国家安监局通过举办安全生产月、安全科技活动周、安全生产知识培训及比赛等活动，加强职工安全科技意识和水平，每年3000余万人参加；各级妇联针对下岗失业妇女、进城务工妇女、女大学生开展家政服务、电子商务等创业就业培训，每年培训近100万人次。人社部实施农民工职业技能提升计划——"春潮行动"，5年来全国开展政府补贴性农民工职业培训超过6000万人次；全国总工会深入推进全国职工素质建设工程，帮助城镇劳动者实现就业；财政部2014年安排就业专项资金436亿元，切实保障高校毕业生、失业人员和农村转移劳动力提升就业能力。

着力提升科学执政水平，领导干部和公务员科学素质稳步提高。5年间，各地各部门围绕增强领导干部和公务员终身学习以及科学管理的能力，广泛开展科学素质培训、学习和活动，使领导干部和公务员科学素质在各类职业人群中位居前列。中央组织部将领导干部和公务员科学素质教育纳入

《2013—2017 年全国干部教育培训规划》，并在新修订的《干部教育培训工作条例》中，强化对领导干部和公务员科学素质教育的要求；研究制定《2011—2015 年领导干部和公务员科学素质行动实施方案》，明确各部门的职责和任务。在中央党校、国家行政学院等"一校五院"的主体班次、部委举办的地方党政领导干部专题班、中国干部网络学院有关班次和领导干部境外培训班次、中央机关公务员初任培训、中央机关处长任职培训等班次中安排科学素质教育相关内容；各级党校、行政学院和干部学院及各地各部门均把科学素质教育内容列入教学计划，帮助领导干部充实科技知识，树立科学态度，掌握科学方法，提高推动科学发展、创新发展的能力；同时，加强对党政领导干部综合评价、选拔任用及公务员录用考试的科学素质测查。开展"科学与中国"高端科普活动、中央国家机关职工心理健康科普咨询活动、院士专家报告会领导干部专场等各类与科学素质相关的活动；中央组织部牵头先后出版发放第三批全国干部学习培训教材、《科学发展案例选编》、第四批全国干部学习培训教材、《领导干部和公务员科学素质读本》等科学素质相关读物；充分利用建成的 68.2 万个农村党员干部现代远程教育终端，开展农业实用技术和科技知识的传播，覆盖全国 99.1% 的乡镇和建制村。

倡导科学生活，城镇社区居民科学素质显著提升。5 年间，各地各部门广泛开展社区科技教育、传播和普及活动，完善社区公共服务体系，提升社区居民科学生活能力。据中国公民科学素质调查，社区居民具备科学素质的比例由 2010 年的 4.86% 增长到 2015 年的 9.7%，增长 1 倍。民政部将社区科普工作纳入社区服务体系建设"十二五"规划，与社区建设同部署、同实施，将完善社区科普文化服务设施、开展社区科普工作等内容纳入《全国和谐社区建设示范单位指标体系》；印发《关于推进学习型城市建设的意见》，指导各地广泛开展包括科普、文化生活等在内的城乡社区教育。中国科协印发《关于加强城镇社区科普工作的意见》，推动以社区科普大学为主的社区科普工作，开辟社区科普服务站、社区科普图书室、科普专栏、科普画廊等，不断强化社区科普服务阵地建设；民政部等 5 部门出台《关于推进社区公共服务综合信息平台建设的指导意见》，实施社区服务信息惠民行动计划，指导各地加快推进社区公共服务综合信息平台建设，以社区信息化建设推动社区科普工作效果提升，截至 2014 年年底，全国共有城乡社区服务设施 31.1 万个，城市社区综合服务设施覆盖率达 81%，农村社区综合服务设施覆盖率达 11.3%。2012 年以来，中国科协会同财政部实施"社区科普益民计划"，对全国 2000 个社区进行奖补，吸引地方财政和社会资金投入 7 亿余元，带动社区科普活动蓬勃开展。

3. 2018 年我国公民具备科学素质比例达到 8.47%。全民科学素质行动实施第三个五年即 2016—2020 年，全国各地各部门以青少年、农民、城镇劳动者、领导干部和公务员四类人群为重点，带动全民科学素质整体水平持续提升，预计 2020 年我国公民具备科学素质比例将超过 10%。

提升青少年科学素质，增强勇担实现中国梦重任的远大理想和扎实本领。教育部推进科技教育进校园进课堂，将学校教育与校外活动有机结合，加强科学精神、学习兴趣和实践能力培养。完善中小学科学课程体系，印发并执行新修订的小学科学课程标准，修订《普通中小学校建设标准》，确保 1.45 亿名中小学生从小学一年级到初中三年级不间断接受系统的科学教育。共青团中央组织 8.6 万名青年志愿者在 2324 个项目服务点，面向留守儿童开展科普志愿服务；举办中国青少年科技创新奖颁奖大会，评选中国青少年科技创新奖获得者；扶持 200 支大学生"小平科技创新团队"、140 多项中学中职科技创新示范竞赛。中国科协连续多年举办青少年科技创新大赛，三年参与人数超过 1000 万；与中科院等单位组织"明天小小科学家"奖励活动、"科学与中国"科学教育计划、全国青少年高校科学营、"求真科学营"等活动，探索科技精英人才早期培养的有效模式。国家民委印发《关于进一步做好委属高校科普工作的通知》。中国工程院开展"青少年走进工程院"活动，激励青少年创新思维、培养青少年科学精神。国家气象局建立校园气象站和气象防灾减灾科普示范学校 1276 所。北京设立中小学科学探索实验室 73 家，辐射 13 个区，形成"在科学家身边成长"的青少年后备人才培养模式。甘肃省完善科学教育硬件设施，扎实推进"五个千所示范校"建设，立体构建推进素质教育新载体。中国宇航学会、中国力学学会、中国地球物理学会、中国海洋学会、中国动物学会等面向大中小学生开展形式多样的知识竞赛，提高青少年科学素质和实践能力。

提升农民科学素质，增强推进乡村振兴战略的内生动力和智力支撑。各地各部门助力全面打赢脱贫攻坚战，将科普资源向贫困地区倾斜，多层次培养新型职业农民和农村实用人才。农业农村部印发《"十三五"全国新型职业农民培育发展规划》，编制《农民科学素质发展战略规划（2020—2035—2050 年）》，实施新型职业农民培育工程。国家发展改革委牵头编制《乡村振兴战略规划（2018—2022 年）》，明确提升农民科学素质的工作重点和政策举措。民政部会同 8 部委印发《关于加强农村留守老年人关爱服务工作的若干意见》。科技部联合国家新闻出版广电总局、国家林草局等部委共同主办"科技列车行"活动，与国家民委连续两年举办"科普进西藏"活动。全国妇联大力实施"农村妇女素质提升计划"，提升农村妇女增收致富能力。重庆市组织 3000 名专家开展"科技助力精准扶贫工程"，覆盖 493 个贫困村，帮扶贫困户 19.8 万人。山东省实施数字科普扶贫工程，3900 个省定贫困村安装数字科普终端。

提升城镇劳动者科学素质，增强推动经济高质量发展的创新热情和知识技能。各地各部门围绕深化供给侧结构性改革，不断开展形式多样的继续教育、职业培训和科技教育、传播与普及活动，促进城镇劳动者整体素质提升。人力资源社会保障部深入实施专业技术人才知识更新工程，2016 年以来累计培养培训急需紧缺和骨干专业技术人才近 400 万人次；贯彻落实《国务院关于推行终身职业技能培训制度的意见》，每年组织开展政府补贴性职业培训约 1500 万人次。国家发展改革委、中国科协举办全国大众创业万众创新等系列活动，促进创新创业与经济社会发展深度融合。工信部加强国家"双创"示范基地建设和国家小型微型企业创业创新示范基地建设，举办"创客中国"创新创业大赛，推动中小微企业创新发展。全国总工会深入开展农民工"求学圆梦行动"，三年共资助 60 万农民工提升学历。共青团中央联合有关部门举办"创青春"全国大学生创业大赛、"振兴杯"全国青年职业技能大赛，在青年中引领尊重科学、崇尚创新的风潮。全国妇联开展全国女性创新创业骨干培训，提升女性创业就业能力。浙江省出台《失业保险支持参保职工提升职业技能实施办法》，引导职工提升职业技能水平。贵州实施"黔深雨露直通车"项目，面向全省农村贫困家庭初、高中毕业生开展职业教育培训，开辟贫困地区农村人力资源开发新途径。

提升领导干部科学素质，增强适应新时代中国特色社会主义事业发展要求的能力。各地各部门按照习近平总书记提出的"注重培养专业能力、专业精神，增强干部队伍适应新时代中国特色社会主义发展要求的能力"要求，大力推进领导干部和公务员科学素质行动。中央组织部实施《2018—2022 年全国干部教育培训规划》，修订《干部教育培训工作条例》，在每年全国干部教育培训工作要点中明确要求加强科学素质培训；统筹制定"一校五院"、委托部委办班、中央和国家机关司局级干部专题研修、境外培训等培训计划，把科学素质教育作为干部教育培训重要内容；加强课程教材建设，将《实施创新驱动发展战略建设创新型国家》等纳入中国干部网络学院在线课程，组织广大干部学好用好《新科技知识干部读本》等学习培训教材，推动科学理念、科学方法、科学精神有机融汇于各级领导干部的发展实践中。北京实施公务员科学素质提升工程，并将纲要贯彻实施情况纳入公务员教育培训监督考核指标及市人力社保系统年度考核工作指标。广东省推动科学素质宣传教育内容列入各级党校、行政学院教学计划。①

---

① 全民科学素质纲要实施工作办公室.全民科学素质行动"十三五"中期工作总结[Z].全民科学素质工作动态,2019 年第四期.

（四）提升科普能力

2006 年以来，全国各地各部门大力推动科学教育和培训、科普资源开发和共享、大众传媒科技传播能力建设、科普基础设施建设、科普信息化建设工程等基础工程的建设和发展，显著提升了我国的科普公共服务能力。

1. 以共建共享显著增加公民参与科普的机会和途径。2006—2010 年，全国各地各部门以"共建共享"的理念推动科学教育和培训、科普资源开发和共享、大众传媒科技传播能力建设和科普基础设施建设等基础工程的建设和发展，加强了各类社会资源的整合和利用，公民提高科学素质的机会与途径明显增多，科普服务能力明显提升。

在科学教育与培训的基础条件方面，一是科学教师队伍的素质不断提高。湖南省、陕西省、贵州省将中学科学教师培训纳入全省中学教师培训整体规划，加强中小学科学教育教师队伍建设。河北省秦皇岛市出台《秦皇岛市科技辅导员资格认证实施办法》，对中小学校的科技辅导员进行培训、考核和资格认证。二是民族地区和农村地区中小学科学教育基础设施建设大幅改善。安徽省、湖南省、宁夏回族自治区等省、自治区所有城镇和农村中小学校实现了现代远程教育。山西省面向全省农村地区开展"科学工作室"建设。浙江省根据科学课程的需要，对农村中小学科学教师进行了全员培训，并在农村中小学校建立健全实验室，充实实验仪器和教学器材。

在科普资源的服务能力方面，一是科普创作环境不断优化，各类科普资源的数量和质量有较大提高。据科技部统计，2009 年全国共出版科普图书 0.69 亿册，比 2006 年增长 40.82%；共出版科普期刊 1.46 亿册，比 2006 年增长 9.77%。各地围绕中华人民共和国成立 60 周年、改革开放 30 周年、北京奥运会、上海世博会、节能减排等中心工作，针对南方低温、雨雪和冰冻灾害、"5·12"汶川地震、"4·14"玉树地震等重大灾难，以及探月工程、日全食、食品安全、甲型 H1N1 流感等重大事件，开发宣传册、挂图、折页、展览、宣传片等科普资源，在服务党和国家的工作大局、服务广大公众对科技知识的需求方面发挥了重要作用。安徽省成立科普产品工程研究中心，建设科普产业园，举办中国（芜湖）科普产品博览交易会，积极促进科普产品的研发与生产，探索公益性科普事业与经营性科普产业并举的有效模式。二是科普资源的共享服务能力得到提高。各地根据实际，广泛动员社会各界力量，积极探索交流、交换、捐赠、定制配送等科普资源服务方式。一些地方建立了数字化科普资源库和实体科普资源的配送中心，开发地方特色科普资源，为基层开展科普工作提供服务，缓解了基层科普资源短缺的矛盾。

在大众传媒科技传播力度和能力方面，一是各类媒体科学传播力度加大。电视、广播、报纸、网络等各级各类媒体，围绕党和国家关于科技发展的大政方针、科学发展观、重大科技事件和活动，通过新闻、专栏等形式重点宣传普及节约资源、保护生态、改善环境、安全生产、应急避险、健康生活等观念和知识，指导公众以科学的行为和方式应对公共卫生事件和重大自然灾害等突发事件。据科技部统计，2009 年全国广播电台播出科普（技）节目总时长为 19.67 万小时，电视台播出科普（技）节目总时长为 24.30 万小时，分别比 2006 年增长了 98.29% 和 113.53%。二是电视、广播、出版物、报纸等传统媒体的科技传播能力有所提升，形成了一批科技传播的品牌。各地广播电视和出版机构开播的科技栏目、科普出版物，都取得了很好的效果。例如，北京电视台的《魅力科学》、河北电视台农民频道《农科大讲堂》等成为当地观众喜闻乐见的科普名牌栏目。重庆市的《电脑报》日发行量达 60 万份，是中国发行量最大的科技科普类报纸。三是互联网、移动通信等新媒体发展迅速，传播科普信息、服务公众手段更加快捷。据中国互联网协会网络科普联盟的调查，目前全国有各类科普网站（频道/栏目）600 多个，这些网站打破时间、空间和人数的限制，开展各类线上和线下的科学传播活动，深受网民欢迎。各地结合信息化建设，积极拓展互联网、移动媒体的科普功能。山西省大力开发电子科普杂志、科普手机报、科普短信和彩信，为公众提供高品质、快捷的科普服务。宁夏回族自治区建立覆盖全区农村的"三农呼叫中心"，提供科技和信息服务，受到广大农牧民的欢迎。贵州省数字图书馆等网络科普设施为公众学习科技文化知识和建立学习型社会提供了新的平台。四是与科技界加强合作，大众传媒的科技传播能力日益提高。在重大科技事件的宣传报道中，各类大众媒体认真准备，加强与科技界的合作，大大提高了科技传播的科学性和精彩度。在日全食天文现象的报道中，江苏省、安徽省、山东省、广西壮族自治区、重庆市等地和处于全食带中心线的城市，结合当地文化特点，组织各类媒体并邀请科学家进行专业点评和解说，引入高端科技观测器材，表现出较强的科技传播能力。甲型 H1N1 流感期间，各类媒体及时、准确地报道流感疫情及防控措施，有效提高公众的认知程度，增强防控意识。

科普基础设施建设取得长足发展。一是科技类博物馆发展迅速，科普服务能力不断提高。科技类博物馆数量由 2005 年的 250 座增加到 2010 年的 581 座，其中综合性科技馆 267 座，专业（行业）科技馆 121 座，自然博物馆 193 座。中国科技馆新馆建成开放，浙江省、广东省、广西壮族自治区、重庆市、四川省、宁夏回族自治区、新疆维吾尔自治区等地的一批省级科技馆新馆相继建成开放。一批地市级科技馆也相继建成，有的实行免费开放。城区常住人口 100 万人以上的大城市中，已有 58% 的城市至少拥有 1 座科技类博物馆。二是科普宣传栏、科普活动室（站）、青少年活动室等基层科普设施覆盖面不断扩大。据科技部统计，2009 年年底全国共建有 10 米以上科普画廊 21.25 万个，比 2006 年的 13.45 万个增长 58%；城市社区科普（科技）专用活动室 6.8 万个，农村科普活动场地 37 万个；科普宣传专用车 1569 辆。作为流动科技馆的科普大篷车配发数量达到 381 辆，累计行驶 950 多万千米，受惠群众 6100 余万人。吉林省、安徽省、江西省、广西壮族自治区、云南省等地的科普画廊建设规模和标准都有很大提高。山东省为全省 17 个市配发科普车，配备数字电影放映机等车载科普产品，为全省 8 万多个行政村建设标准化科普宣传栏，每季度定期配发挂图。三是科普基础设施形式不断丰富。全国科普教育基地稳步发展，总数由 2007 年的 261 座增加到 650 座，提前实现《全民科学素质纲要》提出的 2010 年目标。各地相继命名一批消防、环保、气象、国土资源、林业等专业科普教育基地，科普服务能力不断提高。气象台站对外开放已形成制度，全国各地有近 1500 个气象台站对外开放，参观人次有 2000 余万。一批科研机构、高等院校面向社会开放，成为传播科学的重要阵地。据科技部统计，2009 年中科院所属科研机构和教育部直属大学向社会共开放了 430 个场所，公众累积参与人次为 700 多万。

2. 创新驱动显著提升公民科学素质公共服务能力。2011—2015 年，各地各部门按照中央的有关部署，紧跟时代发展步伐，创新科普技术和手段，科技传播服务能力显著提升。

科学教育与培训基础条件明显改善。颁布《教师教育课程标准（试行）》，实施中小学教师国家级培训计划，5 年共安排专项资金 73.85 亿元，累计培训科学、数学、物理、化学、生物、信息技术、通用技术、综合实践、地理等科学教育相关学科骨干教师 250 余万人。实施教师教育国家级精品资源共享课建设计划，完成科学、数学等 45 门相关课程建设。2014 年启动全面改善贫困地区义务教育薄弱学校基本办学条件工作。5 年累计安排 27 亿元专项资金，实施职业院校教师素质提高计划。

科普资源开发开放与共享程度显著提高。2014 年，全国共出版科普图书 0.62 亿册、科普期刊 1.08 亿册，发行科技类报纸 3.02 亿份，在各类科普活动中发放科普读物和资料 10.27 亿份。2014 年，全国有 6712 个科研机构和大学面向公众开放，参观人次有 831.78 万。国家民委 2012 年面向武陵山片区组织编发科普手册 16 万册，推动民族院校学生编印双语科普读物，积极开展双语科普活动；5 年间气象部门累计制作图文类科普作品 1 万余件、影视动漫 1500 余部、游戏 260 个，发放各类科普产品 474.6 万份。

科普信息化建设取得初步成效。2015 年中央财政安排 2.1 亿元支持启动实施科普信息化建设专项，基于政府与社会资本合作（PPP）模式探索科普公共服务供给模式创新，通过招投标启动实施"科技前沿大师谈"等 19 个子项目，遴选新华网、腾讯、百度、光明网、果壳网、天极网等 12 家机构承担，在短短的 3 个多月内生产科普信息内容 1.4TB，上线 3 个多月页面浏览量超过 14.6 亿人次（其中移动端占 80%）。同时，秉持开源、众创、分享的理念，大力实施"互联网＋科普"行动计划，强化互联网思维，引领和凝聚各方力量参与科普信息化建设，创建科普中国品牌；2015 年 9 月 14 日科普中国导航（www. kepuchina. org）正式上线运行，开通 20 个科普频道（栏目）、24 个移动端科普应用，汇聚 82 家全国优秀科普网站（栏目），科普中国品牌影响力逐步凸显。

大众传媒科技传播能力明显增强。中央宣传部牵头持续加强广播、电视、报纸等各类媒体的科技宣传力度，2014 年，全国广播电台播出科普（科技）节目总时长为 15.13 万小时，电视台播出科普（科技）节目总时长 20.17 万小时，开设科普网站达 2652 个。环境保护部开通环保科普 365 微信公众号，集中播放以"向污染宣战"为主题的公益宣传片，播出总时长达 230 万小时。国家卫计委推进 12320 卫生热线平台建设，全国卫生 12320 微博影响力与日俱增，12320 卫生热线覆盖人群 9.6 亿人。中国气象局努力打造集中国气象频道、气象科普微博群、中国气象报、《气象知识》杂志于一体的多元化传播平台，全国气象新媒体粉丝数超过 2635 万人。国家旅游局建设 12301 国家智慧旅游公共服务平台，加强旅游科技及应急服务。共青团中央发动建立认证微博超过 12.8 万个。

科普基础设施支撑服务能力明显提升。中国特色现代科技馆体系建设取得长足发展，7 年间新建改造实体科技馆 42 座，全国达标科技馆总数 142 座，同时另有 50 多座科技馆在建；开发制作流动科技馆 220 个、全国科普大篷车保有量 1071 辆，中国数字科技馆日均页面浏览量超过 220 万，ALEXA 国内排名为 200 名左右；2015 年中央财政安排补助资金 3.46 亿元，实现全国 92 个科技馆的免费开放。科普教育基地建设稳步推进，科技博物馆由 2010 年的 555 个增加到 2014 年的 724 个；全国科普教育基地由 2010 年的 650 个发展到 2015 年的 1045 个，2014 年省级以上的科普教育基地年参观人数 2.8 亿人次；国土、环保、林业、研学旅游、地震、气象等科普基地蓬勃发展。

科普人才队伍发展壮大。2012 年中国科协与教育部启动在清华大学、北京师范大学等 6 所高校培养高层次科普专门人才试点工作，培养科普专业硕士研究生，2015 年首批 98 名研究生毕业并实现全就业。2013 年以来中国科协发动全国学会，组建由 3951 名科技专家组成的 341 个科学传播专家团队。全国科普人员由 2010 年的 175 万人增加到 2014 年的 201 万人。其中，科普兼职人员由 152.8 万人增加到 177.7 万人，全国注册科普志愿者从 2010 年的 239 万人增加到 2013 年的 337 万人。

3. 以科普供给侧改革创新显著提升公民科学素质公共服务质量水平。2016 年以来，各地各部门紧跟时代发展步伐，依托大数据、云计算等现代信息技术，加强科普产品研发与创新，丰富科普内容和渠道，深入推进"互联网＋科普"，打造"科普中国"等亮点品牌，不断扩大科普公共服务的有效供给。

科普信息化建设成效显著。中国科协深入实施"互联网＋科普"行动，坚持"品牌引领、内容为王、借助渠道"的理念，选择人民网、新华网、腾讯、百度等一流互联网机构联合实施。截至 2018 年，生产优质科普信息内容资源 27TB，累计浏览量和传播量达 220 亿人次，其中移动端浏览量 163 亿人次。强化"新闻导入、科学解读"传播机制，形成一批有重大影响力、形式多样、适合移动端互联网传播的科普作品。市场监管总局上线运行科普中国计量专题网站，开展"全国计量科普知识竞答"活动。国家卫生健康委印发《关于加强健康教育信息服务管理的通知》，举办 2018 年新时代健康科普作品征集大赛，推广科学权威健康科普知识。吉林省、宁夏回族自治区等地率先开通"科普中国"电视频道，大幅提升信息化科普服务覆盖面。青海省、西藏自治区依托"科普中国"，开设藏文网络科普平台和栏目，推动科普信息在藏区落地应用。中国航空学会与空军、科普中国合作，对航空题材影片进行科普解读。

科学教育与培训基础条件明显改善。教育部实施中小学教师国家级培训计划，培养科学教育"种子"教师和培训专家。国家民委会同中国科协在内蒙古自治区、广西壮族自治区等地开展"边境民族地区双语科普试点"工作。文化和旅游部依托文化惠民工程，实施"春雨工程"等文化志愿服务项目，持续推进边疆地区群众科学素质提升。中国科协加强科技辅导员队伍建设，研究制定《中国科协科技辅导员培训体系建设方案（2016—2020 年）》《青少年科技辅导员专业标准（试行）》，与中央文明办联合面向中西部 22 个省、自治区、直辖市的国家级贫困县乡村学校少年宫开展 2018 年"圆梦工程"——农村未成年人科普志愿行动。内蒙古自治区推动校内外科学课程有效衔接，开展"馆校结合"教育活动。重庆市出台《关于加强中小学科技教育工作的意见》。

科技助力精准扶贫取得实效。为深入贯彻落实党中央打赢脱贫攻坚重大决策部署，2016 年中国科协、农业部、国务院扶贫办联合实施科技助力精准扶贫工程。几年来，各级科技组织和广大科技工作者认真落实党中央精准扶贫、精准脱贫的基本方略，积极投身脱贫攻坚，为加大贫困地区科技供给和支撑、增强贫困户依靠科技脱贫致富、提高贫困户的科学素质和生产技能等做出了积极贡献。例如，宁夏回族自治区科协精准绘制科技服务"菜单"，按照建档立卡贫困村（户）的订单，对建档立卡贫困乡镇村开展"订单式"培训，助力59个建档立卡贫困村、4.8万建档立卡贫困人口稳定脱贫。2018年，中华医学会组织实施基层卫生人才培养千人计划，根据11个贫困地区县级医疗卫生机构培养重点薄弱学科领军人才和其他各类急需紧缺人才的需求，邀请148位专家对2912位基层医务人员进行精准定制培训，取得良好效果。湖南省科协与当地省农业厅、扶贫办协同开展科技助力精准扶贫，推动科技专家小组进驻187个省派帮扶工作队，实现科技服务项目在省派帮扶工作队的驻点村全覆盖、脱贫致富带头人培训在全省贫困村全覆盖，形成"省驻村工作队—科技专家小组—贫困群众"协同的组织动员模式。河北省以李保国为典范，动员205个科技组织的1894名科技专家，组建"富岗李保国128科技小分队"等各种扶贫团，深入贫困乡村，助力建档立卡贫困人口3.08万人增收脱贫。中国环境科学学会积极开展"大学生志愿者千乡万村环保科普行动"，深入贫困地区乡村宣传生态保护、开展生态扶贫，形成"精准扶贫＋科技帮扶＋社会实践"的组织动员模式，赢得贫困地区干部群众好评。

社区科普益民体系不断完善。民政部指导各地出台城乡社区服务体系建设"十三五"规划，将社区科普工作纳入城乡社区治理工作总体部署，在社区服务设施中不断拓展科普功能，面向社区居民开展卫生健康、食品药品、防灾减灾等各类科普活动。按照《中华人民共和国公共文化服务保障法》中明确提高公众科学素质、开展科学普及等相关要求，文化和旅游部持续推进"科普文化进万家"活动。国家卫生健康委与国务院扶贫办联合下发《贫困地区健康促进三年攻坚行动方案》，针对贫困家庭开展健康教育进家庭行动。国家体育总局开展全民健身科技志愿服务神州行、全民健身日活动，有力提升居民健康科学素质。河北省将全民科学素质行动计划纳入城乡社区服务体系建设"十三五"规划。上海市打造社区科普大学三级教学网络体系，建设社区创新屋，丰富社区科普设施载体。

科普基础设施开发开放水平不断提高。完善科普设施建设布局，推进优质科普资源开发开放，为公众提供更好参与科普的途径和机会。2016—2018年，财政部推动中央财政约16.6亿元支持174家科技馆免费开放。中国科协加强中国特色现代科技馆体系建设，成立全国科普服务标准化技术委员会，修订《科学技术馆建设标准》。目前，全国达标科技馆192座，农村中学科技馆667座；流动科技馆、科普大篷车累计受益公众3.4亿人次。中科院全面实施"高端科研资源科普化"计划，打造国家科研科普基地。教育部落实《国务院关于国家重大科研基础设施和大型科研仪器向社会开放的意见》，62所直属高校纳入开放共享的大型仪器和设施超过1.8万台（套）。中科院、中国工程院、清华大学、北京大学等8000多个科研机构和高等学校定期开展公众开放日活动。文化和旅游部依托国家公共文化云，建设智能文化站，积极拓展科普活动阵地。国家文物局开展"博物馆青少年教育功能提升"项目，编制《博物馆青少年教育工作指南》。福建省试行科技馆接受社会捐赠减免所得税政策，吸引社会资金近 20 亿元建设运营科普设施。中国林学会、中国气象学会等组织开展行业科普基地建设。

科普产业蓬勃发展。中国科协举办中国科幻大会，推进"科普科幻青年之星计划"，为科普科幻作者、专家、媒体、影视、产业和读者提供相互交流、融合发展的平台。中国（芜湖）科普产品博览交易会规模逐年扩大，2018 年举办的第八届博览会共吸引海内外 443 家单位参展参会，交易额达 10.6 亿元。上海市连续举办上海国际科普产品博览会，品牌知名度和影响力不断提升。贵州省依托 500 米口径射电望远镜项目，打造平塘县克度天文科普小镇，推动科普和旅游融合发展。北京市、天津市、河北省签订《京津冀科协全面合作意向书》，推出京津冀科普之旅，18 条线路共涵盖 72 家科普基地，接待游客 5000 万人次。中国地质学会、中国自然科学博物馆学会等与湖北黄石市政府共同举办地矿科普大会，助力黄石经济社会发展。

科普人才队伍进一步壮大。深入开展全国学会科学传播专家团队建设，科学传播专家团队已达 433 个，聘任首席科学传播专家 435 人。其中，院士 41 人，在库科学传播专家总人数为 5444 人。继续推动高层次科普专门人才培养试点工作，6 所试点高校已累计招生 700 余人，毕业生中约 55% 从事科普工作。加强科普人才培养师资、课程、教材和基地建设，全国科普人员近 180 万人，其中中级职称以上或大学本科以上学历的科普人员共计 100 万人。全国注册科普信息员累计约 82 万人。中国科协在全国推动"三长制"试点，探索医院院长、中小学校长、农技站站长等"关键人物"进入县乡镇科协组织，建设开放、普惠、全域、共享的基层科普服务体系。新疆维吾尔自治区在全国率先建立科技辅导员职称系列，推动科普人才专业化发展。湖南省制定《湖南省科学传播示范学会建设标准（试行）》，引导学会和科技工作者积极参与科普。中国医学救援协会、中国老科学技术工作者协会等积极开展科普志愿者队伍建设。[1]

（五）强化科普动员

2006 年以来，各地各部门始终坚持"政府推动，全民参与，提升素质，促进和谐"工作方针，不断推动完善科学素质建设运作机制，为科学素质纲要实施提供坚实工作保障，

---

[1] 全民科学素质纲要实施工作办公室.全民科学素质行动"十三五"中期工作总结[Z].全民科学素质工作动态,2019 年第四期.

1. 坚持完善协同推进科学素质建设运作机制。2006—2010 年是我国科学素质纲要实施的起步阶段，重点是构建完善协同推进的工作体系。2010 年 2 月，国务院办公厅部署对各省、自治区、直辖市人民政府、有关部门和单位实施《全民科学素质纲要》情况进行督查，并对 12 个省、自治区、直辖市进行实地督查，进一步完善工作机制，加强条件保障，落实各项任务。一是组织机构逐步健全。全国 30 个省、自治区、直辖市和新疆生产建设兵团（海南省 2009 年撤销领导小组后，协调推动科学素质工作的职责由科协承担）都在当地党委、政府的领导下，建立由科协、组织、宣传、教育、科技、农业、人力资源社会保障等部门组成的科学素质工作领导小组或《全民科学素质纲要》实施办公室。全国 90% 以上的地（市、州）、80% 以上的县（市、区）都建立相应的实施工作组织机构。一些地方积极引导企业等社会力量投入科普事业。专、兼职科学素质工作人员队伍发展壮大。据科技部统计，2009 年全国共有科普人员 180.84 万人，比 2006 年增长 11.39%。科普人员中有专职人员 23.42 万人，比 2006 年增长 17.16%；科普兼职人员 157.42 万人，比 2006 年增长 10.58%。基层的科普兼职人员和志愿者队伍得到大发展。上海市组建万人科普志愿者队伍，促使全市科普、学术活动信息能得到更有效的共享和传播。山东省等省围绕落实选聘高校毕业生到农村任职工作，在部分市启动了到村任职高校毕业生兼任科普员工作，在提升农民科学素质、带领群众依靠科技致富方面发挥了积极作用。广东省成立科普志愿者协会，充分动员广大科技工作者和社会热心人士投身科普事业。

2. 坚持完善任务目标导向的科学素质建设运作机制。2011—2015 年，党中央、国务院把全民科学素质行动计划纳入国民经济和社会发展第十二个五年规划，把到 2015 年我国公民具备基本科学素质的比例超过 5% 的目标纳入《中共中央国务院关于深化科技体制改革加快国家创新体系建设的意见》，推动各地各部门不断建立完善公民科学素质建设的有效机制。

联合协作机制进一步完善。全民科学素质纲要实施部门从 2010 年的 23 个扩大到目前的 33 个。财政部牵头落实完善公益性科普捐赠税收政策，出台了科普单位有关税收优惠政策及科普相关的进口税收优惠政策等系列优惠政策。文化部把科普工作纳入《关于加快构建现代公共文化服务体系的意见》，把开展农民科学素质行动、社区居民科学素质行动等纳入《国务院办公厅关于推进基层综合性文化服务中心建设的指导意见》。国家民委、环境保护部、国家质检总局、国家地震局、中科院等部门印发加强科普工作的意见。教育部、环境保护部等部门建立部内的全民科学素质工作联席会议制度。工信部召开本系统科普工作交流会，国家林业局设立梁希科普奖，科技部开展在"973 计划"中增加科普任务的试点工作，国土资源部专门发文要求在科研项目中增加科普任务，中国社科院将科普工作纳入科研任务的验收评价。除安徽省，全国各省、自治区、直辖市及新疆生产建设兵团和绝大多数地（市、州）、县（市、区）都成立全民科学素质工作机构。

创立公民科学素质建设的共建机制。中国科协会同全民科学素质纲要实施部门于2012年启动建立公民科学素质建设共建机制工作，将公民具备科学素质比例的目标合理地分解到各地，与27个省、自治区、直辖市及新疆生产建设兵团签署共建协议，推动科学素质工作的层层落实，15个省、自治区、直辖市及新疆生产建设兵团与所辖市区签署共建协议，16个省、自治区、直辖市及新疆生产建设兵团将全民科学素质工作纳入党委和政府部门的绩效考核体系。

监测评估机制进一步加强。2013年全民科学素质纲要实施工作办公室对各地区2011年以来《全民科学素质纲要》实施情况进行检查评估，并对8个地区进行实地检查评估。2015年，全民科学素质纲要实施工作办公室对2011—2015年各地区各部门实施《全民科学素质纲要》的情况进行督查，并对13个地区进行实地督查；组织开展2015年中国公民科学素质抽样调查；启动《全民科学素质纲要》实施工作先进集体和先进个人的表彰工作。

投入保障机制进一步强化。据统计，2014年全国科普经费筹集额达到150.03亿元，比2010年的99.52亿元增长51%。2011—2015年，中央财政累计安排资金919.15亿元，支持博物馆、纪念馆、全国爱国主义教育示范基地、文化馆、科技类博物馆建设等公益性文化设施并推动向社会免费开放。

2011—2015年，全民科学素质工作虽然取得一定成效，但仍然存在不少困难和问题。一是公民科学素质水平差距进一步拉大。公民科学素质调查结果显示，2010—2015年东部地区公民科学素质水平从4.59%提高到8.01%，西部地区公民科学素质水平从2.33%提高到4.33%；城镇居民科学素质水平从4.86%提升到9.72%，农村居民科学素质水平从1.83%提高到2.43%；男性公民科学素质水平从3.69%提升至9.04%，妇女科学素质水平从2.59%提升至3.58%；我国东西部地区之间、城乡之间和不同性别之间的公民科学素质水平差距进一步扩大。二是基础设施覆盖面不均衡。以科技馆为例，截至2015年10月，西部地区科技馆数量仅占全国的19.7%，而东部地区为50.7%。三是服务手段滞后于信息化发展进程。现在公众特别是青少年都在网上获取信息和知识，科普与信息技术发展和社会信息化进程相比，技术、手段、理念滞后，有知有趣的科普内容匮乏，科普传播渠道单一，不能满足公众泛在、个性化的科普需求。四是全社会参与的机制创新滞后。科普发展需要科普机制的创新变革，特别是互联网的发展已经彻底改变科普的动员参与方式，科普的思想观念相对落后、改革创新意识不足，科普的机构设置、资源配置、工作模式、工作习惯等还不适应现代科普发展的要求。

3. 坚持完善科技创新与科学普及衔接的机制。2016 年以来，全民科学素质纲要实施工作办公室积极发挥统筹协调作用，为各地各部门搭建平台、做好服务，全社会参与公民科学素质建设的积极性不断提高。

政府推动的职责逐步强化。2016 年以来，国家统计局、交通运输部先后加入纲要办，全民科学素质纲要实施工作办公室的成员单位达 33 个。2018 年，中央文明办将公民具备科学素质的比例纳入全国文明城市测评体系。国家气象局组织编制《气象科普发展规划（2018—2025 年）》。中国科协加强理论创新和顶层设计，启动面向 2035 年的全民科学素质规划纲要研究编制工作。全国 31 个省、自治区、直辖市和新疆生产建设兵团、全国绝大多数地（市、州）、县（市、区）都成立了不同形式的全民科学素质纲要实施工作机构。各省级行政区均已印发本地区《全民科学素质行动计划纲要"十三五"实施方案》。内蒙古自治区、安徽省、江苏省、四川省、云南省、宁夏回族自治区、贵州省 7 个省、自治区和新疆生产建设兵团明确将全民科学素质工作纳入党委或政府考核。

监测评估机制日益健全。经国家统计局批准，中国科协开展第十次中国公民科学素质抽样调查，范围覆盖我国大陆 31 个省、自治区、直辖市和新疆生产建设兵团的 18—69 岁公民，结果显示各地公民科学素质水平均实现快速增长，有 10 个省超过全国平均水平（8.47%）。开展全民科学素质纲要实施工作中期评估，组织纲要办成员单位赴贵州省、内蒙古自治区等 8 个省份开展实地检查，委托科技部科技评估中心对山东省、河南省等 6 个省份开展第三方评估，对各地区 2016 年以来全民科学素质工作进行全面检查评估，确保"十三五"目标实现。湖北省、广东省、内蒙古自治区等省份对地级市推进科学素质工作情况进行专项督察。

社会动员机制有所加强。全民科学素质纲要实施工作办公室印发《科技创新成果科普成效和创新主体科普服务评价暂行管理办法（试行）》，调动高校、科研机构、企业等开展科技教育、传播、普及的积极性。中科院印发《在研究生教育中实施科普活动学分制的通知》，推动中国科学院大学、中国科学院大连化学物理研究所等 10 个单位设立科普活动实践课并实行学分制，在院属单位开展"公众科学日"活动。国家自然科学基金委在项目立项、申请、评审、中期检查、结题等项目管理各环节增加科学普及的任务和条款。山西省将撰写科普文章纳入卫生系列高级专业技术职务任职资格评审条件，浙江省杭州市对市植物园、电视台和都市快报社开展科普社会责任评估，为科技工作者开展科普创造有利条件。上海市建立健全科普奖励体系，加大科普项目在"上海科技进步奖"中的评选力度。中国电机工程学会研究制定

《科普发展规划（2017—2020—2025年)》，并发起"电力之光"科普行动计划。①

（六）港澳台科普发展

香港、澳门、台湾与大陆"两岸四地"的科普交流和合作，共同推动中华民族科学文化素质的提高。香港、澳门、台湾三地一直非常重视青少年科普教育，在科普场馆建设、科普方式等方面取得较快发展。

1. 香港科普发展。无论是香港政府部门、科学馆和博物馆等科普场馆，还是中小学、高校和社会公益机构，都非常重视科技推广和科普教育。

一是重视科普教育和科技推广。创新科技署是香港特别行政区政府为推动和支援应用研究及发展与科技转移及应用，培养社会的创新科技风气，促进科技创业活动，提升香港科技水平而成立的行政部门；认为科普是"推广创新科技，培育创新人才"的重要手段，并充分调动香港的高校、科研院所和创科企业积极参与各类社会性科普活动。香港新一代文化协会科学创意中心一直致力于推动香港的科学及创意教育的发展，其主要科普任务包括科技普及、创意教育、领袖训练、国情教育、调查研究、通识教育、交流考察、联校活动等。香港湿地公园除提供观察大自然的机会，还非常注重自然科学知识的传播，不仅设置了多个主题展厅，还经常开展各类参与性的活动。香港科学馆虽然隶属康乐及文化事务署，但场馆的使命和定位却非常清晰，展览和活动目标都是让观众通过愉快的学习，增加对科学及技术的认识和兴趣，并与教育部门有着紧密联系。香港科技大学作为一所高等院校，针对资优儿童设置专门的课程，挖掘和培育在科技创新方面有天赋的人才。此外，一些企业也非常重视科普产品的开发，如科普夏令营、科技游学、科技交流服务产品层出不穷，深受欢迎。

二是科普教育活动丰富多彩。香港的科普活动形式非常丰富多样。例如，创新科技署主要科普任务包括组织开展创新科技月、学生学科比赛、奖学金计划和其他科普活动等，其中每年10月14日至12月3日举行的创新科技月是香港推广创新科技文化最大的盛事。香港科学馆为学校团体开设多种选择，有教师工作坊、小小科学家探索活动、小学及幼儿园科学导览、科学示范和外借教育资源等；2016年举办的科学比赛多达8个，包括趣味科学比赛、联校机械奥运会、香港学生科学比赛、全港青少年科技设计赛、科学演示比赛、中学校际科学常识问答比赛等；科普讲座包括当代杰出华人科学家系列讲座、科学为民系列讲座、普及气象科学系列讲座、研究资助局公众讲座等；还举办环境议题教育研讨会、儿童趣味实验班、长者实验班和软件自修室等。香

① 全民科学素质纲要实施工作办公室.全民科学素质行动"十三五"中期工作总结[Z].全民科学素质工作动态,2019年第四期.

港新一代文化协会科学创意中心近年来，举办的科学创意培育及推广计划，包括良师启导计划——未来科学家培育计划、未来发明家培育计划、科普讲座、科学创意工作坊、香港学生科学发明作品展览（小区展览及学校巡回展览）及特别资优学生培育支持计划学生训练营；科普及创意教育活动，包括新一代发明创造及环保教育计划、创意教育研讨会、青少年科技创新大赛、科学创意大赛（简称科创大赛），组织香港优秀学生每年参加英特尔国际科学与工程大奖赛；青少年3D动画创作大赛、科学创意卓越杯（2010）及香港青少年科幻小说创作大赛（2010），以及全国青少年科技创新大赛、明天小小科学家奖励活动、台湾国际科学展览会，独家承办全国青少年机器人竞赛及英特尔国际科学与工程大奖赛的香港区赛事。香港湿地公园利用占地1万平方米的室内展览馆"湿地互动世界"，以及超过60公顷的湿地保护区，每年举办观鸟节，持续约半年时间，每到星期日和公众假期，富有生态经验的义务导师会带领观众进入湿地的奇幻之旅，通过讲解和活动，将有趣特别的湿地植物和动物展现眼前。香港科技大学为支持资优学童教育，提供专业及全面的资优课程和课外学习活动，辅以大学教授及导师的启发，开阔资优生视野，开展具挑战性的实验，满足资优生的学习需要，激发资优生在科技创新方面的发展潜能。

三是科普宣传新颖多样。受香港的文化娱乐和出版产业的影响，香港的科普宣传推广形式生动和新颖，吸引眼球。为拉近科技与大众，特别是青少年学生之间的距离，香港创新科技嘉年华活动，特别邀请香港本土喜闻乐见的动画明星麦兜和麦唛担任创新科技大使，并结合科技主题制作创意科普书《其实VR》，以漫画的形式宣传科普，深受大众喜爱。活动把科学与艺术结合，举办"创新缤纷汇"舞台表演，多个团体的创意艺术表演荟萃一堂，加上著名歌手的劲歌热舞，以及发挥电台媒体的优势，通过现场直播的方式，介绍活动精彩内容和创新科技知识，取得了很好的宣传效果。国际博物馆日期间，香港多个博物馆馆长到现场与民众互动，出版介绍博物馆馆长系列图书，树立专业科普形象等。

四是科普资源整合能力强。香港善于整合博物馆、高校、企业等各类科普资源，举办大型科普活动。如香港创新科技活动月期间，香港创新科技署联合香港青年协会、香港科技园，以及香港大学、水务署、建筑署、教育局、港科院、职业训练局等70多家机构共同举办，此外还引入媒体合作以及商业赞助，为活动现场提供多元化服务。香港科学馆举办的香港科学节联合香港太空馆、香港动植物公园、香港海洋公园、教育局等40个科学机构和组织，提供了120项具有不同特色的科学体验活动，包括野外考察、科学比赛、科学剧场和专题讲座等活动。此外，香港还有博物馆通行证，观众凭该证可无限次参观康乐及文化事务署辖下博物馆的常设展览及专题展览，并且在博物馆礼品店、书店以及餐厅消费可享受特别的优惠。①

2. 澳门科普发展。400 多年前，西方近代科技文化通过澳门传入中国内地。天主教传教士在传播宗教文化的同时，给我国带来西方天文、数学、地理等科技知识。当时，澳门成为中国甚至远东地区的文化传播中心，具有多元文化背景，涌现出众多活跃的民间社团组织。由于旅游博彩产业的快速发展对年轻一代健康成长的影响巨大，因此澳门政府特别重视科普工作。

一是政府高度重视科普。2002 年，时任澳门行政长官何厚铧在发表澳门年度施政报告中提出，要培养澳门青少年的认识与推广水平，以及冀望提高澳门居民对科技普及的参与度，以及让广大青少年在轻松愉快的环境下开阔视野，领略不可思议的科学奥秘，因此有意在澳门兴建一座以教育为宗旨的科学馆并设有科技展览的构想。澳门科学馆是澳门首个科普教育公共设施，由澳门基金会负责筹建、由国际著名建筑师贝聿铭和贝氏建筑事务所设计，于 2009 年 12 月 19 日正式启用，总占地面积达 6.2 万平方米，造价为 3.37 亿澳门元，12 个常设展厅主题包括太空科学、儿童乐园、儿童科学、科学快车、机器人、声学、物理力学、遗传学、环保、运动健康、运动竞技和食品科学，另外设有 2 个临时展厅。展览以知识性、科学性和趣味性并重的互动展品为主，让观众在互动过程中享受探索科学的乐趣。2009 年 12 月 19 日下午举行开幕庆典，特请时任国家主席胡锦涛亲莅主礼，足见澳门政府对科普的重视。

二是科普活动丰富多彩。澳门从 2005 年开始，举办一年一度的公益性的大型科学普及活动——澳门科技周。2018 年澳门科技周活动与"中华文明与科技创新展"一同举办，展览面积约为 8000 平方米，展出约 120 件展品，得到内地及本地近百个单位的支持与参与，还有澳门的科学馆、生产力暨科技转移中心、大专院校、中学、小学、科技社团等的积极参与。除澳门当地推动科普的工作成果，科普竞赛、讲座、辩论比赛、创客节、虚拟实景技术论坛等项目，还有生动有趣的虚拟实景科普课堂及互动体验、趣味科学表演、工作坊、科学游戏乐园等活动。此外，同场展出的"中华文明与科技创新展"，展示了我国古代和当今在农学、工学、医学三方面的众多科技创新和发明成果，让广大澳门居民认识国家科技的进步和发展，特别是加强澳门年轻一代对国家科技事业的了解。2019 年 7 月，中国科协与澳门特区政府共同组织第 34 届全国青少年科技创新大赛等庆祝澳门回归祖国 20 周年的"会、展、赛、演、研"五大系列活动。2020 年 1 月 10 日，由澳门特区政府、中国科协联合主办，中国科技馆、澳门科学技术协进会、澳门科学馆承办的"大型科

① 吴晶平,钟志云,朱才毅.香港科普教育工作的调研与思考[J].中国科技纵横,2018(13):229 – 230.

技科普展——科技创新让生活更美好"在澳门科学馆隆重开幕，徐徐展开的历史画卷，再现中华人民共和国成立70年以及澳门回归20年在科技方面取得的成就，充分展现了祖国的科技实力与澳门的科技潜能，让澳门同胞特别是青少年在领略科技创新魅力的同时，激发创新创造活力，进一步增强祖国认同感和民族自豪感，让爱国爱澳成为全社会核心价值。

三是善于利用各种社会资源。澳门善于利用粤港澳大湾区科技馆各类科普资源，开展临时展览交换、教育课程、工作坊、科学表演秀、专项教育活动等资源共建与研发、人员交流等，搭建平台，推动大湾区科技馆联盟内的科普资源有效联动，广泛开展各类具有教育性、娱乐性、互动性的科普活动，开展科普理论学术研讨，为成员单位提供交流学习和培训服务等发挥重要作用。例如，澳门2018科技周暨中华文明与科技创新展系列活动，由科技部支持，澳门科技委员会主办、澳门科技发展基金承办，是内地与澳门科技合作委员会框架下的重要科普合作项目，主办方在全国范围征集科技创新成果，科普宣传成果，通过中国科技交流中心联系中科院、陕西师范大学等单位展示的先进科研成果，大大地丰富展览内容；另外，也在本土范围广泛征集展品及科技互动项目，尤其是设置展位供学校展示科普工作成果，学校为了更大限度锻炼学生，很多展位都交给学生负责，包括展示内容、展示模式等都是学生自行设计制作。提供更自由、更高层次的平台给学生展示自己，不仅调动了年轻一代参与科学的热情，也增加了参与者的社会阅历。此外，主办单位还特别组织16所来自中文、葡文及英文学校共166名小学五年级及小学六年级的学生参加小小讲解员活动，提供中葡英三种语言服务，并尝试将活动现场的拍摄、采访及直播的工作交由学生负责，将他们的作品在活动现场及网上播放，为学生创造应用媒体科技的机会，让学生可以学以致用。科普工作特色鲜明。澳门科学馆创设了馆企合作、馆校合作的工作模式，与政府部门合作设计临展，加强相互合作的工作模式，共同开发展项设计、展览、活动，有效利用资源、打造公共平台，为社会各界提供服务，也很有特色。①

3. 台湾科普发展。台湾社会普遍重视科普，科普与学校教育结合紧密，有完善的组织结构、基础设施、广泛的社会参与。

一是科学教育体系完善。台湾教育界将科学教育作为一门学科进行系统的研究，建立了科学教育委员会、科学技术委员会、台湾科学教育馆等，负责规划与推动科学教育的有关工作；设立台湾师范大学科学教育中心，开展科学教育的理论研究、科学课程教材的实验改革与推广、科学教育参考资料的编译与出版、科学课程教师的培训与辅导、科学课程教具的设计与研究；

---

① 吴晶平，罗婉艺.澳门科普教育工作的调研与启示[J].课程教育研究,2019(16):252–253.

设立台湾师范大学教育研究所和台湾教育学院科学教育研究所，培养科学教育的高级研究人才；设立台湾学校教师研习会，为小学科学教育服务的。20世纪50—60年代，台湾开始制定科学课程教学大纲，1972年台湾成立小学科学教育研究指导小组，陆续编印出1—6年级实验课本12册和教师手册12册；小学数学学科课程实验研究，从1974年开始，陆续出版实验课本12册及教学指导12册。[①]

二是科技博物馆的发展。台湾的科学博物馆利用展出的实物，组织开展相关实验活动，用演示和声像教学手段，帮助学生了解课堂以外的科学知识和科学现象，使学生认识到实际生活中处处有科学，必须处处以科学的方法和科学的精神去认识现象，思考现象中隐含的规律。从20世纪80年代起，以台中自然科学博物馆为代表的科技博物馆的相继落成，形成包括台中自然科学博物馆、台湾省立博物馆、台湾科学教育馆、台北市立天文台、中山儿童科学馆、成功高中昆虫博物馆、木本昆虫博物馆、科学工艺博物馆等科学类场馆群，由教育主管部门统一建设、管理，与学校科学教育的合作紧密，将"非正规社会教育"的优质资源有效地纳入"正规学校教育"的管理服务体系中，使教育资源得以充分有效的利用，从而成为一种最佳的科技博物馆的管理模式。自然科学博物馆以富有创意的示范教案，激发学生的热诚与潜力。例如，台中自然科学博物馆科学教育的主要任务是"阐明自然科学之原理与现象，启发社会大众对科学之关怀与兴趣，协助各级学校达成教育目标，进而为自然科学的长期发展建立基础；从业人员总体专业素质高，中高层管理人员与业务骨干中'海归'博士、硕士甚多，不少拥有交叉学位，专业团队潜心科普展览与教育活动，成果累累"。[②]

三是社会广泛参与科普。台湾的高校、科研机构、科技团体等积极开展科普。此外，台湾电视公司、台湾中华电视台在儿童节目中，还不断安排通俗科学、科学新知识的电视节目。台湾科学教育馆为大众举办科学知识普及讲座，从1979年开始，每年举办这类讲座多达18—24期。社会的广泛参与，在台湾科普发展过程中作用是巨大的，效果是明显的。[③]

第三节　国外科普概览

科普与国家的社会经济发展相随，虽然世界各国对科普的理解、定义不

---

① ③　李正银,卞宪贞.台湾科学教育的特点及其对我们的启示[J].天津师范大学学报(基础教育版),2001(1):63–66.

②　龚剑,潘文.浅论中国台湾科技博物馆的科学教育[J].中国科技纵横,2016,(12):238–238.

尽相同，运行和管理的方式也不完全一样，但都受到普遍重视。研究借鉴国外科普的成功经验，对于促进我国当代科普发展十分有益。

一、英国的科普发展

英国是世界近代科学的主要发源地之一，也是世界最早开展科普活动的国家，是科普先行和领先的国家，特别在科技教育、科学传播、促进公众了解科学等领域有重要地位。

（一）政府对科普的重视

第一次工业革命发源于英国，作为世界上最早出现的创新型国家，英国领导了第一次工业革命，也经历了科技领先地位的丧失过程。[1] 英国是世界近代科学的主要发源地，也是世界最早开展科普活动的国家，直到 20 世纪 20—30 年代，英国科普仍在世界上居于领先地位，后来这种领先地位逐步被美国替代。20 世纪 90 年代以后，英国的一些有识之士发出加强科学普及的呼吁，对英国的科普工作起到很好的推动作用。当今的英国政府、科教界和传媒等形成了为国家的未来发展，必须共同担负起促进公众了解科学重任的共识。

1993 年 5 月，英国政府发布题为《实现我们的潜力》的科技白皮书，明确提出要增强公众对科学、工程和技术重要性的认识。这是首次在政府文件中提出这样的内容。在 1994 年发表的英国竞争力白皮书中，英国政府又提出要在公司的董事会、金融机构以及舆论制造者中加强对工程的理解，提升其地位。根据科技白皮书的要求，一方面通过科普活动激发青少年对科学、工程和技术的兴趣，吸引更多的优秀青少年追求科学、工程和技术职业；另一方面提高公众理解科学、工程和技术知识的水平，使公众能就科技领域产生的一些公共议题进行更有效的公共辩论，从而强化民主决策的效果。为此，英国政府 1994 年 1 月启动"公众理解科学、工程和技术计划"，并授权贸工部科技办公室科普小组负责管理和实施。

在科普计划支持的众多项目中，规模最大、影响最深的是每年 3 月举办的为期 10 天的全国科学、工程和技术周活动（简称"全国科技周"）。英国从 1994 年起举办全国科技周，由科技办公室科普计划资助，英国科促会组织协调。例如，1997 年全国科技周期间共举办 1600 项活动，吸引近 100 万人参加，另有数百万人收看、收听电视和无线电广播的专题节目。

（二）科研人员参与科普

英国政府的七大研究委员会是开展科普的重要力量，即生物技术与生物科学研究委员会、工程与物质科学研究委员会、粒子物理与天文学研究委员

---

[1] 王铁成.英国科技强国发展历程[J].今日科苑,2018,(1):47–55.

会、医学研究委员会、自然环境研究委员会、经济与社会研究委员会和研究委员会中央实验室委员会等。其中，前两个委员会的科普工作最具代表性。为履行科普的使命，英国七大研究委员会采取了一系列的措施和行动，积极支持和开展科普工作。

1. 鼓励和帮助受资助的研究人员搞科普。生物技术与生物科学研究委员会设立 3 个奖项，以鼓励研究人员搞科普：一是全国科技周奖：奖金为 1000 英镑，用于资助研究人员在全国科技周期间进行科普活动；二是科学传播者奖：用于奖励提出有科普创意想法的有功人员；三是科普重温奖：奖金 1000 英镑，资助继续开展已举办过的好的科普活动。粒子物理与天文学研究委员会也设立一系列科普奖。为鼓励大学研究人员搞科普，该委员会还作出规定，受资助的大学研究人员可将研究拨款的 1% 用于开展科普活动。工程与物质科学研究委员会则要求，受资助的研究人员须向公众宣传其研究成果，且以此作为获得资助的一个条件。对大多数研究人员来说，要想成功地进行科普工作，除了需要资金支持，还需要接受科普技能培训。生物技术与生物科学研究委员会每年免费为 100 名研究人员提供为期 2 天的新闻报道技能培训，聘请国家新闻机构的专业人员教他们如何进行科学新闻写作，如何接受采访等。

2. 面向广大公众开展科普活动。资助或举办科学日、展览、讲座和研讨会，出版科普宣传材料。1994 年，生物技术与生物科学委员会资助伦敦科学博物馆召开英国第一次科学民意会——植物生物技术民意会，与会的 16 名公众代表就植物生物技术领域的一些重要问题向专家提问，会后发表一份最终报告。1996 年，工程与物质科学研究委员会与伦敦科学博物馆共同发起"研究地平线"计划，目的是通过举办流动展览及媒体宣传，把新的研究成果迅速推向公众。它们合作举办的"思维机器人"展在短短的 3 个月内吸引了 40 万名观众。"思维机器人"还被拿到两个购物中心进行了 7 周的展览，潜在观众达上百万。经济与社会研究委员会 1988 年资助伦敦科学博物馆的杜兰特教授进行英国首次全国公众理解科学调查。

3. 支持中小学校的科学教育。基于对科技兴趣的培养必须从小抓起的认识，英国各研究委员会把科普工作的重点放在支持中小学校的科学教育上，基本都设立了面向学校的科普计划。1994 年，工程与物质科学研究委员会和粒子物理与天文学研究委员会共同发起"学生—研究人员计划"，该计划为期 3 年，由谢菲尔德大学科教中心代表双方组织协调，目的是由研究人员利用最新的科技成果，开发新奇的、富于启发性的科学教材和教学方法，供学校的教师使用。该计划资助出版一套 30 册的《学生研究概要》，为学生提供真实的研究课题。与"学生—研究人员计划"相似的"驻校研究人员计划（生物科学）"是由生物技术与生物科学研究委员会、医学研究委员会、自然环研究委员会和韦尔科姆中心共同发起的，目的是派一些研究生到中学去，与中学生及其教师一起开展生物科学活动。为辅助教师的科学教学工作，生物技术与生物科学研究委员会出版了很多有关生物科技的教学材料。该委员会积极支持科学家与学校建立联系，它向有此愿望的科学家提供咨询、活动指南，以及其他所需的材料，还建立地区协调员网络，以协助科学家与当地小学取得联系。

（三）科技团体开展科普

英国许多著名的科技团体长期从事科普活动，他们的科普搞得有声有色，在世界享有盛誉。20 世纪 80 年代中期成立的英国公众理解科学委员会虽是后来者，但迅速成为科普领域的一支新秀。各地方学会、专业协会也启动或加强各自的科普工作。

1. 英国科学促进会。该组织是英国最古老、最有影响的专业科普组织，成立于 1831 年。它的任务是促进对科学技术的理解和发展，并阐明和增进科技对文化、经济与社会生活的贡献。

一是举办科技周和科技节。每年科促会负责组织英国科技日程中两项最重大的年度活动，即 3 月举办的全国科技周，9 月举办的科促会年会（又称科技节）。科促会自成立之始就举办年会，早期的年会是科学家宣讲新观点、对新发现和新发明展开辩论的科学聚会。例如，在 1860 年科促会年会上，英国生物学家赫胥黎与威尔伯福斯主教围绕物种起源展开具有历史意义的科学与宗教的激烈辩论，赫胥黎有力地驳斥威尔伯福斯，捍卫了达尔文的进化论，宣告科学从神学中独立出来。20 世纪以来，专业协会纷纷建立，大众传媒迅速发展，科学家已不必非到科促会上发表学术观点，科促会年会也因此改弦更张，采取吸引公众，特别是青少年学生广泛参与的科技节的形式。为了办好科技节暨年会，采取 16 个部门分头组织活动，大学轮流承办，政府和企业提供资助的运行机制。

此外，为加强对青少年的科学教育，1968 年增设协会的青少年部（BAYS），逐步组建成为英国最大的青少年科技俱乐部网络，分布在英国各地的学校、博物馆、大学、青少年组织等机构内，所有 8—18 岁的青少年都可以参加俱乐部的活动。设立少年探索者奖（8—12 岁小学生）、初级探索者奖（5—8 岁）、工程/科学和技术创新奖（11—19 岁中学生）、未来展望奖（16—25 岁青年）等活动，设立青年科学创作者奖（16—28 岁青年）、专题讲座奖（40 岁以下青年科学家）。1980 年起，科促会在每年的 3 月举办英国青少年科技博览会，展示英国中学生的科技研究成果，从参展项目中评选出优胜者，参加在欧洲、美国，以及世界其他国家举行的国际青少年科技活动。

2. 英国皇家学会。该协会是英国成立最早、最具声望的学术团体，成立于 1660 年。英国历史上许多伟大的科学家，如牛顿、玻意耳、赫胥黎、达尔文、卢瑟福、法拉第等都曾是该学会的会员，现有会员 1200 多人。其中，诺贝尔奖获得者有 30 人左右。促进公众了解科学、提高科学教育和科学意识水平是学会主要任务之一。学会资助并参与英国公众理解科学委员会的活动，也举办旨在提高公众科技意识的研讨会、讲座、展览等。例如，学会理事会每年向 1 名在科普领域做出突出贡献的科学家或工程师颁发法拉第奖；每年的 6 月举办一场科学新前沿展览；举办媒介科学介绍会、"科学和社会"系列研讨会、公众讲座等；设立皇家学会/英国科促会千年奖计划项目资助等。

3. 公众理解科学委员会。1985 年瓦尔特·鲍默爵士领导的皇家学会特别小组发表英国公众理解科学工作的报告，在英国政府、科技界、教育界引起很大反响，促成英国公众理解科学委员会的成立。该委员会的工作主要包括直接资助科普活动、培养科普骨干力量、设立公众理解科学论坛、颁发罗纳－普朗科普书籍奖、出版科普实践指南及科普研究成果等。委员会对英国的科普工作起到很好的促进作用。

（四）科普场馆的科普活动

科技博物馆和科技中心是英国开展非正规科学教育的重要场所，在科普方面起着不可替代的独特作用。1683 年，世界第一座科技博物馆——阿什莫林博物馆在英国牛津大学创立。英国迄今已建立起 30 多座独立的科技中心，如布里斯托尔探索馆、威尔士技术探索馆和哈利法克斯尤里卡儿童科技馆等。早在 18 世纪末，英国政府就制定博物馆法，对包括科技馆在内的博物馆给予法律保护，确定其公益法人的地位。英国政府不仅斥巨资建立科技馆，而且每年为科技馆划拨大量经费，保证其运营。例如，伦敦科学博物馆每年的活动经费支出约为 1700 万英镑，再加上两个连锁馆，共支出经费 2300 多万英镑，其中 85% 以上为英国政府拨款。

二、美国的科普发展

美国的近代科学传播是随着殖民者登上美洲大陆时开始的，深受英国的影响，与欧洲近代早期的科学传播形态相似，后期的发展逐渐表现出美国自己的特色。

（一）政府对科普的支持

美国政府没有设科技部，从杜鲁门任总统开始，有关科技的事务直接由总统办公室或总统亲自过问，但政府很少插手科研事务。

1. 美国政府对科普的态度。美国是联邦制国家，地方各州享有充分的自主权，各州的法律条文、教育标准都有所不同，美国政府一直没有出台全国的科普法规和具体的科普政策。但美国有过 4 份关于美国科技发展的重要报告，其中 3 份明确强调了科普。第一份是 1945 年提出《没有止境的战线》的报告，促使美国国家科学基金会的诞生；第二份是 1947 年提出《科学与公共政策》的报告，强调指出面向非专业人员进行科学教育的重要性；第三份是由克林顿 1994 年提出《科学在国家利益中的地位》的报告；第四份是 1998 年《开启未来》的报告，由众议院组撰。后两份报告明确把公众的科学素养、公众理解科学、科学与公众的关系等提到相当重要的高度。

美国政府的许多部门，如内政部、农业部、能源部、教育部、国防部、卫生与公共服务部等，都有开展科普的举动。但科普工作主要由政府的几个独立的直属机构承担，即国家科学基金会、国家航空航天局和史密森博物研究院。其中，美国国家科学基金会与政府的科普直接相关。美国国会的法律规定，"在实施科学和工程教育的职责过程中，国家科学基金会具有如下职责目标：推进对公众对科学和技术的理解，教员水平的提高，学生的教育和培训，教学设计和实施以及教材开发和推广"；对于史密森博物研究院，国会法律也要求其开展这方面的工作。

2. 美国政府科普的支点。美国专门从事大众科学普及的机构当属美国科学基金会。该基金会 1950 年经国会批准正式成立，是美国政府推动科普工作的重要杠杆，其主要任务是专门支持政府以外的非国防且非营利的科研活动和科教活动（包括科普内容，即非正规教育活动），是美国政府支持国内科普活动的主渠道。基金会的科普教育主要是通过其非正规教育计划和具体牵头组织的国家科学和技术周予以实施的。非正规教育经费主要用于开发支持科教影视节目、网站项目、博物馆和科学中心展览、青少年和社区科技活动等，同时也支持其他一些项目，如每年颁发科学服务奖，举办国家科学和技术周等。国家科学和技术周是由国家科学基金会立法和公共事务办公室于 1984 年组织发起的，是美国大型全国科技节日活动之一，其特点是面向整个社会，协同单位众多。这项活动主要有两个目标，一方面是唤起公众对自然科学进行积极的思考和探索，另一方面是鼓励孩子和年轻人以追求科学和技术职业为目标。

3. 美国推动科普的机器。史密森博物研究院是美国政府开展科普和文化教育的机器，拥有 16 家博物馆，14000 万件艺术品和标本，1 个国家动物园和无数遍布全国的遗址和基地。与国家科学基金会不同，史密森博物研究院是独立运行的半官半民性质的学术机构，是致力于开展艺术、科学和历史公共教育的媒介实体。该院有相当多的工作与科普教育有关，其开展的各类宣传和普及也主要依靠下属的博物馆、展览馆和动物馆等来完成。采用的科普形式，包括研讨会、邀请名人讲演、组织科学讲座、出版宣传刊物和与其他单位共同举办展览等。

（二）推动科普主要途径

美国在政府层面推动科普主要通过两个途径完成，一是科学教育途径，二是科学传播途径。美国在公众科学传播中，政府在科学教育中投入的精力更巨大，由于联邦不直接参与教育，科学教育的政策手段主要是通过一系列法案完成的。

美国1958年颁布的《国防教育法》提出，决定国家科学技术能力的核心在于科学教育的发展与实施，美国要以发展科学研究和改善科学教育为头等大事，将科学研究的重点从应用研究转向基础科学研究。美国的科学教育改革目标与措施广泛影响着西方各国的科学教育，成为波及全球的科学教育改革的浪潮。伴随着STS教育的兴起，1983年4月，美国科学促进会（AAAS）组织制定有关科学、数学与技术教育改革的长期规划，在《国家在危急中：教育改革势在必行》报告中，提出对美国科学教育目标、手段、措施与方法重新进行改革，并于第二年启动"科学技术的国家计划——2061计划"。1996年，美国颁布《国家科学教育标准》，明确提出以发展学生的"科学素养"作为基本的目标。2002年1月，乔治·W.布什签署《不让一个孩子掉队法案》，勾画21世纪美国教育改革的宏伟蓝图，进一步强化国家的责任意识。2005年5月，美国科学院应国会邀请，开始研究美国竞争力问题，评估美国的科技竞争力，并提出维持和提高这种竞争力的建议，随后提交《站在风暴之上》的咨询报告。在此基础上，2006年1月美国总统公布《美国竞争力计划》，特别强调要加强学校的数学与科学教育，鼓励学生主修科学、技术、工程和数学（STEM），并不断加大STEM教育的投入，培养学生的科技数理素养。2009年1月，美国国家科学委员会向奥巴马总统提交咨询报告，主题为改善所有美国学生的STEM教育，动员全国力量支持美国学生发展高水平的STEM知识和技能。2011年，奥巴马总统推出旨在确保经济增长与繁荣的《美国创新战略》，提出"创新教育运动"，指引着公共和私营部门联合，以加强STEM教育。2011年3月，由美国技术教育协会主办的第73届国际技术教育大会在美国举行，会议主题是"准备STEM劳动力：为了下一代"。当今，美国从三方面建立一套STEM教育体系：一是将各州K-12的STEM教育的评估标准与中学后的教育与工作要求加以对应；二是增强各州在STEM教育体制上的一致性以提高各州STEM教育的教与学能力；三是支持STEM教育的创新实践模型以发现优秀的实践模式并加以推广。

大众传媒是美国影响面最大的机构，美国的日报有1500种左右，许多大型日报都办有科学专栏，最有影响的当数《纽约时报》《华盛顿邮报》《波士顿环球报》《巴尔迪摩太阳报》等；杂志有10000多种，办得好的科学杂志有《国家地理》《史密森尼》《发现》《科学美国人》《科学新闻》等。20世纪

90 年代，马里兰大学创办《科学传播》的学术性刊物，专门刊载科普研究的文章。广播电台和电视台联网化，覆盖整个美国，经常播出科学节目，许多已成为经典，如公共广播网上的《每日科学》《科学星期五》；电视上播出的《比克曼的世界》《新星》《发现频道》《科学小子——比尔奈》等。网络技术出现后，为科学传播提供了更为便捷的渠道，各报刊、博物馆、科学中心、学术团体、大学乃至个人都在网上开辟网站，许多网站除提供科学知识和科学信息，还设计供网民参与的科普游戏，生动活泼，饶有趣味。

（三）社会积极参与科普

美国的科普有着广泛的社会参与性，起主导作用的除广播、电视、图书、报纸、杂志、网络等大众传媒，还有科学博物馆和科学中心及图书馆，以及非营利组织，包括各类科学团体和基金会等，它们代表科普宣传的主输出渠道。此外，还有科普宣传的中小学校，各种青少年组织，社区组织；开展或介入科普宣传的企业单位；表现科技魅力的博览会；开展科普活动、进行科普研究的大学等。

美国有 7000 多所博物馆。其中，科学博物馆和科学中心占 1/5 左右；有科学中心 300 个以上，如国家航空航天博物馆、弗兰克林学院科学博物馆、芝加哥科学工业博物馆、波士顿科学博物馆、旧金山加利福尼亚科学院、俄勒冈科学工业博物馆、布法罗科学博物馆、匹兹堡儿童博物馆等，在开展科普活动方面一直发挥着重要的作用。与科学博物馆的作用等量齐观的还有各种科学节和科学博览会。1851 年，英国在伦敦举办第一届世界博览会，先进的工业成果琳琅满目，显示出科学的力量，震动世界。1858 年，美国仿效英国，在纽约首次举办美国的世界博览会。此后的 100 多年的时间里，美国共举办近 30 次世界博览会，展示科学技术所创造的奇迹。

美国的非营利组织有 30 多万家，在开展科普活动方面，科学团体的路数不同，其中影响较大的有美国科学促进协会、美国化学会、美国医学会、科学服务社、美国科学作家协会、促进科学写作委员会、科学家公共信息协会等。许多基金会，例如卢塞尔塞奇基金会、卡内基公司、洛克菲勒基金会、联邦基金、斯隆基金会、福特基金会等，对美国科学事业的发展起到关键性的扶持作用，成了美国科普事业不可或缺的支撑保障。

在众多的科学组织当中，美国科学促进会在科普方面是影响最大的组织。创建于 1848 年的美国科促会，成立之初的 100 年里经营惨淡，全靠年会和《科学》杂志支撑门面。20 世纪 40 年代，协会收回《科学》的经营权，《科学》成了协会的资产。1946 年，美国科学促进会修改章程，补充了两条重要的新目标，其一是增强科学的实效，改善民众的福利；其二是提高公众理解鉴赏科学体系在人类进步过程中所发挥的重要作用及其所带来的希望。1951

年，美国科学促进会在哥伦比亚大学的阿登豪斯召开执行委员会特别会议，确定在战略方向和任务目标上把目光投向社会，投向更广阔的空间，从支持科学家开展研究、进行交流、加强设施建设，扩展到开发科学教育项目、拓展科学就业机会、参议科技政策、扶持社会科普活动、加强国际合作。在开展科普活动方面，该会举办的每年一度的科学节屡创新意。

随着公众理解科学运动的兴起，美国的大学开始开设科学传播课程，许多教育家、科技史学家、哲学家、传播学家、从事科普工作的学者纷纷加入科普现象的探讨，各种研究成果与日俱增。学者普遍认为，现代社会的发展如果还将科学束之高阁，如果公众缺乏基本的科学素养，不了解科学每天发生的变化，不能对科学决策作出正确的反应，那么社会的进步就只能是幻想，人民就不可能真正享有美好的未来。

（四）公众科学节

1989 年，美国科学促进协会年会在旧金山召开，1989 年 1 月 16 日举行第一届公众科学节，目标是提高公众了解国内外科学教育的重要性、提高全社会学习理解科学和技术的热情。这届公众科学节实际上是由位于旧金山地区的观测站、劳恩斯科学会堂、加利福尼亚科学院和旧金山动物园等 5 个不同中心的有关活动组合而成的。该会作为管理者和实施计划的组织者，与所有其他组织一起召开会议，活动取得圆满成功。此后，在每年召开年会的同时进行公众科学节活动。

（五）"2061 计划"

该计划是美国科学促进协会联合美国科学院、联邦教育部等 12 个机构于1985 年启动的面向 21 世纪、致力于科学知识普及的中小学课程改革工程。计划提出的 1985 年，是哈雷彗星临近地球的时间，而下次临近地球的时间是2061 年，中间间隔 76 年，正好是当今美国人的期望寿命，因此将"2061"作为计划代号。这项计划希望从根本上改变美国的教育制度，使所有今天的美国人能够成为具有高度科学素养的新一代美国人，从根本上提高美国国民的科学素养。"2061 计划"所提出的内容范围广阔，不仅用简单易懂的教学方法使学生学到所要求的知识，而且要使学生打下牢固的在将来能够学习更多科学知识的基础。

计划实施分为三个阶段：一是教育理论设计阶段（1985—1988 年），以培养具有高度科学技术素养的美国公民为最终目标，要求彻底改革美国的科技教育制度。第一个阶段的基本任务是建立改革理论，设计出从幼儿园到高中的 12 年级所有的美国学生都必须学习的知识、技能以及培养出对科学技术的基本态度的理论框架。二是编制教育课程阶段（1989—1998 年），按照美国各学校、地区和各州的不同情况，将《为全体美国人的科学》的基本思想转变为不同的教育课程，将教师遇到的培训计划、教材、教学技术、考试、教育经费，以及其他各种问题作出详细的计划。三是试点阶段（1999—2010年），在50个州从幼儿园到高中进行试点教育，将在教育中发现的问题和建议及时向改革委员会报告，以便进行及时的调整。该计划自启动以来，各研究团队注重课程整合的系统性、依据调查结果做出科学教育决断、关注学生的学习和教师的教学，在其专业领域，即科学学习目标和课程设置、评估、教师发展等多方面取得丰硕成果。①

（六）STEM 2026

2016年美国发布《STEM 2026：STEM教育创新愿景》报告，这是一项聚焦未来社会必备的技能和创新能力的科学教育的计划。STEM教育，有助于培养学生的科学探究能力、创新意识、批判性思维、信息技术能力等未来社会必备的技能和创新能力，并有可能在学习者的未来生活和工作中持续发挥作用。

美国的STEM教育已有30年的积淀，其特点是由政府顶层设计，并集结各方力量，共同促进STEM教育发展。2013年5月，STEM教育委员会颁布《STEM教育五年战略计划》，旨在促进联邦机构合理有效地利用联邦投资，优先发展国家的STEM教育。2015年奥巴马总统签署《每一个学生都成功法（ESSA）》，关注可能取得教育进步的关键领域，包括鼓励地方投资和创新以促进STEM教学和学习，确保学生和学校取得成功。经过10年发展，美国针对青少年开展科学、技术、工程、数学学习的方式发生很大变化，日渐呈现出学校课程学习与校外活动参与相结合、分科式课程学习与综合性项目学习互为补充的发展趋势。据此，美国教育部、美国教育研究所联合于2016年9月发布《STEM 2026：STEM教育创新愿景》报告，引起全世界极大关注。该报告旨在促进STEM教育公平，以及让所有学生都得到优质STEM教育的学习体验，对实践社区、活动设计、教育经验、学习空间、学习测量、社会文化环境六大方面提出全景化的愿景规划，指出STEM教育未来10年的发展方向以及存在的挑战。同时，在推进STEM教育创新方面的研究和发展，并为之提供坚实依据，进而保持美国的竞争力。②

三、日本的科普发展

日本在科技与经济上的高速发展绝非偶然，这与日本政府和社会普遍重

① 王德林,俞佳慧.美国"2061计划"新进展及其对我国科学教育的启示[J].教育与教学研究,2019,33(4):49-56.

② 金慧,胡盈滢.以STEM教育创新引领教育未来——美国《STEM 2026:STEM教育创新愿景》报告的解读与启示[J].远程教育杂志,2017(1):17-25.

视科学普及是分不开的。20 世纪 90 年代以来，日本政府确立并实施"科技创新立国"战略，着眼点放在培养有创造力的科技人才上。

（一）诺贝尔奖获得的井喷

追溯日本的科普历史，迄今已有 100 多年。从明治维新打破锁国主义开始的 100 多年里，日本科普历史经历从翻译和向公众普及西方科学术语的启蒙阶段，到现在的国民对科技的理解阶段。20 世纪 50 年代初日本确立"贸易立国"的发展战略，1960 年日本在制订"国民收入倍增计划"和"振兴科学技术的综合基本政策"，20 世纪 80 年代初日本经济名列世界第二，于是日本提出"技术立国"的发展战略。进入 20 世纪 90 年代，日本赋予科普的名称是"增进国民对科学技术的理解"，在过去单纯普及科学知识的基础上，更多地增进国民对科技的理解，更加重视科学技术、社会与人类的相互关系。

20 世纪 90 年代以来，日本青少年对科技越来越不感兴趣，大部分青少年认为科技工作是乏味的职业，主修科技专业的大学生以及毕业后从事相关工作的人数在减少，整个社会呈现青少年"离开科学技术"的倾向，这引起日本政府的高度重视。1995 年出台的《科学技术基本法》，把强化措施以提高公众特别是青少年对科技的理解并改变其对科技的态度作为奋斗目标，日本政府也因此加大对科普事业的投入力度，以强化对青少年的科技教育，为实现"科技创新立国"战略奠定基础。随着日本科技的异军突起，自 2000 年以来，日本已有 19 人获得诺贝尔化学、诺贝尔物理学奖、诺贝尔生理学奖或医学奖，平均每年 1 位，令世人惊叹。[①]

（二）科普的政府支持

日本政府特别注重对青少年进行科学技术启蒙教育，使其在领略科学技术活动乐趣的同时，培养将来投身科学技术工作的兴趣和志向。

日本政府要求有关省厅，如科技厅、文部省、通产省、农林水产省等都要担负起科学普及的责任。科技厅由其下设的科技振兴局科技情报课负责科普工作，除主办每年 4 月份的科技周等重大科普活动，还广泛利用大众传媒、展览会、研讨会等手段开展日常性科普活动。文部省对科普的支持重点放在加强科技博物馆，以及少年之家等公立青少年教育设施的建设和利用上，组织科学馆、学校及其他有关方面进行协作，利用科学馆的设施开展对青少年的科普教育。日本约有 700 所公立青少年课外教育设施。针对青少年对产业技术越来越缺乏兴趣和偏离理工科的倾向，通产省从 1993 年起开始进行关于产业技术革命现状的调查，并举办"产业技术史展"，对青少年进行技术教

---

① 周程，秦皖梅.17 年 17 人诺奖：日本科学为何"井喷"？［EB/OL］.（2016 – 10 – 05）［2019 – 12 – 20］. http：//news. sina. com. cn/pl/2016 – 10 – 05/doc – ifxwkzyh4231591. shtml.

育。农林水产省在筑波科学城设立研究陈列室，展示农林水产技术的最新成果、举办市民活动、开展青少年体验研修等活动，向国民普及生物技术知识。科技振兴事业财团是日本科技信息核心机构，任务是促进科技信息交流和研究交流。其中，普及科学技术知识、加强国民关心和理解科学技术是其重要任务。1999 年，该财团开始进行加强国民理解科学技术活动，创造一个人人都塑造成能把科学技术看作与音乐、美术、文学、思想一样的文化活动，把科学技术让人感到亲切、亲近、不可或缺的环境。

（三）科普的主要途径

日本科普主要是通过科技馆、博物馆、图书馆、青少年教育设施、图书和报刊、影视、网络、大型科普活动等途径展开的。

日本科普教育设施相当完善，在科普教育中起到重要作用。日本的各类科技馆共计 605 个。其中，1984 年启用的横滨儿童科学馆是日本近年来兴建的最有代表性的科技馆。日本的博物馆共计 1045 个。其中，科学博物馆有 105 个，综合博物馆 126 个；规模最大、历史最久的首推国立科学博物馆，创建于 1872 年，已有 100 多年历史。此外，日本青少年教育设施共计 1264 个。其中，少年自然之家 311 个，青年之家 405 个，儿童文化中心 75 个，其他 473 个。日本经常举办的各类科普展览会与博览会也是日本进行科普工作的重要形式与场所。日本博物馆协会成立于 1971 年，是综合博物馆、科学馆、水族馆、植物馆等科学类博物馆的网络组织，一直积极促进地区科普场所科技馆等的合作，振兴科技馆事业，推动青少年和成年人的终身学习，指导并支持有关振兴博物馆的调查和研究开发，促进日本的文化发展。

日本科普图书的出版历史悠久、品种繁多、形式多样。特别是近 30 年来，涌现出不少科普作家、翻译家和画家，如当代著名日本科普作家木村繁、天文科普作家山本一清、天文科普译作家小尾信弥、天文科普作家和天体摄影家藤井旭、科普美术家岩崎贺都彰等。著名的科普期刊有《科学朝日》《牛顿》《夸克》《友谈》等。日本的科教片数量很多，每年入选科技电影节活动的科技电影近百部。

日本的大型科普活动主要有科技周、科技电影节、青少年科学节、机器人节、科学展示品和实验用品设计思想大赛等。例如，1960 年日本政府内阁会议批准设立"科学技术周"活动，每年一次，时间定在每年 4 月 18 日，即日本"发明日"开始的一周。科技电影节始于 1960 年，被认为是日本最权威的科技电影节，每年入围作品百余部。青少年科学节始于 1992 年，主要活动是有效开展丰富多彩的实验活动，包括理科的各方面，让青少年有机会体验科学的魅力。日本 2001 年 12 月公布并实施"儿童读书活动推进法"，确定 4 月 23 日为"儿童读书日"，以使国民更加关心和理解儿童读书活动，并激发儿童积极读书的渴求。科技振兴事业团于 2001 年 7—10 月在日本关西地区和神奈川县举办首届"机器人节",通过这个活动让青少年了解机器人,亲身体验科学技术,发展未来科学技术。科技振兴事业团为促进青少年理解科学技术于 1996 年开始科学展示品和实验用品设计思想大赛,支援全国科技馆等的工作,每年一次。

四、印度的科普发展

印度有重视科学技术和教育的传统,但与经济上存在贫富两极分化的状况相类似,在科学技术知识水平和受教育程度上也存在极端不平衡。因此,印度政府对科普工作给予一定程度的重视,但由于财力和社会发展水平的限制,科普效果并未达到理想的程度。

(一) 印度的科普机构

印度主管全国科普工作的最高机构是科技部下属的国家科学技术传播委员会,成立于 1982 年,印度科技国务部长任委员会主席,委员会由与科普工作有关的科技、教育、广播、电讯、宣传等政府部门的高级代表组成,委员会的日常办事机构为秘书处,设在科技部。主要任务是组织和推动普及科学技术知识,激发全民族的科学技术意识。部分邦也建立由政府所属的科普专门机构,有专职的行政管理人员和科技管理人员,在所辖地区拥有专职科普人员队伍,拥有一些科普场所和技术条件。

印度国家科学传播研究所是专门从事科普工作的组织,刚成立时称为出版物与信息理事会,隶属印度新德里科学与工业研究理事会。该所主要任务是在 1942 年《科学与工业研究》杂志创刊与《印度原材料和经济产品词典》开始编写时确定的,1951 年这两个机构合并成立出版物与信息理事会,1996 年重新命名为国家科学传播研究所,为普通公众传播科学技术信息、为科学技术传播领域培养人才、为印度原料馆/草药学展馆和博物馆提供标准标本等科普工作是其重要任务。

科技部下属的国家科学技术传播委员会,是全国科普工作的组织者,它联系和依托三部分力量。一是社会宣传媒介,与印度国家电视台共同举办系列科普宣传节目,与报界、出版界联合,每两周或每月以整版篇幅发表科普文章。二是建立各种外围组织,包括国家级、邦级成员 61 个。其中,官方和半官方科普管理机构、专业科普组织 15 个,科普志愿者组织、民间专业科技机构 46 个,一直深入到基层学校和村庄。三是建立以志愿者为主的民间科普组织"播种科学"。

在印度的科普工作者中,纳里卡尔 (J V Narlikar) 教授是一位理论天体物理学家,长期从事科普工作,科普文章多达 400 篇,在电台和电视台所做的节目受到听众和观众的热烈欢迎，1990 年被印度国家科学院授予英迪拉·甘地奖，1996 年获得联合国教科文组织的卡琳佳奖。

（二）青少年科普活动

由两位英国科学家发起的首届印度科学大会于 1914 年 1 月召开，此后每年 2 月 3 日印度都要举行有几千名科技专家参加的全国科学大会，每届的科学大会都是在全社会给科技升温的一大盛事。印度少年科学大会和少年科学院，是由科技部、人力资源开发部、环境森林部共同支持组办的，面向少年并由少年自己管理的科普组织。从 1993 年起，国家科学技术传播网比照全国科学大会做法，举办少年科学大会活动，于每年 12 月底举行。少年科学大会实际上是由全国少年科学大会、邦少年科学大会、县少年科学大会、学校基层少年科学大会俱乐部组成的庞大组织体系，旨在组织孩子们通过实践学科学，这项遍及全国的活动广泛地激发了少年学科学、用科学的热情，不但在少年中产生很大影响，还带动家庭、社区的成年人学习科学知识。少年科学院成立于 1993 年，目的是组织每年一届的全国少年科学大会。

（三）平民化科普活动

印度农村人口居住很分散，很多边远偏僻地区没有电视、广播。例如，为使科学的曙光照亮这些落后地区，国家科学技术传播委员会于 1992 年组建名为"把科学传向全印度"的科技大篷车队，从分布于印度东西南北的 5 个中心城市同时出发，蜿蜒曲折 2.5 万千米，最后汇集于位于印度地理中心的伯帕尔市，行迹遍布全国。沿途用展览、散发宣传品、放映电影、幻灯或模型演示、现场解答等方式，向 700 多万群众宣传与当地群众生活、生产密切的科技知识，所到之处群众争相簇拥，反响热烈，产生了巨大的社会效应。

印度将其科学家、诺贝尔物理学奖获得者拉曼博士的诞辰纪念日——每年的 2 月 28 日，设为印度国家科学日，由印度国家科学技术委员会和国家科学技术传播委员会、各地科普志愿者组织每年共同组织活动。科学日主要宣传印度古代科学文明史、印度近代的科技成就和著名科学家、当代印度科技最新发展，科技对人类发展的重大作用，目的是激发印度人民对祖国科技成就的自豪感、对科学技术的重视和追求。印度各地的科学日前后举办的活动从 1 周至 1 个月不等。

第三章　当代科普使命责任

当今世界，处在百年未有之大发展、大变革、大调整的大变局时代，新一轮科技革命和产业变革正在重构全球创新版图、重塑全球经济结构，世界多极化快速发展。世界之变源于科技，科技从来没有像今天这样深刻影响着国家前途命运，从来没有像今天这样深刻影响着人们生活福祉，从来没有像今天这样深刻影响着人类社会的走向。就此而言，当代科普担负着艰巨而光荣的使命职责。

第一节　弘扬科学精神

科学精神是科学的灵魂，是推动科学创新的精神动力，是一个人、一个国家、一个民族的灵魂，是激发人们热爱生活、追求真理、聪慧敏锐、公正无私、自信而不狂妄、严格而不教条，充满创新精神和创造活力的源泉。推动科技创新、建设科技强国、建设社会主义现代化强国，就必须大力弘扬新时代的科学理性精神、科学家精神、工匠精神。

一、什么是科学精神

科学精神是反映科学发展内在要求，并体现在科学工作者身上的一种精神状态，以求实和创新为核心诉求，将现实可能性和主观能动性相结合，以崇尚理性、探索创新、唯实求真、平等宽容、团结协作、执着敬业、无私奉献等为特征的精神特质。

（一）理性信念

科学精神首先是一种理性信念，把自然界视为人的认识对象和改造对象，即哲学家所称的客体。它坚信客观世界是可以认识的，人可以凭借智慧和知识把握自然对象，甚至控制自然过程。这种理性的旨趣，不仅是一种崇高唯美的个人精神享受，而且是凸显人的力量的动力源泉。理性信念是人类反思自我、反思实践的产物，是人类赖以发展的精神支柱。没有理性信念支持的实践，将是没有目标的盲动和不讲方法的愚行。理性信念表现为对理智的崇尚，这使人们能够不断地清除遮蔽真理的障碍，不断摆脱蒙昧，不断拓展知识的视野，越来越清晰地认识世界。崇尚理智，就是强调任何东西都应该审慎地加以思考，就是鼓励人们大胆假设、认真求证，突破蒙昧主义和神秘主义；就是要通过智力的迂回冒险找到比直观所见更多、更本质的东西，以便更深入地把握变动不居的现象。

（二）实证方法

理性信念是科学精神中一个至关重要的方面，但理性信念并不能使人们直接而轻易地认识自然规律，真正能够促进人们获得可靠的自然知识的，则是近现代科学的实验方法和数学方法，即所谓的实证方法。正是有了科学的实验方法，人们才有可能辨别关于世界本原的诸多猜测究竟哪个更符合事实真相，而数学则为人们提供了这些知识更为精确的形式。例如，伽利略研究方法的独到之处在于，用数学的定量方法从经验现象中导出物理规律，这种追求实证化和数学精确化的研究方法，成为近代以来科学的基本特征。实证方法主要有三个步骤：解析、论证及实验，秉持一种客观的态度，在思考和研究中尽力排除主观因素的影响，尽可能精确地揭示事物的本来面目，以实在性、实用性和精确性保障认知的真理性，通过逐步的努力接近真理。

（三）批判态度

科学绝不是唯唯诺诺的好好先生，批判态度是科学精神的重要内涵。所谓批判，其目的在于明辨是非，凡事都问个为什么，凡事都摆事实、讲道理。批判态度是科学不断向前发展的关键，没有批判就没有发展。一是批判态度反对将一切理论和假说神圣化。任何科学理论和科学假说都要经受反复检验，检验的过程就是批判的过程，通过批判旧的理论使其得到修正甚至完全被新的理论取代。二是批判态度是理论创新的动力。科学理论经受批判使自己的逻辑体系更严密，实验证据更精确，进而不断打破成见，推陈出新。三是批判态度是科学真理客观性的保障。任何人、任何利益群体想违背客观性原则搞伪科学，都要受到严厉的批判。对科学所秉持的批判态度，往往有一种误解，以为批判必然是完全否定。其实并非如此。科学史上几乎任何一场科学革命在科学共同体内部都不是一蹴而就的。日心说替代地心说，直到牛顿力学提出后才算基本完成。有时新和旧也是相对的，旧的理论也可以为新的理论所包容，例如经典物理学就可以视为现代物理学的近似。因此，批判态度的关键在于一个变字，而变永远都要考虑当时当地的条件，进行合理调适。正是在开放地面对一切可能的批评与质疑的过程中，科学变得愈发成熟。当科学所秉持的批判态度延伸到科学外部之时，意味着科学同样要坦然接受来自科学之外不同领域、不同方面的批判、反思与质疑，并带来认识的多元性和包容性。这对破除科学的神话、减少科学的独断性，是非常有益的。

（四）试错模式

批判与反驳之所以成为重要的科学理念和常态，关键在于科学中对错误的认识有了巨大改变，以及对科学可错性的认定。波普尔强调：科学是一门可错的学问，科学发展的历史就是不断试错的过程，科学发现遵循试错模式。所谓试错模式，其基本路径是通过实验，正视错误、发现问题，提出新的解决方案，再通过新的实验，不断向前推进。事实上，科学史不断昭示，科学的发展从来都是可错的、开放的、发展的。哥白尼、伽利略对托勒密体系和亚里士多德力学的质疑，建立起了新的天体力学；拉瓦锡在对传统燃素说批评的基础上，创立了氧化还原学说；达尔文对上帝创世说进行批判，创立了进化论；爱因斯坦对牛顿力学体系进行理性的反思与批判，建立起了相对论学说，等等。这些科学上进步与发展的实践，都是通过试错模式获得进展的。科学所追求的正是不断试错而向真理逐渐逼近的过程，也就是排除错误探索真理的过程。①

二、高扬科学精神

科学精神是使人摆脱愚昧盲目的有效武器，中国特色社会主义进入新时代，当代中国既拥有实现国家富强、民族振兴、人民幸福的美好前景和重大机遇，也面临着前进道路上的诸多繁重任务与风险挑战，更需要在全社会弘扬科学精神。

（一）坚持求真务实

在古代，先民在艰苦的生产生活实践中，努力探索自然规律，进而认识和改造自然，更多地体现出一种求真精神。古希腊文明不仅关注知识的功用性，更关注知识的确定性，彰显出理性精神。亚里士多德将"求知是人类的本性"的判定作为《形而上学》开篇之语，把"求知"置于人的意识和社会存在最为突出的位置。在论述科学知识的纯粹性时，他指出："在各门科学中，那为着自身，为知识而求取的科学比那为后果而求取的科学，更加是智慧。"但是总体看，近代以前，由于生产力水平低下，人类认识自然的能力极其有限，对自然的恐惧和敬畏使人生活在一个万物有灵的世界，"神秘"世界的解释权为少数人所垄断，神秘主义被特权阶层发展为蒙昧主义和专制主义，人们难以发现人自身的力量。

---

① 刘大椿.论科学精神［EB/OL］.（2019－05－01）［2019－12－20］.http://www.qstheory.cn/du-kan/qs/2019－05/01/c_1124440789.htm.

　　近代科学发端于欧洲文艺复兴时期，有两桩历史事件最能折射出其独特的成长过程。第一桩是科学与宗教的斗争，起源于哥白尼天文学革命，一直延续到 19 世纪赫胥黎为坚持进化论而同神父展开的大辩论。经过这一阶段的斗争，终于确立了一条原则，即任何权威、任何情感偏见，无论是宗教的、政治的还是伦理的，都不能作为评定真理的标准。第二桩历史事件是科学与哲学的分离。这种分离，在很大程度上得力于几何学提供的逻辑范式，天文学、力学提供的事实材料，以及工艺技术提供的仪器手段，它们集中体现在近代科学之父伽利略身上。人们逐渐摒弃了仅靠经验直觉和纯粹思辨认识世界的精神传统，认知方法迈向以精密的数学分析和实验方法相结合的路径，实现了科学认识的理性变革。

　　工业革命以来，科学技术广泛运用于社会生产，人类对自然的支配能力大幅提升，科学作为一种革命性力量不断地改变世界和社会关系，地位越发重要。马克思认为，现代自然科学与现代工业一起彻底改变了整个世界，人们对自然界的幼稚态度和幼稚行为走向终结，科学技术作为生产力是人类社会向前发展的根本动力。随着科学技术的不断发展，科学方法和科学思想也在不断发展。20 世纪初，爱因斯坦提出的广义相对论证明了牛顿引力论中存在错误结论，深深震撼到了当时的科学界。人们开始思考：到底有没有科学？科学究竟是什么？如何探索和对待科学真理？英国哲学家波普尔所倡导的证伪主义试图对此进行回答。他认为，凭借人的批判理性，通过不断地提出假说和排除错误，使之得到检验并由此取得科学知识的增长，这不是科学的缺点，而恰恰是其优势和力量所在，是科学之为科学的本质特征，更是科学自身的精神。这一观点拓宽了人们对科学的理解，也解放了人们的思想与观念。

　　科技创新日新月异。20 世纪中后期以来，科学的发展越来越和整个社会文化和具体历史背景密切相关，使科学走出了纯粹逻辑和纯粹认识论的狭隘范畴。作为科学主体的人，在科学中的地位和作用日益凸显，科学哲学开始把注意力转移到人的科学发现和创造上来。这标志着 19 世纪以来一直盛行的科学主义开始向人文主义回归，重视科学的人文价值成为当代科学发展的潮流。

　　在绵延 5000 多年的文明发展进程中，中华民族创造了闻名于世的科技成果，在农学、医学、天文学、算学等方面形成了系统化的知识体系，取得了以四大发明为代表的一大批发明创造。然而近代以后，由于各种原因，我国屡次与科技革命失之交臂，从世界强国沦为任人欺凌的半殖民地半封建国家。为了挽救国家危亡，实现民族复兴，自 19 世纪末以来，中国的一批仁人志士主张迅速发展科学、弘扬科学精神。孙中山提出，知识"从科学而来"，"舍科学而外之所谓知识者，多非真知识也"。陈独秀说："科学与民主，是人类社会进步之两大主要动力。"1916 年，学者任鸿隽发表《科学精神论》一文，在中国最早提出"科学精神"概念，他称科学精神为"科学发生之源泉"，明确提出"科学精神者何？求真理是已"。我国著名科学家竺可桢多次阐述过科学精神，1941 年，他在《科学之方法与精神》一文中指出："近代科学的目标是什么？就是探求真理。科学方法可以随时随地而改换，这科学目标，蕲求真理也就是科学的精神，是永远不改变的。"[①]

（二）坚守科学理性

这种坚守就是要把自然界视为人的认识对象和改造对象。它坚信客观世界是可以认识的，甚至控制自然过程。

没有理性信念支持的实践，将是没有目标的盲动和不讲方法的愚行。理性信念表现为对理智的崇尚，这使人们能够不断地清除遮蔽真理的障碍，越来越清晰地认识世界。坚守科学理性就是对任何东西都应该审慎地加以思考，鼓励人们大胆假设、认真求证，突破蒙昧主义和神秘主义，通过智力的迂回冒险找到比直观所见更本质的东西。

（三）敢于批判置疑

科学的精神包括质疑、独立、唯一三方面。质疑其实是最基本的科学精神，也就是对以前的结果、结论，甚至广泛得到证实和接受的理论体系都需要以怀疑的眼光进行审视。但是，质疑并不完全等同于"怀疑"，更不是全面否定。质疑实际上是评判地学习和批评地接受，其目的是揭示以前工作的漏洞、缺陷、不完善、没有经过检验，或者不能完全适用的地方。比如，爱因斯坦对牛顿力学和牛顿引力理论的质疑的结果是发现了牛顿力学和牛顿引力理论只有在低速（相当于光速）和弱引力场（空间扭曲可以忽略）的情况下才是正确的，否则就需要使用狭义相对论和广义相对论来解释。

独立有两层含义，一方面指的是科学研究所发现的规律独立于研究者以及研究手段和研究方法；另一方面指的是科学研究者必须具有独立的思想，科学研究工作也是独立进行的，只有独立做出的科学研究成果才有科学价值。当然，这并不排斥学术交流和学术合作，因为交流与合作往往是激发研究者个人的创造力的有力途径，创造力是最终产生高度原创性的独立研究成果的根本原因。

唯一指的是科学规律的唯一性，毋庸过多地解释。在这里仅仅引用彭桓武先生在 2005 年 4 月 15 日在世界物理学纪念大会上的讲话：物质世界虽然千

---

① 刘大椿. 论科学精神［EB/OL］.（2019 – 05 – 01）［2019 – 12 – 20］. http：// www. qstheory. cn/du-kan/qs/2019 – 05/01/c_1124440789. htm.

变万化，但却十分真诚，在同样条件下必然出现同样现象。由于科学的目的就是揭示科学规律，离开了唯一的科学精神，也就无所谓刨根问底，科学的目的也就不再存在，当然科学研究也就无法进行，因为科学研究方法基本上就是通过天文学的研究围绕着科学规律的唯一性发展出来的。①

科学总是寻求发现和了解客观世界的新现象，研究和掌握新规律，总是在不懈追求真理，而真理总是在同谬误的斗争中发展的。因此，科学的基本态度之一就是疑问，科学的基本精神之一就是批判。科学精神要求人们不能盲从，不能神化，不能绝对化，不要迷信。科学否定所谓的"终极真理"，否定不可知论。科学工作者在科学研究中通过观察、实验、理论推导，对客观世界的一切未知现象进行探索性研究，并对一些传统的理论、学说、观念进行批判，往往在科学上产生重大发现。例如，马克思和恩格斯在批判地扬弃黑格尔、费尔巴哈哲学的基础上，创立了马克思主义哲学；波兰天文学家哥白尼批判了统治人类精神世界几千年的"地心说"，创立了"日心说"；爱因斯坦批判了牛顿的绝对时空观，创建了相对论，推动了现代物理学乃至整个自然科学的新发展。

批判与反驳之所以成为重要的科学理念和常态，关键在于科学中对错误的认识有了巨大改变，以及对科学可错性的认定。波普尔强调：科学是一门可错的学问，科学发展的历史就是不断试错的过程，科学发现遵循试错模式。所谓试错模式，其基本路径是通过实验，正视错误、发现问题，提出新的解决方案，再通过新的实验，不断向前推进。事实上，科学史不断昭示，科学的发展从来都是可错的、开放的、发展的。哥白尼、伽利略对托勒密体系和亚里士多德力学的质疑，建立起了新的天体力学；拉瓦锡在对传统燃素说进行批评的基础上，创立了氧化—还原学说，等等。这些科学上进步与发展的实践，都是通过试错模式获得进展的。科学所追求的正是不断试错而向真理逐渐逼近的过程，也就是排除错误探索真理的过程。②

中华人民共和国成立以来特别是改革开放以来，随着经济建设的蓬勃发展，我国科学技术水平得到长足提高。经过长期努力，我国科技事业实现了历史性、整体性、格局性的重大变化，重大创新成果竞相涌现，一些前沿方向开始进入并行、领跑阶段，科技实力正处于从量的积累向质的飞跃、点的突破向系统能力提升的重要时期。科技在经济社会发展中的作用更加凸显，全社会正在兴起普及科学知识、传播科学思想、倡导科学方法的高潮，科学

① 张双南.科学的目的、精神和方法是什么？[EB/OL].（2016 – 10 – 26）[2019 – 12 – 20].http：//www.sohu.com/a/117294677_465226？_f = v2 – index – feeds.

② 刘大椿.论科学精神[EB/OL].（2019 – 05 – 01）[2019 – 12 – 20].http：//www.qstheory.cn/du-kan/qs/2019 – 05/01/c_1124440789.htm.

精神得到广泛关注。①

（四）勇于探究创新

首先，科学来源于科学实践，实践是科学的基础。其中，生产实践提供了大量的经验资料和研究课题，科学实验提供了研究的工具和方法。离开了科学实践，科学成果和科学原理就不可能产生和发展。在科学实践的基础上，科学不断地揭示事物的本质和规律，并寻求事物的最佳解决办法和合理答案，从而推动科学本身的发展和人类进步。其次，科学需要经过实践来检验。在科学发展过程中，科学理论必须经过科学实践的检验才能确立。在科学研究中，判断"设想""假说"是不是科学，关键是看它是否反映并揭示了客观事实和规律。唯一的判断标准就是要经得起实践检验，经得起反复的论证和试验。任何经不起实践检验的东西都不是科学，而是伪科学。最后，科学还要回到实践，应用于实践，从而产生巨大的物质力量和精神力量。正如马克思所说："人的思维是否符合客观真理性，这并不是一个理论问题，而是一个实践问题。人应该在实践中证明自己思维的真理性，即自己思维的现实性和力量。"

科学认为世界的发展、变化是无穷尽的，因此认识的任务也是无穷尽的。科学以探索未知、创造知识为己任，通过认真、严谨、艰苦、实事求是的科学劳动，揭示客观规律，造福人类社会。科学创造的内容是广泛的，如普遍规律的揭示、自然现象的发现、新科学理论的创立、新的科学方法的确立、新科学实验的构思和设计等。科学认为具体的真理都是相对真理，都有适用的条件和范围，因而是可以突破的，新的发现将拓展原有的真理，使之适用于更大的范围和更少的条件，相对论和量子论都拓展了牛顿力学，使之适用于更大的范围。科学创造是一个艰苦的劳动过程，科学成果是科学工作者智慧和血汗的结晶。正如马克思所说，"在科学上没有平坦的大道，只有不畏劳苦沿着陡峭的山路攀登的人，才有希望达到光辉的顶点"。

（五）坚守科技伦理

当今世界正处于新科技革命和产业革命之中，在数据技术、网络技术促进下，科研成果转化效率极大提高，物理科技、生命科技、信息科技、智能科技、新材料科技、新能源科技、航空航天科技、兵工科技、新型结构与动力科技、新型制造科技，深空、深海、深地探测等科技，发展迅猛。前沿科学研究深入底层物质结构及规律、新技术涌现，在给人类生产、生活带来便利、给未来福祉以美好预期的同时，也带来了巨大的不确定性和风险。如何

---

① 刘大椿. 论科学精神［EB/OL］.（2019 – 05 – 01）［2019 – 12 – 20］. http：// www. qstheory. cn/du-kan/qs/2019 – 05/01/c_1124440789. htm.

在获得科技福祉的同时最大限度地规避风险，在危机发生时降低其烈度、减少灾难性后果，成为严峻挑战。科技风险、科技伦理渐成社会核心关切话题。① 与近代科学的发展同步，西方国家较早地提出了一些伦理规范，而在我国，由于现代科学是舶来品，我们没有与此相对应的传统与经验，因而在科技伦理上存在先天不足。过去很长一段时间，我国由于缺乏相应的监管机制、法律规范，科技伦理常常落后于科技发展，使重大科技伦理事件发生时，常无应对之策。一个负责任的科技大国、科学家共同体、科学家个体，都必须坚守科技发展的伦理底线。

一是遵守科技伦理的准则。科技伦理是指科技创新活动中人与社会、人与自然和人与人关系的思想与行为准则，它规定了科技工作者及其共同体应恪守的价值观念、社会责任和行为规范。科学伦理和科技工作者的社会责任事关整个社会的发展前途。

科技伦理已成为国际社会高度重视的共同议题。当科技的能量越来越大，不好把控的危险也日益加剧。如果任其无约束地发展，它的潜在成果既有可能造福人类，也有可能摧毁人类的生存与社会秩序。特别是基因编辑技术、人工智能技术、辅助生殖技术等前沿科技迅猛发展，在给人类带来巨大福祉的同时，也不断突破着人类的伦理底线和价值尺度，例如基因编辑婴儿等重大科技伦理事件时有发生。如何让科学始终向善，是人类亟须解决的问题。加强科技伦理制度化建设，推动科技伦理规范全球治理，已成为全社会的共同呼声。随着人类社会的发展，人们围绕那些有可能带来巨大利益、同时又具有不可预料的巨大风险的尖端技术而展开的争论，不单单是一个技术上的争论，而更多的是一个伦理、政治和决策方面的争论。

必须强化高科技工作人员的伦理责任。高科技具有强大的影响力和扩散力，科学工作者要有强烈的人文关怀精神，既要懂得应用科学，又要懂得关心人本身，有责任保证科学成果造福人类而非贻害社会。这方面的教育要从娃娃抓起，渗透进科技人才成长的全过程，让科学家、工程师真正自觉承担起相应的社会责任，对高科技进行价值引导，使之向善向美。

成为世界科技强国，不仅要站在科学技术的制高点，而且要立于伦理道德的制高点。当今世界，科学技术的快速迭代式发展与社会应用不断创造出的新现实，其所带来的新的问题，已经远远超越了原有伦理学所涉及的范围，从而使原有伦理理论及道德规范面临日益严峻的挑战。长期以来，我国的科技伦理研究方兴未艾，相关领域的伦理规制也不断推进。但2017年的"换头术"事件和2018年的基因编辑婴儿事件表明，我们必须扎实推进我国科技伦

---

① 范春萍.科技伦理研究与教育的时代使命[N]光明日报,2019－08－26(15).

理监管的体系化建设，积极参与科技伦理问题讨论和国际伦理规则的制定，以彰显大国的责任担当，在国际伦理规制方面贡献中国思想和智慧。①

二是厘清科技伦理的风险。2019 年 8 月，中央全面深化改革委员会召开第九次会议，审议通过《国家科技伦理委员会组建方案》，明确指出科技伦理是科技活动必须遵守的价值准则。这意味着，我国将进一步建立健全覆盖全面、导向明确、规范有序、协调一致的科技伦理治理体系。

正视当前科技风险的特征及挑战。由于科技应用已进入物质结构和规律深层，多种学科交叉融合，世界全方位互联互通，当前科技风险呈现如下特征：全面性，几乎涉及所有学科和领域；系统性，牵一发而动全身；深层性，一旦发生灾难难以在表层解决；连锁效应性，杠杆放大、节点连带、蝴蝶效应等；指数增长性，狂飙突进；于科技体之上形成一个风险体，使科技呈现天使与魔鬼的两面。②

18 世纪以来，人类社会经历以蒸汽机广泛应用为代表、向工业社会迈进的第一次工业革命，经历电气促重工业兴起、交通业迅速发展的第二次工业革命，以及计算机技术与信息技术充分发展的第三次工业革命，当今正处于以人工智能、生物技术、大数据技术等高新技术为代表的第四次工业革命中。回顾科技史，无论是原子弹、工业化学品的发明，还是基因编辑技术、人工智能技术、辅助生殖技术等前沿科技的迅猛发展，都是把"双刃剑"，在给人类带来巨大福祉的同时，也会带来不可预见的风险，不断挑战人类的伦理底线和价值尺度。如何让科学发展始终向善，不能单靠科技人员自身的价值判断和科研机构的伦理认知，而是亟待整个科技界乃至国家层面形成统一认识，做出动态权衡，进而规范具体实践。

三是强化科技伦理规范。科技理应促使人类生活更加美好，建立国家层面的科技伦理委员会，一方面厘清科技活动的伦理风险，促使科技人员不忘以人为本，将价值权衡与伦理考量纳入科技活动全过程，使科技伦理成为科技工作者共同恪守的价值观念、社会责任和行为规范；另一方面，全面把握科学前沿和新兴科技的发展与深远后果，通过明晰的价值准则、统一的伦理规范和严肃的监管程序，对科技活动加以统筹规范和指导协调，可以更好地为创新驱动导航，使科技强国之路走得更好更快更远。③ 同时，必须完善相关监管措施，净化其发展环境。一项新的科技成果问世后，相关管理部门应对其可能存在的负面影响进行充分预判，并在其成果市场化、普及化的过程中，动态追踪，根据其发展态势，不断完善管理制度，增强监管的执行力，防止

① 李真真.推进科研伦理治理体系建设：大国的责任与担当[N].光明日报,2019 – 03 – 21(16).
② 范春萍.科技伦理研究与教育的时代使命[N].光明日报,2019 – 08 – 26(15).
③ 孙敏.守好科技伦理这道"门"[N].新华日报,2019 – 08 – 13(2).

其在利用中不善的那一侧刀锋对人们造成伤害。

四是人人为科技伦理尽责。以必要的伦理原则、规范约束不良科学技术的研究和应用，使科技过程的每个参与者都明了自己的责任，使伦理原则和规范能够落实到工程技术和管理制度中。防止科技这把"双刃剑"伤人，需要完善科技成果成长的制度体系，需要强化科技工作人员的伦理责任，也需要每一个人的积极参与。

伦理规范只有深植于个人价值观底层，才能转化为无须提醒的自觉行为，对伦理的理解和运用能力已经与科研和技术能力同样重要。这就要求当前在岗及未来将上岗的科技人员都能充分理解科技伦理的价值、历史和逻辑，理解其职责和规范，而这只有通过教育才能实现。在此意义上，针对科技风险积极展开科技伦理研究和教育，是时代的召唤和使命。许多国际科技和工程组织章程、工程师职业标准、工程教育培养标准等，已将科技伦理相关要求列入。这些要求应该贯彻到教育教学中，应将科技伦理列入核心课程并辅之以必要的实践培养方式。唯有如此，才能培养出有能力使科技向善、向好发展的人才，也才能为人类社会的可持续发展夯实良好根基。①

（六）抵制愚昧迷信

科学是在批判迷信中发展起来的，科学追求真理，迷信撒播愚昧；科学崇尚理性，迷信导致荒谬；科学鼓励创造，迷信鼓吹盲从；科学尊重实践，迷信宣扬逃遁。在科学迅猛发展的当今，愚昧迷信形形色色，继续与科学争夺地盘，毒害人民群众。弘扬科学精神、反对愚昧迷信是科普工作中一项长期而艰巨的任务。

一是要坚决反对愚昧与迷信。我国的封建迷信，如占卜算卦、看相测字、风水算命、巫婆神汉等，时常沉渣泛起；反动会道门死灰复燃，并与国外同类组织勾结，进行非法活动；"气功"的功效被神化，被夸大为包治百病，甚至能遥感遥测遥控、改变千里之外物质状态的"神功"；反科学、伪科学招摇撞骗，乔装改扮，蒙蔽群众，"水变油"等反科学现象曾名噪一时，"风水""吉利号码""吉日"迷信渗透社会各领域。此外，也有挂着"基督教科学""佛教科学""量子佛学"名号将科学与宗教硬性捆绑的当代迷信。这些迷信、伪科学、反科学的活动，必须坚决予以抵制。

二是要根治愚昧与迷信的土壤。伪科学和现代迷信的泛滥绝不是一朝一夕的事情，也不仅仅是在我国发生的现象。当代迷信有着深刻的社会根源、认识根源和历史根源，我们必须据此"对症下药"。

从社会根源来说，随着改革开放的深入，中国的政治经济、社会结构、

---

① 范春萍.科技伦理研究与教育的时代使命[N].光明日报,2019－08－26(15).

生活方式和就业方式都发生了巨大的变化。尤其是现阶段中国的社会结构转型，对一般社会成员产生了重要的社会行为影响。人口老龄化、失业、医疗和社会保障体系不健全等，使相当一部分社会成员心理比较脆弱，急切希望获得一种社会保护及社会安全感。再加上，改革开放以来，思想政治工作有所放松，行政法规不健全，腐败现象时有发生，致使少数人产生信仰危机，为某些非法组织或别有用心的人提供机会，为沉渣泛起造成适宜的环境。

从认识根源来说，识别伪科学和现代迷信需要具备基本的科学文化素质。我国大多数公众科学文化素质较低，对伪科学和当代迷信缺乏鉴别能力。特别是不少公众可能具有一定科技知识，但不具有科学精神。在选择科学未知领域大做文章的迷信面前，失去了科学的判断能力，从而走向盲从，走向迷茫和迷信。

从历史根源来说，我国封建社会统治长达2000多年，古代文化具有悠久的巫文化传统，周易算命、扶乩、谶纬、星占之类东西曾大行其道，历代王朝利用它们以达到统治国家的目的，民间则想利用这类迷信解决实际问题。梁启超在一次演讲时曾说，有许多人，懂得物理学、数学、化学，却不懂得科学，遇事不能分辨是非，缺乏科学精神。他说，假如这种情况不改变，中国永远没有学问的独立，我们中国人早晚会成为被淘汰的国民。我国改革开放以来，社会转型变化迅速，实用主义抬头、急功近利倾向等表现突出，为伪科学和当代迷信的大规模泛滥提供现实了土壤与条件。

三是用科学战胜愚昧迷信。当代迷信一面放肆地反对科学，一面又打着似乎比科学还科学的旗号，断章取义、支离破碎地使用一些科学名词或工具做幌子，歪曲科学内容，贩卖迷信货色，以达到其隐蔽性极强的欺骗目的。对当代迷信的揭露和批判，不能仅仅停留在就事论事的层面上，而应当抓住要害、抓住实质，进行深入的揭露和批判。应当通过大量的科学事实，来说明现代科学的成就就是在同伪科学、反科学的斗争中发展起来的。对于当代迷信的所谓"科学理论"进行深入的分析，对那些荒诞不经、违反科学甚至违反常识的各种"理论"予以曝光；对那些歪曲事实的胡说八道予以批驳；对那些所谓的"调查报告""功法鉴定"等谎言予以戳穿。通过揭露和批判，帮助人们看清其"理论"的实质就是要骗人、骗财、扰乱社会秩序、破坏社会主义建设。

加强对当代愚昧迷信的研究。要针对迷信和伪科学不断改头换面，花样翻新地骗取社会和公众的信任的情况，针对迷信、伪科学活动惯用的欺骗和作伪手段，剖析典型案例，阐述"科学没有终极真理""眼见未必都为实""眼见不等于科学观察""科学假说不能主观臆造""科学假说必须接受实验检验""表演不能代替科学实验"等科学思想和方法。要对迷信和伪科学危害群众和社会的情况进行调查；对迷信和伪科学著作出版和传播的情况进行调查；对新闻媒体和广告宣传中传播迷信和伪科学的情况进行调查；对社会公众关于科学与迷信、科学与伪科学的认知和心态状况进行调查。特别要跟踪研究迷信和伪科学活动的新动向和新特点，有针对性地制定治理对策。要针对迷信和伪科学活动，从认识论、方法论及相关的自然科学和社会科学学科出发，认真研究理论问题。

要敢于与愚昧迷信做正面斗争。要发动广大科技工作者和科普工作者，针对迷信、伪科学活动所涉及的自然科学各学科领域的科学概念、原理、命题和假说，剖析典型案例，及时揭穿骗术，提高社会公众的辨别和防范能力。1982 年，中国科学院心理研究所《对所谓"人体特异功能"验证测试报告》宣布：用实验心理学的科学测试方法确认，两位"特异功能人"的"耳朵认字"和"透视功能"都是不存在的；1992 年，航天科技专家庄逢甘详细揭露了关于"特异功能大师"陈林峰"预测"澳星发射的谎言；1993 年，5 位科学家从深入细致的药理分析出发，揭露了"邱氏鼠药"的问题；1997 年，精神卫生专家张彤玲教授在《走火入魔面面观——气功出偏》书中，用大量临床案例说明接受外气治疗、追求"特异功能"将导致出偏和走火入魔。由于科学家在社会上享有崇高的声誉，科学家的科普声音可以在社会上起到以正视听的作用。

四是倡导科学的生活方式。我国社会改革给人们生活方式带来的一个显著变化就是人们拥有的闲暇时间越来越多。同时，我国的人口结构也在发生变化，人口的平均寿命在提高，老年人口群体数量和人口比例在增加，老年人群与青年人群的代际分化和空间分离，造成老年人群的弱质化——孤独无助。要把倡导科学文明健康的生活方式与社区文化建设结合起来，丰富人们的闲暇生活，优化社区环境，开展科普工作，开展丰富多彩的科学文化活动，把科学文明健康的生活意识变成社区、家庭的自觉行动。

三、高扬科学家精神

科学是人类探索自然同时又变革自身的伟大事业，科学家是科学知识和科学精神的重要承载者。新时代推动我国科技创新、建设科技强国，就必须继承和弘扬老一辈科学家的光荣传统，大力倡导和弘扬科学家精神。

（一）什么是科学家精神

新时代的科学家精神，即指胸怀祖国、服务人民的爱国精神，勇攀高峰、敢为人先的创新精神，追求真理、严谨治学的求实精神，淡泊名利、潜心研究的奉献精神，集智攻关、团结协作的协同精神，甘为人梯、奖掖后学的育人精神。①

爱国精神是科学家精神的灵魂。科学没有国界，但科学家有自己的祖国。热爱祖国的人，才拥有完整人格。没有人格，"学问"越大，对社会的危害也越大；没有人格，也不可能有真"学问"。这就是人格与学问之间深刻的辩证法。追求知识和真理是科学家的初心，服务经济社会发展和广大人民群众亦是科学家的初心。在新时代，广大科技工作者不忘初心，就要把论文写在祖国的大地上，把科技成果应用在实现现代化的伟大事业中。

创新精神是科学研究最鲜明的禀赋。科学发现和技术发明只有第一、没有第二。近 500 年来，世界科学中心的几次转移，无不记载于人类敢于争先、勇立潮头的拼搏史之中。19 世纪之所以被誉为"科学的世纪"，一个重要原因是科学发现创造性地通过技术应用第一次走出书斋和实验室，转化为巨大的社会生产力，也正是在这个意义上，马克思指出："社会劳动生产力，首先是科学的力量。"面对日趋激烈、关乎国运的世界高新科技竞争，抢占制高点，布局于长远，是当代科学家的时代担当。面向未来，我国科学家要坚持走中国特色自主创新道路，面向世界科技前沿、面向经济主战场、面向国家重大需求，加快各领域科技创新，掌握全球科技竞争先机。同时，科学的发展不可能一蹴而就，要鼓励创新，宽容失败，为科技创新提供宽松社会氛围。

求实精神是科技发展进步的原动力。科学是面对未知的无尽的探索，是揭开自然"面纱"的较真较劲。没有不变的发现模式，也没有恒定的预期路径，不变的只有对客观真理的不断探求和追寻。马克思说："在科学上没有平坦的大道，只有不畏劳苦沿着陡峭山路攀登的人，才有希望达到光辉的顶点。"新时代科学家秉持求实精神，就是要永葆好奇之心，不盲从权威，不迷信教条，敢于怀疑，大胆挑战；同时，尊重科学发现的规律，客观诚信，不浮躁求成，不急功近利。弘扬求实精神，还要坚持立德为先，践行社会主义核心价值观。特别是在涉及人类的前沿生物技术的研发和利用时，不得突破伦理和法律的底线。

奉献精神成就科学家高尚人格风范。习近平总书记指出："祖国大地上一座座科技创新的丰碑，凝结着广大院士的心血和汗水。我们的很多院士都具有'先天下之忧而忧，后天下之乐而乐'的深厚情怀，都是'干惊天动地事，做隐姓埋名人'的民族英雄！"我国用数十年走完了西方一两百年的科技发展之路，描绘出无愧于时代的科技创新版图，这得益于我国科学家甘坐冷板凳、甘于无私奉献。相比单纯的才智成就，奉献精神是更为宝贵的道德品质，是

① 中共中央办公厅国务院办公厅印发《关于进一步弘扬科学家精神加强作风和学风建设的意见》[EB/OL]. （2019 – 06 – 11）[2019 – 12 – 20]. http：// www. xinhuanet. com/politics/2019 – 06/11/c_1124609190. htm.

支撑起站得住脚的科学成就的精神力量。只有弘扬奉献精神，才能"既赢得崇高学术声望，又展示高尚人格风范"。

协同精神是经济全球化时代之必需。纵观人类科技史，不难发现，哥白尼、伽利略、开普勒等所处的时代，主要是科学家个人探索的时代；17世纪60年代，以英国皇家学会、法国科学院的先后成立为标志，科学研究的建制化时代来临；工业革命之后，科学共同体不断涌现，科学研究的组织化程度日益增强；经济全球化的今天，科学家单打独斗、闭门造车的时代一去不复返，科学家之间、科研机构和高等院校之间，甚至国家政府之间的团队合作、集体攻关成为时代潮流。这就需要跨界融合、协作互利的新思维。中国科学家应弘扬协同精神，把个人理想自觉融入国家发展进程，开阔国际视野，加强国际合作，为构建人类命运共同体做出应有贡献。

育人精神关乎科技事业长远发展。科学是一项承前启后、不断超越的伟业，是甘当人梯的前辈和不断超越的后辈教学相长的过程。历史上伟大科学家的魅力和胸怀以及年轻人的努力和超越，对一个学科甚至一个学派的发展至为关键。如高斯、黎曼、克莱因、希尔伯特之于哥廷根数学学派，玻尔、海森堡之于哥本哈根学派，钱学森、邓稼先、钱三强、于敏、王淦昌、朱光亚等之于中国"两弹一星"工程……对新时代中国科学家来说，要身先士卒、慧眼识英、奖掖后学，把发现、培养青年人才作为一项重要责任；对年轻科技人才来说，要立鸿鹄志、严谨求实、敢于创新，在继承前人的基础上不断超越。①

（二）倡导优良作风学风

改革开放以来，我国科技事业取得的成绩举世瞩目，但基础科学研究短板依然突出，重大原创性成果缺乏、关键核心技术受制于人的局面没有得到根本性改变。我国称得上科技大国，但不是科技强国，我们比以往任何时候都更加强烈地需要科学文化建设和科学精神的弘扬，需要以塑形铸魂科学家精神，切实加强作风和学风建设，积极营造良好科研生态和舆论氛围。②

一是崇尚学术民主。鼓励不同学术观点交流碰撞，倡导严肃认真的学术讨论和评论，排除地位影响和利益干扰。开展学术批评要开诚布公，多提建设性意见，反对人身攻击。尊重他人的学术话语权，反对门户之见和"学阀"作风，不得利用行政职务或学术地位压制不同学术观点。鼓励年轻人大胆提出自己的学术观点，积极与学术权威交流对话。

二是坚守诚信底线。科研诚信是科技工作者的生命，严肃查处违背科研

---

① 贾争慧，杨小明．大力弘扬新时代科学家精神[N]．光明日报，2019－07－19(11)．
② 韩启德．让科学家精神真正有骨肉、有血脉、有情怀[微信公众号]．科协改革进行时，2019－10－13．

诚信要求的行为，对科研弄虚作假实行"零容忍"。严守科研伦理规范，守住学术道德底线，按照对科研成果的创造性贡献大小据实署名和排序，反对无实质学术贡献者"挂名"。对已发布的研究成果中确实存在错误和失误的，要以适当方式予以公开和承认。不参加自己不熟悉领域的咨询评审活动，不在情况不掌握、内容不了解的意见建议上署名签字。建立健全科研诚信审核、科研伦理审查等有关制度和信息公开、举报投诉、通报曝光等工作机制。对违背科研诚信、科研伦理要求的，严肃查处、公开曝光。

三是反对浮夸浮躁、投机取巧。深入科研一线，掌握一手资料，不人为夸大研究基础和学术价值，未经科学验证的现象和观点，不得向公众传播。科研人员要保证有足够时间投入研究工作，承担国家关键领域核心技术攻关任务的团队负责人要全时全职投入攻关任务。兼职要与本人研究专业相关，杜绝无实质性工作内容的各种兼职和挂名。科研人员公布突破性科技成果和重大科研进展应当经所在单位同意，推广转化科技成果不得故意夸大技术价值和经济社会效益，不得隐瞒技术风险，要经得起同行评、用户用、市场认。

四是反对科研领域"圈子"文化。要以"功成不必在我"的胸襟，打破相互封锁、彼此封闭的门户倾向，防止和反对科研领域的"圈子"文化，破除各种利益纽带和人身依附关系。抵制各种人情评审，在科技项目、奖励、人才计划和院士增选等各种评审活动中不得"打招呼""走关系"，不得投感情票、单位票、利益票，一经发现这类行为，立即取消参评、评审等资格。院士等高层次专家要带头打破壁垒，树立跨界融合思维，在科研实践中多做传帮带，善于发现、培养青年科研人员，在引领社会风气上发挥表率作用。要身体力行、言传身教，积极履行社会责任，主动走近大中小学生，传播爱国奉献的价值理念，开展科普活动，引领更多青少年投身科技事业。①

（三）构建良好科研生态

为激励和引导广大科技工作者追求真理、勇攀高峰，树立科技界广泛认可、共同遵循的价值理念，加快培育促进科技事业健康发展的强大精神动力，在全社会营造尊重科学、尊重人才的良好氛围。

一是要深化科技管理体制机制改革。政府部门要树立宏观思维，倡导专业精神，减少对科研活动的微观管理和直接干预，切实把工作重点转到制定政策、创造环境、为科研人员和企业提供优质高效服务上。坚持刀刃向内，深化科研领域政府职能转变和"放管服"改革，建立信任为前提、诚信为底线的科研管理机制，赋予科技领军人才更大的技术路线决策权、经费支配权、

---

① 中共中央办公厅国务院办公厅印发《关于进一步弘扬科学家精神加强作风和学风建设的意见》[EB/OL].（2019－06－11）[2019－12－20]. http://www.xinhuanet.com/politics/2019－06/11/c_1124609190.htm.

资源调动权。优化项目形成和资源配置方式，根据不同科学研究活动的特点建立稳定支持、竞争申报、定向委托等资源配置方式，合理控制项目数量和规模，避免"打包"、"拼盘"、任务发散等问题。建立健全重大科研项目科学决策、民主决策机制，确定重大创新方向要围绕国家战略和重大需求，广泛征求科技界、产业界等意见。对涉及国家安全、重大公共利益或社会公众切身利益的，应充分开展前期论证评估。建立完善分层分级责任担当机制，政府部门要敢于为科研人员的探索失败担当责任。

二是要正确发挥评价引导作用。改革科技项目申请制度，优化科研项目评审管理机制，让最合适的单位和人员承担科研任务。实行科研机构中长期绩效评价制度，加大对优秀科技工作者和创新团队稳定支持力度，反对盲目追求机构和学科排名。大幅减少评比、评审、评奖，破除唯论文、唯职称、唯学历、唯奖项倾向，不得简单以头衔高低、项目多少、奖励层次等作为前置条件和评价依据，不得以单位名义包装申报项目、奖励、人才"帽子"等。优化整合人才计划，避免相同层次的人才计划对同一人员的重复支持，防止"帽子"满天飞。

三是大力减轻科研人员负担。加快国家科技管理信息系统建设，实现在线申报、信息共享。大力解决表格多、报销繁、牌子乱、"帽子"重复、检查频繁等突出问题，严格控制报送材料数量、种类、频次，对照合同从实从严开展项目成果考核验收。改进科研管理，减少繁文缛节，不层层加码。①

（四）讲好科学家的故事

科学家故事，是科学家精神的具体化和人格化，也是科学家精神最有说服力的载体。爱国、创新、求实、奉献、协同、育人的科学家精神，提炼自千千万万科学家的科研和教学实践。

讲述和阐释科学家精神，应立足实践、讲好故事，让科学家精神真正有骨肉、有血脉、有情怀，让脱胎于实践的科学家精神最终归于实践。例如，胸怀祖国、服务人民的爱国精神，是青年何泽慧以纤弱之躯研习弹道学、抵抗侵略者的决心；是已成为世界著名科学家的钱学森冲破重重阻挠、放弃优渥生活，毅然返回祖国参加国防建设的选择；是袁隆平为解决人民温饱问题，矢志研究杂交水稻，在祖国的田间地头留下的足迹。勇攀高峰、敢为人先的创新精神，是何泽慧在显微镜下观测到的重核裂变三分裂和四分裂现象；是刘东生走遍祖国的黄土区域进行科学考察，提出的"新风成说"；是梁思礼从"东风"到"长征"的火箭征程。追求真理、严谨治学的求实精神，是竺可

---

① 中共中央办公厅国务院办公厅印发《关于进一步弘扬科学家精神加强作风和学风建设的意见》[EB/OL].（2019 - 12 - 20）[2019 - 06 - 11]. http：// www. xinhuanet. com/politics/2019 - 06/11/c_ 1124609190. htm.

桢数十年如一日为大自然写下的日记；是屠呦呦从 2000 多种方药中提取青蒿素经历的数百次失败；是吴征镒用 10 年时间整理出的 3 万张植物卡片。淡泊名利、潜心研究的奉献精神，是 92 岁高龄的何泽慧每天背着双肩包去上班；是年近九旬的袁隆平仍然在稻田里奔波；是屠呦呦在身披巨大荣誉后继续开展的青蒿素研究。集智攻关、团结协作的协同精神，是 60 多家单位、数以千计的科研工作者参与的 523 项目，艰苦攻关 13 年，找到了抗疟新药青蒿素；是无数科技工作者隐姓埋名、投身戈壁，付出青春甚至生命的"两弹一星"，铸就大国重器，奠定国防基石；是 80 多家单位、300 多位作者、160 多位绘图者，历时 45 年编纂的《中国植物志》。甘为人梯、奖掖后学的育人精神，是钱学森自编教材给学员上课；是竺可桢培养的中国第一批气象学家；是吴征镒在获得国家最高科技奖后的感言："我愿做垫脚石，让后人继续攀登高峰。"

为社会公众讲好科学家的故事，才能在全社会形成尊重知识、崇尚创新、尊重人才的浓厚氛围；为少年儿童讲好科学家的故事，才能引导他们热爱科学、献身科学，为中国科学作出贡献。[1]

四、高扬工匠精神

在建设科技强国、制造强国、建设社会主义现代化强国的新时代，需要越来越多的大国工匠，需要弘扬劳模精神和工匠精神，营造劳动光荣的社会风尚和精益求精的敬业风气建设知识型、技能型、创新型劳动者大军，需要在全社会培育工匠精神。

（一）什么是工匠精神

新时代工匠精神，是指爱岗敬业的职业操守、精益求精的品质追求、攻坚克难的创新勇气、团结协作的合作态度、追求卓越的探索创新等，其中精益求精的品质追求是其核心内涵。

一是爱岗敬业的职业操守。爱岗敬业是爱岗和敬业的合称，二者互为表里，相辅相成。爱岗是敬业的基础，而敬业是爱岗的升华。爱岗，就是要干一行，爱一行，热爱本职工作，不能见异思迁，站在这山望那山高。敬业，就是要钻一行，精一行，对待自己的工作，要勤勤恳恳，兢兢业业，一丝不苟，认真负责。

二是精益求精的品质追求。精益求精是指一件产品或一种工作，本来做得很好了，很不错了，但还不满足，还要做得更好，达到极致。精益求精的品质精神是工匠精神的核心，一个人之所以能够成为工匠，就在于他对自己

---

[1] 韩启德.让科学家精神真正有骨肉、有血脉、有情怀[微信公众号].改革进行时,2019 – 10 – 13.

产品品质的追求，只有进行时，没有完成时，永远在路上；不惜花费大量的时间和精力，反复改进产品，努力把产品的品质从99%优良率，提升到99.9%、再提升到99.99%。对于工匠来说，产品的品质只有更好，没有最好。

三是攻坚克难的创新勇气。当今时代，制造业发展一日千里，技术型人才需要传承传统技术和工艺，但不能因循守旧，墨守成规，需要不断进行创新，才能适应制造业发展的新形势，跟上时代步伐。要时刻想着用新思维、新办法、新工艺来解决老问题。特别是面对新技术发展中的新难题，需要我们进一步发扬攻坚克难、勇攀高峰的创新精神，想他人所不敢想，做他人所不敢做，用新技术、新办法和新工艺来解决技术及产业发展中的新难题。

四是团结协作的合作态度。当今时代的大多数技术，是一个复杂的技术系统。任何一个工艺，可能都只是复杂技术链条上的一个环节，其中一个技术环节出现问题，都可能影响其他环节技术的开发。因此，技术及产品开发需要各部门、各生产环节工人的密切配合、相互协作来完成。另外，现代技术越来越复杂，其开发难度也越来越大，单凭一个人的力量是很难完成的，需要发挥团队合作的力量，充分利用各方优势，以集体的力量来攻坚克难，实现技术目的。[①]

五是追求卓越的探索创新。和协作共进的团队精神一样，追求卓越的创新精神也是新时代工匠精神的内涵之一，甚至是新时代工匠精神的灵魂。传统的工匠精神强调的是继承，祖传父、父传子、子传孙，是传统工匠传承的一种主要方式，而新时代的工匠精神强调的则是在继承基础上的创新。因为只有在继承基础上的创新，才能跟上时代前进的步伐，推动产品的升级换代，以满足社会发展和人们日益增长的对美好生活的需要。[②]

（二）倡导崇实尚业之风

新时代建设制造强国，推进中国制造的"品质革命"，需要培育和弘扬严谨认真、精益求精、追求完美的工匠精神，以工匠精神的力量塑造更多的大国工匠和劳动模范。

一是大力倡导爱岗敬业、甘于平凡的从业作风。过去一段时间，产业技术工人是"工作环境脏、劳动强度大、工资待遇低"的代名词，大部分年轻人不愿意从事这一职业，一些已从事这一职业的人也不安心工作，这不利于我国制造强国的建设。当今，《中国制造2025》计划的推进，需要大量高技能人才，一些学术型专业也将向职业教育型专业转型，这需要社会公众有一

---

① 毛明芳.新时代工匠精神的科学内涵[N].湖南工人报,2018-12-12(2).
② 郑大发.什么是新时代的"工匠精神"[J].领导文萃,2018(24):1.

种热爱技术工人岗位的职业操守。年轻人不能老是想着图轻松去从事虚拟经济相关的工作，而要将心思花在实体经济方面，愿意沉下心来当产业技术工人；当了产业技术工人之后，更需要敬业，不要老是想着去转行从事营销、管理等相对轻松的工作，而是要沉下心来钻研技术，做一行，爱一行，精一行，做爱岗敬业的产业技术工人模范。各行各业的专业工匠，大多是经过上十年的技术经验积累而练就的，都是兢兢业业、任劳任怨从事技术工作的典范。要成为新时代的大国工匠，一定要先爱岗，再敬业，在平凡的岗位上做出惊人的业绩。[①]

二是大力倡导精益求精、追求完美的敬业之风。过去，我国一些产品在国外市场被定位为价廉、易耗、耐用性差，没有形成品质概念，俨然成了"低值易耗品"的代名词。当今，我国一些核心技术受制于人，其中的重要原因之一是工艺水平落后。国外许多制造工艺是经过上百年技术沉淀发展起来的，既有表面的技术特征，又有内在的技术诀窍，需要我们不断地进行探索、试错和总结。很多技术发明，特别是高新技术发明，都是通过成百上千次的试验而做成的，是不断地克服差错、减少误差、追求精度而做成的。精益求精的品质追求对我国建设制造强国非常重要，我们必须摒弃过去那种"差不多"的估量思维，以一种精益求精的态度对待任何一个技术或产品，追求产品的品质，并以高品质为基础，形成知名的产品品牌，让消费者认可和爱戴。[②]

三是大力倡导精心设计、匠心制作的尚业之风。在实现中华民族伟大复兴中国梦的进程中，需要各行各业的技术人才参与建设，弘扬和培育工匠精神对经济社会的发展和民族的振兴起着巨大的作用。在中国历史上，工匠不仅是传统工业的主要劳动力，而且还扮演着传统工业技术主体的角色。工匠所从事的实践活动本身，就蕴含着一种不断突破自我的创造精神。工业革命之后，传统的小作坊逐渐被现代工业制造所取代，但是在人类历史中沉淀下来的工匠文化，却依旧贯穿于现代化的工业制造之中。对工匠而言，产品制作并不只是一种简单模仿的操作，而是对材料精心制作、匠心设计的再创造，从产品的构思到成品整个过程中，都蕴藏着工匠双手劳作的印记，渗透着工匠求精尚巧的思维痕迹。

四是继承弘扬传统工匠精神。中华优秀传统文化中蕴含着丰富的工匠精神，是塑造新时代劳动者的丰厚养分。要传承"正德厚生"的职业道德传统，"以德为先"自古便是职业教育和选拔人才的基本原则。《左传》将"正德、利用、厚生"作为职业道德规范，是那时候匠人们的根本遵循；《大学》将

---

①②　毛明芳.新时代工匠精神的科学内涵[N].湖南工人报,2018-12-12(2).

"明明德""止于至善"作为士人的至高追求。要传承"朝乾夕惕"的勤勉敬业传统。"朝乾夕惕"是《周易》对君子的处世准则。战国时期的李冰就是典范，为治理蜀地水患，修筑水利工程，夙兴夜寐，最后累死于治水工地，而他主持修筑的都江堰"水旱从人，不知饥馑，时无荒年"，成为水利史上的奇迹，使成都平原成为沃野千里的"天府之国"。要弘扬"如琢如磨"的求精求美态度。《诗经》用"如切如磋，如琢如磨"来比喻君子研究学问和陶冶品行的精益求精程度。朱熹解释说："言治骨角者，既切之而复磋之，治玉石者，既琢之而复磨之，治之已精，而益求其精也。"要弘扬"自强不息"的创新求变精神。《大学》有"苟日新，日日新，又日新"的创新思想；《周易》有"天行健，君子以自强不息"的进取意识；北宋王安石有"天变不足畏，祖宗不足法，人言不足恤"的改革精神，一直激励人们开拓进取、破旧立新、推陈出新。①

五是讲好大国工匠故事。随着中国特色社会主义进入新时代，中国经济也进入了由中国制造向中国创造、中国速度向中国质量、中国产品向中国品牌转型的新时代，必然对劳动者在知识、技能、追求等方面有更高的要求。大国工匠是工匠精神最鲜活的载体，他们所诠释出的工匠精神永放光芒，成为我们国家精神和"中国制造"的内在支撑，让伟大祖国和国家制造的产品释放出更加夺目的光彩。讲好大国工匠们笃定执着的故事、勤勉敬业的故事、专注求新的故事，让每一个劳动者传承和弘扬大国工匠精神，使之植根于内心深处，践行在本职工作中。

（三）厚植工匠精神土壤

没有劳动光荣、创新伟大的社会氛围，就很难营造培育工匠精神的社会环境。要重新审视工匠精神对经济建设和社会发展的重要意义，提升工匠的社会地位，增强各行业从业人员的职业荣誉感和责任感，形成崇尚创新创造的社会氛围。

一是要构建孕育工匠人才的社会环境。用工匠精神塑造新时代劳动者，既需要劳动者自身努力，更需要社会各界共同配合，多措并举，深植厚培，久久为功。要制定有利于工匠人才成长的制度、政策、规划，构建对工匠技艺、精品名品、劳动模范的认证和保护体系；构建利于工匠人才的培育、考核、选拔使用和激励的管理体制；构建利于出精品的有效质量监管机制和创新机制，政府、企业、学校等多方发力共同配套落实相关制度政策，形成全社会尊重劳动、尊重知识、尊重人才、尊重创造的良好氛围。要将工匠精神的品质教育贯彻于个人成长的各阶段，融入义务教育、基础教育、高等教育、

---

① 付杰锋.用工匠精神塑造新时代劳动者[N].湖南日报,2018-09-29(10).

职业教育和成人教育之中；把工匠精神融入爱岗敬业的品德修养之中，把做行家里手作为人生职业设计的重要方向，树立行行出状元、立足岗位成才理念。[①]

二是完善崇尚工匠精神的法律制度。弘扬培育工匠精神，需要健全相关法律法规，建立合理激励制度，推动和加快相关的知识产权和技术专利的保护工作，用法律、制度等形式最大限度地保护工匠的合法权益不受侵害。要充分利用现代技术手段来拓展传统技艺的传承，加强对工匠技艺和合法利益的保护，培养年轻一代对传统工艺和现代技术的热爱。要利用合理的激励制度，引导培育产业工人精益求精的行为习惯，形成体现工匠精神的行为准则和价值观念。要切实加大知识产权保护力度，严厉打击假冒伪劣产品，坚决反对弄虚作假，消除劣币驱逐良币现象，用对高品质、高质量和长远利益的追求取代"短、平、快"的急功近利心理，让工匠精神成为新时代人人乐道和向往的精神追求。[②]

三是发挥企业培育工匠精神的主体作用。企业是市场经济中的主体，培育和弘扬工匠精神，打造更多享誉世界的"中国品牌"，企业使命在肩、责无旁贷，需要发挥好主体作用。企业要眼光长远、专注专业，在擅长领域精耕细作，勿盲从于赚热钱和赚快钱，在提升品质的同时控制成本，用诚心实意而非概念炒作赢得消费者认可。例如，实施精细化质量管理，提高质量在线监测、控制和产品全生命周期质量追溯能力；建立健全标准化、系统化的培训体系等，都是题中应有之义。

四是发挥群团培育工匠精神的推动作用。工会、科协等群团组只要在工匠精神和大国工匠培育中发挥更大的作用。建设职能、教育职能是工会具有的两个重要职能，提高职工素质，教育和鼓舞职工在国家建设中建功立业，是工会的重要任务。大力提倡"干一行爱一行、干一行钻一行"，给予高级技工很高的荣誉和待遇，培养出大量优秀的高级工匠。在新的历史条件下，工会应当继承和发扬优良传统，抓住机遇，在培养大国工匠和培育工匠精神中发挥更大的作用。要大力弘扬劳动光荣的理念，纠正轻视劳动特别是轻视普通劳动者的不良风气。科协组织要推动大国工匠的教育和研究，对大国工匠的教育和研究要在科研与教学相结合上下功夫。要就大国工匠涉及的政策背景、历史脉络、文化体系、技术标准、结构优化、平台建设、成果应用、服务社会等环节、方面进行全面、深入和系统的研究，从而为大国工匠和工匠精神的培养教育做出更大的贡献。

---

①② 付杰锋.用工匠精神塑造新时代劳动者[N].湖南日报,2018-09-29(10).

第二节 倡导科学方法

认识科学需要回答三大问题，即科学目的、科学精神和科学方法，其中科学方法是科学不可或缺的核心要素。科学方法的确立、思维方式科学化的形成，比具体的科学技术知识普及更为重要。因为只有科学方法才能保证科学研究和论述遵从客观实际、科学研究的结论是可验证的、科学研究和科学理论是系统和完整的，也才能指导人们更有效地学习科学技术知识，更有成效地进行科学思维，解决实际问题。

一、什么是科学方法

科学方法是指人们在认识和改造世界中遵循或运用的、符合科学一般原则的各种途径和手段，包括在理论研究、应用研究、开发推广等科学活动过程中采用的思路、程序、规则、技巧和模式。科学方法作为认识自然或获得科学知识的程序或过程，既包括特定的科学门类所使用的或对其来说恰当的探究的程序、途径、手段、技巧或模式，也包括处理科学探究的原则和技巧的学科，属于科学方法论，是科学的方法体系。总体上，科学方法包括经验方法、理性方法、实验方法三大类。

（一）感性认识

科学认识过程涉及多种科学方法，一个完整的科学认识过程，往往要经历感性认识、理性认识及复归实践等阶段，也就是从科学实践对象的具体上升到抽象的规定，再到思维的具体，最后又回到实践的辩证发展过程。

观察和实验是理性方法的主要条件，在科学认识的感性阶段，必须借助观察方法、实验方法，并通过各种信息渠道，获得研究对象的客观信息，然后再过渡到科学理性认识的阶段。观察方法是一种最古老、最简单、至今基本上臻于完善的科学方法。古代人认识自然就是从观察开始的，他们主要依靠人的感官，直接从自然界获得感性材料，加上简单的逻辑推理，形成了朴素的认识，为我们留下了珍贵的知识遗产。例如，中国古代关于天文现象的观察和记录，古希腊亚里士多德通过观察所建立的生物学和物理学等。但是，这种仅凭借感官的观察是不完全、不充分的。随着科学技术的深入发展，科学认识主体在科学观察中能动地运用了以科学仪器为重要内容的工具系统，从而延长并补充了人的感官，超越了人的生理局限。观察方法的形成和发展，不断提高了观察的精度和广度，杜绝了一定的客观失误，在深度和广度上极大地丰富了人类的科学认识能力。例如，在气象学中，人们运用观察法，通过气象卫星、气象台站对气象要素，如气温、气压、湿度、风、云、降水等各种天气现象进行系统的观测，收集资料综合分析，从而做出比较准确的天气预报。

（二）实验实证

实验方法是观察方法的发展，实验方法就是人为地创造并运用以实验仪器为代表的反映工具系统，去干预、控制、变革、模拟和再现研究对象的自然过程，得到对其本质和规律性的一定认识。这是现代科学研究中很重要、也是最常用的科学方法。实验方法可以强化、简化、纯化、优化研究对象的性质特征，模拟和再现研究对象所处的状态，加速或延缓其自然发生过程，从而为进一步的研究提供大量信息。正如著名科学家巴甫洛夫所说："观察是搜集自然现象所提供的东西，而实验则是从自然现象中提取所希望的东西。"实验方法不仅是获得精确、典型、完整的研究材料的重要手段，而且在得到理性认识之后，所建立的理论假说还必须由实验检验其真理性。能否通过科学实验的检验，这是科学与伪科学的重要分水岭。因此，实验方法是检验科学是否具有真理性的基本方法。它不仅能发现科学真理，而且能检验科学真理。实验方法的形成、发展及其广泛的应用，使科学成为名副其实的科学，使伪科学剥去伪装，暴露其真正的面目。

（三）理性认识

要达到完整的科学认识，仅仅运用感性方法是不够的，还必须使用科学理性方法，包括科学抽象、归纳和演绎、分析和综合、数学模型、科学假说等，来处理大量的感性材料和储存信息，达到对客观事物的本质和规律的认识。在科学研究中，对观察和实验中获得的感性材料进行科学的抽象，是一种必不可少的研究方法。列宁说："物质的抽象，自然规律的抽象，价值的抽象及其他等等，一句话，那一切科学的（正确的、郑重的、不是荒唐的）抽象，都更深刻、更正确、更完全地反映着自然。"科学抽象是形成科学理论的决定性环节，是人类科学理性思维获得高度发展的产物。例如，丹麦天文学家第谷长期观察行星运动，积累了大量的感性材料，具有丰富的感性经验，但未能概括出行星运动规律。他的学生开普勒对第谷取得的感性材料进行科学抽象和理论分析，把感性认识深化发展为理性认识，从而发现了行星运动三定律，为牛顿发现万有引力定律奠定了基础。

在科学抽象的过程中，必须应用逻辑方法，如归纳和演绎、分析和综合、类比和推理等，才能形成科学概念、提出科学假说、发现科学规律。例如，达尔文应用类比推理的方法得出了生物进化论中自然选择的结论；爱因斯坦采用探索性的演绎推理方法创建了相对论。在科学认识的理性方法中，科学假说具有很重要的地位。正如恩格斯所说："只要自然科学在思维着，它的发展形式就是假说。"科学假说处于由感性认识到理性认识，由实践到初步认识的阶段。例如，在研究原子结构时，就产生了汤姆逊原子模型假说、卢瑟福原子模型假说、玻尔原子模型假说等。在通常情况下，科学假说能说明一定的已知事实，得出可由实验检验的预测，并能预言一定的未知事实和现象。是否有事实依据，能否由实验检验，这是科学假说和歪理邪说的重要区别。

在科学研究中，数学方法是一种不可缺少的认识手段和辅助工具。马克思认为：一种科学只有成功地运用数学时，才算达到真正完善的地步。科学如果没有数学方法进行精辟的刻画和描述，就不可能成为精确的科学。随着科学技术的进步，数学方法的作用和地位也越来越重要。在现代，尤其是电子计算机出现以后，数学方法正日益深入地渗透到各门科学和社会生活的各方面，它与计算机的结合运用，已经成为科学研究的重要方法。

（四）系统认识

随着现代科学的发展和人类认识功能的深化，系统方法、信息方法和控制方法作为一种辩证综合的具体方法应运而生。它突破了以抽象分析为核心的传统科学方法，而要求对客观事物进行整体的综合性的动态研究。其中，系统是对象，信息是要素，控制是手段。系统方法、信息方法、控制方法顺应了现代科学发展的综合性潮流和一体化趋势，成为科学研究中重要的方法，并在人类社会各个领域中得到广泛的应用，可以说，它是唯物辩证法在现代科学中的生动体现。

二、大力倡导科学实践

实证是以存在客观世界的世界观为前提，它坚信有客观世界存在。实证就是不断地通过研究，去接近这个客观的世界。实证性研究作为一种研究范式，产生于培根的经验哲学和牛顿、伽利略的自然科学研究。通过对研究对象大量的观察、实验和调查，获取客观材料，从个别到一般，归纳出事物的本质属性和发展规律的研究方法。

（一）提倡科学实证

实证研究方法，包括观察法、谈话法、测验法、个案法、实验法等。观察法：研究者直接观察研究对象的行为，并把观察结果按时间顺序系统地记录下来，包括自然观察与实验室观察、参与观察与非参与观察等。谈话法：研究者通过与对象面对面的交谈，在口头信息沟通的过程中了解对象心理状态的方法，包括有组织与无组织谈话两种。测验法：通过各种标准化的心理测量量表对被试者进行测验，以评定和了解被试者心理特点的方法，包括问卷测试，操作测验和投射测验等。个案法：对某一个体、群体或组织在较长时间里连续进行调查、了解、收集全面的资料，从而研究其发展变化的全过程。实验法：研究者在严密控制的环境条件下，有目的地给被试者一定的刺激，以引发其某种反应，并加以研究的方法，包括实验室实验、现场实验两种。①

实证化则是最需要被强调的科学研究方法。从天文学的发展可以看到，每一次重要的进展都是当旧的模型的预言和新的观测结果矛盾，或者旧的模型完全没有预言的观测结果无法用旧的模型进行解释。旧的模型可以被新的观测或者实验所推翻或者修改，但是这些旧的模型都是科学理论，是追求"唯一"正确的科学理论的历程中所必须经过的阶段。例如，爱因斯坦在建立广义相对论理论之后，他不但解释了水星近日点的反常进动，而且还预言光线的引力偏折将是区分广义相对论和牛顿引力理论的关键。正是光线的引力偏折观测结果确立了广义相对论理论的正确性。②

（二）鼓励实践探究

科学实践探究一般从发现问题、提出问题开始，根据已有的知识和生活经验对问题的答案做出假设，设计科学探究的方案，包括选择材料、设计方法步骤等。按照探究方案进行探究，得到结果，再分析所得的结果与假设是否相符，从而得出结论。并不是所有问题是由一次科学探究得到正确结论的，有时由于科学探究的方法不够完善，也可能得出错误的结论。因此，在得出结论后，还需要对整个科学实践探究过程进行反思。

一是坚持科学实践探究原则。应遵循的一般原则有：研究程序的公开性；收集资料的客观性、观察与实验条件的可控性、分析方法的系统性、所得结论的再现性、对未来的预见性。

二是坚持科学观察的探究方法。科学观察可以直接用肉眼，也可以借助放大镜、显微镜等仪器，或利用照相机、录像机、摄像机等工具，有时还需要测量。科学的观察要有明确的目的；观察时要全面、细致、实事求是，并及时记录下来；要有计划、要耐心；要积极思考，及时记录；要交流看法、进行讨论。

三是坚持科学实验的探究方法。是利用特定的器具和材料，通过有目的、有步骤的实验操作和观察、记录分析，发现或验证科学结论。一般步骤为：发现并提出问题、收集与问题相关的信息、做出假设、设计实验方案、实施实验并记录、分析实验现象、得出结论。在实验设计中应遵守的法则相标准。实验法基本原则有：必须能够使实验再现，凡是不能重复的实验，不能算是成功的实验，偶然的结果，往往不能说明任何问题；先进行整体实验，而后再进行分部实验，并按步骤排除各种可能性，这样，可以在初始阶段时就明

---

① 实证研究方法[EB/OL].[2019 - 12 - 20]. https：//baike. sogou. com.

② 张双南. 科学的目的、精神和方法是什么？[EB/OL].(2016 - 10 - 26)[2019 - 12 - 20]. http：//www. sohu. com/a/117294677_465226？_f = v2 - index - feeds.

确所考虑的假说是否正确、技术路线是否可取等，使实验少走弯路；做实验时，必须在技术上采取谨慎的态度，对于每个细节都必须高度重视，精益求精。尽量减少孤立因素和固定条件。

四是坚持科学调查的探究方法。调查、收集分析资料是科学实践探究的常用方法。调查时首先要明确调查目的和调查对象，制订合理的调查方案。调查过程中有时因为调查的范围很大，就要选取一部分调查对象作为样本。调查过程中要如实记录。对调查的结果要进行整理和分析，有时要用数学方法进行统计。收集资料的途径有多种，去图书馆查阅书刊报纸，拜访有关人士，上网搜索。资料的形式包括文字、图片、数据（图表）和音像等，对获得的资料要进行整理和分析，从中寻找答案和探究线索。

（三）严谨探究过程

科学实践探究的过程包括提出问题、做出假设、制订计划、实施计划、得出结论等基本步骤等。提出问题，即根据研究对象提出科学实践探究的问题。猜想与假设，即依据已有的知识和经验对提出的问题的可能出现的答案，做出猜想与假设，提出需要证实或证伪的实践探究的事项。制订计划（或设计方案），即科学实践探究制订计划（或设计方案），根据科学实践探究的要求，设计实验方案，包括研究人员、选择仪器、试剂等准备。进行实验，即按实验正确的步骤，细心规范地进行具体的实验操作。收集证据，即收集并整理通过实验得出实验现象、实验数据，以及其他与猜想假设有关所有文献、信息等，为验证猜想与假设做好充分的准备。解释与结论，即将收集到的文献进行分析、讨论，得出事实证据与猜想假设之间的关系，通过比较、分类、归纳、概括等方法，得到最后的结论。反思与评价，即主要是要有对科学实践探究结果的可靠性进行评价，用口头或书面等方式表达探究过程的结果，与同行或跨界人士进行交流讨论，倾听并尊重他人的意见。在实验方案、现象、解释等方面与他人存在不同之处时，能与他人进行讨论，不断反思，并提出改进的具体建议。

（四）倡导定量分析

科学研究起源于哲学，而哲学研究所的逻辑化是科学方法的一个关键内容。在逻辑化研究的过程中，没有定量化，就无法通过归纳建立模型，也无法对模型进行演绎来做出预言，并被进一步的观测或者实验检验。定量化使得科学研究的成果能够得到实际应用，这是科学和哲学彻底分离的最显著标志。①

---

① 张双南.科学的目的、精神和方法是什么？［EB/OL］.（2016－10－26）［2019－12－20］. http：//www.sohu.com/a/117294677_465226？_f＝v2－index－feeds.

定量研究，一般是为了对特定研究对象的总体得出统计结果而进行的。定性研究具有探索性、诊断性和预测性等特点，它并不追求精确的结论，而只是了解问题之所在，摸清情况，得出具有数据化、定量化的感性认识。定量研究分析法，包括5种基本方法：比率分析法，根据不同数据做对比，得出比率；趋势分析法，根据一阶段某一指标的变动绘制趋势分析图；结构分析法，根据某一指标占总体的百分比来观察；相互对比法。选取某两个指标作为一组进行对比；数学模型法，建造适合某一指标的数学模型来观察指标的变化。这5种定量分析方法中，比率分析法是基础，趋势分析法、结构分析法和对比分析法是延伸，数学模型法代表定量分析的发展方向。

三、大力倡导创新思维

思维是智力的核心，在思维的类别中，与常规性思维相对，创造性的创新思维是人类思维的高级过程，是人类意识发展水平的标志。创新思维是指以新颖独创的方法，去解决问题的思维过程，通过这种思维不仅能揭露客观事物的本质及其内部联系，而且能在此基础上产生新颖的、独创的、有社会意义的思维成果。

（一）提倡发散思维

创新思维的本质在于用新的角度、新的思考方法来解决现有的问题，具有思维的能动性、变通性、独特性、敏感性，包括差异性创造思维、探索式创新思维、优化式创新思维、否定型创新思维。[①]

创新思维就是指发散性思维。这种思维方式，遇到问题时，能从多角度、多侧面、多层次、多结构去思考，去寻找答案，既不受现有知识的限制，也不受传统方法的束缚，思维路线是开放性、扩散性的。它解决问题的方法不是单一的，而是在多种方案、多种途径中去探索，去选择。这种思维的目的不是着力寻找陈旧的知识，也不是去重走别人走过的老路，而是把注意力引向发现新的事物、新的规律、新的理论、新的观点，促进人们向更高、更新、更复杂而广阔的方向开拓前进。

创新思维的思路开阔，善于从全方位思考，思路若遇难题受阻，不拘泥于一种模式，能灵活变换某种因素，从新角度去思考，调整思路，从一个思路到另一个思路，从一个意境到另一个意境，善于巧妙地转变思维方向，随机应变，产生适合时宜的办法。创造性思维善于寻优，选择最佳方案，机动灵活，富有成效地解决问题。

（二）训练多元思维

创新思维的形式可谓多种多样。例如，抽象思维亦称逻辑思维，是认识

---

① 创新思维［EB/OL］.［2019-12-20］. https://baike.sogou.com.

过程中用反映事物共同属性和本质属性的概念作为基本思维形式，在概念的基础上进行判断、推理，反映现实的一种思维方式。形象思维，是用直观形象和表象解决问题的思维，其特点是具体形象性。直觉思维，是指对一个问题未经逐步分析，仅依据内因的感知迅速地对问题答案做出判断，猜想、设想，或者在对疑难百思不得其解之中，突然对问题有灵感和顿悟，甚至对未来事物的结果有预感、预言等，都是直觉思维。灵感思维，是指凭借直觉而进行的快速、顿悟性的思维。它不是一种简单逻辑或非逻辑的单向思维运动，而是逻辑性与非逻辑性相统一的理性思维整体过程。收敛思维，是指在解决问题的过程中，尽可能利用已有的知识和经验，把众多的信息和解题的可能性逐步引导到条理化的逻辑序列中去，最终得出一个合乎逻辑规范的结论。分合思维，是一种把思考对象在思想中加以分解或合并，然后获得一种新的思维产物的思维方式。逆向思维，是对司空见惯的、似乎已成定论的事物或观点反过来思考的一种思维方式。联想思维，是指人脑记忆表象系统中，由于某种诱因导致不同表象之间发生联系的、一种没有固定思维方向的自由思维活动。

（三）培养创新思维

创新思维是人类的高级心理活动，是政治家、教育家、科学家、艺术家等出类拔萃的人才所必须具备的基本素质。心理学认为，创新思维是指思维不仅能提示客观事物的本质及内在联系，而且能在此基础上产生新颖的、具有社会价值的前所未有的思维成果。创新思维是在一般思维的基础上发展起来的，它是后天培养与训练的结果。可以运用心理上的自我调解，有意识地培养的创新思维能力。

一是培养想象力。想象力是人类运用储存在大脑中的信息进行综合分析、推断和设想的思维能力。在思维过程中，如果没有想象的参与，思考就发生困难。特别是创造想象，它是由思维调节的。爱因斯坦说过："想象力比知识更重要，因为知识是有限的，而想象力概括着世界的一切，推动着进步，并且是知识进化的源泉。"爱因斯坦的狭义相对论，就是从他儿时幻想人跟着光线跑，并能努力赶上它开始的。世界上第一架飞机，就是从人们幻想像鸟一样飞翔而开始的。幻想不仅能引导我们发现新的事物，而且还能激发我们做出新的努力、探索，去进行创造性劳动。青年人爱幻想，要珍惜自己的这一宝贵财富。幻想是构成创造性想象的准备阶段，今天还在你幻想中的东西，明天就可能出现在你创造性的构思中。培养想象力就要展开幻想的翅膀，心理学家认为，人脑有四个功能部位：以外部世界接受感觉的感受区；将这些感觉收集整理起来的贮存区；评价收到的新信息的判断区；按新的方式将旧信息结合起来的想象区。只善于运用贮存区和判断区的功能，而不善于运用想象区功能的人就不善于创新。据心理学家研究，一般人只用了想象区的15%，其余的还处于"冬眠"状态。

二是培养创造力。流畅性、灵活性、独创性是创造力的三个因素。流畅性是针对刺激能很流畅地做出反应的能力。灵活性是指随机应变的能力。独创性是指对刺激做出不寻常的反应，具有新奇的成分。这三性是建筑在广博的知识的基础之上的。20世纪60年代，美国心理学家曾采用所谓急骤的联想或暴风雨式的联想的方法来训练大学生们思维的流畅性。训练时，要求学生像夏天的暴风雨一样，迅速地抛出一些观念，不容迟疑，也不要考虑质量的好坏或数量的多少，评价在结束后进行。速度越快表示越流畅，讲得越多表示流畅性越高。这种自由联想与迅速反应的训练，对思维，无论是质量还是流畅性，都有很大的帮助，可促进创造思维的发展。

三是培养求知欲。古希腊哲学家柏拉图和亚里士多德都说过，哲学的起源乃是人类对自然界和人类自己所有存在的惊奇。他们认为，积极的创造性思维，往往是在人们感到惊奇时，在情感上燃烧起来对这个问题追根究底的强烈的探索兴趣时开始的。因此，要激发自己创造性学习的欲望，首先就必须使自己具有强烈的求知欲。而人的欲求感总是在需要的基础上产生的。没有精神上的需要，就没有求知欲。要有意识地给自己出难题，或者去啃前人遗留下的不解之谜，激发自己的求知欲。青年人的求知欲最强，然而，若不有意识地、转移地发展智力，追求到科学上去，就会自然萎缩。求知欲会促使人去探索科学，去进行创造性思维，而只有在探索过程中，才会不断地激起好奇心和求知欲，使之不枯不竭，永为活水。一个人，只有当他对学习的心理状态总处于跃跃欲试阶段的时候，他才能使自己的学习过程变成一个积极主动上下求索的过程。这样的学习不仅能获得现有的知识和技能，而且还能进一步探索未知的新境界，发现未掌握的新知识，甚至创造前所未有的新见解、新事物。[①]

第三节　传播科学思想

思想是行动的指南，科学思想是人类智力的集结、智慧的结晶，是认识世界和改造世界的锐利武器。知识只有集结成思想，才可能形成力量，科学思想对认识和实践作出科学的指导，它是人类认识世界和改造世界获得成功

[①]　创新思维[EB/OL].[2019 – 12 – 20]. https://baike. sogou. com.

的最重要的保证，是人类社会向前发展的永不枯竭的动力。①

一、什么是科学思想

科学思想，是指在各种特殊科学认识和研究方法的基础上提炼出来的、能够发现和解释其他同类或更多事物的合理观念和推断法则，它对进一步的、更广泛的科学研究和社会实践具有导向作用。科学思想作为理论观，是科学知识的提升与系统化，零散的知识必须有思想来穿针引线，人文思想的引入，则促使科学产生对自身的反思，赋予科学思想以价值的意味。赖功欧在《科学思想是什么》中，把科学思想概括为公正、简单入手多元思考、证实加证伪、理性怀疑、争论与激励。②

（一）公正中立

以公正和中立的立场去观察客观事物，既不站在自己的立场去观察客观事物，也不站在对方的立场去观察客观事物。由于观察客观事物总是从自身的角度去看的，因此在自然状态下，人们很难脱离自身的角度去想象和思考现象。于是，自我为中心的观念无意识形成，且随着年龄增长观念僵化，而非常不容易站在一定的高度看问题，因而不容易把握事物。所以说，公正中立是科学思想的基础。事实上，科学的发展越来越强化公正中立意识，相对论的出现，使人们认识到不仅人类所在的地球不是宇宙的中心，而且太阳、银河系中心都不是宇宙的中心。

（二）简单入手

选择简单入手、多元思考，即选择简单对象开始研究，建立理想模型，尽量应用数学，完整地考虑各要素，建立理论，并通过修改和扩展，扩大应用范围。这其实就是笛卡尔提出的科学思想，所以把它称为"笛卡尔精神"。不仅在物理上牛顿的质点模型、克劳修斯的理想气体模型等取得巨大的成功，而且在其他领域也一样，如生物界的摩尔幸运地选择果蝇这个简单对象，才揭开遗传学研究的序幕。对事物的正确认识，最重要的就是避免片面思维，要有多元化思考，但大脑处理信息能力有限，所以先选择简单对象，就可以避免思考过多的因素。而较复杂问题可以用研究简单问题导出的结论通过各种方式的叠加和解决，更复杂的问题可以用已有结论定量近似和定性分析。

（三）证实证伪

科学是严格的，它强调理论与实践的一致，即理论的任何导出陈述都必须与观察相符，能用实验证实，不能被证伪的理论就不是科学。这就是所谓

---

① 赵晋阳.让科学思想成为社会前进的动力[J].民主,2003(11):46.

② 赖功欧.科学思想是什么[M].南昌:江西高校出版社,2003.

的波普尔精神。现代科学有许多新理论没有较多的实验支持，往往来源于人为的演绎构造，这样的知识系统，只要有一个与观察不同，就应该推翻。但对经验科学，经验先于理论，则不应该轻易相信证伪，即使某个陈述被证伪，也应先考虑修改，或用更大的理论包容旧理论。

（四）理性怀疑

科学只是最逼近真理，事物的真实道理只有事物自己知道。任何知识体系都是人为构造的，科学特别强调怀疑包括对自身的怀疑。但自从科学诞生300多年来，由无数具有怀疑精神的科学家十分谨慎地发展，许多科学领域近于成熟，因此怀疑需要一定的理性基础。科学史上影响最大的两个人物笛卡尔和马克思都不约而同地把"怀疑一切"看成是自己的座右铭。当今的科学，可靠性远比两个伟人所处的时代好得多，但科学可怀疑性不变，只是不能缺少科学训练的盲目怀疑，当你想怀疑某个科学结论时，你得认识自己，是否够上水平，因为简单的怀疑早被怀疑过无数次了。特别一些经典的理论，如欧氏几何、代数、运动学等理论，它们是由很少的公理和定律构成的。例如欧氏几何，其五条公理相当直观，且没有一条来自实验，在此之上演绎出的理论经几千年无数人的验证，因此可以说是完全可靠的理论。而运动学的可靠性也是这样，只是运动学的原理中，有实验定律（如速度合成平行四边形法则），所以可靠性不如欧氏几何。为什么有实验定律的理论系统可靠性反而弱呢？这是因为实验定律是受实验条件限制的，往往一时弄不清适用条件，比如说牛顿定律是在低速情况下实验总结的，所以当人们认为它普遍适用无限推广时就会出错。从这意义上说，经验科学反而没有纯科学可靠。完全人为构造起来的理论，容易做到完全没有逻辑矛盾。只是这样的理论要在现实世界中找到完全对应则不容易，即纯科学的倒金字塔不可靠性在于其应用。怀疑精神常用在生活中，花花世界，你必须时刻睁大眼睛辨别哪些是科学哪些不是科学，怀疑精神主要用于对非科学内容的怀疑，遇事要多思考思考，不要盲从。

（五）争论激励

科学是人造的，因此与人的素质有关，争论和激励能使人的素质迅速提高，科学需要在讨论环境中维护人们对科学的热情。例如，由玻尔与薛定谔的激烈争论，以及以玻尔为中心的哥本哈根学派的集体贡献，天书一般的量子力学终于建立起来，这是人类的奇迹。玻尔与爱因斯坦也争论一辈子。当代科学已完全是一种社会事业，远不是个人独立能有所建树的，为什么面积不大的德国出了那么多哲学家，为什么小小的卡文迪许实验室出了那么多著名科学家？为什么贝尔公司、微软公司有那么多发明？这都说明科学讨论的环境太重要了。

二、破除盲目崇拜定势

有人群的地方总有权威，权威是任何社会都实际存在的，对权威的尊崇常常演变为神化和迷信。在思维领域，人们习惯于引证权威的观点，不加思考地以权威的是非为是非，这就是权威定势。

（一）打破思想约束

思维中的权威定势来自后天的社会环境，是外界权威对思维的一种制约。权威定势的形成，主要是通过两条途径：一是儿童在走向成年的过程中所接受的"教育权威"；二是由于社会分工的不同和知识技能方面的差异所导致的"专业权威"。来自教育的权威定势使人们逐渐习惯以权威的是非为是非，对权威的言论不加思考地盲从，在家听父母的话，在学校听老师的话，在单位听领导的话，而唯独缺少的是自我思索、冲破权威、勇于创新的意识。由深厚的专门知识所形成的权威，由于时间、精力和客观条件等方面的限制，个人在自己的一生中，通常只能在一个或少数几个专业领域内拥有精深的知识，对于其他大多数领域则知之甚少，甚至全然无知。在专业领域之外，为了弥补自己的无知，以应不时之需，人们不得不求助各个领域内的专家，而对专家的意见，人们唯有点头称是，拿来就用。如此久而久之，人们便习惯以专家的是非为是非，总是想当然地认为"专家不可能出错"，形成一道难以逾越"专家就是权威"的思维屏障。

（二）避免权威扩大化

在传统社会里，权威定势的强化往往是由于统治集团有意识地培植，借以巩固自己的地位，扼杀反叛意识，使普通民众对权威更加望而生畏，敬若神明，不敢生非分之想。在中国处于封建社会时，统治集团为了维护儒家主流思想，把孔夫子捧上了天，将他封为"大成至圣先师"，把他的言论作为当官考试的标准答案。某一领域内的权威确立后，除出现不断强化情况，还会产生"权威扩大化"的现象，即把个别专业领域内的权威，不恰当地扩展到社会生活的其他领域，这种扩大化加剧了人们思维过程的权威定势。比如，一位先生本是科技专家，在某项尖端技术的研究中做出较大贡献，于是马上请他参政议政，请他担任行政职务，请他解决专业之外的问题，他是否一下成了"什么都懂"的权威，别人这样认为，他自己也逐渐有了这样的感觉。

（三）合理扬弃权威

权威定势利于惯常思维，却有害于创新思维，在需要推陈出新的时候，它使人们很难突破旧权威的束缚，历史上的创新常常是从打倒权威开始的。权威定势在日常思维中具有积极意义，可为人们节省有限的时间和精力。例如我们不必亲自去看云识天气，只需听一听中央气象台的天气预报就行了。

判断他是不是一个合格的权威，至少应该从以下方面来判断，即是不是本专业的权威？是不是本地域的权威？是不是当今最新的权威？是不是借助外部力量的权威？言论是否与权威自身利益有关？从创新思维的角度来说，权威定势显然是要不得的。在需要推陈出新的时候，人们往往很难突破旧权威的束缚，有意无意地沿着权威的思路向前走，被权威牵着鼻子。在权威影响下生活惯了的人们，习惯于听从权威而失去独立思考的能力；一旦失去权威，常常会感到手足无措，只有经过较长一段时间，等到自我思维的能力完全恢复后，那种"没娘的孩子像棵草"的焦虑状态才会完全消失。古今中外历史上的创新，常常是从推翻权威开始的，或者说敢于提出推翻权威，本身就是一种创新行为。像古希腊哲学家的名句："我爱老师，但我更爱真理"，鲜明地表现出他们与旧的权威决裂的决心和勇力。为保持创新思维的活力，要时刻警惕着权威定势；尊崇权威，但决不该把权威的结论变为自己头脑中的思维定式。①

三、铸就科学思想之魂

在人类发展进程中，历史留下的也许是一片废墟，而思想则是淌过这片废墟的一条河流、一股活水。科学思想一旦形成理论体系，并同社会需求、技术发展结合起来，同广大公众的生产生活实践结合起来，就会变成巨大的物质力量和精神动力。传播科学思想，帮助公众树立正确的世界观，是当代科普的重要任务之一。

（一）扬弃传统科学思想

科技实践活动贵在创新，而创新离不开科学思想、科学方法。科学思想是科学活动中所形成和运用的思想观念，它来源于科学实践，又反过来指导科学实践，是创新的灵魂。科学思想无孔不入地存在于科学研究的整个过程，影响并控制着人们的思维和行动。"一方水土养育一方人"，科学思想既是历史的继承，也是时代的创新，而对孕育于历史与时代之中的民族来说，一个民族的科学思想也必然奠定这个民族的文化基调。正是凭着这些科学思想内化而成的个人素质的积累和沉淀，人们才会形成自己的科学的判断力和决定力。

我国传统科学思想有以下特点：一是整体性和有机性结合，即把自然界看作一个有机整体，着眼于从整体上把握事物；二是强调把握事物之间的关系，如果说西方传统侧重实体的话，中国传统则侧重于关系；三是认为事物

---

① 蒋志安.破除权威定势　树立创新思维[EB/OL].（2010-10-26）[2019-12-20]. http://www.docin.com/p-271609288.html.

内部和事物之间存在着协调、协和的关系，即和谐关系；四是"自发的自组织世界"的观点，是我国科学思想的中心；五是对人类社会与自然关系有深刻的理解，即强调人与自然，自然与社会之间的联系。

在世界政治、经济发展格局深刻变化，科学技术获得巨大发展空间的同时，科学思想对传统的思想和观念产生巨大影响，甚至可以说是挑战。冷战以后，文化矛盾和冲突越来越成为国际竞争的重要方面，西方文化的价值观念、生活方式等与我们在意识形态领域展开激烈较量。同时，伴随我国社会主义市场经济的发展，人们思想活动的开放性、独立性、个性、选择性、多变性、差异性等明显增强，商品交换的法则深入社会政治生活和人们的精神领域，在这个时刻我们迫切需要传播科学思想，唯有如此，中华民族才能在世界竞争中立于不败之地。

（二）树立科学理性意识

在我们光辉的民族文化传统中，有很多引人骄傲的成就，中世纪的欧洲还处在黑暗年代，我国的农业文明已经达到巅峰状态，农耕技术、天文历法、文学艺术、医药技术等都有很高的水平，为人类文明进步做出过卓越贡献。但在长期的封建社会中，封建统治推行重农抑商，重文轻理和独尊儒家政策，形成保守的社会传统，压抑了科学思想的成长和传播，在一定程度上也束缚中华民族的革新意识和科学的进取精神，使我们深厚的文化缺少了些科学思想和理性意识。这种先天不足的潜意识，容易在人们思想中滋长一种不求甚解，马马虎虎，因循守旧，缺乏创新，弄虚作假，不讲科学的不良风气。这种消极的风气和当代科学技术发展及社会文明进步极不相容，是摆在我们进步道路上的思想障碍。因此，在我们重视发扬优秀传统文化的同时，必须客观地对我们的传统文化进行新的建设，注入现代科学思想和科学精神，通过兼容并蓄使我们民族文化更为完美、更富有时代精神。

（三）宣传科学的世界观

不仅要向公众揭示科学思想产生的客观实际和发展规律，而且要帮助和引导人们划清唯物论和唯心论、无神论与有神论、科学与迷信、科学与伪科学、文明与愚昧的界限，增强公众识别和抵制各种唯心主义、封建迷信及伪科学的能力。要加强对青少年的科学世界观宣传教育，引导他们相信科学、学习科学、传播科学，树立正确的世界观、人生观、价值观。加强爱国意识和社会责任感教育，将广大青少年塑造成为富有爱心和责任感的公民，同时做好防范和抵御宗教极端思想的工作。科学思想的确立，为科学的世界观的确立奠定了基础，一个具有正确世界观的人，才是更加自觉、更加自在的人。思想并不都是科学的，只有经过实践验证，正确地反映了客观事物及其发展规律的思想，才是正确的科学思想，才可能在实践中获得成功。错误的思想、反动的思想、愚昧迷信的思想，只能导致行动的失败，甚至会堕入泥潭。

（四）始终坚持实事求是

实事求是是对辩证唯物主义和历史唯物主义世界观和方法论的高度概括，是科学发展的核心内容，也是我国改革开放取得成功的重要方法论。要一切从实际出发，以问题为导向，不回避问题，不回避矛盾。改革开放的伟大实践，正是从恢复实事求是思想路线开始的。

一是要坚持一切从实际出发。无论是从事科学还是从事其他职业，包括在日常社会生活中，都要从实际出发，即从不以人的主观意志为转移的客观实际出发，而不是从"本本"或"原则"出发。要用全面性的观点看问题，了解事实的全面情况，不能孤立地看问题，不能以个别代替整体，以片面代替全面；要用联系和发展的观点看问题，深入研究客观事物的内在矛盾，事物和现象之间的相互联系，把握事物的本质及其发展规律，坚持具体问题具体分析。为了让工作取得实效，必须深入实际，做艰苦细致的调查研究工作，把一切从实际出发与解放思想有机统一起来。

二要是坚持实践是检验真理的唯一标准。毛泽东认为，社会实践活动是人类本质性力量和自觉能动性的突出表现，它是人类社会存在和发展的基础，也是人类社会认识的基础。检验工作成效时，应将实际成效作为衡量标准，从而减少成本，并且让社会更有获得感。

三是要坚持理论联系实际。这是做到实事求是的根本途径和方法。具体地来说，理论联系实际，一方面是要以理论指导来指导工作，正确认识工作中的客观实际，将理论与实际工作相结合；另一方面，也是实质性的一方面，就是要在实践中，总结经验与教训，努力做好工作并不断创新。

第四节 普及科技知识

科学是反映自然、社会、思维等客观运动规律，并经过实践检验和逻辑论证的知识体系。传播科技知识是当代科普的基础性任务，要掌握科学方法、具备科学思想和科学精神，必须具有相应的科学技术知识。

一、什么是科技知识

科技知识是人类在改造世界的实践中所获得的正确认识自然的知识体系和发展物质生产的技术体系。科学和技术知识作为一个整体，包括各种各样的知识。但对科技知识，尚无统一的分类标准。

（一）科技知识的一般定义

广义上，科技知识包括自然科学知识、工程技术知识、社会人文科学知识和思维科学知识。但在本书中，科技知识主要是指自然科学知识、工程技术知识，以及科学技术与人文社会科学交叉的知识，通常包括这些领域的科学事实、科学理论和科学规律等。

科学事实是最基本的一种科学知识。人类的祖先最先获得的就是科学事实这种形式的科学知识。这种知识是零散的、不成系统的，却是直观的、感性的、直接的、易于理解和接受的。通过观察，人们积累大量确凿的事实，如第谷的天文记录、徐霞客留下的详尽的观察资料，科学家在实验和实践中观察到的一手资料等，都是宝贵的科学知识。

科学理论和科学规律也是科学知识。科学理论是对事实的总结、抽象和提升。获得观察事实是感性认识阶段的任务，提取理论则是理性认识阶段的结果。科学理论是一种全称陈述，揭示的是事物的本质和自然属性。规律更是如此，往往用一句简洁明了的全称陈述概括出某一类事物内部不变的东西。科学理论和科学规律相对科学事实来说，是从具体到抽象的转变过程。与实物形态的科学事实比，科学理论和科学规律是用文字和符号来表现的。

科学事实被记录下来，经后人整理，可从中发现新的理论和规律，并用这些事实来检验新的发现。通过检验的理论和规律一旦得到认可，往往会推翻前人的理论，并融入当时的科学背景。正是许多这样的科学理论和科学规律，构成科学的系统和环境。

（二）感性知识与理性知识

根据知识的不同反映深度，知识可分为感性知识和理性知识。所谓感性知识，是对事物的外表特征和外部联系的反映，可分为感知和表象两种水平。所谓理性知识，反映的是事物的本质特征与内在联系，包括概念和命题两种形式。概念反映的是事物的本质属性及其各属性之间的本质联系。命题是通常所说的规则、原理、原则。它表示的是概念之间的关系，反映的是不同事物之间的本质联系和内在规律。

（三）具体知识与抽象知识

根据知识的不同抽象程度，可将知识分为具体知识与抽象知识。具体知识指具体而有形的、可通过直接观察而获得的信息。该类知识往往可以用具体的事物加以表示，如有关日期、地点、物品等方面的知识。抽象知识指不能通过直接观察，只能通过定义来获取的知识。这类知识往往是从许多具体事例中概括出来，具有普遍适用性的概念或原理，如有关科学道德、哲学等方面的知识。

（四）陈述知识与程序知识

根据知识的不同表述形式，知识可以分为陈述性知识和程序性知识。陈述知识主要反映事物的状态、内容，以及事物变化发展的原因，说明事物是什么、为什么和怎么样，一般可以用口头或书面语言进行清楚明白的陈述。它主要用来描述一个事实或一个观点，因此也称为描述性知识。程序知识主要反映活动的具体过程和操作步骤，说明做什么和怎么做，它是一种实践性知识，主要用于实际操作，因此也称为操作性知识。由于它主要涉及做事的策略和方法，因此也称为策略性知识或方法性知识，如怎样操作某一机器，怎样解答数学题或物理题等。

（五）隐性知识与编码知识

隐性知识和编码知识是知识经济中的核心概念。编码知识是关于事实和原理的知识，其载体可以是人的大脑，相当于计算机的内存；也可以是无生命体，相当于外存。可以通过一定程序使内存转化为外存，使知识从个体的大脑中游离出来。编码知识可以通过逻辑工具（自然语言、机器语言等）得到清楚表达和明确分类，因而可以被掌握相应逻辑工具的人通过社会化的手段（接受教育、阅读公开发行的图书资料和上网等）以较低的成本获取。由于它的载体可以是非生命体，所以可以廉价地大量复制。由于这两个原因，因此编码知识可以交流、可以共享。编码知识具有层次性，可以不断更新。因为客观事物本身的复杂性和层次性，所以编码知识的普遍性也有不同的层次。

隐性知识主要是知道怎样，其中兼有客观和主观的成分，前者如古代农民、工匠的那些不可言传的经验。人们认识事物的过程、方法，其中有些部分也属于这种类型。另一类隐性知识则更紧密地与主体相联系，如看问题的角度，处理问题的能力，特别是如何处理编码知识等。如果说编码知识属于客观世界，那么这类隐性知识则更关系到人的内心的精神世界，属于个人或一个单位、地区或部门，因而不具有普遍性。隐性知识的载体只能是人，因而是一种黏着的、内存的知识。隐性知识中客观的成分日后可以转化为编码知识，而主观的成分则不能。当然二者没有截然分明的界限。

隐性知识由于种种原因而尚未或不能用逻辑工具予以明确表达和分类，所以隐性知识不能如编码知识那样以很小的成本简单、直接地由阅读、听课等途径获得和共享，只能在长期的实践过程中"边干边学"。这样，每个个人、每个群体，就在其独特的经历和环境中，在其独特的工作和交往中，形成与之难以或不可分离的属于其自己的隐性知识。

隐性知识也有层次并发展变化。就层次而言，在广度上有属于个人和各种群体层次的隐性知识；在深度上，有从较易显性到最难以显性，乃至完全与个体的生命、历史、精神融为一体的不同层次的隐性知识。在某种意义上，隐性知识最深层的内核也就是最主观的部分极其稳定，所谓"江山易移，本性难改"就是这个意思。然而，表层最客观的隐性知识，则比编码知识更流动多变。另外，大的群体和一个民族所拥有的隐性知识较为稳定并为本民族所共享，而小的群体乃至个人所拥有的隐性知识则较富于变化。

（六）具体知识与普遍知识

在各种知识分类中，较有代表性的是布卢姆在认知领域的教育目标分类系统中提出的知识分类。他把知识分为三个大的类别：具体的知识、处理具体事物的方式方法的知识，以及学科领域中普遍原理和抽象概念的知识。

具体知识是指具体的、独立的信息，主要指具体指称物的符号。它们是较复杂、较抽象的知识形态的构成要素。具体知识包括两类：一是术语的知识，指具体符号的指称物的知识；二是具体事实的知识，是有关日期、事件、人物、地点等方面的知识。

方式方法知识是指有关组织、研究、判断和批评的方式方法的知识。这种知识介于具体的知识与普遍原理的知识之间的中等抽象水平上。该类知识包括五类：一是惯例的知识，是有关对待、表达各种现象和观念的独特方式的知识；二是趋势和顺序的知识，是有关时间方面各种现象所发生的过程、方向和运动的知识；三是分类和类别的知识，是有关类别、组别、部类及排列的知识；四是准则的知识，是有关检验或判断各种事实、原理、观点和行为所依据的知识；五是方法论的知识，是有关在某一特定学科领域里使用的以及在调查特定的问题和现象时所用的探究的方法、技巧和步骤的知识。

普遍知识是指把各种现象和观念组织起来的主要体系和模式的知识。该类知识处于高度抽象和非常复杂的水平上，它包括两类：一是原理和概括的知识，是对各种现象的观察结果进行概括的特定抽象要领方面的知识；二是理论和结构的知识，是有关为某种复杂的现象、问题或领域提供一种清晰、完整、系统的观点的重要原理和概括及其相互关系方面的知识。

二、学习获取科技知识

科技知识是人类对客观规律的认识和总结，是人类探索客观真理的记录。知识就是力量，科技知识不仅能帮助人们形成智力、能力、生产力，同时也能形成新的思想道德和精神品格，促进人的全面发展。

（一）科学阅读

在人类发展历史上，正是不断积累的科学文化知识，帮助人类从大自然中站立起来，与动物分开，走向文明。自从地球上第一次出现生命以来，亿万物种活跃其间，只有人类有能力摆脱环境的绝对支配，相对自主地决定自己的命运。这些靠的就是人类所拥有知识和智慧的思维，靠的是在知识积累基础上形成的高超智慧和认识世界、改造世界（包括人的主观世界）的卓越能力。

随着人类社会经济发展，特别是科技突飞猛进发展，创新成为社会发展的第一驱动力，科技知识成为价值形成的重要源泉，成为制约人类解决问题的关键。研究表明，任何领域问题的解决都涉及大量专门知识的应用。个体必须具有 5 万—20 万个有关知识组块，才能成为某一领域的解决问题专家。如果缺乏相应的专门知识，专家也不能解决该学科领域的问题。例如，安德森（1992）研究认为，如果一个高中学生要成功地进行数学学习的话，他就必须掌握 1 万—10 万条规则或公式。许多其他专门领域的研究也证明，个体解决问题的能力取决于他所获得的相关知识的多少及其性质和组织结构。科技知识缺乏的人不了解自然现象的本质及其运动变化的规律性，往往表现为认识上的愚昧。人们若缺乏科学知识的武装，不能运用科学知识的力量来掌握自己的命运，就只能寄希望于自身以外的力量，这就会产生迷信。人类不能洞察许多难以理解的现象，常常容易产生对这类现象的歪曲说明，做出关于超自然的"神灵"等具有神秘色彩的解释。科学越发展，广大劳动者掌握科学知识越多，科学素质越高，愚昧、迷信就越没有市场。

科学阅读是指在日常工作和生活中，通过个人自主阅读科学类文字材料、影视资料、网络信息等，丰富科学认知、补充生活实践不足、整合零散的科技知识，形成科学概念，建立对世界有比较完整全面理解的过程。通过科学阅读，科技知识一旦被人们掌握，就会参与有关活动的调节，支配人们的生产和生活的科学行为。

（二）科学交流

科技知识是活动的定向工具，是人们的生产和生活中自我调节机制中不可缺少的构成要素之一，是个人全面发展能力基本结构中不可缺少的组成部分。这种能力作为一种个体心理特征，是对其生产和生活的进行起稳定的调节和控制作用的个体经验。这种个体经验的形成，一方面依赖于科技知识和技能的掌握水平，另一方面也依赖于已掌握的知识和技能的进一步概括化和系统化。因此，在科普过程中，绝不能把知识排除在能力之外，离开知识去空谈能力的培养，而必须把这种能力的形成和发展建立在掌握大量丰富的个体科技知识经验的基础之上。

科学交流是指公众各个体之间，借助共同的口语、手势、文字等符号系统，进行科学体验、科技信息、科技知识等探讨和交流。科学交流是人类社会中提供、传递和获取科技知识，并形成有效迁移的有效重要途径之一。

（三）科学实践

在社会生产和生活最基本的要素——人的要素和物的要素中，都包含着科技知识的运用。在人类社会的不同阶段，科技知识的作用是不同的。在农业经济阶段，有劳动力就能发展生产，劳动力在生产诸要素中居于第一位，科技知识的作用非常有限，主要依靠经验进行生产。在工业经济阶段，由于技术的进步和生产效率的提高，人们可以开发多种自然资源，科技知识的作用有了强化，成为社会生产的重要要素。当人类社会进入数字经济阶段，传统的生产注重的是劳动力、资本、原材料和能源的增长会导致报酬递减，而新技术的流入则可以抵销要素报酬递减的效应，科技创新成为第一位的生产要素，科技知识的生产、传播和使用决定了经济的发展。

科学实践是指人们参与科学过程、参与科技活动、体验科技场景、参与科学实验、接受科普培训等的互动过程。科学实践活动，一方面可以帮助公众进一步树立科学的世界观、人生观和价值观，引导公众关注科技前沿、科学生产、科学生活、关注社会、关注未来；另一方面也能培养公众利用掌握的科技知识，提升独立与合作处事的能力、理论与实践相结合的能力、综合运用科技知识的能力、勇于探索和敢于拼搏的精神。科学实践活动，是公众获取科技知识最生动、最深刻的途径，科技知识应用和科技创新，必须通过科学实践活动来实现。

三、大力普及科技知识

要掌握科学方法、具备科学思想和科学精神，必须具有相应的科技知识。日常生活和劳动技能所必需的科学知识应用是基础，所有人都必须要掌握。基本科学概念、定律和过程的把握是主体，应该为公民素质教育的主要任务。现代科技的新发展以及未来趋势是更高一级的要求，是科学素质提高的努力方向。[①]

（一）普及基本科技知识

科学是反映自然、社会、思维等客观运动规律，并经过实践检验和逻辑论证的知识体系。普及科技知识，主要是指普及自然科学知识和工程技术知识。科技部、中央宣传部于2016年4月18日正式印发《中国公民科学素质基准》（简称《基准》），建立《科学素质纲要》实施的监测指标体系，定期开展中国公民科学素质调查和全国科普统计工作，为公民提高自身科学素质提供衡量尺度和指导。《基准》共有26条基准、132个基准点，基本涵盖公民需要具有的科学精神、掌握或了解的知识、具备的能力，每条基准下列出了相应的基准点，对基准进行解释和说明。《基准》适用范围为18周岁以上，具有行为能力的中华人民共和国公民。

基本科学概念、定律和过程的把握。这种知识的把握更注重科学本质的

---

① 刘立,等.我国公民科学素质的基本内涵与结构[C]//全民科学素质行动计划纲要办公室.全民科学素质行动计划课题研究论文集.北京:科学普及出版社,2005:29–67.

理解，强调系统性和准确性。其中包括最基本的科学现象和科学事实，最普遍和常见的科学常识、惯例、法则等。所涉及的学科与主要知识点有六类，一是数学与逻辑：基本运算能力，掌握基本的数字与几何形状的特性、基本数学关系的特性，理解并掌握基本数学定理证明，理解和掌握基本推理规则，掌握基本的数学抽象与符号表述、基本的逻辑知识。二是物质科学：物质结构、物质运动、力、能量及其守恒与转化、四种基本相互作用、分子运动与热、电磁与光、时空、时间的不可逆性、无机与有机、元素与元素周期律、化学反应的本质。三是生命与心理科学：生命起源与进化、生命的统一性与生命特征、生物多样性、基因与遗传、人在生物界中的地位、人体生理与心理活动基本规律。四是地球、宇宙与环境科学：宇宙的演化、大爆炸假说、地球在宇宙中的地位、地球构造与演化、地理与人的生活之间的关系、大气层、气候、生态环境、海洋。五是信息科学与技术：信息、人工智能、虚拟技术、计算机及网络使用技能。六是人文社会科学基本知识，如哲学、历史、经济学、管理科学等基本知识。

（二）普及基本生产技能

劳动技能所必需的科学知识应用，是每位劳动者多必须具备的基础知识，主要以满足实际生产或职业需要为标准，但为了更好地应用，也要求对相关的知识有一定程度的本质理解。包括基本职业技能相关的科学知识及应用、对整个社会及民生发展产生重要影响的基础科学常识。

生产技能或职业技能，即指就业所需的技术和能力，是否具备良好的职业技能是能否顺利就业的前提。主要包括技工类技能、餐饮类技能、工程机械类技能、服装设计类技能、美容化妆类技能、汽修类技能等。

（三）普及基本生活技能

生活技能所必需的科学知识应用，是每个人必须具备的基础知识，主要以满足实际生活或帮助别人科学生活为标准，但为了更好地应用，也要求对相关的知识有一定程度的本质理解。应该包括：衣食住行的科学知识及其应用；卫生保健（包括计划生育、心理健康）的科学知识。

（四）普及科技前沿知识

当代科技的新发展以及未来趋势。这方面知识主要是要能理解新的成就及其产生的巨大影响：信息科学技术、生物医药工程、纳米科技、新材料、航天科技、新能源、海洋、空间、遥感等。

第五节　促进公众理解科技

科技创新是民族兴旺和国家强盛的决定力量，科技深刻地影响着国家的前途命运，深刻地影响着人民的生活福祉。在当代社会中生产生活的公众，必须要了解科学与技术的关系、了解科学技术对社会发展的影响，能够参与科技政策的讨论。

一、了解科学与技术的关系

科学知识着重于理论，而技术知识着重于应用，二者相互联系互为依存，又有着较大的区别。当今世界，很难辨别科学理论先诞生还是技术实践先出现，科学理论被作为实现目的的工具时，技术的力量便凸现出来。科学进步必然带来技术的创新和突破，人们在追求掌握各种技术的同时必然促进科学的发展。

（一）科学是客观的反映

《辞海》1999 年版把科学定义为：运用范畴、定理、定律等思维形式反映现实世界各种现象的本质的规律的知识体系。《现代科学技术概论》把科学定义为：是如实反映客观事物固有规律的系统知识。科学指发现、积累并公认的普遍真理或普遍定理的运用，已系统化和公式化的知识。

第一，科学是认真的。科学是认真的、严谨的、实事求是的。科学是对已知世界通过大众可理解的数据计算、文字解释、语言说明、形象展示的一种总结、归纳和认证；科学不是认识世界的唯一渠道，但具有公允性与一致性，是探索客观世界最可靠的实践方法。通俗地说，科学不是信仰，而是拿证据说话；科学是一种态度、观点、方法；科学是使主观认识与客观实际实现具体统一的实践活动。

讲科学，就是讲要使主观认识与客观实际实现具体统一，使主观认识符合客观实际，创造符合主观认识的客观实际，必须对具体问题依具体情况做具体分析。科学是使主观认识与客观实际实现具体统一的实践活动。不去探索追求主观与客观的具体统一，没有充分的根据却固执地坚信主观认识符合客观实际、能转化成客观实际，这样的思想认识就是迷信。

第二，科学是客观的。科学性，就是符合客观实际的真实属性，即主观认识与客观实际能实现具体统一的属性。创造符合主观认识的客观实际的方法、措施、手段是科学技术；使主观认识符合客观实际和探索创造符合主观认识的客观实际的实践活动过程，是科学研究；符合客观实际的主观认识是科学知识；某一类事物科学知识的体系形成一个科学学科；创造符合主观认识的客观实际的实践活动是应用科学；符合客观实际的普遍规律是科学理论；按照客观事物之间的实际联系与变化规律进行的思考是科学思考；运用科学思考的方法分析事物与问题是科学分析。科学理论只能给出寻找解决问题方法的范围，不能直接给出解决实际问题的具体方法，具体方法要在结合事物的个性和环境条件的具体分析中找，这就是理论必须联系实际。学科学，就是指要学习科学知识与科学理论，只有科学才能帮助人类实现预期目标。①

第三，科学是发展的。科学是创造的，总是寻求发现和了解客观世界的新现象，研究和掌握新规律，总是在不懈地追求真理。科学的基本态度之一就是疑问，科学的基本精神之一就是批判。

（二）技术是创新的产物

技术是人类为满足自身的需求和愿望，遵循自然规律，利用现有事物形成新事物，或是改变现有事物功能、性能的方法，是人类利用自然改造自然的方法、技能和手段的总和。技术具备明确的使用范围和被其他人认知的形式和载体，如原材料（输入）、产成品（输出）、工艺、工具、设备、设施、标准、规范、指标、计量方法等。技术主要包括在劳动生产方面的经验、知识和技巧，也泛指其他操作方面的技巧②，主要来自人们生产实践中的技术创新和发明创造。

技术创新，是一个从产生新产品或新工艺的设想到市场应用的完整过程，它包括新设想的产生、研究、开发、商业化生产到扩散这样一系列活动。技术创新，包括技术开发和技术应用这两大环节，既可以由企业单独完成，也可以由高校、科研院所和企业协同完成。但技术创新过程的完成，是以产品的市场成功为标志，因此技术创新的过程，无论如何是少不了企业参与的。③

科学是技术之源，技术是产业之源，技术创新建立在科学道理的发现基础之上，而产业创新主要建立在技术创新基础之上。技术创新和产品创新有密切关系。产品创新可能包含技术创新的成分，还可能包含商业创新和设计创新的成分。技术的创新可能带来但未必带来产品的创新，产品的创新可能需要但未必需要技术的创新。产品创新侧重于商业和设计行为，具有成果的特征，因而具有更外在的表现。技术创新往往表现得更加内在，可能并不带来产品的改变，而仅仅带来成本的降低、效率的提高。新技术的诞生往往可以带来全新的产品，新的产品构想往往需要新的技术才能实现。

（三）科学与技术的互动

只有正确掌握和理解科学与技术的辩证关系，才能避免在应用科学和技术中陷入误区。当今世界，从一项新的理论成果到技术实现的时间周期已经越来越短，技术带给社会的影响往往是立竿见影的，而且具体深刻，常常能够引发理论科学的思考，支持和推动理论科学的发展，并带来科学界的革命。

---

① 科学—认识世界的实践方法［EB/OL］.［2019 - 12 - 10］. https：// baike. sogou. com.
② 技术［EB/OL］.［2019 - 12 - 10］. https：// baike. sogou. com.
③ 技术创新［EB/OL］.［2019 - 12 - 10］. https：// baike. sogou. com.

另外，科学和技术之间的界限也不是绝对的，更不会一成不变，它们在互相促进的同时，还在相互转化和渗透着。技术对科学的发展提供研究手段、经验资料，科学理论研究工作中常常需要借助先进的仪器和手段。技术的需要还为理论科学研究提出了新的课题，成为科学进步的动力。技术实践活动中包含着知识成分或知识要素，例如软件、配方、图纸、技术诀窍等，都可称为知识形态的技术。技术的发展离不开理论科学的指导，理论科学的思维方式和科学理论知识积累在技术实践中也相当重要。

第一，科学旨在认识自然，技术负责发展生产力，实现人与自然和谐相处。科学需要回答"是什么"和客观世界因果性的"为什么"，提供人类改造世界的知识手段和信息手段；技术要回答的是"怎么做"，解决人的行为目的性的"为什么"和行为合理性的问题，培养再生产所需的方法和能力。

第二，科学研究是探索未知世界的过程，是一个从具体实践到抽象理论的认识过程，是一个"发现"的过程。而技术活动是有着明确目标的行为活动，是把抽象理论运用到具体实践的过程，是一个"发明"的过程。科学发现的对象是不依人的意志而客观存在的自然规律，例如牛顿发现万有引力定律，但万有引力定律却不是因牛顿的发现而存在的，实际上在牛顿发现之前它就始终存在于自然界中。而技术发明的对象却是单凭自然界本身进化和发展永远也不可能"自然形成"的仪器或机器。

第三，科学活动的结果一般表现为知识形态，以文字或符号的形式出现于各种信息载体中，以概念、规律为主要"形式"；而技术活动的结果则往往表现为一定的物质形态，是科学知识物化了的技术，表现为劳动工具，或者通过劳动者的实践表现出来存在于劳动者体力和智力中的智能形态，以程序、操作规程、规则等为主要形式。

第四，科学评价标准是真理性标准，科学判定是非、真假、对错等性质；而技术评价标准是价值性标准，技术评判效用、效率、价值等性质。新的科学理论取代旧的科学理论，是因为在大科学背景下，新的理论与事实符合得更好，人们便认为更接近真理，因此会推翻原有理论，说新的科学理论是正确的，旧的理论是错误的。新技术取代旧技术，却不是因为旧技术是"错误的技术"，而是因为新技术比旧技术更有价值，更能创造效益。这里的价值包括了政治价值、社会价值、生态价值、人文价值、文化价值等。

第五，科学是潜在的生产力，而技术是直接的生产力。科学（特别是自然科学）的具体内容在一定程度和意义上说，不受社会经济、法律、资源、社会条件的约束，对社会、经济条件不同的国家和民族带有普适性。而技术的发展和应用在很多情况下必须考虑到社会、经济、法律、资源、文化等不同的环境和条件的影响。例如，水力发电技术在缺水地区可能毫无意义；养猪技术在草原地区就可能受到限制。

第六，科学知识是人类共享的，科学没有国界，也没有"保鲜期"。即便是现在很受冷落或者得不到承认的科学原理也非常有可能在今后产生重大的意义。但技术不同，保密的都是技术，技术会过时，专利法是对技术而言的。

第七，科学是人类文明进步的成果，属于上层建筑的文化领域。技术是一种商品，属于经济基础的生产力范畴，遵循等价交换的经济法则。

第八，科学和技术内在本性的不同，人们对它们的期望也不同，它们承担的任务也就不同。人们不会在意科学理论上的突破不能产生眼前的经济效益，但却会要求技术的强大功能在近期内见到成效。这些都决定两种不同的社会活动和社会体制，以及必将实行的不同的管理原则和运行管理模式。

此外，随着国际竞争的加剧，科学、技术、工程、数学四类学科越来越被重视。数学作为形式科学，是研究数量、结构、变化、空间以及信息等概念的学科。数学透过抽象化和逻辑推理的使用，由计数、计算、量度和对物体形状及运动的观察而产生。数学被应用在很多不同的领域上，包括科学、工程、医学和经济学等。工程是科学和数学的某种应用，使自然界的物质和能源的特性能够通过各种结构、机器、产品、系统和过程，以最短的时间和最少的人力做出高效、可靠且对人类有用的东西，如兵器制造、军事目的的各项劳作、建筑屋宇、制造机器、架桥修路等。

二、了解科技对社会的影响

21世纪是一个经济全球化、科技创新国际化、社会信息化和智能化的世纪，是一个科学和技术迅猛发展、创新驱动发展为主流的世纪，是一个要求人与自然协调、实现经济和社会可持续发展的世纪，是一个科学精神与人文精神交融的世纪。生活在这个时代的人们，必须深入了解科技对社会的影响。

（一）了解科技的飞速发展

当今社会，人类的知识积累和更新速度越来越快，表现为以下主要特征：一是自然科学和各种重大的新发现、新发明越来越多。二是科技从研究到应用，形成产品的周期越来越短。例如，蒸汽机从发明到应用经过80年；电动机65年；电话机50年；真空管33年；飞机10年；原子弹6年；晶体管3年；激光才1年。三是高新科技产品更新换代周期越来越快。大规模集成电路和生物工程制品新一代产品的问世间隔已不超过5年。四是新技术老化周期缩短。新技术老化的周期：20世纪头10年约为40年，30年代为25年，50年代为15年，70年代为8—9年，80年代仅3—5年。五是科技知识的迭代加剧，原有科技知识失效率逐步增高。

（二）了解科技的功利价值

当今世界，科技与经济的关系日趋紧密，科学、技术、生产一体化趋势明显。在激烈的市场竞争过程中，谁的科技贡献率高，产品的科技含量高，谁就有可能处于优势地位。据统计，20世纪初，科技因素在劳动生产率和经济增长中所占比重仅为5%—10%；2019年，我国科技进步贡献率比重上升到60%左右，发达国家的比重上升到60%—80%。

当今世界，美国力图建立以它为中心的单极世界，与各政治、军事力量力图建立多极世界的较量日趋激烈。同时，由于技术、信息、商品特别是资本在全球范围内自由流动和配置，正在形成包括发达国家和发展中国家在内相互交织的经济全球化。这里充满着激烈地竞争，竞争的焦点主要集中在综合国力，而综合国力实质上体现在科技创新方面，特别是集中在一些"卡脖子"的高新科技方面，形成"对卡""反卡"的激烈场面。为了赢得竞争，从发达国家到发展中国家，都在重新审视自己国家的发展战略，调整国策，强化科技创新，加速发展科技教育，加紧人才争夺，抢占科技创新制高点，导致了纷繁复杂、争夺愈演愈烈的世界变局。

（三）了解科技的异化现象

科技是潜在的生产力，科学知识为人类所共享，属于上层建筑的文化领域，不直接体现为工具价值。而技术往往表现为一定的物质形态或智能形态，评价标准是价值性标准。技术是直接的生产力，是一种商品，具有强大的工具价值。资本与当代高新技术的结合，使资本拥有者占有他想得到的任何技术，因为技术往往体现为一定的物质形态和智能形态，即表现为劳动工具，特别是当代科技发展越来越多地表现为智能形态。例如，程序、操作规程、规则等主要形态，处处体现效用、效率、价值等性质。技术的合理化，不得不使人们去机械地适应技术的合理化，成为技术的工具，技术理性变为一种社会属性，社会统治具有技术的性质，技术统治直接决定社会统治。技术使人的不自由变得非常合理，工具理性、技术理性成为理性的全部，代替价值理性。科技原本是科学家、工程师、劳动人民实践劳动的成果和产品，是为人类创造生产力，以满足人类物质文化生活的需要，给人以自由和幸福的，但由于当代科技与资本的结合，使科学家、工程师、劳动人民的劳动产品被剥夺，最终使这些产品以异己物而存在，成为与自己相对立的物质力量，甚至成了人的一种桎梏。

谁拥有资本，谁就可能占有技术，科技越发达，技术生产越多，技术的配置和分配就越集中，贫富差距就越大。从全球来看，科技创新是一种富国现象，世界一些先行国家总是登上每场科技革命的头班车，利用自己的科技创新优势不断创造竞争优势。随着当代科技的发展，一些发达国家、地区获得和占有的科技创新资源将越来越多，获得的发展机会越来越好，而一些落后国家、地区获得的科技创新资源将越来越少，获得的发展机会越来越少，未来社会发展的差距会不断扩大。

（四）了解新技术误用风险

技术具有两面性，是把"双刃剑"，这是科技的本质属性。例如，核能应用于人类生产和生活具有许多优越性，但用于军事或恐怖活动，却因其具有极大的杀伤力和破坏力，会给人类带来深重的灾难；汽车给人们出行和运输带来极大的方便，但汽车也会造成交通事故、消耗化石能源、环境污染；化肥、农药可以使农作物增产增收，满足人们的食品需要，但也会造成农田、农产品、水质污染，破坏生物多样性，甚至给食品卫生安全带来系列问题，威胁人们的健康；"瘦肉精"（盐酸克伦特罗）可明显地促进动物生长，并增加瘦肉率和商品外观品质，但对人的健康却非常有害。类似的技术的利弊可以举出很多。科技本身不会给人类直接带来好处和坏处，只有当人们把它应用于生产、生活实际，这些问题才会体现出来。任何技术的误用，都会给人类带来威胁和灾难。

技术给人类带来威胁和灾难，都是人们的误用造成的。例如，有"双塔"之称的美国世贸大楼是现代高科技的象征，摧毁双塔的两架波音飞机更是现代高科技的结晶。它们间没有矛与盾的概念。恐怖分子可能仅用了最原始的刀具，就在2001年9月11日这一天将巨型客机变成巨型武器，将巨无霸般的大厦变为屠杀的工场和坟墓。如果这样的"思路"一旦被打开，那些人类文明视为骄傲的高科技成果，都将成为悬在人类头上的达摩克斯之剑。只要世界上存在丧失人性的恐怖分子和极端分子，这样的风险便能随着科技的发展而变得越来越大。如果听任这样的谋杀行为发生，那么科技的发展最终只能将整个人类文明葬送。

当代社会，凡是给人类带来巨大灾难的武器，无一不是高科技的产物。原子弹、氢弹、中子弹、化学武器、生物武器、激光武器、无人机等，哪样不是高科技的产物。试想，如果核按钮一旦掌握在战争狂人手中，人类将陷入灭顶之灾。当今世界，高科技武器已经成为一些国家综合国力竞争的重要方面，一方面，一些正义的国家为了自己国家的安全和领土完整，防止外来侵犯，纷纷发展高科技战争武器；另一方面，一些试图称霸世界、谋取强权和利益的国家也纷纷通过发展高科技武器来达到称霸世界的目的。科技只要用于战争，不管是正义战争，还是非正义战争，都将造成人的死亡、文明的破坏、生态环境的破坏，这恐怕不是科学家、工程师、劳动人民发展科学技术的本意。高科技用于战争，这是人类最大的悲哀，是科技误用和异化的极端现实体现。

没有科技，社会生产力就难以发展，人就很难有幸福。然而，科技的误用或失误，将给人类带来威胁和失去幸福。《中国 21 世纪议程》指出，20 世纪以来，随着科技进步和社会生产力的极大提高，人类创造了前所未有的物质财富，加速推进了文明发展的进程。与此同时，人口剧增、资源过度消耗、环境污染、生态破坏和南北差距扩大等问题日益突出，成为全球性的重大问题，严重阻碍了经济的发展和人民生活质量的提高，继而威胁着全人类的未来生存和发展。科技仍在不停地向前发展，科技的发展难以预测，科技给人类带来的结果难以预测。

三、参与科技与政策的讨论

人类社会的未来发展是高度参与型的民主社会。参与既是公众的一种权利，也是一种能力，在科技高度渗透的现代社会中，了解科学、技术与社会的关系是公众参与社会的权能得到保障和拓展的基础。

（一）为了科学的政策

公众的参与对科技的健康发展具有重大影响，而公众对科学、技术与社会关系的了解程度影响他们的参与能力。当今具有重大社会影响、贴近公众日常生活的科技事件层出不穷，如转基因作物、基因治疗等。科技政策的多元参与成为民主国家普遍发展的趋势与过程，全面提高公众理解科学、技术水平，可以明显地改善公众决策的质量。

公众参与决策不在于从此就可以做出正确的决策，而在于根据对科学、技术的恰当理解所做出的决定，往往比缺乏这些理解所做的决定要好。公众对科学、技术理解和支持的程度，取决于公众科学素质的高低。必须有足够数量的公众专注于某个领域，并能够理解政策制定者对问题的辩论，才能有效地参与公共管理。而足够数量公众对政策的兴趣，取决于他们对问题的理解和做出明智的抉择。因此，提高公众自身科学素质和增强科学判断力非常必要。

例如，转基因堪称当代中国观感最差的公共话题之一，不仅争论持续时间之久、参与范围之广、激烈程度之深是前所未有，而且各种谬误大行其道，甚嚣尘上。我国科学家群体在转基因科普方面真正发挥的作用很有限，一些专家学者说转基因是安全的，专家越说，一些老百姓越不买账，越做科普，疑虑越多。① 转基因问题的焦点，很大程度上转变成科学家与公众之间如何有效沟通的问题。科学家在与公众沟通时，存在科学家的圈子不开放、科学家

① 吴跃伟,樊雨轩.中科院院士:转基因争论 20 年后看会是一场笑话[微信公众号].知识分子,2016－07－13.

急于表达的"科学"的傲慢、公众不合作或者口服心不服的"任性"、媒体的无序、管理者慎重甚至谨小慎微等，使转基因科普的成效大打折扣。[①] 转基因科普现象，对我国科技界特别是科研工作者是一种特别的警示和提醒，为中国研究者带来帮助公众了解科研的压力和动力。[②] 事实上，科技已经渗透到社会生活的各个领域，具有一定科学素质的公众才能在更广泛的科学政策方面做出明智的决定，在公共管理中发挥真正的作用。

（二）为了政策的科学

要想顺利设计制度、执行政策，要虚心倾听公众的意见，考察目标的确立和方案的选择是否符合公众的心愿和他们的根本利益。许多真知灼见蕴藏在公众中，没有公众的支持和帮助政策很难运行。

公共政策的执行依赖公众对科学、技术与社会关系的了解。如果公众对科学方法、科学定律和科学语言一无所知或所知甚少，如何能够在一个完全依赖科学和高技术的社会里成为有见识的决策人呢？如果科学只属于少数人，那么大多数人如何去认定少数人所承担的责任呢？当今社会，几乎全部公共政策议题都涉及科学或者技术的方面。科学技术影响着很多有重要影响的国际政策和国家政策事务。公共政策的质量，取决于决策人员及其顾问，以及他们最终对其负责的公众，对各种科学技术问题的理解程度。好的公共政策，只有有效运行后才能真正体现它的效用，才能促进社会的发展和国家竞争力的提高。

政策出台和实施之后要真正体现出利益影响、舆论影响、社会影响，要真正把好意办成好事，就必须工作注意"时度效"，最终要看效果，尤其是要换位到利益受损群体的角度想想，以底线意识防止"负溢出效应"。公共政策事关公众福祉，考量政策出台后的利益影响、舆论影响、社会影响等，乃是题中应有之义。这要求决策者的思考，行走在科学的轨道，避免陷入各种误区。例如，从 PX 项目屡屡下马，到垃圾焚烧厂被迫流产，再到火葬场放弃建设，近年来我国多地反复上演"上马—抗议—停止"的剧情，有的地方还做出"永不再建"的承诺。一概反对，成了群体过敏反应的本能姿态；一闹就停，成为一些地方政府应对抗议的自然选择。

这种困局，不仅消损着政府的公信和权威，也浪费着不菲的社会成本和发展机遇。如果说"闹也不停"是漠视民意，自然不可取，那么"一闹就停"貌似尊重民意，却未必符合公众利益和长远利益。走出这些误区，决策

① 陈鹏，张林.互联网时代科学传播如何自洽和有为——以转基因、PX 项目的科学传播为例[J].中国科学院院刊,2016,31(12):1395 - 1402.

② 张悦悦.转基因给了中国科学家帮助公众了解科研的压力[微博].Nature 自然科研,2017 - 05 - 25.

才称得上科学，也才能从源头保证效果。而对政策效果做出前瞻性预测，则有赖于决策前的扎实调研和向下了解群众的需求。许多时候，个体的非理性可能形成公共的非理性；一时的利益，可能造就长久的困局。不管是"政治正确"，还是"道德正确"，都应该回到事物本身、回到常识上来。公众需要涵养理性，媒体需要捍卫常识，政府则需要提高能力。政府之责在于维护公众权益，但权益有大有小，满足个人权利的诉求固然重要，捍卫公共利益的责任同样不容推卸，否则就会侵害社会的长远福祉。

从公众视角，"鸡屎拉在我家后院，鸡蛋却下在别人家里"的激愤心态有失偏颇。当代社会，不可能既要求交通便捷，又希望谁都不住在喧嚣的马路边；既要求环境整洁，又不希望小区里建垃圾站；既要求手机信号总满格，又不允许设电信基站。每个人的利益合起来叫作公共利益，而公共利益的维护，来自每个人在合理范围内让渡一部分个体利益，这就像交税、上保险一样，是一种必要的付出和妥协。

走出"一闹就停"的困局，需要加大科普，让公众理解工程，让公众看到政府建设公共项目中的科学性和安全性，以及良好初衷；政府也应该理解公众焦虑的现实根源，想方设法释疑解惑。只有平衡好个体诉求与公共理性、多数利益和少数权益，共同涵养现代社会的公民素质，共同完善治理方式和治理能力，将公共治理的目标与过程更好地统一起来，才能让每个人都能从发展中受益，让每个人都能成为支持发展的一分子。①

（三）为了理性的生活

公共政策决策、个人生活方式选择的追踪问效、反馈调整，有赖于公众对科学、技术与社会关系的了解和支持。效果好不好，归根结底是公众科学文化素质说了算。把科学理性请进门，是"效果意识"的必然要求。

没有公众的理性参与，就没有民意的护航，就会为决策推行埋设暗礁；公众在个人抉择中，缺乏科学理性，也会付出沉重代价。例如，近年来，我国兴起的"纯天然"崇拜，将"纯天然"与健康、安全挂钩，并且愿意为所谓"纯天然"产品多付钱。纯天然崇拜来自民间情绪，由商家放大，再经媒体推波助澜，这实际上是一股没有科学理性、隐蔽的反科学潮流。② 再如，批判应试教育，是我国一些"公知"的时髦，谁都可以说上一通，这是一种缺乏科学理性的"政治正确"。通观舆论场上对应试教育的批判，发现从未看到任何教育主管部门发布过文件，要推行应试教育，相反的文件倒是看过不少。应试教育类似于"异教徒""阶级敌人"或者"恐怖分子"，只是一顶帽子，

---

① 范正伟. 靠什么破解 PX 项目等"一闹就停"难题[N]. 人民日报, 2014 - 04 - 15(9).
② 郑军. 当今十大隐蔽反科学现象[搜狐号]. 风云之声, 2017 - 06 - 16.

被扣在自己不喜欢的教育模式上；同时，还发现批判应试教育的急先锋，几乎都是教育体制外的人，个别人文知识分子在唱主角。殊不知，当今中国经济傲视全球，而大部分都由40多年里中国学校培养的普通劳动者来完成的。①公众必须具备科学理性，才能正确有效地参与公共政策决策，才能正确有效地选择个人的科学生活方式。

（四）行动中科学的科普

当今世界，科普参与方式发生根本变化，传统科普大多只是对科学共同体或同行认同的科技内容（又称形成的科学）进行科普，而对正在研究、探索的科技问题很少涉及。随着公民科学素质的提高、互联网信息的丰富，以及"话语平权化、人人都是话筒、人人都是听众"的网络氛围形成，公众由以前的被动听讲、尊重权威，向深度参与讨论、共同探究科技问题、平等对话的科普参与方式转变。

现代科技发展很快，同时向着宇观和微观方向发展，学科细分、组织化程度高、投入大、与社会经济发展及民生日益紧密，必然引起公众关注。特别是科学家、专家正在进行的科研进展、科技发展方向、科技对人类的影响（又称行动中的科学）等，更是公众关注的重点。因此，当代科普如果仅仅是对科学共同体或同行认同的科技内容的传播普及，而不去涉及正在研究、探索的科技问题，那就远远不能满足公众的需要。还有突如其来或重大科学事件类似SARS、埃博拉病毒、新型冠状病毒、地震、气候变化、转基因、PX事件、核电站建设、重大工程等，这些与人类生活生存极其相关、越来越变化莫测的社会热点更是公众的科普期待。

对行动中的科学传播，需要应用好"新闻导入、兴趣驱动、科学解读"的传播机制，一旦社会有关注、新闻有报道，科普就要同时跟上、先入为主。对行动中的科学的传播，获得公众的理解比纠结其结论更重要。对行动中的科学的科普，最好用对话、讨论的方式展开，因为行动中的科学会有很多问题还没有研究清楚，不能绝对化，只是希望获得公众的理解和支持，而不是一味地去告诉公众的最终结果。例如，2016年3月中旬全国"两会"期间，世界瞩目的5番围棋的"人机大战"在韩国首尔展开，机器人"阿尔法狗"最终4:1胜出。很快，网络媒体上"机器战胜人类"的各种议论铺天盖地，大有转基因被妖魔化悲剧将在人工智能重演之势。中国科协从3月11日开始利用"科普中国"传播平台能够影响到的网络，迅速将"这是人类自己战胜自己""人工智能是科技创新取得的标志性成果""机器永远战胜不了人类""人工智能将为人类带来新的便利和改变"等科学客观的声音传播出去，让媒

---

① 郑军. 当今十大隐蔽反科学现象[搜狐号]. 风云之声, 2017 – 06 – 16.

体和公众回到科学理性看待人工智能发展的轨道。再如，2020 年春节前，令世界瞩目的新型冠状病毒肺炎疫情，让武汉市在 1 月 23 日上午 10 时不得不"封城"。综合官方发布信息和自媒体传播信息看，人们最最关心的、需要专家坦诚交流的是，真实情况如何？病毒危害程度如何？最坏情形是什么？如何发生？如何传染？疫情如何发展？如何求助？如何防护？……这应成为当今对行动中科学科普的常态。

第四章　当代科普创作创意

科普作品是承担科技教育、科技传播、科技普及等内容的功能载体，是国家科普能力、科普强国的重要标志。繁荣科普创作创意，对提高科普作品的质量品质，提升科普服务有效供给能力和科普受众的获得感，具有决定意义。

第一节　科普内容题材选择

科普的本质是科学内容与科普受众的连接，没有科学内容的科普，只能沦为一种毫无价值的空洞说教。科普的科学内容是指科普作品或科普活动中所表达出来的科技知识、科学方法、科学思想、科学精神，以及科学、技术与社会的关系等，科普内容是构成公民科学素质的根本要素①。当代科技发展万象更新，科普受众需求千姿百态，而科学内容的选择始终是当代科普面临的既重要又困难的问题。

一、科普内容为王

科学内容为王是科普唯一的铁律，是科普的灵魂。科普如果没有科学内容，就像一个人没有灵魂一样。

（一）科普价值的标志

古人云，腹有诗书气自华，没有内容的人，就是一副空皮囊。做人、做事、做产品，都要靠内容，得有料，得靠谱。做科普作品和产品也一样，一方面靠科学的内容、有料，另一方面靠内容的靠谱、有用、好用。

任何时候，科普都是以科学内容取胜，以科普内容为王。公众所敬重的，永远是有品质的真实科普内容，有内涵的原创科普内容。能够满足公众需求的科普内容，对公众来说才有价值，只有持续生产有价值的科普内容才能留

---

①　杨文志,吴国斌.现代科普导论[M].北京:科学普及出版社,2004:81.

住公众，赢得公众的认可和尊重，赢得信任和口碑。

随着大数据、人工智能的广泛应用，一些网站、移动新闻客户端都在运用算法这个"读心术"，为用户量身打造信息。然而，技术往往是一把双刃剑，一切围着流量转，唯点击量、转发量马首是瞻，"标题党"泛滥，价值取向跑偏，内容沦为附庸。① 算法决定内容不应是科普的王道，只有算法回归服务科普内容的角色，使科普产品有态度、有深度、有温度，才能使网络科普空间碧波荡漾，激发出源源不断的科学理性和社会正能量。

（二）科普产品的基础

传统科普取胜的基石是内容，当代科普取胜的基石仍是内容。当代科普实践中，内容生产永远处于在科普链和价值链的核心位置，掌握内容优势地位的科普，往往能够凭借优质科普内容立于不败之地。

新媒体时代，在去中心化的浪潮中，每个人都可以成为科普内容的生产者。如果是一个"有料"的人，保不准就有机会成为科普明星。科普原创和专业化仍将是科普内容产业的主流，信息爆炸带来的信息过载，让受众阅读某一个科普信息的时间、精力急剧收缩，但并不意味着受众对阅读质量的下降，相反受众更希望把有限的时间花费到对自己有用的科普信息中去，对阅读科普内容容量和质量都有了更高的要求。因此，只有坚持做有科学价值的传播者，才能立足并获得更好的发展。

科普要获得成功，必须坚持科普内容为王。科普内容为王，主要指用有料、有用、好用的原创科普内容，去获得公众支付时间，用科学价值的认同获得黏性。例如，风行的科普视频（抖音、西瓜）、公众号等自媒体可谓如火如荼，但如果这些自媒体没有科普原创价值内容，就将昙花一现。②

（三）科普服务的关键

服务性是当代科普的显著特征，在信息化强势背景下，信息对称、价值对等是基本趋势，科普服务只有结合优质的内容产品才有竞争力。当代科普必须考虑人们整体化的内容需求，需要聚焦人们的生活方式，找准人们新的需求来改造内容，做到好玩、好看、好用。鼓励众创，以此创造更多的优质科普内容资源，促进科普内容资源与传播平台的合作，坚持中道化的科普大众立场和表达方式国际化，依托互联网平台整合内容资源的力量，形成跨界的科普服务力量，最大限度地挖掘科普服务链价值。

---

① 羽生. 不能让算法决定内容[EB/OL]. (2017 - 10 - 05)[2019 - 12 - 20]. http://www.xinhuanet.com//zgjx/2017 - 09/18/c_136617994.htm.

② 温承宇. 内容为王的新媒体时代[搜狐号]. 一眼望穿,2018 - 09 - 28.

二、围绕公众关切选题

科普的一切以公众为中心，公众就是科普的上帝。科普内容的选择，必须关照最广泛的公众需求，切中社会热点和大众的兴奋点，满足大众潜在的心理需求和趣味，不仅要基于公众想要看什么，喜欢看什么，更重要的是基于公众还没有看到什么，悉心做好科普内容选题。

（一）生存发展

生存是指生命的存在，人类与其他生物一样，维持生命的存在必须满足一些必需的基本条件。例如，需要营养物质、阳光、空气和水，需要适宜的温度和一定的生存空间，需要地球的引力，需要大气层对紫外线等有害射线的隔离。

生存主要强调的是最低限度的物质生活，它通过职业谋生活动而获得。即这种生存功能与劳动基本技能等科学素质密切相关。公众必须首先具备生存科学素质，这是公众在现代社会赖以生存的最基本科学素质，是公民科学素质中要求最为迫切的部分，也是中国社会经济建设所必需的职业劳动素质的必要组成部分。它涉及更多的是操作性的、实践性的科学知识，不必要求理论化、系统化的认知。

生存科学素质包括两个方面：一方面是现代社会中基本生存所必需的知识和技能。基本的母语读写能力，常见各种常见标识和标志的理解能力等。利用最基本公共设施的能力，如电信通信、交通设施的能力。日常生活所需的基本知识，衣食住行所需的基本知识。① 另一方面是各种职业与职业培训所需要的公共的、最低限度的知识和技能。基本运算能力；看懂简单基本图表的能力；基本自然常识，如能够观察和了解常见自然现象、气候变迁、动植物作物生长；能够安全地使用家用电器；理解抽象语言的最低能力；逻辑推理的基本能力。

在公民科学素质的建设过程中，必须高度重视面向工作技能的提高。我国还有相当大的比例的人口，特别在中西部贫困地区、少数民族地区、农村地区及边远地区，其主导需求是生存发展问题。

（二）健康生活

生活是指为了延续生命而进行的所有活动，这些活动往往与其他人的活动交织在一起。公民科学素质的生活功能中"生活"，主要是指现代文明社会中的基本生活，侧重强调的是公民的身心健康和基本的社会参与，它比生存

① 刘立，等. 我国公民科学素质的基本内涵与结构[M]. 全民科学素质纲要实施工作办公室. 全民科学素质行动计划课题研究论文集. 北京:科普出版社,2005:29 - 67.

层次的生活水准更高。因此，所要求的公民科学素质的水准和丰富性也高于生存型的科学素质。这是公民在现代社会中保证基本生活品质的科学素质。公众只有具备一定的科学素质，才能适应现代生活方式（健康文明的生活方式）。公民生活所具备的科学素质主要要素包括以下四类。

第一，保健基本知识。理解人体生理活动的最基本概念，了解健康的观念（包括生理健康和心理健康），认识健康的重要性，以及在不同年龄段保持健康的习惯；能够区分正常的和非正常的生理现象或反应，并在必要时采取相应的对策；对身体各器官和系统有基本的理解，认识到持续使用非自然物质（药物）来维持身体的机能可能带来的消极影响；相信正规医院的医生和医学专家而不是祖传秘方、偏方或街头郎中。认识到搞好清洁卫生和注意劳逸结合对于健康的重要性。理解营养均衡和维生素对身体健康的重要性。了解常见疾病的病因、预防、治疗方法，认识到生病或者遇到紧急事件及时获得医疗帮助的重要性，认识到细菌感染的途径，以及传染病患者接触的危险性。对不同性别或年龄段的生理特点有基本的理解，对性、生殖和避孕等有明确的认识，并了解儿童护理的基本知识。

第二，心理健康基本知识。理解常见心理情绪变化活动的基本原理，能够在一定程度上自我调节个人心理情绪状态、缓解心理压力。认识到心理健康水平是关系个人生活质量乃至健康的重要因素，出现心理问题时知道应该向医生或心理咨询的专业人士求助。

第三，环境保护基本知识。了解环境保护的基本理念，知道环境状况对个人健康以及社区和社会发展的影响。知道应该节约用水、不乱丢垃圾，了解垃圾分类回收的意义。在生活中能做到不破坏环境，能了解自己所生活的社区的环境状况。知道环境保护是国家基本国策，知道保护环境是每个公民的职责和义务，在生活中自觉保护环境。利用家用电器和公共设施满足基本生活需要的知识和技能，如熟练掌握现代家用电器的使用方法和日常维护。利用互联网等手段获取信息、查询、购物、订票等技能。

第四，其他与个人生活决策相关的技能和知识。在选择职业、居住地以及个人财务决策时，理解相关的科技问题，从而做出正确的决策。能在复杂的社会生活中具有判断能力的科学素质，如可以帮助识别广告中假借科学名义的虚假宣传。

（三）文化生活

文化是指一个国家或民族的历史、地理、风土人情、传统习俗、生活方式、文学艺术、行为规范、思维方式、价值观念等。公民科学素质的文化功能的"文化"，是指公民生活中的"文化"，即在公民基本的物质生活和身心基本健康得到保障的前提下，享受高层次精神活动的生活。文化科学素质是比"生存科学素质"和"生活科学素质"更高层次的科学素质。它是公民在现代社会中享受高素质的精神生活所必需的素质。只有掌握科学精神和科学方法、科学的思维习惯，培养实事求是的工作作风，才能具备理性健全的精神素质，才能破除迷信盲从，才能抵御邪教。

公众要在当代社会中享受基本水准的精神生活，所具备的科学素质要素包括：第一，具有通过科学理性进行思考、讨论、批判，以及合理地形成信念的能力。能理解社会热点问题中双方的论点和论据。在和别人进行讨论时，能理解对方的观点和论辩思路，可以有逻辑地参加讨论，具有从事实归纳结论、演绎推理、发现逻辑矛盾的能力。第二，具有利用公共文化设施和资源进行学习的相关知识和技能的能力。利用图书馆、博物馆进行自我终身学习并用来教育子女的能力。利用互联网获取信息等的能力。第三，辨别科学与伪科学、科学与迷信的能力。养成独立思考问题和用批判的态度审视问题的习惯，不轻信、不盲从，自觉抵制封建迷信思想的影响，能基本识别邪教和伪科学的欺骗性。

（四）社会生活

社会是指为了共同利益、价值观和目标的人的联盟。社会是共同生活的人们通过各种各样社会关系联合起来的集合。小到一个机构和一个团体，大到一个组织、一个国家，公民参与社会公共事务和民主决策是常态。公民科学素质的社会功能中的社会，主要是指公民参与社会和国家公共事务的社会生活。参与公共事务的科学素质比生存的科学素质、生活的科学素质和文化的科学素质的要求更高。它是实现公民参政议政权利所必须具备的能力，也是知识经济时代社会公共生活和民主决策必须具备的科学素质。

公众要在现代社会中参与社会公共事务和民主决策，所具备的科学素质主要要素包括：一是要能理解与公共决策问题相关的科学知识。二是要具有理解公共决策对自身利益及社会利益影响的知识与能力。三是要具有理解科技与社会相互关系的相关知识与思考能力。例如，科技发展对社会产生的复杂的、多方面的影响；科技发展对社会环境的依赖关系；自然科学和工程技术与包括伦理学在内的人文社会科学之间的相互关系。四是要具有能参加公共决策问题讨论所需的科学推理、论证的能力。

三、聚焦科技创新选题

科普以科技发展为前提，科技发展是科普的源泉。随着科技的迅猛发展，公众理解科技的紧迫性日益增强，同时也为科普提供形式多样、日益丰富的内容选题。从科技发展视角，科技发展前沿、科技服务经济、科技发展战略等，是科普内容选题的基点。

（一）科技前沿发展

科技的生命就在于创新，创新就要求引领前沿，慢上半拍就可能被淘汰出局，就会不仅在科技领域而且在全面发展上陷于战略被动。面向世界科技前沿就意味着开拓、抢占，而保守、退缩注定要在科技竞争的战场败下阵来。纵观人类历史发展，人类社会每次大的变化，总是主要归结为科技思维创新、技术创新、发现发明。在人类发展史上，科技的发展和应用给人类带来巨大的福祉，使人类从野蛮、愚昧、无知进入现代文明。近代和现代科技的发展，为人类带来持续的文明和进步。科技使人类远离蒙昧，科学的本质是发现、探索研究事物运动的客观规律，科学讲求理性、真实客观、实证、可重复性，科技排斥野蛮、愚昧、无知。科学理性和迷信相对而立，根治迷信和恐惧的灵丹妙药是科学理性，现代社会以崇尚科学为荣、以愚昧无知为耻。科技创新决定全球财富分配，一个国家的科技竞争力决定了其在国际竞争中的地位和前途，而科技竞争力的根本标志就是科技创新能力，科技创新是人类财富之源，是经济增长的根本动力，是财富分配的依据。科普内容选题，要聚焦世界科技发展前沿，跟踪和瞄准各个领域取得的科技重大突破性进展，实时选题进行科普，让公众尽快了解世界科技进展、了解世界科技前沿发展趋势，以服务国家重大发展战略需要。

（二）科技服务经济

创新驱动是当代经济发展的引擎，是当代科技发展的内在动机。从全球范围看，科技越来越成为推动经济社会发展的主要力量，创新驱动是大势所趋，也是根本所在。国际经济竞争甚至综合国力竞争，说到底就是创新能力的竞争。从我国情况看，创新能力不强，原始创新不多，科技发展水平总体不高，科技成果转化运用率低，科技对经济社会发展支撑不够的情况还比较突出。虽然我国经济经过短短几十年发展，一跃而成为世界第二大经济体，这是非常了不起的成就，但结构不尽合理、总体发展质量不高的问题却直接制约着我国经济未来持续发展。要让我国经济从大到强，突破发展瓶颈，必须依靠科技创新，通过科技创新兼顾发展速度与质量、统筹发展规模与结构、协调发展经济与环境保护，通过科技创新真正实现发展动能转换。科普内容选题，要聚焦经济主战现场需求，跟踪和瞄准各个领域取得的科技创新的重大突破，实时选题开展科普，让公众尽快了解科技进展和高新技术及其应用，以及服务我国经济发展的新常态，以真正实现经济和科技互融共促。

（三）科技发展战略

国家利益和长远战略利益是科技发展战略的逻辑依据，科技发展战略必须服务国家重大战略需求。中华人民共和国成立以来，在国力极端贫弱的情况下，全国人民咬紧牙关支持发展"两弹一星"，在军事核心领域取得的重大科技突破，极大地振奋了民族精神，极大地提升了我国国际地位。当今，我国在载人航天、载人深潜、超级计算机和全球定位导航等领域取得较大突破；我国高铁成为中国速度的象征，逐步走出国门，赢得国际市场；3D 打印、新能源汽车、人工智能等新兴科技产业，越来越增加了我国在国际战略竞争中的底气。但是，应该看到，我国在信息技术、高精密仪器等方面还存在很多短板和缺陷，很大程度上还受制于人，严重影响国防安全和经济社会发展安全。无数的事实说明，这些领域的核心关键技术是靠钱买不来的，只能靠我们自力更生、自主创新，只有靠自己只争朝夕、快马加鞭的拼搏，才能告别他人的"卡脖子"，才能拥有自己的"撒手锏"。科普内容选题，要聚焦国家重大需求，适时跟进我国各领域重大科技攻关项目，及时围绕项目立项、研究过程、突破性重大成果等实时选题开展科普，让公众及时了解我国重大科技进展和科学团队的拼搏奉献精神，激发公众对科技创新的理解和支持，激发广大科技人员对科技创新的激情，为实现中华民族的伟大复兴、建设世界科技强国营造良好的科学文化氛围。

此外，要围绕国际科技竞争领域选题。例如，中美"贸易战"愈演愈烈，"贸易战"的本质是科技战，大国博弈的背后是科技竞争，科技创新实力也是决定中美"贸易战"输赢的关键因素。中美"贸易战"以来，特别是"中兴事件"和"华为事件"发生后，中美两国科技实力究竟如何，引起了全社会的广泛关注。围绕这些热点话题、热点领域、"被卡""对卡""反卡"科技等方面选题，必将引起公众的极大兴趣。

第二节 当代科普创作

科普作品是科普创作这种复杂劳动的结晶，科普作品中凝聚科普作者的智慧和劳动价值。繁荣科普创作，不断提高科普作品的质量和水平，满足广大公众的科学文化需求，是科普事业发展的重要保障。

一、什么是科普创作

科普创作是为了普及科学技术而进行的创造性劳动，是生产科普作品的过程。科普创作的价值通过科普作品的传播和公众的认可程度得到体现。

（一）科普创作的定义

科普创作，是指创作者通过观察、体验、研究、分析，对科学素材加以选择、提炼、加工，孕育成意象，按创作意图或计划，运用一定物质材料和表达手法，创造可向大众传播、意向外化的科学作品或科学艺术形象。科普创作是具有显著个性特点的精神劳动，需要创作者具有深厚的科学功底、敏锐的感召力、深邃的洞察力、丰富的想象力、充分的概括力，以及相应的文学艺术表现技巧。

科普创作与文学艺术作品的创作有许多相同之处，科普创作着重于逻辑思维的运用，在撰写、设计、绘制、拍摄、制作科普作品时，创作者要通过自己对科普作品的题材和形式的选择、主题思想的提炼、内容和素材的取舍、结构的安排，以生动活泼的表达方式、通俗易懂的讲解、深入浅出的剖析、形象感人的描绘，对某些科学技术独到的见解，或在表现方法上有新颖的构思，与众不同的手笔和通俗化的艺术来表现科学技术，展示科学和技术。

不管什么类型的科普创作，都是揭示自然规律的一种意识活动。自然规律是独立于人的意识之外的客观存在，但必须把自然规律及其与社会的相互影响在科普作品中反映出来，并为一般人所接受。科普作者就必须充分发挥意识的能动作用，对自然和社会进行深入的观察与思考，并力求运用独特的表述形式进行创作，才能为群众所喜闻乐见。①

（二）科普创作的范畴

科普创作创造的是科普新作，这样的原始作品是过去未曾有过的，科普创作有明显的边界和范畴。

第一，创作者把自己亲身研究、考察、体验所得的第一手科学素材，经过选择、提炼、加工、撰写（或绘制、拍摄）成可向大众传播的、意向外化的科学作品，这是一种典型的创造性劳动。例如，竺可桢的《物候学》、古多尔创作的《黑猩猩在召唤》、伍律的《蛇岛的秘密》、赵学田的《机械工人速成看图》等，都是作者运用生活实践、自己科研或教学的成果，写成的有影响的科普作品。

第二，创作者把深入现场参观、采访所得的科学素材，经过选择、提炼、加工，撰写成可向大众传播的科普作品。例如，伊林的《人和自然》《自动工厂》，卡逊的《寂静的春天》等都是作者通过调查、采访写成的，这也是一种创造性的劳动。

第三，创作者把从许多科学文献中获得的科学素材，经过自己的消化吸收，提炼加工，从新的角度用自己的构思和独到的艺术表现形式，创作成向大众传播的科普作品，这也是一种创造性的劳动。例如，高士其的《我们的土壤妈妈》、贾祖璋的《花儿为什么这样红》等都是科普创作的佳作。

第四，创作者把某篇学术著作、情报资料等科技文献改写成可向大众传播的科普作品，虽然没有引进新的见解或材料，但经过自己的消化吸收和提

① 本书编写组.科学技术普及概论[M].北京:科学普及出版社,2002:40.

炼加工，用新的结构和通俗的语言把它表达出来，易于一般群众所接受，这也是一种创造性劳动，称为再创作。例如，获奖作品《南果与北果》的改写，就属于这一类。

第五，创作者把某一种形式的科普作品，改写成另一种形式的科普作品。例如，把一篇科普文章改写成一部科教电影脚本，在观点和内容上虽然没有什么新意，但形式上有所创新，这也是一种创造性劳动，属于再创作。

第六，翻译者把一种文字的科普作品翻译成另一种文字的科普作品，并在遣词造句上达到"信、达、雅"水平的，这也是一种创造性劳动，也属于再创作。但仍应叫作翻译，不能把译者当作作者来署名。[①]

（三）科普创作的题材

科普题材是科普创作者从自己积累的科学素材中经过选择、提炼、加工，而后成为科普作品所阐述或描绘的具体科学和技术内容，以及作品所体现的思想内容。对文艺体裁科普作品来说，还包含有人物、环境、事件等因素。科普作品的题材，不能离开科技及其有关事物，更不能背离自然科学的原理、原则。在科普作品中要提倡科学精神、科学态度，进行科学思想和科学方法的教育，也应结合具体的科技内容来阐述。失去具体的科技内容，也就失去作为科普作品的特征和价值。科普创作是创造，是科普新作，这样的原始作品是过去未曾有的。科普创作要知敬畏，选择适合科普创作者的创作范畴，具体如下。

一是要掌握第一手素材的题材。二是要拥有去过现场的题材。三是要拥有充分准备的题材。四是要拥有自己熟悉的题材。五是要拥有改写改编的题材。六是要拥有译著价值的题材。

（四）科普作品的标准

科普作品内容广泛，形式多样，在表现方法上，创作者可以有自己独特的风格，品种、流派繁多，各不相同。但无论什么样的科普创作和科普作品，都必须与本国的文化背景相适应。科普作品作为科普创作的结果，应该具备相应的标准。

第一，创造性与科学性。创造性是科普创作和科普作品的本质，科普作品没有创造性也就不成为创作。但创造并非凭空想象、捏造，而是建立在科学技术知识之上的。科学性是所有科普作品的生命。科学是揭示事物的客观规律，探求客观真理，认识世界和改造世界的指南。科普作品担负着向大众普及科学知识、启蒙科学思想、传授科学方法、弘扬科学精神的职责，要使公众理解科学技术，就更应保证科学性。失去科学性的科普作品也就失去了

---

① 本书编写组.科学技术普及概论[M].北京:科学普及出版社,2002.

存在的价值。因此对于科普作品的创作者而言，应尽力发掘自己的专业所长，从自己熟悉的领域开始，用全面发展的观点，把成熟的、切实可行的科学技术内容，介绍给公众。

科普作品的科学性不是空洞的概念，它具有丰富的实际内容。首先是真实性，科普作品绝不能弄虚作假，无中生有，或者宣扬伪科学。道听途说不能成为科普的材料，也不允许信口开河。其次是准确性，科普作品要准确地表现科技内容，对概念、事实、数据、语言等的使用，都要求作到准确。再次是成熟性，科普作品要表现经过实践检验和证明是正确的科学理论与原理，推广那些现实可行的技术、方法，对于那些尚处在探索阶段的科学问题将不作为科普创作的主要内容，即使介绍也是有条件的。最后是全面性和发展性，科普作品不能回避技术的两面性，一方面既要宣传科学技术发展对社会经济发展的正面作用，也要宣传科学技术的误用可能对社会经济发展带来的负面作用；另一方面科学是发展的，科普作品中也要体现科技的发展性。

第二，思想性和教育性。思想性是体现科普作品内在的科学方法、科学态度、科学作风和科学精神。科普作品在向公众传授知识的同时，也使公众受到科学思想、科学精神、科学态度和科学作风的熏陶，让人们深刻地理解科学的世界观和方法论，即唯物主义和辩证法，这就是科普作品思想性的体现。科普作品的思想性主要包括理想信念、爱国主义、人道主义、科学精神、道德情操等方面内容。科普创作的思想性是内在的，是从科普作品中自然表现出来的，不是贴上一些政治标签或外加一些政治术语就是有思想性了。

科普创作不能脱离时代，科普作品不能远离时代。远离时代，就是远离公众。当代社会正向学习型社会演化，公众需要科普，但是在科普创作中必须遵循教育学的基本原理，考虑到公众在年龄、知识基础和需要等方面的个性化特征，考虑到现代科学技术发展形成的知识爆炸，有的放矢，循循善诱，循序渐进，注意不灌输现成的结论，而是要按照人的认识规律和人的全面发展要求，逐步展开，由浅入深，由感性认识到理性认识，引导公众掌握观察问题，分析问题和解决问题的方法。特别是在少儿科普作品中，不仅要传授科学知识和培养科学思维方法，还应注意品德的熏陶，而且要符合儿童的特点。课堂教学讲授质量的好坏，影响不过几十上百人，而一件科普作品的影响成千上万人，因此应当十分重视科普作品的教育性。只有当科普作者的创作符合教育学的原理和时代发展的要求，才能创作出优秀的科普作品，这样的科普作品才能真正起到科普的作用。

第三，通俗性与艺术性。通俗性就是用明白晓畅的方式介绍科学，使之生动、易懂。不通俗地把科学表达出来，读者理解不了，就没有达到科普创作的作用，科普创作也就失去了意义。科普创作可以运用多种方法使科普作品通俗化，如用文艺形式、形象形式、体验形式等来创作，使之生动有趣，引人入胜。

通俗化不是把科学中一般人不懂的名词、术语、概念、行话，"翻译"成通俗的语言就行了。好的科普作品，不是简单地对专门知识进行"翻译"，而是应当作到吃透科学原理，掌握充分的材料，抓住事物的本质，融会贯通、精练地介绍群众所需要的科学，摘掉蒙在科学上的神秘的面纱和深奥的外衣，使它返璞归真，回到公众中间。这个创作过程是一个研究和创造的过程。

艺术性是由通俗性派生的一个特点，科普作品的通俗性常常要求运用文艺形式来表达科学，创作过程中不仅使用逻辑思维来达到以理服人的效果，同时还采用形象思维，使之以情动人。除了某些有特定作用的科普作品，一般的科普作品都应力求加强自己的艺术性。在科普创作中不仅不能用哲学语言来代替科学内容，而且平铺直叙，即所谓"教科书式"的写法，也不宜采用。用散文、故事、童话、寓言、小说、相声、连环画、幻灯、电影、戏剧等文艺形式来介绍科学知识的科普作品往往大受群众欢迎。

科学内容的文艺化也是一种创造，因为科学家用概念来思考，而艺术家则用形象来思考。在科学实践中应用的是逻辑思维即抽象思维，在艺术实践中应用的是形象思维。要使科学与文艺结合，就得既采用文艺的创作手法，又不违背科学要求，这是科普创作所需要解决的难题，也正是实现创造性的所在。在不少专门的科学著作中，常常是从概念到概念，用名词解释名词，自有一套语言，使未入其门者晕头转向，望而却步。但科学并非只有这种表述方法，即使是专门著作也未必一定得用固有的格式。形象思维并非与科学格格不入，其实有些著名的科学著作，像赖尔的《地质学原理》中都不乏用形象的语言来表现抽象的科学原理的事例。要使科普作品具有文艺的特点，必须善于运用艺术的语言、图像来表达科学的内容。其实，科学所探讨的客观世界，本来就是异彩纷呈、生动活泼的，如果我们能细致而形象地揭示出来，就很引人入胜，无须堆砌华丽的辞藻，也不需要夸张的空话。

第四，浪漫性和发展性。科普创作需要幻想，要有浪漫性，这不仅有利于人们在轻松愉快中得到科学技术的普及，同时也有利于激发人们对未知世界的探索。郭沫若指出："科学是讲求实际的。科学是老老实实的学问，来不得半点虚假，需要付出艰巨的劳动。同时，科学也需要创造，需要幻想，有幻想才能打破传统的束缚，才能发展科学。"自然科学的发展史可以说就是一部从幻想变成现实的历史，人类对自然界的认识在不断发展。科学研究如此，科普创作更应该披坚执锐，勇于开创，不仅科学上的新发现、新成就应该成为科普创作的重要题材，而且应该通过科普创作激发人们对未知世界的向往，只有这样科学才能发展，社会才能进步。科普创作就是要用科学作武器，崇尚实事求是的科学精神，这是科学技术发展的要求，是时代不断发展的要求。

科幻应当是在科学的基础上的幻想，像幻想造出永动机，或者使今天的猿猴变成人，那是不能成立的。但是，在大量客观事物都还未被我们认识的今天，要求幻想都是准确的、将来可以实现的，这也不现实。当然，在已经被科学和实践证明是荒谬的事情，还要去幻想就违背科学了。同样，对于经过实践检验已经证明了的科学原理，即使是幻想也不应该违背。科普作者应当紧跟时代步伐，密切注视科学技术发展的动向，增强对新鲜事物敏锐感，充分发挥想象力，这只有解放思想，开拓创新，用创造性的辛勤劳动才能做得到。

第五，人性化与趣味性。科普创作在形式上是科学与文学艺术的结合，在内容上则是自然与人文的结合。在艺术创作中，不能为艺术而艺术，在科普创作中，也不能为科学而科学。对大自然的热爱，在于它提供了人类得以生存发展的环境；对科学的赞颂，在于它能为人类认识自然、利用自然提供武器。在科普创作中，不管以什么自然界的事物为题材，都应该把人作为出场或不出场的主角，把公众的欣赏不欣赏放在首位。对自然的认识和对科学技术的探讨，都应该从对人类的影响来提出问题、思考问题，不能站在自然之外，而应把自然和人文融为一体。因此科普创作必须围绕公众的科学生活、科学生产，围绕社会所关注的重点、热点、难点等科学问题，围绕科学家的新发现、新创造，围绕未来世界的发展，围绕公众的实际需要，充分考虑公众的兴奋点、兴趣点，应该采用人本的、快乐的、非灌输式的创作手法进行创作，以人为本，以公众为本，只有这样科普创作才会不偏离科普方向，这样的科普作品才会得到公众的认同。

（五）对科普创作者的要求

科普创作者，即科普作品的生产者，应该具有较高的思想水平，良好的道德修养、坚实的科学基础和进行科普创作的能力，所创作的科普作品要经得起时间的考验。《科普创作概论》认为，要成为合格的科普作者，须在思想上、知识上的不断加强修养，经常深入生活实际，不断提高自己的综合素质和创作水平。

第一，唯物主义的世界观。思想端正是产生优秀科普作品的前提。作为社会主义国家的科普作者，应该不断提高政治觉悟，加强思想修养，分清是非真伪，把握创作方向。科普创作者应具有辩证唯物主义和历史唯物主义的世界观，能够给公众以方法论的启示，通过对自然现象和技术原理的辩证分析，使公众在获得知识的同时，学会用科学的方法去观察世界，能把认识自然和认识社会联系在一起。

第二，爱国主义的道德情操。我国的科普创作者，应当熟悉祖国的历史文化，了解祖国的山川土地、物产资源，从具体形象的感受中，培养和加深对祖国的热爱，同时为创作积累素材。外来的好东西，先进的科学技术要吸收，并立足于我国的国情，考虑人民群众的需要，走自己的科普创作道路。能够站在人民大众的立场上，歌颂人类运用科学技术发展生产力、实现人与自然和谐相处所取得的成就，让人们看到美好的未来和科学技术的积极作用；同时，也要揭露、鞭挞那些不顾自然规律，给人民带来损害的愚昧落后的思想和行为，以及滥用科学技术给人类带来的灾难。

第三，严肃认真的创作态度。科普创作者是通过创作科普作品、传播科学技术为人民群众服务的，应该是对科学和人民都怀着深厚感情的人，深深理解科学的价值，以高度的社会责任从事科普创作。因此，科普创作者一定要有严肃认真的创作态度，以对人民群众负责、对历史负责的态度对待自己的作品。要维护科学的尊严，坚持实事求是。不能为了某种不正当的需要，故作惊人之笔，以致歪曲科学事实，指鹿为马，以假乱真。要养成严肃、严密、严谨的作风。即使是很小的一件科学事实，也要认真核对，要有事实依据，不能想当然，要一丝不苟，经得起事实的检验，绝不能兴之所至，信口开河。更不能抄袭别人的作品，不择手段地剽窃别人的成果。

第四，较高的科学文化修养。科普创作者应有较高的科学素养和有关的专业知识。科普创作者需要不断充实与更新自己所掌握的知识，最好在自己熟悉的专业范围内选题取材。有些科普作者是文学、外文、新闻等专业出身的，如果想从事其他学科或专业的写作，最好系统地补学与这一专业有关的基础课程，把许多基本概念、原理搞清楚，写出的东西才不会闹科学上的笑话。要在专的基础上对有关的科学技术也有一定的了解，这样才能触类旁通。有的时候别的学科的新动向还会激发作者的灵感，产生新的意境、概念、构思。把多方面知识融会贯通，创作起来才能运用自如，去陈避俗，绽放出独创的花朵。

第五，良好的文学修养。用语言文字来表达科技内容，是科普创作的主要手段。虽然科普作品不一定都采用文艺体裁，但一般的科普读物如能做到语言生动，富有文采，也会收到更好的效果。因此，科普创作者应有一定的文学修养，其目的是丰富精神生活，提高写作能力。这不仅对从事科普创作的人来说是必要的，作为一般的科技工作者也是需要的。我国老一辈的科学家如李四光、竺可桢等都在文学上有相当高的造诣，所以能够写出文笔优美的科普作品。在各种文学体裁中，散文的结构灵活，手法多样，最适合表现科学技术的内容。我国古代的散文，淳朴无华，语言精练，在科普创作中很值得借鉴。还应懂得一些文学理论和了解一些文学史，从根本上提高文化素养。

第六，广博的知识与娴熟的技能。科普作品常常综合反映自然和社会，不仅要有坚实的自然科学和哲学基础，往往还需要了解历史学、地理学、教育学、心理学、逻辑学、经济学等方面的知识，以及掌握生产和生活中的某些技能。这样才能扩大生活的触角，更深刻地理解自然与人生，搜集到更多的素材，创作出不同凡响的作品。这就需要广泛的学习，但不应漫无边际。要根据自己的创作方向、专业的特点，结合实际的需要有选择、有计划地进行学习。外语是国际文化交流的工具，作为科普创作者，至少应掌握一门外语，能从外文书刊上迅速得到来自国外的科技信息；同时，作为现代科普创作者还必须掌握使用计算机处理文字图像，以及运用网络获取信息的技能，甚至需要具备利用计算机进行设计、创作和制作科普作品的能力。科普创作者应该与时俱进，不能成为时代的落伍者。

第七，深入生产生活实际。包括社会生活和科学技术实践。生活的积累是提高科普创作者的水平和产生出优秀作品不可缺少的条件，是每一个科普创作者都应该认真对待的问题。

二、当代科普创作特点

科普表达方式，也称为科普内容的呈现方式，事关科普产品的成败。随着社会的发展，公众对科普表达方式的要求越来越高，不仅要求科普产品要有料、有知、有用、有趣，而且要求科普产品要好用、好看、好玩。

（一）内容碎片化

科普的碎片化表达，源于科普碎片化的阅读，是适应科普受众的阅读时间碎片化、阅读终端移动化和小型化、阅读信息海量化和泛在化等发展趋势，是科普"微阅读""快阅读"等的现实需要。科普的碎片化表达方式多种多样，如科普图文、微信、微视频、微博、H5 语言制作的数字产品、图像与图形、短信等，网民通过阅读终端，特别是手机等移动终端接收后，进行的不完整、断断续续的碎片化阅读。

在媒介多元和信息泛滥的当下社会里，科普受众的注意力和科普阅读耐心，已经被多种力量所消解；以科学性、通俗性见长的科普作品，受到传播渠道、传播技术手段的改变，受到科普"微阅读""快阅读"等新的阅读体验的冲击。在与新媒体角力和谋求自身提质发展中，科普必须在保留和发扬自身优势的同时，寻找更加贴近科普受众阅读习惯、新的科普表达方式，以适应科普受众接收和选择科普信息的需求。

碎片化的科普表达，即将科普的内容信息以化整为零方式进行表达，指在一定科普内容选题内，围绕同一科普内容主题内容，将科普文本进行分解与重组，通过科普内容的梳理与聚合、逻辑的贯通，构建相对独立又有机关联的科普单元，营造层次分明、表意清晰的科普知识模块，提供视觉明朗、筛选灵活的科普阅读体验，在提升科普阅读质量和审美价值的同时，提高科普阅读的便捷度、愉悦感、获得感、满足感，减少科普的视觉疲劳和阅读倦怠，扩大科普作品的传播力和影响力。

在海量信息时代，一切科技信息唾手可得，碎片化表达使科普信息获取显得轻松、容易，促进了人们的交流。但科普碎片化阅读缺乏系统性，有太大的随意性；同时，因为科普阅读环境的无序，也往往导致阅读者过目即忘，从根本上说不利于科技知识的积累和传承。因此，科普的碎片化阅读，必然会塑造一代的"煎饼人"。

（二）呈现可视化

科普的可视化表达，即指将科普内容、科普过程等以视觉形式表达，将科普转化成图像与图形相结合的形式来呈现，以激发公众接受科普的主动性，增强公众的科普兴趣，提高科普效率的一种新的高效科普呈现手段。

进入读图时代，科普图片曾被视为科普表达的较好方式。随着大数据时代的到来，仅用科普图片来呈现科普内容已不能满足科普受众的需求。一些相对复杂的时政科普的解读、突发性事件的应急科普、科普服务类信息的说明，以及一些社会事件的科学深度解读与分析，科普图片已难以一步到位地表达完整，仅用文字又难以抓住"眼球"，并且显得落后死板。

在当今快节奏的生活里，人们用手机刷科普作品或科普信息是机械般快速浏览，看传统科普作品是跳跃式阅读，看到感兴趣的科普内容才会停下来仔细看看。在这样的科普阅读趋势下，冗长的文字表述常常会让科普受众望而生畏，而将科普内容信息进行可视化处理，可以比文字更直观地反映科普内容，让科普受众更容易接受也更喜欢。当今普遍采用"一图看懂……"的科普表达方式，将科普内容信息、背景资料和相关科普内容融入一张图或一组图中。科普的可视化图形类型丰富多彩，由外部轮廓线条构成的矢量图，即由计算机绘制的直线、圆、矩形、曲线等，一般有表格、直方图、曲线图、饼状图、地图等；而图像是由扫描仪、相机存储卡等输入设备捕捉实际的画面产生的数据，包括漫画、动画、插画、图片、视频等多种生动的科普表达手法。这些可视化的图形，既能体现传统科普的优势，使科普复杂枯燥的内容简明化、枯燥内容生动化、抽象概念具体化，而且可实现纸媒端、电脑端、移动端三端的统一同时发布，更能吸引年轻的科普受众，成为现在很多科普作品越来越重视的呈现方式。

（三）情景故事化

用讲故事的形式来表达，就会有感染力和代入感，让科普变得有趣、有情、好看、好听，最后使公众爱看科普、爱听科普。科学本质上是人类不断探寻自身和世界奥秘的故事。讲科学的方式有多种，插科打诨、通俗搞笑是一种，就事论事解读算一种，以及寻根溯源讲历史、图文并茂可视化等不一而足，因时因事而异，各有各的精彩。大多数讲述科学的文章都在追求信息的有效表达，或者说是以信息为主导的讲述方式。这个时代，越来越多的人在谈论科学，但是优秀的科学写作者比大熊猫还稀少。讲科学故事，不能仅停留在维护科学本身严肃客观的层面，要改变把科普受众作为"旁观者"的状况，科普创作者要调动更多的共情因素，以故事驱动科普创作，把科普内容有效地嵌入人类生活场景，与时代发生关联，反映个人命运，才能获得更自由的写作状态，写出真正打动人的作品。在有限的视野里，真正优秀的科普写作者是那些有思想的科学家，多数职业写作者并没有真正达到他们应该达到的高度，这与科学狂飙时代对科学传播的巨大需求形成强烈反差。①

科普要讲与公众有关联的科学故事。科普故事的选题来源无非来自媒体的报道、公众的点题、研究机构的调查、政府部门的安排等。不管科普故事的选题来自何处，都要考虑选题的科普价值，即选题的及时性、冲击性或重要性、与受众的接近性、冲突性、异常性、当下性、必要性等。不讲没有科普价值的故事。

科普要为最普通百姓讲科学故事。科学故事，最根本的诱惑在于它的悬念和煽情，能极大限度地满足科普受众的心理需求。讲述科普故事，这是最贴近科普受众心理的科普表达方式。科普故事最核心的要素是什么？就是悬念，悬念用得越好，科学故事越吸引人。"科普人"一直有一种善良的科普期望，就是希望社会的中间阶层能成为科普的主力人群。但是遗憾的是，科普真正的参与者主要是普通百姓，虽然他们的科普影响力较弱，二次科普传播的能力不强。

科普要请能讲科学故事的人来讲。例如，我国电视主持人的发展历程大致经历四个阶段。第一阶段是以赵忠祥为代表的政府发言人式的主持人，正襟危坐，字正腔圆，代表党和政府的声音，这种风格一直延续到今天的《新闻联播》；第二阶段是以白岩松为代表的教师型主持人，他所体现的是精英风格，板着脸，皱着眉，忧国忧民地向观众灌输他的感想；第三阶段就是以王志、柴静为代表的朋友式主持人，面对面心平气和地聊天，虽然有时言辞太尖锐，但整个氛围充满朋友式的关心；第四阶段就是以阿丘、马斌、孟非为代表的娱乐型主持人，他们好像就是你身边的普通人，注重新闻的故事性表达，即使是评论，也经常把观点附着在幽默和诙谐的语境中。时代在发展，

① 黄永明.讲好科学,讲好人类的故事——"创作性非虚构"写作项目上线[微信公众号].知识分子,2017 - 05 - 01.

科普受众的眼光也越来越挑剔，在这样一个飞速发展的新时代，既要坚守科普的宗旨，更要考虑科普受众的要求，把科普交给能讲科学故事的人来讲，因为手机、电视遥控器毕竟都掌握在公众自己的手里。

（四）场景乐享化

科学与娱乐、享乐，从本质上来说是大相径庭的，然而两者结合起来，却能绽放出奇异的科普光彩。例如，《加油！向未来》是中央电视台综合频道在 2016 年暑期档推出的科学实验节目，节目中将物理、化学、生物等大型室内外科学实验转为益智答题。每期节目会由经过甄选并具有一定科学素养的加油队（18 岁以上）和未来队（18 岁以下）进行猜想和比拼，并与主持人共同参与实验验证，通过科学实验来让观众看到视觉奇观，呈现科学之美，受到公众的欢迎。例如，美国科幻片《星际穿越》被称为"烧脑神剧"，把原本只有小部分人能理解的虫洞、黑洞、宇宙维度等高深科学理论形象化、直观地呈献给大众，使观众经历一次奇幻的太空之旅。再如，江苏卫视制作的电视节目《最强大脑》，其口号是"让科学流行起来"，这是国内少见的以科学作为主题词的科普娱乐节目。然而，人们对这个节目的看法却莫衷一是，体现出人们对科普与娱乐关系的思考。传统上，科学是严肃甚至神圣的，它和大众娱乐是无法联系在一起的，一旦科学被用于娱乐，就似乎冒犯了科学的尊严，将科学低俗化了。

当代科普应该是娱乐与教育兼容，以游戏、科普剧、科普秀等娱乐的方式传播科学，让娱乐的愉悦感带来科普的主动性和自愿性，使观众更容易接受其中的科学知识，对科学内容的理解也更深刻。但并非所有的科学内容都适合用来娱乐，娱乐只是一种表达方式，得掌握好尺度，若过头了，娱乐喧宾夺主，科学反而成为陪衬，达不到传播科学的目的；对于娱乐节目而言，科学不能凌驾于娱乐之上，必须尊重娱乐的规律与内在精神，否则达不到好的娱乐效果，公众也不买账。必须拿捏好科学与娱乐的界限，掌握好两者的平衡，调和好二者的冲突，这需要高超的思想与技巧做指导。① 例如，霍金虽然是个严肃的科学家，但霍金与娱乐圈的关系一直很密切，不仅出现在电影中，还拿流行音乐组合做例子解释高深的物理理论。网友纷纷表示，霍金这是在亲身示范如何利用娱乐工具搞科普啊。霍金之所以能够成为家喻户晓的科学符号、成为一个偶像，是因为他生活态度健康积极，他深谙传播理论并积极实践，他没有因为身体条件的限制而蜗居，而是勇敢地参与各种社会活动。此外，他幽默的天性也给他的言行增添了不少娱乐元素。霍金在做科普时，常常使用普通人熟悉的方式，既有趣又有干货，让粉丝为之痴迷。在

---

① 成励.科学与娱乐的界限——兼谈科普的困境[N].中国科学报,2014－11－28(2).

2015 年的一场科学讲座中，身在英国的霍金通过 3D 全息投影的酷炫方式出现在悉尼大剧院，现场讲述关于黑洞、地球的未来等严肃的科学话题，更经典的是，这场讲座的结尾，霍金又用娱乐元素奉献神来之笔，他借用电影《星际迷航》中的经典台词"生生不息，繁荣昌盛"，之后在几道炫目光芒中，霍金的投影一下子消失在舞台上，粉丝惊呼太酷炫了。①

三、当代科普作品分类

科普作品是指以向大众普及科学技术知识、倡导科学方法、传播科学思想、弘扬科学精神的科学作品或科学艺术形象。科普作品具有认识、传播、教育、交流、传承等科普服务功能，阅读对象主要是不熟悉该学科的非专业人士，必须具有科学性、趣味性、可读性和通俗性。科普的内容广泛，对象众多，形式多样，深浅不同，因此科普作品的种类多种多样。

（一）科普读物

科普读物通常指科普图书、科普报纸、科普期刊等科普作品，通常以纸质印刷物作为传播介质、以纸质印刷的科普产品形式出版发行，通过交通工具进行传递传播。

科普图书作为科普的主要载体，是科普中最早出现的载体类型。科普图书忠实地反映了近现代科普发展的全过程。无论从史学的角度看，还是从实际的功用看，它一直是不可取代的媒介物。现代电子技术和信息技术的出现，极大地加快了信息的传播。电子图书、互联网络使知识传播的成本降低，容量增大，时效提高，且表现出无限的发展空间。但以传统的纸张为介质的科普图书并未因此而发生较大萎缩，传统形式的科普图书依然受到人们的喜爱。

科普报刊主要包括科普报纸、科普期刊等，是一种定期出版的纸质印刷出版物。科普报刊的类型很多，表现形式多样，主要有信息报、科技报、专业知识报、专业科普杂志、生活科普杂志等。科普报刊与科普图书虽然同为纸质出版物，但在表现形式上有所不同。科普图书往往是一题一书，一本书具有知识体系的系统性，往往篇幅较长，阅读需要一定时间。而科普报刊是定期出版发行，连续不断。为了增强读者对象的普适性，往往在报纸、期刊中包含多种题目的内容，不讲求题目之间的连贯性，而是以每一个题目自成单元，每个题目的文字不长，阅读用时较少，适合读者有选择地随时阅读。科普报刊不求知识介绍的系统性，因科普内容载量和信息量较大，内容比较丰富，故具有广泛的普适性，读者阅读比较及时，传播的速度较快。科普报刊灵活，可以实时实地灵活安排题目，调整内容，满足读者的要求；科普报

---

① 霍金科普的娱乐方式：开微博、讲段子[N].广州日报,2016 - 05 - 09(4).

刊可以图文并茂，增加报刊的可读性和趣味性，满足不同层次读者的要求。但科普报刊与科普图书相比，往往需要读者具备一定基础知识，科普报刊的创作主要以文字创作为主，以图片创作为辅。

（二）科普影视动漫

科普影视动漫主要是指科普电影和科普电视，是以视觉和听觉相结合的综合艺术，它可以用生动逼真的直观形象和生动活泼的表达形式，把抽象的概念形象化，把深奥的科学道理通俗化，把枯燥的学理生动化，从而吸引公众、感染公众、说服公众。无论文化程度、年龄大小，公众都可以欣赏科普影视，而且可以重复，使形象多次出现，反复刺激人们的视觉和听觉，加深公众的理解。

科普影视动漫节目是否能吸引观众，首先取决于节目题材和内容。普通的观众通常没有系统的科技专业知识，与专业科技人员相比，他们对科技信息的接受更多依靠的不是对信息本身的真实性和真理性的理性认识，而是情感趋向。在科普影视动漫节目中特别注入人的因素，改变以往节目给人的严肃刻板、循规蹈矩和填鸭式的生硬灌输的模式，从而把科普内容"活生生"地表现出来；同时，注重"理"和"趣"的结合，即科学性、思想性、哲理性，与情趣性和趣味性的结合，让观众经常体验到由自己"突然间"掌握一个费解的科学概念时产生"新发现的快感"。

随着科技的发展，科普影视动漫新的表现技术手段层出不穷，已经成为推动科普动漫影视表现方式创新的重要手段。要善于将虚拟现实（VR）技术、全息摄影技术等合理地运到科普动漫影视节目制作中，以增添其节目的奇妙视觉感受，满足观众的好奇心又使观众获得身临其境般的感受，提升其观赏和传播效果，起到寓教于乐、审美愉悦的功能。

（三）科普游戏

科普游戏是用游戏的手段来表现科学的内容，利用公众特别是青少年的好胜心理和强烈的参与意识来吸引公众，在游戏中实现科技的普及。科普游戏往往设置一个模拟的虚拟世界，有一定的公众参与空间，对公众特别是青少年有强烈的吸引力；同时，公众在参与中将进入一种有胜负的竞争环境中，对参与者有强烈的刺激作用。

科普游戏的题材和参与内容比较丰富，但往往存在逻辑思维的运用相对较弱，科学内容的深度不够，知识的容量较少。科普游戏是需要应用虚拟技术、多媒体技术等手段进行的科普创作，要求创作者不仅要有深厚的科学背景和思想修养，而且还要熟练地掌握计算机技术。科普游戏是科普创作领域正在发展的一枝，公众特别是青少年对此有较大的需求。

科普游戏的开发必须首先考虑的问题是，在人们消耗时间趋于饱和的情况下，如何让用户把时间花在你的科普游戏产品上？当用户抱怨没有时间接受科普时，有两个套路可以占据他们的时间：一方面是让用户上瘾，拖住他的时间；另一方面是提供最好的服务，优化他的时间。让用户上瘾，赌城拉斯维加斯是第一个套路的典范：不分昼夜的赌场，纸醉金迷的环境，不停供应的饮食，以及人为提高的氧气浓度，所有的设计和服务都是为了让人忘记时间，沉迷其中。游戏业这个套路，仅一款《魔兽世界》就已经消耗掉全人类593万年的时间。① 显然，科普游戏也必须有自己独特的套路。

科普游戏就是要让用户上瘾、忘掉时间，让用户在游戏中汲取科普的"营养"。科普游戏特别是科普网络游戏，往往需要给玩家设置一些难度递增的通关任务，玩家要不停地升级装备增加经验值。太容易的科普游戏不好玩，好玩的科普游戏才能吊足玩家的胃口。作为玩家，最大的乐趣也许在于成为科普游戏的主角，直接参与、亲身体验。要让未成年人流连甚至"沉溺"于科普网络游戏中，需要为科普游戏营造一个科学幻想的世界，在这个充满科学幻想的世界中无拘无束，让单纯、正处喜欢幻想阶段的青少年躲避周围压力，暂时脱离现实环境。科普游戏必须注入科学幻想，但这种幻想应有合理的科学基础。要将青少年从痴迷网络游戏转向热衷科普游戏，就必须开出比网络游戏更有吸引力的科普游戏菜单。

（四）科普展品教具

科普展品教具是应用直观实物化的手段，表现科技内容的科普创作手法，是以触觉、视觉、听觉、感觉、意念等相结合的表现形式。它可以用生动逼真的实物形象和巧妙直观的表达形式，把抽象的概念形象化，把深奥的科学道理通俗化，把枯燥的学理生动化，把僵硬的科学原理活化，吸引公众动手体验、参与思考，从而吸引公众，感染公众，说服公众。科普展品无论公众文化程度高低、年龄大小，都可以参与，而且可以反复演示和多次重复体验，反复刺激人们的触觉、视觉、听觉、感觉，加深公众对科学的理解。但是，科普展品的制作不但需要投入较大的财力、人力、物力，成本相对较高，而且需要相应的场馆空间，一般只能安放在科技馆等场所，科普展品的科技容量也较有限。

科普展品和科普教具的题材十分广泛，几乎涉及公众生活和生产的各个领域。例如，反映自然现象的科普展品、反映科学历史的科普陈列品、反映科学家工作和生活的实物、反映现代高科技的科技展品、反映科学原理的科普展品、反映人体科学的科普展品等。科普展品的创作既需要创作者具备深厚的科学背景和艺术修养，又需要有良好的设计和制造知识。科普展品的创

① 柴犬叔叔. 时间，是我们的终极战场[EB/OL]. (2017-01-06)[2019-12-20]. http://www.jianshu.com/p/e2104e4482bd.

作一般要经历选材、创意、设计、制作等过程。科普展品和科普教具往往是在科技场馆或教学场所使用。

随着科技的发展及社会教育的深化，人们进入科技馆，已不再只是满足浅层次的观摩体验，而对展示的科技内容创新性与形式多样性提出了更高的要求，对展示蕴含的教育内涵有更深入的探求。科普展教在展示与教育的形式上采取多元化，并且积极运用新兴的高新技术和现代展示方法，着力推动科普展教产品的创新和深化，要突出自然—人—科技的主线，以寓教于乐、生动活泼的展教创作手段和教育活动产品，激发公众对自然科技的好奇心和兴趣。

当今人们获得科技信息的途径越来越多，怎么能把公众特别是青少年和家长吸引到科技馆来？关键是要让人们亲近科学、感受科学、乐享科学，通过科技馆的独特情景，让公众了解科技前沿、看到世界，激发奇思妙想，寓教于乐，把抽象、复杂、深奥的科技，通过科技特种影院等通俗、炫酷、形象的展教手段，以及3D打印、无人机、虚拟现实等体验方式展现给公众，为观众打造一个从想象到现实、将想象变为现实的科学殿堂，催生青少年探索科学奥秘的好奇心。同时，要遵循"新闻导入、科技解读"科普展教理念，将实时发生、公众关切的科普题目和活动，搬进科技馆、学校等场所，满足公众对进行中科学的理解和认知。

科技馆要组建专业创新研发和创作团队，不断创新科普展教内容和表达方式，延续科普展教产品、科技馆活动的生命力。要积极实施科普展教文化"走下去、走出去"战略，通过巡展、巡演等方式，将优秀的科普展教产品、科普表演节目送到学校和社区；将中国优秀的科普展教产品推到国际舞台，一展风采。

（五）科普文创

科普文创作品，主要包括科普文学或科学文艺等，创作的结果就是文本形式的科普文学或表演形式的科学文艺。一般的科普文创主要是指前者，包括科幻、科普报告文学、科普人物传记、科普小说等多种形式，它是将科学与艺术结合的表现形式。

科幻，即科学幻想的简称，是指以科学为题材，用幻想艺术的形式，表现科学和技术远景或者社会发展对人类的影响，虚构或完全违背现实的科学文艺作品。科幻界内部一般是将科幻分为"软科幻"与"硬科幻"。即具有理工背景的科幻作家，通常比较注重科学根据，对科幻因素的描述与解释也较为详尽，令读者信以为真，其作品便是"硬科幻"派；相应地，若是没受过理工方面训练的科幻作家，在描写科技内容时便会避重就轻，而尽量以故事情节、寓意与人物性格取胜，其作品属于"软科幻"派。科幻的表现形式有小说、电影、动画、漫画、游戏、音乐等类别。

科普戏曲是借助戏曲的表现手法，采用演员演绎的方式来表现科技内容的科普创作方法。科普戏曲的范围非常广泛，通常有科普小品、科普相声、科普曲艺等多种形式，适合群众自娱自乐，自我欣赏，寓教于乐。

科普文艺和科普戏曲题材和思想内容比较丰富，语言比较艺术、诙谐、生动，寓意深刻。但往往逻辑思维的运用相对较弱，科学概念的深度不够，知识的容量较少。科普戏曲是深受公众喜爱的科普作品，这不仅需要创作者具有深厚的科学基础，还需要具有较高的文学艺术修养和对公众实际生活的亲身体验。科普戏曲也是目前亟须引起重视和加快发展的科普创作领域。

四、当代科幻创作

科幻，是指以科学为题材，用幻想艺术的形式，表现科学和技术远景或者社会发展对人类影响，虚构或完全违背现实的科学文艺作品。当今的科幻已发展成为一种文化和风格，成为科幻作品衍生而来的次文化。科幻是国家文化软实力、创新能力的重要标志，对激发全民族特别是青少年的民族凝聚力、想象力和创造力具有先导作用。

（一）科学与艺术相融合

科幻是指基于科学文化的超现实图景的创造性想象和这种想象形成的思维结果，是科学性和幻想性融合的结晶。

一是基于科学，幻想未来。例如，阿西莫夫提出的"机器人三定律"被科幻迷广为传诵，同时他 1974 年创造的"未来学三定律"规定了科幻预言的方法，即正在发生的事情仍将继续发生；对显而易见的事物需慎重对待，因为没有几个人会注意到它；考虑后果。科幻作家在考虑新科技造成的后果时，不仅要看到第一层影响，还要看到第二层乃至第三层影响。例如，谁都有可能预言汽车的发明，但只有科幻作家会预言交通堵塞；谁都有可能预言飞机的发明，但只有科幻作家会预言到劫机、里程积分和时差病等。

这种对科技第二层和第三层后果的预测，可以一直追溯到科幻文学的开端——1818 年问世的世界第一部科幻小说《弗兰肯斯坦》，它从科学角度探讨了合成生命的概念：维克多·弗兰肯斯坦博士研究人类死亡之后的化学分解和腐败，然后逆转这一过程，就可以让无生命的物质活起来。玛丽·雪莱笔下的这个故事和随后的很多其他科幻作品一样是一个警世故事，它提出一些深刻的问题：究竟谁有权力创造生命？创造者对他们的造物和对社会负有什么样的责任？想一想，玛丽·雪莱是在将近两百年前提出了这些问题，而41 年后达尔文才发表《物种起源》，135 年后克里克和沃森才发现 DNA 的结构。难怪著名未来学家阿尔文·托夫勒说，阅读科幻小说是预防未来冲击的良药。

曾被《展望》杂志列为英国顶尖的 100 位公共知识分子之一的未来学家齐亚乌丁·萨达尔，提出过四条未来学定律。未来学第一定律，即未来学是诡异的。未来学之所以诡异，因为它要处理的问题是诡异的、复杂的；它是开放无定论的、边界模糊的；它不仅是多学科、跨学科的，而且可以说是无学科的，并且不以此为耻。它有意识地拒绝一个学科应有的地位和状态，而始终处于非常系统性的、批评性探究的模式。未来学第二定律，即未来学是疯狂的，它具有互相保障的多样性。未来学第三定律，即未来学是怀疑性的，它对于用一维的简单化解决方案去应对未来问题的所有思路均持怀疑态度。未来学第四定律，即未来学是没有未来的。既然我们并不拥有关于未来的真正知识，那么所有未来学探究所发生的影响，只能于当下进行评价。

1982 年，未来学家约翰·奈斯比特在《大趋势》中曾预言信息社会将取代工业社会，这本书销售 900 万册，预言也变成现实；他在《定见》中，传授如何用常识预测的"绝招"——11 个"定见"，去收集信息、分析判断与预测未来趋势。奈氏"定见"为：变化中大部分事物都有章可循；未来隐藏于现实之中；要关注统计数据；尽情想象，错又何妨；未来不过是一幅拼图；愿景不要太超前于时代；要变革，先让人们看到好处；改变是需要时间的；成功靠的不是解决问题，而是利用机会；旧的不去，新的不来；科技始终来源于人性。

二是基于技术，设计未来。以"技术奇点"论闻名的未来学家库兹韦尔认为，我们之所以不擅长展望未来，根本原因在于人类的思维遗传自祖先的线性思维模式——在草原游荡偶然撞上一只羚羊，估算着储备的食物还能撑多久——但是由于摩尔定律的作用，人类正面临指数增长的变化，线性思维已经捉襟见肘，我们无法从过去一段时间的变化速度来推测未来会发生什么。

好在人类发展出了两种有力的工具来预测未来。讲故事和科学看似平常，但是二者结合起来却潜力无穷。《科幻小说原型研究：通过科幻小说设计未来》一书中描述利用科幻小说的共同要素去推想、检验新技术潜在后果的方法。正如故事是人类经验的映照一样，科幻小说的原型用小说去探索新技术的潜在影响。研究者使用基于科学事实的科幻去创造科幻原型，探讨科技对人、对文化、对道德以及对法律的影响。企业使用这些原型已经有一段时间了，既是用作探讨这些因素所带来的影响的手段，也作为一种内部沟通的媒介，以便使理念触及更广泛的受众。科幻原型是比办公室备忘录或者产品说明书有趣得多的沟通工具。它还能表现出科技当中的人的体验，这可是备忘录或说明书很难做到的。

科幻描绘未来，科学家把它变成现实。这种事在一个又一个领域一再发生，部分原因在于科幻作家可以比科学家更加畅所欲言。科幻作家不受保密协议的限制，而很多为企业和政府工作的科学家则被这样的限制所约束。因此，科幻作家是率先指出核电站的潜在风险的人（莱斯特·德尔·雷伊创作于 1948 年的短篇小说《神经》）；也是他们最早公开揭露核武器的实际影响（朱迪斯·梅丽尔创作于 1948 年的短篇故事《仅仅是位母亲》中提到了辐射对基因的损害）。科幻在一定意义上就是科学界的维基解密，它让公众了解前沿研究的真正意义。

科幻作家承担这项工作也是有根据的。很多科幻作家都是科学家，比如格里高利·本福德、大卫·布林，比如乔·霍尔德曼，还有些人有科技新闻背景。近年来的科幻小说涉及了全球气候变化管理（如金·史丹利·罗宾逊的《雨水的四十个迹象》系列）、生物恐怖主义（如保罗·巴奇加卢皮的《发条女孩》）等热点问题。虽然谁也无法想象有人请乔治·卢卡斯为太空计划做顾问，但在传统媒介发表过作品的科幻作家的确经常受政府机构之邀做顾问，比如一个名叫 SIGMA 的科幻作家团体经常为美国国土安全部提供技术问题方面的咨询，斯蒂芬·巴克斯特、亚伦·斯蒂尔经常为美国国防部高级研究计划局提供未来宇宙飞船设计的咨询意见。

科幻小说中采用的把单一技术跟社会发展的诸多方面结合考察的方法，最终也形成一种未来学方法，称为 scenario，即剧本法、脚本法或情景规划法。例如，兰德公司的著名学者赫尔曼·卡恩对世界经济进行预测所采用的方法，就是未来场景法，同时辅以趋势外推法和类推法。所谓未来场景法，就是用丰富的想象力，对未来可能出现的场景进行设想，并分析可能形成这种场景的各种因素。当然，这种设想不是毫无根据的，而是根据调查研究的结果。他对经济不是孤立地进行研究，而是从历史的角度，结合各国的社会、文化等各方面因素综合分析。

法国学者皮格尼奥说过，未来研究的公式是"现在—未来—现在"。也就是说，从现在出发，揭示当前各种现象的内在联系和发生原因，确定影响未来发展的重要因素，从而预测将会发生什么情况和如何发生；然后，再回到对现在的关注，决定现在应采取的各种措施，以应付、选择、影响和控制未来的发展。

有人正在把科幻原型推进为更为严密的方法。其结果便是，科学和科幻之间的界限正在变得模糊。当今，每天都有令人难以置信的科学发现、技术进步或者一直被视为幻想的发明出现。创造出纯粹的未来想象图景，推演出极速变化的新技术的潜在影响，这种能力已经不再仅限于小说家——要想创造出可能的未来，这将成为一项关键能力。

曾有人利用科幻小说构筑的未来场景，阻止美国政府对于胚胎干细胞的研究。内阁成员杰·莱夫科维茨给当时的布什总统念了一段赫胥黎《美丽新世界》书中描写人类在孵化场中出生和培育的文字，按照莱夫科维茨的说法，布什"被吓到了"。而当他念完这段的时候，布什直接回应道："我们就站在悬崖边，一旦跌入深谷，就没有回头的余地了。我们应当慢慢来。"

三是基于当代，反思未来。当今的科技新闻栏目中充斥着这样的题目：《盗梦成真：美科学家为小鼠植入虚假记忆》《这不是科幻：你的汽车将被黑客入侵》《没错，牵引光束成为现实》《科幻大杀器成现实 美国激光炮已升空测试》《破译大脑工作密码〈黑客帝国〉将成为现实》……

1903年，鲁迅就在《〈月界旅行〉辨言》中指出，科学读物常常使读者厌倦，唯有科幻故事，才让人兴奋和喜欢阅读。因此，科幻可以让中国人在快乐的状态下接受科学。而100年后，受众仍在借助科幻来理解各种媒体中出现的高科技。包括科学家在内，很多人在理解日常生活中遇到的各种科学争议时，往往会受到科幻小说表述的影响。科幻小说的一种潜在作用是，为"科学以及揭示的真理"提供一个通俗易懂的解释，并使其广为人知。在通过科幻普及科学方面，凡尔纳是一个典范。在科学方面，凡尔纳基本上是自学成才，而所有自学成才者都有一个共同特点，即总是急切地想把新学到的知识与别人分享。雨果·根斯巴克继承了凡尔纳的衣钵。他在《惊异故事》创刊号的编辑按语中宣称："这些惊异故事……为读者提供别处得不到的知识，而且是使读者以一种相当惬意的方式受益，因为我们最好的科幻小说作家有将知识甚至灵感润物细无声地传达给读者的窍门，丝毫不让读者有被教导的感觉。"

随着影视的普及，科幻也成为科普与传播的有效媒介。一些科技概念借助科幻的形式可以传递给更多的受众，达到更高的探讨热度。例如，《侏罗纪公园》上映后，世界范围内掀起对基因工程技术和克隆技术的讨论；《黑客帝国》激发起公众对虚拟现实、互联网和计算机技术的探讨；《星际穿越》促进公众对天文学和太空探索的兴趣。在科幻片《10.5级大地震》播出后，美国加州地理调查学会网站的访问量翻了一番。即使科幻影视节目有瑕疵，依然能引起公众对科学本身的兴趣。有科学家提出，在影视中塑造科学家的正面形象并传达正确的科学知识，将有助于引导青少年投身科学研究。普通公众可以将科幻作为一个应对未来的有效对策，通过想象，提前适应现实世界中的变化，因为科技进步带来的社会变化有时异常剧烈，令人措手不及，科幻其实相当于一种思维试验。读过科幻小说、看过科幻电影后，就不会对新科技带来的变化感到那么大惊小怪了。

但科幻毕竟不是科普，喜欢中国当代科幻文学的法国人西里尔·杜布乐依在硕士论文《中国21世纪科幻文学简介》中研究了王晋康、刘慈欣和郑军三位科幻作家在 2000—2010 年出版的作品。西里尔发现，教育属性是中国科幻文学的特点之一。这些作品都是硬科幻，里面大部分科学是真的科学，而不是幻想的科学，其优点是读者可以顺便学到科学，但缺点则是缺少丰富的想象力和对复杂未来的推测。20 世纪 50 年代，移居美国的德国火箭专家冯·布劳恩曾与迪士尼合作，拍摄了《征服太空》等科幻片；他还与著名太空美术画家切斯利·邦尼斯泰尔合作，为《科利尔》杂志撰写图文并茂的文章，宣传未来的火星探索。这种技术与艺术的完美结合，让航天技术更容易被外行的读者理解和接受，也通过选民影响美国的航天政策。这堪称是通过科幻普及科学，并达到科幻与科技良性互动的典范。

（二）科幻的三重境界

随着科技发展的步伐加快，技术的负面效应日益凸显。反映在科幻领域中，就是对未来世界的负面看法日益增多。学者江晓原曾提出"科幻的三重境界"，可以帮助人们理解科幻创作中反思科技的思潮为何一枝独秀，并且具有强大的生命力。

第一重境界是科学。有人喜欢将科幻分成"硬"和"软"，那种有较多科技细节和较多当下科技知识作为依据的作品，被称为"硬"；而幻想成分越大、技术细节越少，通常就越被称为"软"。通常，越是倾向于唯科学主义立场的人，就越欣赏"硬"。第一重境界的极致，是预言某些具体的科学进展或成就，这与将科幻视为科普一部分的观念是相通的。

科幻作品基于科学虚构，不论科幻作品中所构想的场景多么新奇古怪、多么违反习惯与常识、多么超越当下的认知能力，那些似无边际的想象都在科学范畴之内。这个"科学"也许超乎寻常、面目全非、不可理喻，但它依旧是一种科学。就如同特德·姜在《人类科学之演变》中所描述的那样，后人类（metahuman）在科学前沿所做的探索，大大超出了人类的理解能力，"就连最天才的人类面对转译后的最新成果也往往大惑不解"，然而对于人类来说"科学传统仍将是这个文明的重要组成部分"，亦即在科学虚构中，即便科学呈现出匪夷所思的面貌，世界仍然可以被完全笼罩在"科学的密壁"之中，这样的虚构始终都是科学范畴之内的虚构。这也暗合波普尔的"可证伪"式科学观。科学失效的背后总是会有更为隐秘的规则在支配着世界的运作。用《三体》中史强的话来说，就是"邪乎到家必有鬼"。只要能将"鬼"找出来，看似变得混乱荒谬的世界，依旧是理性的、科学的。①

第二重境界是文学。追求的目标是要让科幻小说侧身于文学之林，得到

① 郭伟. 科学外世界与科外幻小说［EB/OL］.（2019 - 10 - 21）［2019 - 12 - 20］. http：//www. chinawriter. com. cn/n1/2019/1021/c404080 - 31410902. html.

文学界的承认。这种追求在中国作者中也非常强烈。在一些关于科幻的老生常谈中，一直想当然地将科幻的这第二重境界当作创作中的最高境界，却不知它其实并不值得科幻作品去汲汲追求。

科幻是科学性和文学性的结合，科幻以人类想象力为基础，以科学逻辑知识为准绳，将广阔的宇宙世界、未来世界与人类心灵世界相联系，致力于思考全人类都关心的终极问题，这是科幻小说的内在含义。1949 年以来的科幻小说，大多面向少年儿童，每一篇都立足于实在而具体的社会问题，力求以通俗易懂、简单浅显的语言向儿童阐释科学原理，满足其科学幻想，承担起教育的重要功能。

第三重境界是哲学。是对未来社会中科技的无限发展和应用进行深刻思考。科幻作品的故事情节能够构成虚拟语境，引发不同寻常的新思考。幻想作品能让某些假想的故事成立，这些故事框架就提供了一个虚拟的思考空间（这方面，小说往往能做得比电影更好）。因为有许多问题，在日常生活语境中是不会被思考的，或者是无法展开思考的。科幻作品是其他各种作品通常无法提供的，这就是对技术滥用的深切担忧。这种悲天悯人的情怀，至少可以理解为对科技的一种人文关怀。从这个意义上说，科幻作品无疑是当代科学文化传播中的一个非常重要的组成部分来，至少在文学艺术领域中，似乎只有科幻在一力承担着这方面的社会责任。[①]

科幻终极意义在于教会人们自省。在当今科学技术迅猛发展的新时代，科幻类写作似乎越来越能引导人们主动地去面对"更宏大的叙事、更广的视野、更高的追求"。这样的问题曾一度困惑着科幻创作者。近些年来科幻作家们越来越清醒地认识到，激发读者想象力的同时，更应引导其不断通过诸多科技发展背景的了解，去反思我们自身行为的恰当与否，去关注我们赖以生存的家园是否能美好延续。

（三）繁荣科幻文化

想象是人类从蒙昧走向科学的翅膀，科幻是一种特殊的想象，依据科技新发现、新成就以及在这些基础上可能达到的预见，用幻想艺术的形式，描述人类利用这些新成果完成某些奇迹，表现科技远景或社会发展对人类自身的影响。

第一，创新文化的培育。科幻创作的繁荣是国家创新能力提升的重要标志，科幻文学的兴起意味着生活方式的转变。科幻根植现实、启迪创新、拓宽视野，引导人类不断地从必然王国走向自由王国。例如，颠覆性技术是无法通过外推法获得的创新技术，这些技术往往来自非热点领域、人们的愿望、

---

① 赵洋.科幻与科技的共生[R].未来定义权:科幻与产业创新,2019 - 09 - 12.

非逻辑的灵感。从科幻中提取颠覆性技术的创意，是一些国家正在尝试的做法。美国和日本都已经从中获得有价值的经验。① 虽然从 20 世纪 80 年代开始，科幻小说要反映科学精神就成为圈内共识，但是科学界从未像文化界那样，比较全面系统地论述何为科学精神，何为科学价值观，有关观点只散见于科学工作者的言论中。科幻作家往往仅凭个人感悟，把他们认为的科学精神通过作品表现出来。

科幻创作要区别于其他文学创作，更多的不是回顾过去，而是无止境地接近未来，畅想未来可能出现的人和事，畅想科技的发展和人类生活的改变。科幻创作要打破常规，突破现有物质形态的限制，把科学幻想、人类情思、社会理想融为一体。科幻创作要与自然科学的发展保持密切的关系，要随时把握自然科学研究方向与最新成果，如果闭门造车，作品多半会沦为某种理念的化身，无法适应读者了解科学前沿的需要。科幻创作要充分考虑文学自身的规律性，结合美妙的语言、创新的结构、跌宕起伏的情节，体现人物的情感与思想。科幻创作要为人类整体树立切近的社会理想，在自由想象的同时肩负起自身的社会责任，弘扬社会正能量，体现人类整体的精神风貌和当代人对未来的追求。

第二，文学创作的创新。2015 年，刘慈欣的科幻小说《三体》获得雨果奖，是我国科幻迎来世界瞩目的高光时刻。有出版数据显示，2011—2016 年，我国科幻小说出版总数从年度 77 种发展到年度 179 种，原创读物从 35 种发展到 102 种，增长量在一倍以上。我国原创科幻文学蓬勃发展，刘慈欣、郝景芳相继获得世界科幻协会颁发的雨果奖。2018 年，美国克拉克奖表彰刘慈欣"以一己之力将中国科幻提升到世界水平"。一时间，我国科幻文学从一个小圈子内的类型文学走进大众视野，科幻文学逐渐"破圈""出海"，成为文学界和广大读者关注的重要议题。

科幻小说不仅在文学领域获得成就，对于社会发展也起到一定的推动作用；"科幻热"助推诸多与科幻相关的文化公司的诞生，许多科技工作者、企业创新者都是在与科幻小说的互动中有所发展。科幻文学备受瞩目的现实，也让它的光芒照射到了更广泛的领域。当今科幻的领军人物刘慈欣是从科幻迷中走出的作家，对科幻文化，刘慈欣有着高度的认同感，并迅速形成成熟的创作理念。他深入思考和发掘科学知识的美学因素，认为科学所包含的宏伟、博大、深邃之美是传统文学无法表现的。2006 年刘慈欣开始以连载形式发表《三体》，正是这部作品，最终将中国科幻的影响力真正扩展到世界范围，使我国科幻文学就此进入崭新的一页。

---

① 吴岩.中国科幻小说创意创新报告[R].2016 中国科幻大会主旨报告,2016 - 09 - 08.

在《三体》的带动下，主流文学评论家开始关注科幻作品，提出不少中肯的意见和建议，如缺乏人文内涵是中国科幻创作普遍无法逾越的障碍。也有评论家指出，工具理性长期笼罩中国科幻，导致作者甚少将发自内心的本能热爱融入创作，流行科幻作品往往流于应时应景，难以震撼人心。在一些评论家看来，科幻是科学共同体不断壮大的产物，更像科学共同体试图为构建其价值观，形成自身文化所做的尝试。很多中国科幻作品虽然表面上是描写未来，实则是在对过去的频频回顾。科幻写作着眼的，或许不是逝去的时代，而应构想属于未来的、全新的社会样态。①

从小众到大众，从文学到文学之外，科幻文学逐渐深刻地影响影视、电子游戏、主题公园、科幻教育和科技产业等领域。2018 年，在中国电影表现低迷不振的整体状况下，由刘慈欣科幻小说改编的电影《流浪地球》在新年伊始逆势上扬，最终收获 46.55 亿元超高票房。越来越多的科幻"亚类型"和分支出现在科幻文学领域，一个明显的变化就是软科幻的出现。

第三，社会性格的重塑。科幻不仅是小说和虚构的故事，还是一种思维方式，是一种可以携带的社会特征。工业化、信息化的发展、创新型国家建设加速，新一代更有科学素养和国际视野的年轻人登上舞台，使新时代更具有技术感和想象力。另外，当今科学和技术对个体的日常生活，以及整个社会发展的影响越来越大，成为必须面对的时代课题，而在"黑天鹅""灰犀牛"事件频出的情形下，人们对未来的不确定性感到焦虑，需要以文学的形式做出回应。科幻文学在某种程度上满足现代人，尤其是年轻人精神上的需求。

随着人工智能、大数据、基因工程及社会工程新技术的高速发展，人之为人和道德标准的传统定义受到挑战并遭到抛弃，前所未有地生活在一个科幻的世界里，而科幻的意义不在于可以预测未来，而是教会如何自省。科幻即是写科技对人生的关照，写通过科技的发展对未来的探寻，写科技的飞速发展与人类生存价值的思考，写科技注入人生的文化价值，同时更激发学生如何凭借无限的想象力给写作继续注入先锋性和思想性的力量。真正的科幻作品不应该仅只有冷冰冰、没有感情的科技，还需要作者对未来、对科技的思考与感受，抓住人心中那种不会随着物质条件改变而改变的共同感情，而这是让人们为之感动的地方。②

科幻是现实社会的表达，是人类最大的现实主义，而长期以来科幻文学被视为通俗文学的门类之一，甚至被归为儿童文学这样边缘化的位置。新时

① 新中国科幻七十年[J].科幻立方,2019(5):12.
② 王海霞,李斌,孙青梅.科幻类写作的终极意义在于教会人们自省[N].科普时报,2019 - 09 - 06(8).

代发展已经到了科技在日常生活经验中起到核心的、不可替代作用的阶段。在这样的语境下，科幻文学作为探讨人与科技之间互动关系的文学门类，可以成为主流文学的重要补充，以新的视角全面反映现实、探索现实。科幻文学是现实主义的一种，这个现实不光是我们理解的物理世界具象的现实，它也包括许多技术层面的、数据层面的、虚拟空间层面的现实，这都是现实不可分割的一部分。当下，"科幻热"的整体氛围为中国科幻文学的发展提供了宝贵的土壤，读者对科幻文学的渴望、出版界对科幻小说的偏爱、中国科幻走向世界的成功实践等因素，也正在合力助推中国科幻文学走向更高、更远。近30年来中国国力飞速上升，保持这种科技发展势头，再加上中国的文化体量、文化特性与历史传统，我国科幻一定会有光明的前景。[1]

五、科普融合创作传播

随着信息化社会发展，互联网络的快速普及，具有免费、快捷及海量信息特点的新媒体对当代科普造成巨大冲击，科普融合创作与传播成为当代科普创新发展不可逆转的趋势。科普融合创作与传播，是指以科普内容为核心，将包括传统的报纸、杂志、图书等纸质媒体，传统的广播、电视、音像、电影等视听媒体，与包括网络、电信、卫星通信等各类互联网、移动端新兴媒体，有机融为一体，实现多种传播方式和传播途径的全媒体融合创作与传播。在新的网络环境和全媒体的传播语境下，融合创作是信息时代科普的基础，是科普全媒体传播的前提，是科普供给侧革命的根本所在。传播技术越先进，科普创作越融合。

（一）科普融合创作团队

科普融合创作的关键要素，是要有机融合科学家团队、科普团队与媒体渠道，只有这样才能实现多种媒体形式的融合、科学与艺术的融合、传播渠道的融合，以及科普服务模式的融合，所创作的科普作品，才可能带来信息交互方式和呈现方式的创新优势，实现科普内容和形式的相得益彰，以及科普传播方式与服务方式的优化和效果的最大化。

要以科普作品创作为纽带，密切联系科学家团队、创作团队与媒体渠道，利用更大传播影响、更多科学资源和经费支持、更高品质作品的预期，切中其科普传播的自身效果、发展团队业务实力和拓展优质内容的痛点，打开各自的界面和接口，在科普作品的选题策划、资源采集、设计制作和传播评估等环节有机融合，显著地提升作品的质量。特别是针对科普作品的科学性把关和科学资源采集方面，提供充足的投入，聘请具有较高学术造诣和威望、

---

[1] 本报编辑部.科幻专刊首发:科幻"热"的"冷"思考[N].文艺报,2019-09-02(5).

热心科学传播、深刻理解科技发展、敏锐把握时代需求的院士专家，对科普作品的科学性进行审查把关，参与科普作品选题创意、创作过程和成果评审的全过程的监督和指导，有效地保证了科普作品的质量。[①]

（二）科普与新闻的融合

新闻是引爆公众对科普的兴趣、关注的重要途径，跟随新闻作科普创作和传播，是产生"现象级"科普的有效途径。要针对社会科技热点，快速响应，灵活且科学有效地组织由科学家、科普创意与制作人员和渠道传播人员共同开展创作与传播，对科技热点和社会焦点的科技问题进行及时、权威的解读，以对网友形成正确的引导，取得广泛的传播影响力。

1. 新闻导入、好奇心驱动、实时科普创作。要建立科普的快速反应机制，充分借助人们对重大新闻和社会热点的关注度和好奇心，借助科普的舆情监测和预警，及时挖掘新闻热点，主动策划科普内容，选准科学选题，充分发挥科普融合创作团队的专业优势和机动能力，充分利用新闻主流网站的强大优势，在新闻报道中附着科普作品，让科普借新闻的余力进行传播。

2. 聚焦关切、科学解读、生动表达。要以新闻为线索，聚焦公众和社会的科普关切，组织专家进行科学解读，用网民习惯的和喜欢的科普表达方式，生动有趣地开展科普对话，并制作成科普融合作品。在科普融合作品创作中，将科普内容的准确性和科学传播的趣味性结合在一起，能让大众更好地感受科技的魅力，创新科普内容的表达形式，将动新闻、数据新闻、时空新闻等新闻报道形态应用于科普作品的创作和传播上，有效利用视听、互动等技术，以喜闻乐见的形式为受众提供沉浸式的体验，使科学传播真正动起来、活起来，吸引更多的科普受众通过新闻来关注科技。

3. 悉心选题、融合创作、多元分发。秉承开放和融合的科普融合创作理念，突出科普选题融合作品的跨媒介传播性，充分利用各类网站、微博、微信和客户端等渠道，谋求科普传播效果的最大化。以健康科普融合创作为例，健康科普融合创作，要求必须科学正确，没有事实、表述和评判上的错误，有可靠的科学证据（遵循循证原则），符合现代医学进展与共识；同时，要针对公众关注的健康热点问题；健康科普信息的语言与文字适合目标人群的文化水平与阅读能力；避免出现在民族、性别、宗教、文化、年龄或种族等方面产生偏见的信息。在健康科普融合创作中，要把握好以下关键。

一是要评估受众关切。通过访谈、现场调查、文献查阅等方式初步确定目标受众的重要健康问题；了解目标人群的健康信息需求（他们想知道什么）；掌握目标人群对健康科普信息的知晓程度（他们已经知道什么？不知道

① 肖云,徐雁龙.科普融合创作的实践探索[J].科技导报,2017,34(12):49-53.

什么?);了解健康科普信息中所建议行为的可行性;了解影响健康科普信息传播的因素（态度、文化、经济、卫生服务等）;了解受众喜欢的信息形式、接受能力、信息传播的时机与场合等。

二是要生成科普信息。①信息编写:围绕希望或推荐受众采纳的行为,编制或筛选出受众最需要知道、能激发行为改变的信息,以及为什么这样做、具体怎么做等相关信息。②信息审核:在健康科普信息编制过程中,应邀请相关领域的专家对信息进行审核。③信息通俗化:要把复杂信息制作成简单、明确、通俗的信息,使目标人群容易理解与接受。

三是要对信息进行预传播。在健康科普信息定稿之前,要在一定数量的目标人群中进行试验性使用,确定信息是否易于被目标人群理解、接受,是否有激励行为改变的作用。可以选择小部分目标人群,通过个人访谈、小组访谈、问卷调查等形式开展预试验。修改完善信息。根据预试验反馈结果,对信息进行及时的修正和调整。

四是对信息风险进行评估。在信息正式发布之前,应对信息进行风险评估,以确保信息发布后,不会与法律法规、社会规范、伦理道德、权威信息冲突,导致负面社会舆论;不会因信息表达不够科学准确或有歧义,引起社会混乱和公众恐慌或对公众造成健康伤害。根据工作实际,在专家审核以及预试验阶段可结合风险评估的内容,同时,在信息发布之前可再组织相关专家进行论证确认。

五是要对科普内容信息进行分发。根据目标受众特点,选择合适的传播形式。传播形式应服从健康科普信息的内容,并能达到预期的健康传播目标。把健康科普信息分发到能够发布或传递到目标受众可接触到的地方（如公告栏、电视、广播、社交与人际网络等）,使健康科普信息可通过不同渠道形成反复多次的传播和使用,并在一定时间内保持一致性。健康科普信息传播要考虑节约原则,在满足信息传播内容和传播效果的前提下,选择经济的传播方式和传播渠道。①

(三) 兼顾科普阅读偏好

移动互联网的发展催生科普的泛在传播,对科普作品的创作提出新的要求,科普创作必须适应科普泛在传播、轻阅读、微阅读等的变化和需求。

第一,科普泛在阅读是快乐阅读。科普信息的获取由注重内容、形式转向注重内容、形式、关系、场域的泛在阅读转变,是科普的快乐阅读,即好看、好玩、好用。要随时随地、无时无刻都可以进行阅读,科普文章肯定不能太长、不能太深奥,而是要简短、轻松、有趣,无缝对接人们的每一点点

---

① 国家卫生计生委办公厅.健康科普信息生成与传播技术指南(试行)[Z].2015－07－22.

碎片化的时间。与书本的 32 开大小、白纸黑字的清晰、一页一页翻阅的"慢速度"不同，手机就在尺幅之间，滚动条的滑动迅速，不能都是密密麻麻的文字，必须图文并茂，最好是一小段文字配一张图片的速读文体。应运而生的就是微信的"公号体"：快阅读、轻阅读、易阅读；知识的碎片化，消解了阅读的难度和知识的"系统性"与"深刻性"；反智主义倾向，把小概率事件当作真理。

第二，科普泛在阅读是轻薄阅读。科普信息的获取的仪式感、庄重感丧失，公众阅读转向轻薄阅读。从书本到微信，一个最重要的变化在于阅读的介质发生改变：由纸张变成手机。手机自然也改变阅读。最早是抱着一本书正襟危坐地翻看阅读，到后来可以在 PC 端（台式电脑）或 Kindle（电子书）上阅读，到现在小小的手机就可以满足我们的阅读需求。"随时随地、无时无刻"自然是方便快捷，可这种快捷也破坏了阅读的仪式感。尼尔·波兹曼在《童年的消逝》中写道："学习阅读不只是一个简单的、学习'破解密码'的过程。当人们学习阅读时，人们是在学习一种独特的行为方式，其中一个特点就是身体静止不动。"但现在，坐在马桶上的 3—5 分钟，你都可以打开 10 个不同的公众号，简略翻看 10 篇完全不同类型的文章，不需要顺序，也不讲求逻辑。阅读仪式感丧失，阅读的庄重感也就丧失了。阅读仪式的轻薄、终端的轻薄，决定了内容的轻薄。

第三，科普泛在阅读是随机阅读。科普写作要有料有趣。移动互联时代的科普写作不仅要更快，还要更有趣、更有穿透力。一个用户用手机阅读科普信息，他手指轻盈地一滑，更新了五六条信息，他选择是否点开一条信息阅读的判断时间只有短短几秒钟，如果你的题目不是足够有料，或者有趣，则意味着白写了。一个科普客户端能不能持续让一个用户记得来滑动和阅读，取决于其内容是不是足够品质稳定和上乘。当科普阅读变得越来越容易的时候，也意味着写作越来越难，即是说，这样的科普传播模式让移动端的科普写作比传统媒体更难了。

（四）移动科普传播优先

科普创作必须懂得和准确把握时代的言语规则和传播路径，新媒体无疑是时代的宠儿。科普创作与新媒体传播的融合是一个很好方式，这种融合不是单纯的"是"或"非"的关系，两者需要结合，结合也不是简单叠加的关系，科普创作与新媒体的结合总体上要求实现两者的有效融合。

第一，创作时就考虑如何传播。科普创作与新媒体融合≠科普创作＋新媒体，而科普创作与新媒体融合＝科普创作×新媒体。科普创作与新媒体融合，基于科普创作并与新媒体有效融合的科普活动，两者融合得好，效率和效益就扩增，甚至数倍于叠加的结果。科普创作要边界融合，如果表达生硬、难懂、无趣味，读者和观众就会对该科普作品不感兴趣。因此，要化生硬、难懂、无趣味为熟软、易懂、有趣味。① 科普创作通过与新媒体的有效融合，既强化了科普作品的时代性、趣味性、艺术魅力、吸引力，又扩大了它的辐射面和影响力。

第二，高度关注移动网络用户。当代公众主要在移动互联网上，要抓住最大的移动网络用户群体，以移动互联网为主要传播阵地，构建与之相适应的科普作品传播渠道，与尽可能多的新媒体渠道建立合作关系，覆盖各大主流媒体的新闻客户端、WAP端、PC端、微博、微信公众号等。移动科普阅读方式，短平快、娱乐化、快餐式、碎片化是其阅读的最主要特征。有调查显示，情感/语录、养生、时事民生占据公众号关注热点的前三名。而用户每天在微信平台上平均阅读6.77篇文章，文章的平均阅读时间为85.08秒，移动端公众不爱读包括科普在内的有深度有难度的严肃的文章②。

第三，彻底改变科普写作。科普阅读方便了，科普写作和创作就困难了。网民在移动设备上阅读和获取科普信息，一篇500字的科普文章都已经很长了。微博、微信等的流行，使碎片化内容的生产变成了人们的生活习惯，人们越来越远离沉浸式思考了，大部分人都没有耐心敲下140个字，而且越来越难将有价值的内容沉淀下来。如果科普文章开头的段落过于冗长、不够吸引人，那么大多网民都会放弃继续阅读的。在PC端不过4行的段落，放到移动端上就7—8行，所以尽量保持科普写作的内容言简意赅。在科普文章适当使用小标题可起到在视觉上"缩短文章"的效果，简短的科普信息中只需一个小标题便可，稍长的内容则需适当增加，小标题的长度最好在3个单词以内，得有吸引力。科普文章适当使用配图、动图、视频等也可让读者更有"耐心"，而且图文搭配也有利于提高用户的科普阅读体验。随着信息化技术手段的日益丰富，网民对科普信息获取的体验性、互动感要求越来越高，对科幻、虚拟现实、科普游戏、科普社群等十分青睐，喜欢沉浸式科普阅读，怀揣着美好的憧憬，品味科技的美好，觅得心仪的美景，体验分享科普乐趣。

第三节　科教资源科普创意开发

科教资源是科普的核心资源，其中蕴藏着宝贵的科普内容，是科普创作和科普产品开发的优质题材。科教资源科普创意开发，是指在不改变科研和

① 林一平.科普创作边界融合与新媒体扩增效应[C]//中国科学技术协会.经济发展方式转变与自主创新——第十二届中国科学技术协会年会(第四卷),2010.
② 为何你不爱读微信里的严肃文章[N].华西都市报(成都),2016-01-26(2).

教育资源已有属性和功能基础上，通过重新构思和科普创作等方式，拓展出具有独特性、新颖性、体验性的科普内容，以及科技教育、传播、普及功能的过程。科教资源科普创意开发，既是提升国家科普服务能力，也是促进科技和教育发展的需要。

一、科研资源科普化

我国是世界研发大国，对科技的财政投入增长迅速，每年立项的国家科技计划项目达数千项，一批批优秀的科技人员在政府资金的支持下从事各类有效的科技研发活动，建成大批科研设施和重大装备，产出大批科研成果。这些都是科普优质的科普题材和科普内容，是从事科普创作、开展科普活动和开发科普产品开发的良好基础。

（一）打开科普的宝库

科研机构蕴藏着丰富科技资源，如科研成果、科技资料、科研场所、科研装备、科研过程等，这些都是为公众做科普非常好的场景和道具。科研资源科普化，或科研资源科普创意开发，不仅可以让公众更好地了解科研机构，而且还将使当代科普变得更生动、更有场景性、更有吸引力、更有生命力。

科研资源科普化，需要科研机构敞开心扉，在不影响科研和泄密的情况下，最大限度地面向社会公众开放科研资源，将科普由被动做变成主动去做。例如，在科研之外，科研团队和科研工作者结合自己从事的科研课题，可经常到科技馆、大中小学做科普讲座，在各类科普杂志和公共媒体上发表科普文章，做一些科普著述等。科研机构、课题组或科研工作者也可以主办微信公众号，每天主动推送丰富多彩的科普文章，让公众特别是青少年关注自己所从事的科研，增长见识，大开眼界，产生兴趣。可以设立机构或实验室"公众开放日"，定时面向公众开放实验室、大型科学装置、展览室（馆）、标本馆等科研场所，让公众零距离接触科研，促进公众对科研过程的了解。科研机构或课题组发布科研报告，这其实也是一种高级科普。还可进一步碎片化和通俗化，形成科普文章、科普书籍或科普视频，发挥更大的科普传播作用。科研工作者特别是著名科学家、科技专家可以把自己丰富的科研经历写成传记，也可以让公众分享与感悟到科学的思想和精神。科研管理部门可以把科研人员开展科普活动、参与科研成果科普转化纳入评价考核中，激发科研人员参与科普的积极性。

（二）担当科普的主人

科研团队或科研工作者，可以借助自己专业性作科普。科普是一项越来越专业化的工作，科研、科技创新由专业从事科研的科学家承担，而与之同等重要的科普，也越来越需要由专业人才承担。科研团队组成中可以吸纳科学传播专业人员参加，在科研的同时同步开展科普。科研团队也可以与科技社团合作，借助学会的科普团队力量和平台，开展科研资源的科普创意开发，把科研成果转化为科普产品，如科普文章、科普图书、科普视频节目等，联合开展面向公众的科普活动。科研团队和媒体或者和专业做科普的人士结合起来，科普效果会更好，新媒体和新的传播手段在科学传播中扮演着重要的角色。例如，长征七号火箭在海南文昌发射场成功发射等一些科学事件，通过网络直播，受众人数远超传统媒体，因为新媒体所能呈现科学真实的图景，让大家身临其境地感受科学。同时，科普专业力量、新媒体科学传播也需要并期待科技专家团队的参与，如某项科研成果是否具有转化成科普成果的可行性、科普内容是否能回应公众关心的那些议题等，实际上只能请科技专家来解决。

（三）开办科学的课堂

青少年科学教育是科普中普遍重视的方面，随着我国素质教育的发展，已经分年龄段制定科学课程标准，在义务教育的中小学阶段开设科学启蒙课将成为常态。但很多中小学校却面临高水平师资不足、教案教材教具匮乏等问题。科研团队可以与中小学的科技教育课结合，既把科学启蒙课开到学校，也可以把科学启蒙课搬到科研现场。例如，美国航空航天局（NASA）独到的科普就为研究机构开展科普树立了很好榜样。北京时间 2012 年 8 月 6 日，NASA 史上耗资最多的火星探测任务进入高潮，"好奇"号探测器成功着陆火星表面，而后开始它搜寻火星生命的任务。在这斥资 25 亿美元工程中，NASA 同时建立完备的科普体系，力图通过公众可以接受方式为公众服务，使每位渴望融入火星探测的人都能理解这个计划的意义和科学知识。NASA 将太空图片视为公共资源，所以民众自然可以免费共享，50 多年来，在"水星""双子星"载人航天任务、"阿波罗"登月任务、航天飞机和国际空间站等诸多太空项目中积累的大量影像以及视频、音频、文字资料，都可以通过其网站免费下载使用。对青少年的科技教育一直被 NASA 视为重要的工作，其专门为教师和学生提供精确到年级的科普资料，例如，在 NASA 网站上针对不同受众对提供的信息进行分类，为公众、教师、学生和媒体，特别是针对学龄前儿童和小学低年级（Grades K－4）、小学高年级和初中（Grades 5－8）、高中（Grades 9－12）甚至大学生及研究者（Higher Education）提供适合阅读的材料或者教材。NASA 还对作家进行科学训练，推动科幻小说的创作，以引起年轻人对科学的兴趣。

二、教育资源科普化

教育机构特别是高校，肩负着人才培养、科学研究、社会服务、文化传承创新的重要任务。我国高校承担了50%以上的国家重大计划和重大科研项目，承担国家自然科学基金面上项目的80%以上，获得国家自然科学奖、技术发明奖、科技进步奖的数量占总数的65%，发表论文占全国总数的85%。高校蕴藏着优质教育资源，在面向社会公众开展科普服务方面具有不可替代的优势，是科普工作的重要载体和支撑力量。

（一）担起科普责任

科普本质上是教育的组成部分，也应该是教育工作者的天然使命。高等学校拥有丰富的科技人力资源优势，拥有一批长期从事教学、科研工作的院士、教授、专家与学者，积累了丰富的知识，掌握着先进的科学成果，是丰富的科技创新智力源地。同时，大学生群体除具备一定科学知识，还具有积极向上、活泼开朗的特点，他们关心社会发展，社会责任感和实践能力强。高等学校是国家科普不可或缺的重要力量，高等教育机构和广大教育工作者一定要把科普列入人才培养、科学研究、社会服务与文化传承等重要工作范畴，将科普指标纳入高校、院系、教师科技工作的评价体系中，促进教育与科普、科研与科普有机结合。同时，通过设立科普相关专业、开设科普相关课程、开展科普专业技术继续教育培训等多种方式，培养大批专业化、职业化的科普人才，为提升国家科普能力做出应有贡献。

（二）突出科普特色

高校的学科优势。高等教育经过长期的发展与探索，特别是"211工程"和"985工程"的建设，已经形成比较雄厚的学科基础，决定了高校在国家发展战略体系中的重要牵引作用。同时，高校科学研究与教学的相互促进与相互补充都有利于滋生新的学科生长点和创新灵感，是进行科普工作的重要支撑。要充分发挥高校科研机构、教研机构、科协组织、学生科技社团等组织优势，组织高校教师、学生、科技工作者开展科普创作和传播。例如，中国科协与教育部持续开展的全国青少年高校科学营，堪称是国内外高校开放活动的典范。该活动自2012年起，由中国科协和教育部共同主办，全国40多所著名高校承担，每年招募包括来自内地、香港、澳门、台湾的中学生营员共计1万名以上，参加为期一周的科技与文化交流活动，走进国家重点实验室和研发中心，聆听名家大师精彩报告，参加科学探究及趣味文体活动等，对激发青少年对科学的兴趣，引导青少年崇尚科学，鼓励青少年立志从事科学研究事业，培养青少年的科学精神、创新意识和实践能力等打下了良好基础，受到了社会普遍好评。

（三）开放校园之门

在我国大中专院校里，矗立着大量的各种各类的科技类博物馆、标本馆、陈列馆、天文台（馆、站）和植物园，以及实验室、工程中心、技术中心、野外站（台）、仪器中心、分析测试中心、自然科技资源库（馆）等教育科研基础设施，这是开展科普活动的良好基础设施。各大中专院校应该充分利用这些独特条件，开展面向公众的科普活动。例如，可以设立各自的"校园开放日"，组织科普活动；也可以配合全国科普日、科技活动周、国际气象日、世界卫生日、世界环境日、世界地球日、国家节能宣传周等重要科普活动节日，围绕科普主题，采取"请进来、走出去"的科普活动方式，组织高校师生走出校园，走进广场、社区、街道等公众场所，开展具有高校特色的科普活动。

三、社会资源科普化

除了科研机构、高校，社会其他方面，如企业、医疗机构、大众媒体、科技团体、公共服务机构等也蕴藏着大量的科普优质资源，这些优质社会资源科普创意开发，对丰富科普产品、提升科普服务品质至关重要。

（一）尽到社会责任

企业、医疗机构、大众媒体、科技团体、公共服务机构等单位，拥有大量的科技专家和技术人员、专业设施设备、生产车间场所、产品陈列展览、自然或文化博物馆（遗址）等，这是最好的科普内容资源。这些优质资源的科普创意开发，不仅能满足公众的科普需求，也会给这些单位带来社会效益或经济效益。科普是全社会的责任，这些单位可以充分利用自身的资源条件，通过开展特色活动、创办科普教育基地等多种形式，履行自己的社会科普责任。例如，作为私营科技企业的腾讯，热衷和重视公益性科普活动，发起"腾讯科学周"，引发广泛关注，2019 年 9 月 20 日首届"科学探索奖"50位获奖人名单正式公布，每位获奖人将在未来 5 年获得 300 万元人民币奖金。同时，将整合旗下腾讯科学 WE 大会、腾讯医学 ME 大会和科学探索奖颁奖三大科学类活动，并计划以后每年 11 月的第一周举办全球性科学探索盛事。

一直以来，较为大型的科学、科普活动的主角一般都以政府部门、高校、科研院所、科技馆，以及科普教育基地等为中坚力量。近年来，情况开始朝着令人欣喜的方向发展，"科学向善"的理念已经得到包括科技企业、社会机构在内社会各方的广泛响应，科普大军中出现越来越多企业的身影，企业已开始成为科普活动的重要力量。例如，国内科技企业的领军者 BAT（百度、阿里巴巴、腾讯）在科学传播和普及方面都有上佳表现，我国有 300 多万家有一定规模的企业，企业的科技人员、管理人员的优势，生产和经营的优势，可以为科普提供独特的资源。促进企业科技和管理人才的科普化、生产资源和产品资源的科普化，可以提高企业文化资源中的科学文化成分。①

（二）赋能科普价值

当社会各方面参与科普的潜力充分展现时，科普必将更有活力、更有魅力——这既是社会的呼唤，也是公众的期待。整合社会科普资源，建立区域合作机制，逐步形成一定范围内科普资源互通共享的格局，可以提高社会科普资源的利用率。要把开展科普活动与履行社会责任结合起来，将开展具特色科普活动作为单位社会形象展示的重要窗口，使支持参与科普的单位，在赋能科普的同时，收获其科普活动带来的经济价值和社会价值。例如，海尔集团是我国企业开展科普的典型代表之一，其兴建了国内第一座由企业出资的现代化产业科技馆——海尔科技馆，于1999年6月1日正式开放并对外展出。海尔科技馆在回顾世界家电发展历史的同时，展示海尔最新产品、创新信息及海尔文化，集科技性、教育性、娱乐性于一身，融家电产业历史、文化、科技于一体，是全国青少年科普教育基地和青岛市青少年科普教育基地。

（三）增进公众理解

企业、医疗机构、大众媒体、科技团体、公共服务机构等单位，可以通过设立"开放日"、开展科普活动等方式，满足公众的好奇心和科普需求，增进公众对这些单位的文化的理解，对品牌和产品、服务和口碑等的了解，提升单位的社会形象。例如，蒙牛乳业从2007年以来，持续开展"蒙牛开放日"活动，"访客"不仅有普通消费者，还有NBA巨星及乒乓球世界冠军。蒙牛乳业通过这种开放日活动，积极地与消费者近距离沟通，既为自身发展创造了好的社会环境，也很好地满足了公众对乳品生产的好奇和对安全的高度关注。再如，2014年12月上海通用汽车有限公司首次举办"开放日"活动，向社会开放其上海、沈阳、烟台、武汉四大基地以及泛亚汽车技术中心，向公众开放上海通用汽车"大本营"。他们借"开放日"让消费者更直观、深入地了解公司所拥有的世界级研发和制造体系，以及全方位的卓越质量体系，增强对其产品的信任和对企业未来发展的信心，同时也提升了广大车主的自豪感。

---

① 陈杰.腾讯科学周："科技向善"企业助力提升公民科学素养[EB/OL].（2019－10－23）[2019－12－20].http://www.cdfuke.cn/ts/qw/48950.html.

第五章 青少年科技教育创新

少年智则国智，少年强则国强，青少年是祖国的未来、科学的希望。国民科学素质提高的基础在青少年，面向青少年的科技教育是培养和提高国民科学素质的基本途径和基础工程。

第一节 科技教育的责任

科技教育肩负着培养青少年科技的兴趣爱好，增强创新精神和实践能力，树立科学思想、科学态度，形成科学的世界观和方法论的重任，对提高全民科学素质、保障我国创新驱动发展战略、建成世界科技强国、实现中华民族伟大复兴具有基础性和战略性作用。

一、什么是科技教育

科技教育是义务教育的重要任务，义务教育质量事关亿万少年儿童健康成长，事关国家发展，事关民族未来。青少年是人生的起点，是一生中可塑性最强的阶段，是接受科技教育的关键时期，必须遵循青少年心理特点开展科技教育活动。

（一）科技教育的对象

义务教育阶段的青少年是科技教育的主要对象。青少年是人生介于童年与成年的特殊过渡时期，是身心经历快速改变和转化的时期，是为成人角色的转换做准备的时期。青少年时期有着不同于其他年龄段人群的特点：一是在年龄上处于未成年阶段，具有特殊的生理和心理特征，他们的实际需求、思维方式、接受能力和社会经历与成年人大不相同；二是处于学校学习阶段，他们的主要任务是按照教学计划，学好学校规定的各门课程，学习方式主要是课堂听讲和做练习、实验等作业；三是不同学段的青少年在认知水平上存在较大差异，同一学段青少年因性别、家庭文化背景、社会经济发展状况的差异也会导致学习科学技术知识时的某些差异。因此，青少年是一个同质性较强的群体，青少年科技教育有着自身的特点和规律。开展青少年科技教育工作，要了解和遵循他们特有的生理和心理发展规律，在关注相关影响因素的基础上，对其教育内容、方式与情景等方面要与成年人有所不同。

（二）科技教育的主体

学校教育是为人生打基础阶段，学校是科技教育的主战场。1996 年，国际 21 世纪教育委员会向联合国教科文组织提交的《教育：财富蕴藏其中——国际二十一世纪教育委员会报告》① 提出，现代学校教育是要使学习者"学会认知""学会做事""学会做人"和"学会生存"。学会认知，即可以使受教育者更多地掌握认识的手段，而不是获得经过分类的系统化知识；学会做事，即教会学生实践其所学的知识，并使其所受的教育与未来的工作相适应；学会为人，即学会共处，学会与他人一起生活；学会生存，即教育的基本作用在于保证人人享有为充分发挥自己的才能和尽可能牢牢掌握自己的命运而需要的思想、判断、感情和想象方面的自由。

学校教育要使学习者学会更好地融入群体与社会当中；要使学习者获得终身学习和终身发展的动力、热情和必备的基础；要使学习者在纷杂的事物中学会选择，具有正确的价值判断能力；要为学习者多样化的发展提供可能和条件，使他们具有独立健全的人格和鲜明健康的个性；要使学习者拥有善良的人性、美好的内心和优雅的举止；要使学习者学会清醒而客观地认识自身的价值和在社会上恰当的位置，并养成时时自我反省的习惯，学会自我调整，使自身不断完善；要使学习者逐渐懂得自己所承担的责任，包括对自己、对家庭、对社会、对人类和对后代的责任。总之，学校教育要有助于不断提高人的生命质量，使今天的青少年在未来生活中更加文明、更加科学、更加幸福、更加美满。

学校教育是学生接受正规科学教育的最重要、最基本的场所，是公民科学素质形成的基础，并影响到成人时期继续学习科学技术的吸纳能力②。我国当代学校教育包括学前教育、基础教育（小学、初中），高中（包括普通高中、中等职业教育）教育、高等教育（大学、高等职业），以及各类职业技术培训教育（职业培训学校、技术培训学校、函授学校、文化补习学校、网络远程教育学校等）。

学校开展科学教育的途径，首先是开设科学课程，其次是组织课外和校

---

① 教育：财富蕴藏其中——国际二十一世纪教育委员会报告[EB/OL].(1995－11－06)[2019－12－20].http://www.un.org/chinese/esa/education/lifelonglearning/4.html.

② 雷绮虹,陈玲,等.我国公民科学素质的现状和影响公民科学素质的因素[C]//全民科学素质行动计划制定工作领导小组办公室.全民科学素质行动计划课题研究论文集.北京:科普出版社,2005:69－114.

外的科学教育活动，包括营造崇尚科学的校园文化氛围。良好的校园文化不仅能创造出良好的教与学的环境，更能潜移默化地影响学生的成长观的形成，激励一代又一代的年轻人健康成长成才。最后，学校还应利用现存的教学人员和物质条件向社会开放，开展社区教育，直接为社会服务，成为成人提高文化素质和加强科学素养的重要渠道。

学校科学教育的重点，应该是以科学探究的教学方法将科学知识教授给学生，要让学生在"实践中学习"，通过活动和探究获得知识，掌握科学的方法，形成对自然的科学态度[1]。我国的学校科学教育主要包括基础教育阶段、高中（包括普通高中和中等职业教育）阶段、高等教育阶段的科学教育。

（三）科技教育的特点

科技教育作为提高青少年科学素养的重要途径、作为提高国民科学素质和人力资源建设的前提和基础，越来越受到重视，呈现出新的趋势和特点。

一是科技教育的全景化。国家创新能力和竞争能力取决于一个国家的教育能否培育和造就出适应时代发展的大批创新人才。实践表明，科技教育有助于培养学生的科学探究能力、创新意识、批判性思维、信息技术能力等未来社会必备的技能和创新能力，并有可能在学习者的未来生活和工作中持续发挥作用。

从世界科技教育发展态势看，世界各国特别是一些发达国家，纷纷聚焦未来社会必备的技能和创新能力，确立一个理想化的全景化教育远景，着力提高全景化、综合性的素质。近10多年来，美国针对青少年开展STEM教育，使科学、技术、工程、数学学习的方式发生了很大变化，日渐呈现出学校课程学习与校外活动参与相结合、分科式课程学习与综合性项目学习互为补充的发展趋势。美国教育部、美国教育研究所联合于2016年9月发布《STEM 2026：STEM教育创新愿景》报告，引起全世界的极大关注。该报告旨在促进STEM教育公平以及让所有学生都得到优质STEM教育的学习体验，对实践社区、活动设计、教育经验、学习空间、学习测量、社会文化环境6方面提出全景化的愿景规划，指出STEM教育未来10年的发展方向以及存在的挑战。

二是科技教育的融合化。科技教育的结果，是期待当今的青少年未来变成两类人，一类是涉及科学并能理解科学和技术的人，即具备科学素质的公民；另一类是成为从事科学和技术相关的科学家、工程师等，即把科学和技术作为自己的职业。对青少年不同的未来取向，采取不同的科技教育方式。对此，科技教育到底应该由谁来主导，谁有资格向青少年传播科技，学界一

---

① 美国国家研究理事会.国家科学教育标准[M].戢守志,等,译.北京:科学技术文献出版社,1999.

直没有达成共识。近年来，在科技教育中，充分发挥科学家的榜样作用，教育界与科技界的紧密结合、深度融合成为基本趋势，由此形成一些科教结合的科技教育实践模式。

——学校主导型科技教育模式。学校组织各种科技类必修课、选修课、活动课、科技兴趣小组及科技俱乐部，开展各种学习、研究和探索活动。例如，指导青少年阅读科技书刊，收听、收看广播电视的科技节目，放映科技电影、录像，参观科技展览，访问科技专家，组织专题讨论会、课题研究、科技竞赛、学科探秘、科技制作、种植养殖、发明创造等活动。美国、英国等国的教育界普遍认识到，科普教育与学校科学教育的融合，有助于解决学校教育存在的一些问题，例如学生学习科学课的兴趣低，教师教学方法单调死板以及教科书存在的局限性等。

——科教交融型科技教育模式。基础教育课程与科技教育相融合。例如，站在战略性的高度，1985 年美国启动著名的基础教育课程改革"2061 计划"、2006 年我国启动实施的"全民科学素质行动计划"，都代表着科技教育改革的趋势。

——社会与学校互动科技教育模式。校外教育机构和自然科学学术团体为科技爱好者组织相应的活动，利用假期举办综合的或专业的科技夏（冬）令营，组织青少年进行学科竞赛活动，组织各种科技参观、考察和实验活动，组织短期研习活动等。例如，我国每年举办的全国青少年科技创新大赛、全国青少年机器人大赛等，并从中选拔优秀项目参加国际青少年科技交流活动；组织科学家演讲团深入各地中小学巡讲，这种形式能让青少年获得珍贵的与科学家面对面交流的机会。

——网络化科技教育模式。随着信息技术的发展，学校将互联网、物联网等用于科技教育的教学，改变传统的老师教、学生听的科技教育教学方式，教师的科技知识传授者角色日益淡化，学生也更多地自主学习。同时，政府研究机构、科技团体、大学等开发的各种科普教育资源借助互联网方便地进入学校，学生的科学学习内容和方式更加丰富。

三是科技教育的乐享化。科技教育的责任和使命之一是要培养青少年的创新能力，实践证明，唯有自由的人才有感悟思考的闲暇，享受创新创造的快乐。科技教育要让学生获得自由，免于恐惧，才能使他们的灵感自由飞扬，思想自由穿越。随着互联网的发展，一种基于创新、交流、分享的"乐享化"的科技教育理念和行为迅速萌发，即"创客空间"，在世界范围内兴起，成为推动科技教育改革、培养科技创新人才的重要内容。创客是指那些酷爱科技、热衷实践、乐于分享，努力把各种创意转变为现实的人。创客的共同特质是创新、实践和分享，通常有着丰富多彩的兴趣爱好以及各不相同的特长，一且他们围绕感兴趣的问题聚集，就会爆发出巨大的创新活力。2015年9月，教育部明确提出探索创客教育等新教育模式，旨在通过创客教育提升学生信息素养和创新能力，自实施以来取得明显成效，从而使我国科技教育面目一新。

四是科技教育的促成化。突出科学探究、重视培养学生的科学探究能力是当今国际科学教育改革的核心理念。我国中小学新课程体系中注重强化科学课程，基于学生发展核心素养框架，完善中小学科学课程体系，研究提出中小学科学学科素养，更新中小学科技教育内容，加强探究性学习指导。[①] 青少年科学探究是通过竞赛选拔等促成手段、个性化培养等方式，激励学有余力、有科学爱好与特长的青少年，在感兴趣的学科专业领域，去发现与实践、研究与解决现实问题与科学问题。通过科学探究，提升基于现实生活发现问题、应用科学文化知识规律于创新与实践，以及应变等诸方面的能力，形成不拘泥于书本知识与规律、敢于质疑客观现象的创新思维，以及科学精神与价值观，实现培养科技创新、学科专业人才后备力量的作用。但要看到，在科学探究活动中，由于过分关注、急于求成、以追求培养科学大师为主要目标，而投入过多的热情，注入太多的外部刺激和功利诱惑、过多地选择、过多地预设等促成手段，甚至有些偏离初心和原旨，结果事与愿违。因此，我国青少年科学探究活动亟待改进和提升创新。

二、激发科学兴趣

兴趣是学习科学和探究科学最好的老师，在有兴趣的情景中学习科学、探究问题，思维最主动、最活跃，智力和能力发展最充分。培养青少年的科学兴趣和爱好，是当代科技教育的最基本使命与最重要责任。

（一）兴趣驱动的原则

兴趣原则是近现代教育的重要教学原则，为诸多著名教育家所提倡。兴趣的多样性和兴趣形成的复杂性，决定兴趣的培养不是件轻而易举的事情。通过对兴趣教学原则的历史考察，对深化科技教育的教学原则和兴趣学说研究，推进科技教育工作颇具实践意义。

第一，人的兴趣具有多样性。在赫尔巴特看来，多方面兴趣是教学与儿童、教育与心理，以及教育学与心理学的主要联结点。他指出："教育的兴趣仅仅是我们对世界与人的全部兴趣的一种表现，而教学把这种兴趣的一切对象集中于青年的心胸中，即未来成人的心胸中——在这种兴趣中我们不敢想到的希望终于可以得救了。"杜威在《我的教育信条》中认为，兴趣是教学的

---

① 全民科学素质行动计划纲要实施方案(2016—2020年)[M].北京:科学普及出版社,2016:7.

起点和决定课程进度的真正中心，并且"方法的问题最后可以归结为儿童的能力和兴趣发展的顺序问题"。"因此，经常而细心地观察儿童的兴趣，对于教育者是最重要的。"①

第二，学有兴趣是教学的目标。把学有兴趣当作教学目标，是教育兴趣说的一个跨越，也反映教学目的对教学原则的要求。我国古代即有从孔子肇始的"知之者不如好之者，好之者不如乐之者"（《论语·雍也》）的一贯主张，讲的就是好学、乐学的重要性和追求以学为好、以学为乐的境界。梁启超是我国系统论述"趣味教育"的第一人，他从趣味主义人生观出发，把趣味养成当作教育目的。在西方，以兴趣为取向的教育目的观可追溯到卢梭，他指出："我的目的不是教给他各种各样的知识，而是教他怎样在需要的时候取得知识，是教给他准确地估计知识的价值，是教他爱真理胜于一切。"杜威评价说："卢梭遵循自然的教育目的，意思之一就是注意儿童爱好和兴趣的起源、增长和衰退。"并在《民主主义与教育》中认为："兴趣和目的，关心和效果必然是联系着的。目的、意向和结局这些名词，强调我们所希望和争取的结果，它们已含有个人关心和注意热切的态度。"如此，兴趣顺理成章地被确定为教学原则。

第三，兴趣是学习者的动力源泉。在德国古典哲学特别是康德的认识论中，兴趣被看作人类理性行为的动力和情感的标志。当时的教育家不约而同地看中与教学实际最密切，也最能代表儿童、儿童心理及其能量的兴趣，从而使它成为新旧教育时代的焦点和热点问题。正如赫尔巴特所说，"欲望和兴趣结合在一起是表现人类冲动的全部""兴趣这个词标志着智力活动的特性""兴趣就是主动性""代表智力追求的能量"，或者说"能量通过兴趣这个词表达出来"。赫尔巴特学派的麦克墨里更是指出："在整个教育学思想的大事年表中都表明，古代和现代的教育学引起教师注意的就是兴趣原理，它是唯一特别着重感情生活的。"杜威也说过，"教育必须从心理学上探索儿童的能量、兴趣和习惯开始""我认为成年人只有通过对儿童的兴趣不断地予以同情的观察，才能够进入儿童的生活里面，才能知道他要做什么，用什么教材才能使他工作得最起劲、最有效果"。克伯屈指出，"兴趣是心理活动中的重要因素，对学习也是一个有力的帮助""没有兴趣，只能作出拙劣的工作，不可能有教学的杰作"。克拉帕瑞德和他的学生皮亚杰都认为，"兴趣'是把反应变成真正动作的因素'"。兴趣学说的勃兴和兴趣原则的确立，反映了教学过程规律和提高教学成效的要求。②

（二）培养科技好奇心

好奇心是人类的天性，是个体对新异和未知事物想知的倾向，是个体重

---

① ② 郭戈.关于兴趣教学原则的若干思考[J].教育研究,2012(3):119-124.

要的内部动机之一。强烈的好奇心，是创造性人才和高创造力人才所具有的鲜明的个性特征，是激发人类对新颖性和挑战性信息和经验进行认知探索和搜寻的内在动力。科技好奇心激发人们对学习科技的浓厚兴趣，唤起人们对科技知识的渴求，并使之转化成学习科技的动机。

第一，用好奇驱动科学教育教学。好奇驱动的科学教育是指在科学教学过程中，在导师的帮助下，以科学问题为中心，通过激发学生或公众强烈的好奇，进而推动其进行自主探索、以寻求问题解决的教学方式。好奇驱动的科学教学是一种建立在心理学理论基础上的科学教学方式，在于学习者本身对科学问题的探索动机，本质上是通过好奇来诱发、加强和维持的科学学习活动。好奇心作为学习的原动力，"驱动"的不是教师，也不是"学习任务"，而是学习者本身，是学习者的内在动机。

好奇是由外向内的演化过程。例如，在实践和学习的过程中，经过多次科学实践获得成功，体验到需要得到满足后的乐趣，以此逐渐巩固最初的科技求知欲，从而形成一种比较稳固的学习科学动机。因此，导师引导学习者认清学习科学的目标指向和目的意义就显得非常重要，同时要注意提高学习者发现问题和提出问题的勇气，鼓励学习者通过自主探究完成学习任务。①

第二，强化学习者的科学好奇。好奇常常会导致探究、操作，应付和追求环境刺激行为，能派生出认知内驱力。好奇心能激发科学求知欲，强烈的好奇心甚至能使人用毕生的精力去探求、研究问题；如果没有科学好奇心，就没有兴趣集中于任何事物并深入科学探索和思考。产生好奇的原因有很多种，如有的只是想知道"这是什么"，有的会疑惑"为什么会这样"，这些好奇为产生深入的思考和探索奠定了基础，是思考和探索产生的原始驱动力。诚如贝弗里奇在《科学研究的艺术》中写道：好奇心激发青少年去发现我们生活的世界：哪些坚硬，哪些柔软，哪些可动，哪些固定……科学好奇心的不断强化与满足，就会内化为学习者良好的心理品质，就会成为学习者内在的科学求知动力。这样，在好奇心驱使下，学习科学和求知科技活动会更为有效。②

第三，激活学习者的科学好奇。人类的好奇，与生俱来。好奇是一种探索和研究未知事物或观念的强烈愿望，通常表现为学习者对其所注意到的，但尚无令人满意解释的事物或其相互关系的认识。因此，创设科技教育情景，吸引学习者注意，可以有效激活学习者潜在的好奇心，促使其不断求新，发现和提出问题，进行探索和研究。例如，科技馆、探索馆、青少年科普教育基地等场所，往往能吸引青少年注意，对在这些场景中出现的情况和变化及时作出反应，发现问题，并追根寻源，提出一连串问题：有无？是否？如何？

---

①② 袁维新.好奇心驱动的科学教学[J].中国教育学刊,2013(5):66－69.

为何？从而激发思考，引起探索欲望，激活他们的好奇心。①

激活好奇心，从问题开始。古希腊教育家亚里士多德讲过一句名言："思维自惊奇和疑问开始。"一个好的问题，就如投在学生脑海中一颗石子，能激起学生思考的波浪。学生有了问题，才会主动地去探索知识，此时注意力就会高度集中，思维也就处于积极状态，对教学的内容也就容易接受。② 问题的提出是开展好奇驱动的科学教学的前提，问题也是激发学生好奇心的激活剂。实践证明，能够激发学生好奇的问题不是通常的习题，而是原始科学问题。所谓原始科学问题，是指对自然界及社会生活、生产中客观存在且未被加工的科学现象和事实的描述。而习题则是把科学现象和事实，经过一定程度抽象后加工出来的练习作业。原始问题具有以下特点：是对现象的描述，没有对现象作任何程度的抽象；基本是文字的描述，通常没有任何已知条件，其中隐含的变量、常量等需要学生自己去设置；没有任何示意图，解决问题所需要的图像需要学习者自己画出；对学习者来说不是常规的，不能靠简单地模仿来解决；来自真实生活情境；具有趣味和魅力，能引起学习者的思考和向学习者提出智力挑战；不一定有唯一的答案，各种不同水平的学习者都可以由浅入深地做出回答；解决它需伴以个人或小组的活动。原始问题则是把每个已知量镶嵌在真实的现象中而不直接给出，需要学习者根据面临的情境，通过假设、估计等手段获得所需的变量及数据，再构造出理想的模型，经过一层层的"剥开"过程，最终使结论"破茧而出"，从而极大地激发学习者的好奇心。③

第四，保持学习者的科学好奇。人们对自然事物有着与生俱来的好奇心，而这种好奇心恰恰是进行科学探究的起点和原动力。他们对所接触的任何事物都有兴趣去探究，不仅探究的范围广泛，而且能利用感官、工具和方法来对世界进行更加深入的探究。精心呵护和培养人们特别是青少年、儿童的好奇心，有利于促进学习者对身边事物的观察，并能发现问题、提出问题，从而促进科学探究技能的形成。教师要善于维护学习者的好奇心，使探究成为学习者自己的内在需要，从而持久地投入探究活动中。学习者由好奇而产生的探究活动也会在教师的引导下由不自觉到自觉，由感性到理性，逐步变成科学素养。④此外，科学职业预期是保鲜科学好奇的社会基础，营造兴趣驱动的科学职业预期，对于保持青少年科学兴趣、吸引青少年学习科技、选择从事科技工作、献身科技事业等具有重要作用。

（三）体验科技成就感

成就感，是指一个人力求实现有价值的目标，以获得新的发展地位和赞

①③④　袁维新.好奇心驱动的科学教学[J].中国教育学刊,2013(5):66-69.
②　林洪.初中科学学习兴趣培养的思考[J].产业与科技论坛,2009,8(1):199-200.

扬的内在推动力，是积极的情绪体验，是实现自我价值和得到认可的心理需求满足时产生的感觉。当人们在学习或工作中取得成功或者愿望实现时，就能产生满足感，即成就感。在科技教育教学中，教师如果能密切关注学习者的发展，就能通过成就感的体验激发学习者的兴趣。

第一，用成功驱动科技教育教学。科学兴趣有赖成功的激励，科学探究中如果不断获得成功、经常得到表扬，学习科学的兴趣就会不断巩固和发展；而屡遭失败、经常受批评的学生，其学习科学的兴趣就会日渐衰减，直至完全丧失。在科技教育中，科学兴趣和科学探究的成功是紧密联系在一起的。教师就要创造条件，激发学生学习科学的兴趣，使每一个学生都有获得成功的机会。课堂提问中，难易程度不同的科学问题，要请层次不同的学生来回答，切不可让回答问题成为优秀生的"专利"。因人而异、难易有别的提问，能使每一个学生都可能取得成功而受到老师的表扬和鼓励，从而感受到成功的欢乐。这种欢乐可以增强自信心，产生一股抑制不住的再奋斗的动力。所以，教师要善于发现学生的优点，及时地加以肯定和表扬，让学生享受到取得成绩的满足、兴奋，从而对学习科学产生兴趣，提高自己学习科学的能力。每个人都有成功的需要，如果一个人长期缺少成功的满足，就容易自暴自弃。在学习中，若得不到成功的机会，就会放弃努力，产生厌学情绪。学习者一旦有了成功的激励，就会增强学习科学的自信，就会改变自己学习科学的态度，强化自己的科技兴趣。

第二，在日常生活中体验学习科学的成就感。成就感往往来自实际科技教育内容生活化，教育家杜威认为："生活和经验是教育的生命线，离开了生活和经验就失去了教育。"他极力倡导"从生活中学习，从经验中学习"。教育家陶行知也曾说："生活是教育的中心，教育要通过生活才能发出力量而成为真正的教育。"借助科学学科的生活化特点，把身边的一些现象或素材转化成课堂互动的有效资源，将科技知识与生活实践有机地结合起来，构建生活化课堂，使学生在体验生活的过程中掌握知识，提高学习效果和学习探究能力。

贴近学生的生活实际，构建以学科知识为基础、以生活为支撑的课堂，将知识与生活有机地结合，使课堂教学充满活力，教师教得容易，学生学得轻松。课堂内外的各种活动，由于学生切身参与体验，合作交流的能力得到提高；同时，主动构建相关知识，积极探索相关内容。更重要的是，充分激发了低成就感学生的学习兴趣，促进他们积极思考，主动探究。进一步让他们形成关注社会、乐于学习和热爱生活的优秀品格。[①]

第三，在科技教育融洽过程中体验成就感。立足教材又高于教材，以学

---

① 肖雪梅.激发低成就感学生的生物学学习动机[J].福建基础教育研究,2015(2):90-91.

习者为本，合作学习。让低成就感学生当组长，进行实地考察，收集图片、数据、资料等整理成报告；课堂大胆展示，热烈交流，积极思考，辩论质疑，调整修正；教师适时补充引导，促使学习者运用所学的知识理解身边的问题，提出有科学依据的看法。让低成就感学生当组长，好学生帮忙，大家群策群力，共同完成报告。在展示环节中，可以让学习者先在小组试讲，小组成员相互探讨、相互补充，然后再在课堂上展示，交流和补充。学习者不仅从中体验到合作学习的乐趣，也加深对科技知识内涵的领悟，增加成功的机会。创新的学法沟通了课堂内外，使情、意和行得到全方位的发展。特别是对低成就感学习者，更能使他们体会到学习的乐趣和成功的喜悦，产生成就感和自信心。

第四，科技教育教学"留白"中体验成就感。教学中，教师只是引领者，学习者才是学习的主人。课堂上要让学习者学会提问，也要给学习者质疑问难的机会和时间，让质疑问难贯穿课堂教学的全过程。每组展示完后，都留些时间给学习者提问、交流和答辩，让学习者进行自我知识梳理。设置"畅所欲言"的教学环节，让学习者总结和反思学习到的重点、难点和体会，或者让学习者根据所学，自由发问与学习内容有关的生产生活问题，相互解答，疑难之处再由教师点拨。有留白时间，使学习者有时间积极思考，大胆提问，敢于质疑。留点时间给他们，也能让他们真正体会到自己是学习的主人，越发勤学好问。教学的适时留白，为学习者预留出独立思考、自主学习的空间，既可以让学习者及时将知识内化，顾此不失彼，又让学习者有不同的收获，避免教师的"一言堂"。①

（四）激发科技功利心

科技的兴趣与功利问题一直备受争议：一方面科学研究需要保持科学兴趣；另一方面科技的体制化，以及科学实用主义和社会实用精神，又不允许科学完全兴趣化。当今世界，科学研究兴趣只是社会实用精神衍生的副产品，实用精神的功利心才是科学的最根本动力。

第一，让青少年知道科技既有趣也有用。科学实用主义与科学兴趣并不对立，近年来正是我们没有很好地处理好科学发展的兴趣驱动和功利驱动的"双轮驱动"，从而导致科技发展面临一些问题。在科技教育中，一方面要让青少年懂得科学有趣；另一方面也要让青少年懂得科学有用，能解决人类、国家、民族、个人等诸多问题。

对我国没有进阶到近代科学的原因，比较流行的看法认为是中国人太重实用，而缺乏纯粹的科学研究兴趣。其背后之意有三：①实用精神与理论兴

---

① 肖雪梅.激发低成就感学生的生物学学习动机[J].福建基础教育研究,2015(2):90-91.

趣是相克的；②对一个社会的科学发展最根本的是理论兴趣，而不是实用精神；③我国古代的主流价值观非常注重实用。毫无疑问，科技兴趣的确能够使科学家去研究与实用较远的理论问题，但社会和个人的需要总是包括功利性需要和非功利性需要两个方面，前者又包括对财富、权力、名声等外在的东西的需要，后者又包括娱乐、求知、自我实现等内在的东西的需要。①

第二，让科技成为青少年的职业化向往。一个职业是金钱驱动，还是兴趣驱动，其实答案有三种：钱、信心、兴趣。兴趣是职业生涯的驱动力，每个人都有自己要走的路，选择自己的职业，必须根据自己的兴趣、爱好，同时结合自己的性格、特长。只有始终保持对于职业的兴趣，才会有工作的激情，只有适合自己的职业，才能发挥出自己的特长，也才能找准自我的定位。就像一粒种子，即使再优秀的种子，也需要适合自己的土壤。②

科技创新并不是有了兴趣就可以做到，需要相当集中的专门用于某个科学问题的时间和物质资源。因为新观念的产生有某种意义上的偶然性，在自发活动中也能产生观念，但自发的、零散的经验积累缺少深思，不仅效率太低，而且只能产生零碎、模糊、狭隘、比较肤浅、可靠性比较低的现象性知识。而更深刻、更普遍、更准确、更可靠的科技，是科学活动专门化的结果，即有人专门从事这种工作，作为职业选择，而不是业余兴趣，这是无可争议的。③

科技兴趣是青少年职业向往的基础，但不是全部。这就需要在全社会营造一个充满向往的科技职业预期，促使更多既有科技兴趣又有科技创新能力的青少年选择科技职业。在中国，当"60后""70后"还是孩子的时候，被问及长大想做什么，多数会毫不犹豫地说想当科学家；如果问20世纪80年代、90年代出生的孩子长大想做什么，则很少人说想当科学家。国际经合组织公布的《2015年国际学生能力评估》结果显示，我国的中学生期望将来进入科学相关行业的从业者比例仅为16.8%，明显低于美国的比例（38%），不及国际经合组织国家的平均比例（24.5%）。在当今中国，营造一个让青少年向往的科技职业预期，是当务之急。

第三，让科技兴趣服务社会需求。科学的职业化使得科学家必须为人类社会的需要服务，这就必须考虑当今世界发展的科技需要。罗伯特·金·默顿根据《国民传记词典》做了17世纪社会兴趣的统计分析，显示出当时英国对戏剧、诗歌等艺术、神学等的兴趣的衰落和对科学的兴趣显著提高，不是

---

①③ 朱诗勇.科学根本动力：理论兴趣还是实用精神？——兼论中国古代科学的文化之根[J].陕西行政学院学报,2009,23(2)：88-91.

② Jerry Xia. 工作的目的：金钱驱动还是兴趣驱动？[EB/OL].(2013-05-04)[2019-12-20].http：//blog. guqiankun.com/post-76.

非功利的价值取向的结果，相反是"与应用功利主义和实用性等准则有关。那些与改进人类'生活便利'联系最密切的事业获得了最多的声望和人心"。非功利的求知之心人们或多或少会有，然而纯粹是自我满足的探索自然奥秘的科学兴趣的实施不同于看球赛、钓鱼、观摩科学演示等兴趣那么简单，而是要有足够的财产，能付出大量的时间和相当的经济支出；有足够情商，能抵制其他诱惑和社会偏见；有刻苦耐劳的品格，愿意做很多艰苦的智力工作甚至体力消耗；有坚强的意志、毅力来战胜前进中无数的困难、挫折、浮躁、迷茫和失败。很显然，仅仅经济支出就淘汰了大多数人，因为有足够的财产、不需要工作的人就是在现在也是少数，更别说科学发展早期。可见纯理论兴趣不能作为科学发展的可靠、持久的动力。[①] 青少年对科技的兴趣，必须与人类社会的生产生活需求、与国家战略需求等紧密结合。

第四，用名利权情保鲜科技兴趣。个人的科学非功利性需要，不能不受社会的影响。同样，作为正常人的科学家，自我满足的成功感也并不唯一地依据科学自身的价值标准，而是包含希望得到社会肯定的欲望，这意味着科学的非功利意义并不是由科学家个人决定的。当社会予以对科学研究的高度尊重和对科学价值的肯定性评价，科学研究对个人的非功利意义就得到支持、强化。相反，社会对科学探究予以贬斥和对科学价值予以否定性评价，那么科学对个人的非功利意义就被削弱。社会对科学探索的积极态度，取决于它的结果，即科学知识给人们带来的功利和非功利的好处。

无论是功利性的科研动机，还是非功利性的科研兴趣，都是以社会实用的功利目的为基础。科学家主体中的绝大部分能够选择从事他感兴趣的工作，社会出于其福祉的实用目的，也能够提供其职业支持和精神支持，解决其谋生和事业的经济问题，并使他感到社会对他的科学工作兴趣的认同乃至赞赏，这使他能够把兴趣与谋生合二为一。同时，出于功利目的，社会可以源源不断地为科学提供问题，科学职业者解决科学问题成为社会需求。最直接的实用的关注点是技术问题，对技术问题的讨论必然导致作为技术问题讨论的依据即理论问题的讨论。纯科学看来是超越技术的要求，其实它正是技术的要求。离开实用的追求，科学的问题意识会被极大地削弱。[②]

实用主义、功利导向的市场化改革，对科研来说不是万能的，科研的根本动力是人对科学问题的兴趣，如果在功利化方面处理不好，会冲淡人对科学的兴趣，使人分心、浮躁和思想不自由。我国科技创新远跟不上经济增长的主要原因可能就在于此，市场化改革以来，我国科研越来越功利化。如果

---

①② 朱诗勇.科学根本动力：理论兴趣还是实用精神？——兼论中国古代科学的文化之根[J].陕西行政学院学报,2009,23(2):88-91.

说，追求哲理的非功利化精神让西方人接近科学，那么讲求实用的功利化精神让中国人"远离"科学。[①] 在当今中国，亟须建立完善符合科技创新的科技共同体规范，在科技的功利与非功利中寻求平衡，以此为青少年科技教育提供健康的场景，给予青少年一个充满向往的科技职业预期。

三、培养创新思维

创造是人类运用自己的脑力与体力生产人们所需要的前所未有的物质产品与精神产品的活动能力。创造能力是指一个人具有的运用一切已知信息产生某种新颖、独特、有社会或个人价值产品的能力。思维是行动的先导，创新思维是创造的前置条件，创新人才必须具备创新思维。

（一）树立创新思维意识

思维是人类认知世界的复杂精神活动，具有很强的自动性和主观性，是基于客观事物和主观经验对事物进行认知的过程。创新思维，是指以感知、记忆、思考、联想、理解等为基础，运用一切积极、智慧、策略的可能手段，构想和得出具有创造性、创新性、独特性的结论的思维模式。

第一，打破固有心理定式。固有思维定式约束创造，阻碍创新，必须克服创新思维中的不利心理因素。要克服从众心理，从众就是服从众人，顺从大伙儿，随大流。别人怎样做，自己也怎样做；别人怎样想，自己也怎样想，自己从不独立思考。要克服权威心理，习惯于引证权威的观点，不加思考地以权威的是非为是非；一旦发现与权威相悖的观点或理论，便想当然地认为其必错无疑。要克服经验心理，经验是个好东西，只要具有某一方面的经验，那么在应付这方面的问题时就能得心应手，但对经验过分依赖或者崇拜，就会削弱头脑的想象力，造成创新思维能力的下降。要克服书本心理，读书可以丰富自己的知识、拓展自己的视野，但"书"是作者个人的经验、思维所积累的产物，而且书本知识反映的是一般性的东西，不能不加思考地盲目相信和运用书本知识。[②]

第二，养成批判性思维习惯。批判性思维是以一种合理的、反思的、心灵开发的方式进行思考，从而能清晰准确地表达，逻辑严谨地推理，合理地论证和思辨。批判性思维强调认知中证据和逻辑的重要性，最早源于苏格拉底问答法，是一种逻辑推理和思辨的过程，它要求对概念和定义进一步思考，对问题进一步分析，而非人云亦云，重复权威的说法。批判性思维，即大胆假设、延迟判断，在对某个观点、假说论证时持谨慎的态度，在理性研究前

① 陈祝平.科学研究的非功利化本质[J].国际商务研究,2006(6):4-8.
② 翟海潮.培养创新思维的五种方法[微信公众号].简约管理,2019-09-10.

延迟判断（不要立即赞成或时反对）。在信息时代，批判思维是一种评估、比较、分析、探索和综合信息的能力，包括向流行的看法挑战。

第三，发挥学习者的想象力。想象力是人们不可缺少的智能，哲学家狄德罗说："想象，这是种特质。没有它，一个人既不能成为诗人，也不能成为哲学家、有机智的人、有理性的生物，也就不成其为人。"想象力的培养，从模仿开始，模仿本身就是"再造想象"。模仿的过程，就是你抓住事物的外部与内部特点的联系过程，模仿使人们逐渐认识事物之间的某些必然联系。想象必须以丰富的知识经验作为基础，没有知识与经验为基础的想象只能是毫无根据的空想。科技知识经验越广博、丰富，科学想象力的驰骋面就越广阔，获取科技知识经验的最佳途径就是科学阅读。

第四，培养学习者的洞察力。洞察力的提高对创新思维培养的重要性不言而喻。当学者面对某件事物时，就是在建立该事物与头脑中经历过的事物之间的特征和属性的关联，而头脑中事物的特征和特性的获得首先靠观察。此外，在观察过程中还要勤于思考，进行尽可能多的实践活动，在实践中观察，在观察中求得科学新知。好奇、兴趣和多方面的爱好，可以使学习者的的思路开阔、思维敏捷，各种科技知识互相补充，获得更多启发。此外，培养丰富的情感，学习者的情绪和情感往往是洞察活动的直接动力。[1]

（二）为科学思维而教

每一个教育对象都有智慧的潜质，通过知识的获取、思维的培养，人人都能发展智慧。在知识与思维之间，知识本身并无价值，知识的价值存在于"解决问题"过程中。唯有当知识被用来开启心智，知识被用于解决实践问题的时候，知识才真正找到价值实现的通途，才成为人生智慧的力量。当今科技教育最深刻的危机，就在于科技知识在教学中占据至关重要的位置，培养和塑造"知识人"成为科技教育根深蒂固的理念。当今科技教育改革的目标就是科技教育必须走上为思维而教的道路。

走出传统科学教学阴影的出路，在于实现知识向智慧的转化。成功的科学教育，不在于它教会学生多少科技知识，更在于它教会学生思维，为思维而教。[2] 但是，在当今我国的科技教育中，科学思维教学往往荒芜。很多科学教师、科技辅导员认为学生只要记住科学课本、科技场馆解说词中的内容，能在测验中取得高分就说明他已经掌握了，记住科学术语就等于概念内化了，还把科学讲解等同于科学理解。他们固执地认为在培养学生的科学思维能力上，科学内容更加重要。尽管很多教师赞同发展学生的科学思维能力，但他

---

① 深度思考派.怎样培养创造性思维？［EB/OL］.（2018－11－26）［2019－12－20］. https://baiji-ahao.baidu.com/s? id＝1618207781910603986&wfr＝spider&for＝pc.

② 郅庭瑾.为思维而教［M］.北京：教育科学出版社，2007.

们的教学仍以记忆（内容）为中心，记忆式的限制性学习在当前的科学课堂实践中占据优势，牢不可破。教师关注的是内容和效率，在学生出错后，并不会探索学生形成错误答案的原因，只是简单推断学生的想法可能是什么，然后告诉他正确答案。对内容的关注，使讲授法理所当然得到青睐，而其助长思维的被动性，不仅表示缺少判断和理解，也表示好奇心的减弱，使科技教育成为一桩苦差事而索然无味。

科技教育要为思维而教，新课程的全面实施，素质教育特别是科学素质教育的全面推进，已经成为当代脉动的最强音，而科技教育模式创新、提高教师的专业素养和水平，正日益成为教育界备受关注的课题。教会青少年怎样科学思考，而不是去教青少年思考什么。科学思维起源于疑惑，是一个不断提问、不断解答、不断追问、不断明朗的过程。在科技教育过程中，要通过教师的提问，激励与引导学生自由思考、自由表达而获得知识技能、发展能力；教师不断询问学生对某个问题的解释，使学生处于思维的应急状态并迅速地搜寻解题的策略。这个过程中，还应鼓励学生主动提问并学会提出好问题，这本身就是一个主动思考的过程，也是思考习惯养成的过程。①

（三）让青少年会科学思维

人的思维方式分两种，一种是低阶的思维方式，另一种是高阶的思维方式。低阶的思维方式，就是比较简单的、情绪化的、本能的、直接的思维方式，所谓高阶的思维方式，就是人比较系统地、有逻辑性地思考问题，总结、反问、挑战、分析、创造，我们也把这种高阶的思维方式叫作科学思维。而人的大脑很神奇的是，如果你不刻意地去训练、培养和强化，就会形成低阶的思维方式。② 激发青少年对科学的好奇心、教会青少年科学思维，是科技教育的重要使命和责任。

第一，学会发散性思维。发散性思维是创新思维的核心，其过程是从某一点出发，任意发散，既无一定方向，也无一定范围。用发散性的思维看待和分析问题，能够产生众多的可供选择的方案、办法及建议，能提出一些独出心裁、出乎意料的见解，使一些似乎无法解决的问题迎刃而解。

第二，学会逆向思维。在思维实践中，每个人都形成了自己所惯用的、格式化的思考模式，逆向思维帮助人们跳出思维定式。逆向思维的关键，是对相关假设进行质疑和反转。股神巴菲特的成功就来源于他的逆向思维，他说："当别人贪婪时你要学会恐惧，在别人恐惧时你要学会贪婪。"

第三，学会平行思维。平行思维，也称为"六顶思考帽"，是英国学者爱

① 郅庭瑾.为思维而教[M].北京:教育科学出版社,2007.

② 知路研修(刘铠文).让每个青少年都具有科学思维[知乎公号].MG 学长,2019-07-11.

德华·德·波诺博士开发的一种思维训练模式，这是一个全面思考问题的模型，它是"平行思维"工具，强调"能够成为什么"而非"本身是什么"，是寻求一条向前发展的路，使团体中无意义的争论变成集思广益的创造，使每个人变得富有创造性。"六项思考帽"的主要功能在于为人们建立一个思考框架，集中分析信息（白帽）、利益（黄帽）、直觉（红帽）以及风险（黑帽）等，依次对问题的不同侧面给予足够的重视和充分的考虑。典型的"六项思考帽"团队，在实际应用中的步骤如下：确定主题和议程（蓝帽）；陈述问题事实（白帽）；评估建议的优缺点——列举优点（黄帽），列举缺点（黑帽）；提出如何解决问题的建议（绿帽）；对各项选择方案进行直觉判断（红帽）；总结陈述，得出方案（蓝帽）。通过使用"六项思考帽"，可以将会议时间减少80%。

第四，学会头脑风暴。头脑风暴最早是精神病理学上的用语，指精神病患者的精神错乱状态，如今引申的意思是指"无限制地自由联想和讨论"，其目的在于产生新观念或激发创新设想。采用头脑风暴法组织群体决策时，主持者以明确的方式向所有参与者阐明问题，说明规则，尽力创造融洽轻松的会议气氛。头脑风暴通过联想反应、热情感染来激发人们创新思维。联想是产生新观念的基本过程，在集体讨论问题的过程中，每提出一个新的观念，都能引发他人的联想，相继产生一连串的新观念，产生连锁反应，形成新观念堆，为创造性地解决问题提供更多的可能性。在不受任何限制的情况下，集体讨论问题能激发人的热情，人人自由发言、相互影响、相互感染，能形成热潮，突破固有观念的束缚，最大限度地发挥创造性。心理学原理告诉我们，人类有争强好胜心理，在有竞争意识的环境下，人的心理活动效率可增加50%或更多。

第五，学会联想思维。联想是指在创新思考时，积极寻找事物之间的关系，主动的、积极地、有意识地去思考它们之间联系的思维方法。常说的"由此及彼、举一反三、触类旁通"就是联想中的"经验联想"。主动地、有效地运用联想，可以形成新观念，为创造性地解决问题提供更多的路径和可能性。

第六，学会整合思维。很多人擅长"就事论事"，或者说看到什么就是什么，思维往往会被局限在某个片区、碎片。整合思维是指把对事物各个侧面、部分和属性的认识统一为一个整体，从而把握事物的本质和规律的思维方法。整合思维不是简单把事物各个部分、侧面和属性的认识，随意地、主观地拼凑在一起，也不是机械地相加，而是按它们内在的、必然的、本质的联系把整个事物在思维中再现出来的思维方法。

四、科学教师的使命

培养青少年的科学素养一直是科学教育的主要目标，并成为国际上理科教育的核心目标，越来越受到重视。要做好科学教育，其中最关键的因素是科学课程改革要有大批和接受过新科学教育理念、高水平的科学教师。

（一）科学教师的标准

青少年科技辅导员或称为科学教师，是指致力于提高青少年科学素养与创新能力，指导他们开展科学体验、科学探究、创造发明等科技教育活动的中小学教师，以及高校与科研院所、科技场馆、青少年宫、青少年活动中心、科技教育机构、社会团体、企事业单位中的专业人员。中国科协青少年科技中心和中国青少年科技辅导员协会于 2017 年 7 月颁布的《青少年科技辅导员专业标准（试行)》以青少年科技辅导员的专业活动为基础、以专业发展为导向、以专业素养为核心，对青少年科技辅导员专业水平等级标准作出明确规定，用以指导和规范青少年科技辅导员的队伍建设和青少年科技辅导员的专业发展。

青少年科技辅导员的专业活动主要包括青少年科技教育活动的指导、青少年科技教育活动的组织与实施，以及青少年科技教育活动的研究和创新 3 方面。辅导员专业水平分为 3 个等级，分别为高级辅导员、中级辅导员、初级辅导员。高级辅导员是指具有示范带动作用的高水平科技辅导员，中级辅导员是指具有较强业务能力的骨干科技辅导员，初级辅导员是指具有基本业务能力的科技辅导员。其中，高级辅导员的标准包括 3 方面 15 条。

一是在师德修养与专业情感方面，包括：①热爱青少年科技教育事业，能够从建设创新型国家的高度，认识青少年科技教育事业的重要意义，具有强烈的事业心、使命感，以及奉献和敬业精神。②尊重教育规律和青少年身心发展规律，为青少年营造自由探究、自主发明、勇于创新的氛围。③通过开展青少年科技活动培养青少年良好的思维品质，以人格修养和专业水平教育感染青少年，做青少年健康成长的引路人。④致力于自身专业发展，做终身学习的典范，为其他科技辅导员的专业成长发挥示范与带动作用。

二是在理论水平与科技素养方面，包括：①掌握国家的教育方针政策和新的科技教育理念，熟悉国际青少年科技教育的最新发展现状与趋势。②掌握从事青少年科技教育活动所需的专业知识和技能，具备科学、技术、工程等领域某一学科的系统专业知识和相关技能。③掌握科学研究的基本过程和方法，掌握创新思维与发明的知识、技能与方法。④了解科技发展史和国内外科技发展最新动态与趋势。

三是在业务水平与实践能力方面，包括：①能够综合运用科学、技术、工程等方法与技能指导青少年开展跨学科的科学体验、科学探究、创造发明等活动。②能够策划、设计、组织与实施多样化的青少年科技教育活动。③能够设计与制作科技教育创新作品，主持编写科技教育活动教材、开发科技教育活动资源包。④能够协调和利用高校、科研院所、科技场馆、企业等各类社会资源组织和实施各类青少年科技活动。⑤能够运用现代教育评价理论与方法对青少年科技活动进行科学评价。⑥能够根据国内外青少年科技教育理论和发展趋势，结合工作实际，总结规律、探索创新，撰写科技教育论文。⑦能够组织开展初、中级青少年科技辅导员专项培训，能够指导初、中级青少年科技辅导员的业务工作，带动和辐射本地区青少年科技活动的开展。

该标准是青少年科技辅导员自身专业发展的基本依据，是青少年科技辅导员队伍建设、培养培训的基本依据，可为有针对性地开展培训培养，提高他们的专业能力，壮大科技辅导员队伍，为广泛开展各类科技教育活动提供有力支撑。①

（二）科学教师的素养

科学教育的目标是增进学习者的科学素养，当今的科技教育对科学教师自身素养也提出新的更高要求。当代科学教师应具备以下素质。

第一，高尚的思想品德，热爱科学教育事业。科学教师承担着教书育人的重任，在向学生传播科学文化知识的同时，教育学生如何做一个有理想、有责任的人。由此，科学教师自身要具有远大的理想，宏伟的志向，高尚的情操。

第二，较渊博的科学文化知识，较高科学教育理论修养。科学教师是科学文化的传播者，必须具有较渊博的科学知识，在科学文化修养上达到较高的水平。同时，科学教师要学习科学教育理论，掌握科学教育规律并善于运用科学教育规律，推进科学教育改革，研究科学教育的新问题、新情况，探索新规律。

第三，良好的课堂教学素质和师生关系。科学教育要求教育从传统模式中解放出来，创建适应信息时代、培养创新人才的教育，科学教师都有责任探索的新模式，设计好每堂课，创新教学形式，充分调动学生的积极性和求知欲，使学生能充分利用短暂的课堂学习，学到科技知识，学到科学方法，开启科学思维。同时，善于建立教师与学生相互尊重，相互理解，感情融洽的良好科学教育氛围。

第四，吸收科技信息和更新知识的能力。科学教师向学生传授科技知识，

① 关于印发《青少年科技辅导员专业标准(试行)》和《青少年科技辅导员培训大纲(试行)》的通知[EB/OL].(2017-07-07)[2019-12-20].http://www.cacsi.org.cn/Home/Index/articleInfo/articelId/265237/categoryId/3.

实际上就是向学生传递科技信息，从而使学生认识自然界和社会规律。科学教师要有获得新知识，扩充新知识的能力，包括从生活中发现科学概念和原理的能力；善于提出多种未知答案的探索能力；演算和阐述的能力；善于运用口头和笔头形式有效地交流和研究的能力；善于组织学生，使学生迅速地增长才干的能力等。在课堂中，科学教师要表现出创造性、灵活性、善于运用新的教学方法和教学手段。

（三）科学教师的任务

科学教育的关键是转变科学教师的教育观念，提升教师科学素质。科学教育新课程改革强调"科学探究""做中学""过程和技能"等科学本质的教学策略，这就需要科学教师转变传统的教学理念，坚持科学教育理念。

第一，坚持科学教育理念，创新科学课教学方法。在传统科学教育教学中，科学教师仅仅是照本宣科，单方面地向学生灌输科技知识。这种被动式的科学课教学方式在很大程度上挫伤了学生的学习科学积极性，学生学习科学的主体地位难以得到体现，导致科学课教学效果不佳。科学教师要有意识地转变教学方法与教学理念，积极培养学生在课堂上的主动性，利用合作学习、自主探究等方法，培养学生自主学习的能力，凸显学生在科学教育教学中的主体性地位。科学教师要不断地学习科学新知识，更要新教学理念，要具有丰富的理论知识、较强的实验操作能力、多样化的教学手段，要与时俱进地提高自己的科学素养，才能使教学游刃有余。

第二，注重校本教研，做好科学教育方案。校本教研是以学校为基地，以解决学校科学教育中的实际问题为目的，以学校教师为主要研究力量的教育研究，有利于克服科学教育理论脱离实践的弊端，是促进科学教师自主研究学习的有效举措。科学教师不能仅停留在简单完成课堂教学任务上，而应经常对自己的教学进行反思，有计划、有目的地进行探讨和研究，并大力在学校中推广好的科学教育教学方法，提升学校整体科学课教学水平。同时，在进行科学教育教学前，科学教师应当根据学生的实际情况以及教学目标来制订教学方案，对科学教材上的内容进行优化与整合，在保证教学任务能够完成的基础上尽可能简化科学课教学内容，使学生容易理解。在科学课后作业的设计上切记不能采取题海战术。

第三，提高自身科学技能，做好预实验和研究。科学课程标准指出，科学探究既是学生学习的目标，又是重要的教学方法之一；科学课程须以科学探究为中心，注重学生动手能力的培养；在教材中，实验特别是探究性实验所占比重增加，这就要求科学教师具备较高的实验操作能力。科学新课程实验内容对于新教师来说是一种挑战，做好预实验便于发现问题及时调整，避免由于设计不周，盲目开展实验而造成不良的教学效果。要深入研究，做到推陈出新，推进实验的生活化和地方化，增强实验的适用性，提高科学教师对实验举一反三的能力。科学教师可利用网络所提供的丰富资源，捕捉教育教学信息，整合学科教学与现代信息技术进行自行研修，也可以开展网上学术交流形成学习共同体（学习社区），以及开展学习者与辅导者进行交流，建构知识、分享知识。

第四，注重引导培养学生自主学习和科学思维的能力。科学教育重要的是培养学生创新思维和自我创新的能力，让其在学习过程中逐渐养成科学的思维模式，并能应用到生活实践中。科学教师需要从学生的实际情况出发，让学生通过观察、运算、想象、证明、概括等方式促进科学思维能力的提升，并能够在思维的过程中自我创新。学生在学习科技和运用科技解决问题时，不断地经历直观感知、观察发现、归纳类比等思维过程，有助于学生对客观事物和现象，进行思考并做出判断。

第五，注重培养学生科学人文融合精神。利用案例教学或者情景教学促进学生科学素养与人文素养的提高，充分体现科学与自然界的本质联系。科学教师在教学过程中，可以利用有趣的自然现象、生产生活、社会发展情况等案例或实景，激发学生的兴趣，利用案例教学与情景教学方法提升教学质量，同时也能增强学生的科学素养与人文素养。尽量将科学课堂搬到大自然中，搬到科技场景氛围浓厚的场所，如科技馆、科普教育基地等。

第二节　学校科技教育创新

学校科技教育是指教育者对受教育者在各类学校内进行的有关科学与技术的教育活动。学校科技教育是制度化的科技教育，是遵循青少年成长规律，按照科学教育课程标准，由专业人员承担，在专门机构——学校中进行的目的明确、组织严密、系统完善、计划性强的，以影响学习者身心发展为直接目标的科技教学实践活动。

一、学前科学启蒙

学龄前科学启蒙是指把学龄前（3—6岁幼儿）科学启蒙教育融入幼儿园和日常教育中，结合幼儿年龄特点，利用身边的事物与现象，激发幼儿的认知兴趣和探究欲望，养成良好的行为习惯的初级科技教育。

（一）科学启蒙

幼儿期是科学启蒙的关键期和敏感期，幼儿对身边的事物与现象充满好奇心，求知愿望强烈，是启发他们在玩耍中学会提出问题、弄明白观察的对象、构建对周围世界认识的重要阶段。

幼儿阶段的科学启蒙，就是要让幼儿体验发现的喜悦，逐步养成学会提出问题和解决问题的习惯，提高学习的原动力，逐步成为自信的科技学习者。我国 2012 年 10 月新颁布《3—6 岁幼儿学习与发展指南》指出，幼儿的科学学习是在探究具体事物和解决实际问题中，尝试发现事物间的异同和联系的过程。幼儿在对自然事物的探究和运用数学解决实际生活问题的过程中，不仅获得丰富的感性经验，充分发展形象思维，而且初步尝试归类、排序、判断、推理，逐步发展逻辑思维能力，为其他领域的深入学习奠定基础。

同时，该指南将科学启蒙的课程分为两方面：一方面是科学探究部分，包括亲近自然、喜欢探究；具有初步的探究能力；在探究中认识周围事物和现象，如探究动植物、物体和材料、天气季节变化以及保护环境等。另一方面是数学认知，包括初步感知生活中数学的有用和有趣；引导幼儿感知和体会生活中很多地方都用到数，关注周围与自己生活密切相关的数的信息，体会各种数所代表的含义；感知形状与空间关系等目标。

（二）科学探究

幼儿科学学习的核心是激发探究兴趣，体验探究过程，发展初步的探究能力。要细分不同年龄段幼儿的特征，开展探究式的科学启蒙活动。

第一，亲近自然，激发探究。根据不同年龄段幼儿的特点，老师和家长等成年人要善于发现和保护幼儿的好奇心，充分利用自然和实际生活机会，引导幼儿通过观察、比较、操作、实验等方法，学习发现问题、分析问题和解决问题。

3—4 岁幼儿：喜欢接触大自然，对周围的很多事物和现象感兴趣；经常问各种问题，或好奇地摆弄物品。

4—5 岁幼儿：喜欢接触新事物，经常问一些与新事物有关的问题；常常动手动脑探索物体和材料，并乐在其中。

5—6 岁幼儿：对自己感兴趣的问题总是刨根问底；能经常动手动脑寻找问题的答案；探索中有所发现时感到兴奋和满足。

第二，积累经验，养成习惯。根据不同年龄段幼儿的特点，老师和家长等成年人要帮助幼儿不断积累经验，并运用于新的学习活动，形成受益终身的学习态度和能力。

3—4 岁幼儿：对感兴趣的事物能仔细观察，发现其明显特征；能用多种感官或动作去探索物体，关注动作所产生的结果。

4—5 岁幼儿：能对事物或现象进行观察比较，发现其相同与不同；能根据观察结果提出问题，并大胆猜测答案；能通过简单的调查收集信息；能用图画或其他符号进行记录。

5—6 岁幼儿：能通过观察、比较与分析，发现并描述不同种类物体的特征或某个事物前后的变化；能用一定的方法验证自己的猜测；在成人的帮助下能制订简单的调查计划并执行；能用数字、图画、图表或其他符号记录；探究中能与他人合作与交流。

第三，直接感知，做中体验。根据不同年龄段幼儿的特点，老师和家长等成年人，要善于发挥幼儿的思维特点是以具体形象思维为主的优势，应注重引导幼儿通过直接感知、亲身体验和实际操作进行科学学习，在探究中认识周围事物和现象。这个时期不应为追求知识和技能的掌握而对幼儿进行灌输和强化训练。

3—4 岁幼儿：认识常见的动植物，能注意并发现周围的动植物是多种多样的；能感知和发现物体和材料的软硬、光滑和粗糙等特性；能感知和体验天气对自己生活和活动的影响；初步了解和体会动植物与人们生活的关系。

4—5 岁幼儿：能感知和发现动植物的生长变化及生长条件；能感知和发现常见材料的溶解、传热等性质或用途；能感知和发现简单物理现象，如物体形态或位置变化等；能感知和发现不同季节的特点，体验季节对动植物和人的影响；初步感知常用科技产品与自己生活的关系，知道科技产品有利也有弊。

5—6 岁幼儿：能察觉到动植物的外形特征、习性与生存环境的适应关系；能发现常见物体的结构与功能之间的关系；能探索并发现常见的物理现象产生的条件或影响因素，如影子、沉浮等；感知并了解季节变化的周期性，知道变化的顺序；初步了解人们的生活与自然环境的密切关系，知道尊重和珍惜生命，保护环境等。

（三）数学认知

注意运用已有生活经验与周围生活中感兴趣的事情，来开启和引导幼儿的数学认知，使数学不抽象、不枯燥、不乏味，激发幼儿去操作、去体验、去创造。

第一，亲近自然，感知数学。根据不同年龄段幼儿的特点，老师和家长等成年人要让幼儿初步感知到生活中数学的有用和有趣。

3—4 岁幼儿：感知和发现周围物体的形状是多种多样的，对不同的形状感兴趣；体验和发现生活中很多地方都用到数。

4—5 岁幼儿：在老师或家长指导下，感知和体会有些事物可以用形状来描述；感知和体会有些事物可以用数来描述，对环境中各种数字的含义有进一步探究的兴趣。

5—6 岁幼儿：能发现事物简单的排列规律，并尝试创造新的排列规律；能发现生活中许多问题可以用数学的方法来解决，体验解决问题的乐趣。

第二，描述事物，感知数量。根据不同年龄段幼儿的特点，老师和家长等成年人要让幼儿感知和理解数、量及数与量关系。

3—4岁幼儿：能感知和区分物体的大小、多少、高矮长短等量方面的特点，并能用相应的词表示；能通过一一对应的方法比较两组物体的多少；能手口一致地点数5个以内的物体，并能说出总数。能按数取物；能用数词描述事物或动作，如我有4本图书。

4—5岁幼儿：能感知和区分物体的粗细、厚薄、轻重等量方面的特点，并能用相应的词语描述；能通过数数比较两组物体的多少；能通过实际操作理解数与数之间的关系，如5比4多1，2和3合在一起是5；会用数词描述事物的排列顺序和位置。

5—6岁幼儿：初步理解量的相对性；借助实际情境和操作（如合并或拿取）理解"加"和"减"的实际意义；能通过实物操作或其他方法进行10以内的加减运算；能用简单的记录表、统计图等表示简单的数量关系。

第三，认知形状，感知空间。根据不同年龄段幼儿的特点，老师和家长等成年人要让幼儿感知形状与空间关系。

3—4岁幼儿：能注意物体较明显的形状特征，并能用自己的语言描述；能感知物体基本的空间位置与方位，理解上下、前后、里外等方位词。

4—5岁幼儿：能感知物体的形体结构特征，画出或拼搭出该物体的造型；能感知和发现常见几何图形的基本特征，并能进行分类；能使用上下、前后、里外、中间、旁边等方位词描述物体的位置和运动方向。

5—6岁幼儿：能用常见的几何形体有创意地拼搭和画出物体的造型；能按语言指示或根据简单示意图正确取放物品；能辨别自己的左右。[1]

二、小学科学教育

小学科学教育，对从小激发和保护孩子的好奇心和求知欲、培养学生的科学精神和实践创新能力具有重要意义。小学科学教育是门实践性和综合性都很强的课程，把探究活动作为小学生学习科学的重要方式，培养综合运用不同领域的知识和方法理解自然现象和解决实际问题的能力。

（一）科学基础教育

小学生对周围世界有着强烈的好奇心和探究欲望，他们乐于动手操作具体形象的物体，这一时期是培养科学兴趣、体验科学过程、发展科学精神的重要时期。2017年2月，我国教育部通过官网发布修订后的《义务教育小学

---

[1] 教育部. 教育部关于印发《3—6岁儿童学习与发展指南》的通知［EB/OL］.（2012 – 10 – 09）［2019 – 12 – 20］. http：//www.moe.gov.cn/srcsite/A06/s3327/201210/t20121009_143254.html.

科学课程标准》，将小学科学课程由原来的三年级开始提前到一年级，使小学阶段的科学教育具有连续性；同时，课程体系突出"技术与工程"内容，倡导跨学科的综合学习方式，促进学生在科学课程中进行基于 STEM 教育理念的综合学习，通过"造物"将科学教育与创客教育有机结合，培养科学创新能力。

2017 年秋季学期开始，我国从小学一年级起开设科学课，此前科学课从小学 3—6 年级设置。与 2001 年颁布的《全日制义务教育科学（3—6 年级）课程标准（实验稿）》相比，新版的课程标准将科学课性质由"启蒙课程"改为"基础课程"，地位更加重要。课程目标除科学知识、科学探究、科学态度外，还新增"科学、技术、社会与环境"的教学目标，要求学生了解人类活动对自然环境和社会变迁的影响，在的研究实验中考虑伦理道德的价值取向。在教学内容方面，新增"技术与工程领域"的相关内容，更加重视培养孩子的创新能力、动手操作和实践能力。在新修订课标中，来自生活的科学现象，都成为生动的教学案例。新课标要求学生学会通过多种方法寻找证据，运用创造性思维和逻辑推理解决问题，倡导探究式学习。

小学科技教育目标是培养小学生的基础科学素养，并为他们继续学习、成为合格公民和终身发展奠定良好的基础。一是要通过科技教育，使学生体验科学探究的过程，初步了解与小学生认知水平相适应的一些基本的科学知识；二是培养提问的习惯，初步学习观察、调查、比较、分类、分析资料、得出结论等方法，能够利用科学方法和科学知识初步理解身边自然现象和解决某些简单的实际问题；三是培养对自然的好奇心，以及批判和创新意识、环境保护意识、合作意识和社会责任感，为今后的学习、生活以及终身发展奠定良好的基础。[①]

（二）科学教育课程

2017 年秋季起，全国小学一年级新生的课表中，出现一门全新的必修课程——《科学》，成为我国科学教育发展史上的一个重要里程碑。小学科学课程标准的修订，充分反映了当今国际科学教育改革与发展的新趋势。

小学科学课程，面向全体小学生，倡导探究式学习，保护学生的好奇心和求知欲，突出学生主体地位，基于小学生的年龄特征与认知规律，把小学 6 年学习时间划分为 1—2 年级、3—4 年级、5—6 年级三个学段。小学科学课程以培养学生科学素养为宗旨，涵盖科学知识，科学探究，科学态度，科学、技术、社会与环境四方面的目标，每方面分为总目标和学段目标。

小学科学课程内容以学生能够感知的物质科学、生命科学、地球与宇宙

---

① 教育部. 义务教育小学科学课程标准(2017 版)［EB/OL］.（2017－02－06）［2019－12－20］. http://www. moe. gov. cn/srcsite/A26/s8001/201702/t20170215_296305. html.

科学、技术与工程中一些比较直观、学生有兴趣参与学习的重要内容为载体，重在培养学生对科学的兴趣、正确的思维方式和学习习惯。在物质科学领域选择了 6 个主要概念，生命科学领域选择了 6 个主要概念，地球与宇宙科学领域选择了 3 个主要概念，技术与工程领域选择了 3 个主要概念，四大领域的 18 个主要概念构成小学学课程的学习内容，并将科学、技术、社会与环境的内容融入其中，这四大领域的 18 个主要概念被分解成 75 个学习内容，分布在三个学段的课程内容中。①

（三）科学课的教学

小学科学教育对从小激发和保护孩子的好奇心和求知欲，培养学生的科学精神和实践创新能力具有重要意义。小学科学课教学中，要引导教师落实学生发展核心素养要求，依据课程标准组织教学；要重视实验教学，努力创设适宜的学习环境，促进学生积极参与、主动探究，引导学生做好每一个实验；要加强实践探究过程的指导，注重引导学生动手与动脑相结合，增强学生问题意识，培养他们的创新精神和实践能力。

第一，要面向全体小学生开设科学课。小学科学教育对于培养学生的科学素养、创新精神和实践能力具有重要的价值，每个学生都要学好科学。要面向全体学生，适应学生个性发展的需要，使他们获得良好的科学教育，无论学生之间存在着怎样的地区、民族、经济和文化背景的差异，或者性别、个性等个体条件的不同，小学科学课程都要为全体学生提供适合的公平的学习和发展机会。

第二，把握小学科学教学的宗旨。小学阶段的科学教学是为培养学生科学素养打基础的，科学教师应将科学素养的培养作为教学设计与实施的最高准则。在确定教学目标时既要关注科学知识，也要关注科学素养的其他成分，注重各方面目标的整合与平衡。科学素养的形成是长期的，只有通过连贯、进阶的科学学习与躬行实践才能达成，科学教师应整体把握课程标准、教材的设计思路，了解课程标准、教材在科学素养培养上的纵向、横向脉络，以及与其他学科的横向关联，知道每堂课的教学目标与学段目标、课程目标的关系，正确定位每节课的教学目标。

第三，倡导探究式学习。小学科学课程的学习方式是多种多样的，探究式学习是学生学习科学的重要方式，倡导以探究式学习为主的多样化学习方式，促进学生主动探究。突出创设学习环境，为学生提供更多自主选择的学习空间和充分的探究式学习机会；强调做中学和学中思，通过合作与探究，

---

① 教育部．义务教育小学科学课程标准（2017 版）[EB/OL]．(2017 – 02 – 06) [2019 – 12 – 20]. http://www.moe.gov.cn/srcsite/A26/s8001/201702/t20170215_296305.html.

逐步培养学生提出科学问题的能力、收集和处理信息的能力、获取新知识的能力、分析问题和解决问题的能力，以及交流与合作的能力等，发展学生的创造性、批判性思维和想象力；重视科学与人文的结合、求善求美教育与求真教育的结合，培养学生基本的科学伦理精神和热爱科学的品质。

第四，突出学生的主体地位。学生是学习与发展的主体，教师是学习过程的组织者、引导者和促进者。在小学科学教学中，教师要突出学生的主体地位，要创设愉快的教学氛围，保护学生的好奇心和求知欲，激发学生学习科学的兴趣，引导学生主动探究，积累生活经验，增强课程的意义性和趣味性。基于学生的认知水平，联系学生已有的知识和经验，充分利用学校、家庭、社区等各种资源，创设良好的学习环境，引起学生的认知冲突，引导学生主动探究，启发学生积极思维。要重视师生互动和生生互动，引导学生对所学知识和方法进行总结与反思，使学生逐步学会调节自身的学习，能够独立和合作学习，克服学习过程中的困难，成为一个具有终身学习能力的学习者。①

三、初中科学教育

初中阶段是学生科学素养发展的关键时期，具备基本的科学素养是未来社会合格公民的必要条件，是学生终身发展的必备基础。注重培养学生对自然的整体认识和与自然界和谐相处的生活态度，发展学生在科学探究、科学知识与技能、科学技术与社会等方面的认识和能力，使学生逐步形成用科学的知识、方法和态度解决社会与个人问题的意识，保护自然的意识和社会可持续发展的意识，为未来发展奠定基础。

（一）科学入门教育

我国教育部制定颁布《义务教育初中科学课程标准（2011 年版）》明确指出，初中（7—9 年级）科学课程是以提高学生科学素养为宗旨的科学入门课程，是在1—6 年级科学课程的基础上，引导学生进一步深化对自然和科学的认识，全面提高学生的科学素养。初中科学课程是体现科学本质的课程，主要包括科学探究，科学知识和技能，科学态度、情感与价值观，科学、技术与社会的关系等科学素养不可分割的四个组成部分，旨在让初中学生掌握以下科技基本问题。

第一，自然界是有规律的，这种规律是可以被认识的。科学是认识自然最有效的途径，其根本任务就是对自然界进行全面和深入的研究，从而产生

---

① 教育部. 义务教育小学科学课程标准(2017 版)［EB/OL］.（2017－02－06）［2019－12－20］. ht-tp：// www. moe. gov. cn/srcsite/A26/s8001/201702/t20170215_296305. html.

新知识。科学知识是人类经过科学探究对客观世界和人类自身的系统认识，其表现形式包含科学事实、科学概念、科学原理、科学模型和科学理论，对自然现象具有解释和预见的功能。科学知识的形成是一个不断修正、不断深入，以逐步逼近客观存在的过程。个体的创新知识只有充分接受集体的评议、判断、筛选后，才可能有选择地被接纳为共识而成为集体知识。只有充分认识到个体知识和集体知识的相互联系和转换，科学知识的形成才拥有坚实的社会基础。科学可以转化为技术，变成改变世界的物质力量。

第二，科学是以多样统一的自然界为研究对象的探究活动，是建立在证据和理性思维基础上的，其基本动力是人类的好奇心和求知欲以及经济与技术发展的需求。科学探究是创造性思维活动、实验活动和逻辑推理交互作用的过程，往往需要经过多次循环，不断有新的发现和新问题，在解决这些新问题的过程中推动科学的发展。科学探究过程需要科学情感、态度和价值观的维系。科学知识是全人类，特别是科学家探究活动的结果，它是人类智慧和劳动的结晶。科学是一项全社会的事业，每一个人都应当关注科学与技术的发展。

第三，科学是一个开放的系统。科学知识具有相对的稳定性并不断发展和进步，它不是绝对真理，也不能解决所有的问题，只能在一定的条件与范围内适用。可验证性是科学知识的重要特征，科学强调和尊重经验事实对科学理论的检验。

第四，科学活动与其他人类活动一样，都是建立在诚信的基础上的，崇尚求真务实，要求科学工作者正确处理利益、荣誉和伦理等问题，具备良好的职业道德与科学品行，以及热爱科学、坚持真理和创新的科学精神。因此，科学活动受到科学道德和社会一般道德的双重约束。[1]

（二）科学教育课程

初中科学教育以提高每个学生的科学素养为总目标，通过科学课程学习，使学生保持对自然现象的好奇心和求知欲，养成与自然界和谐相处的生活态度；了解或理解基本的科学知识，学会或掌握一定的基本方法和技能，能解释一些常见的自然现象，解决有关的实际问题；经历科学探究过程，增进对科学探究的理解，发展科学探究能力，初步养成科学探究的习惯，增强创新意识和实践能力；养成科学的思维习惯，逐步形成用科学的知识、方法和态度解决社会与个人问题的意识；了解科学、技术与社会之间的关系，深化对科学的认识，关心科技进展，关注有关的社会热点问题，初步形成可持续发展的观念。

---

[1] 教育部. 义务教育小学科学课程标准(2017 版)[EB/OL]. (2017－02－06)[2019－12－20]. http://www.moe.gov.cn/srcsite/A26/s8001/201702/t20170215_296305.html.

——在科学探究方面，通过科学课程学习，使学生理解科学探究是获取科学知识的基本方式，是不断地发现问题，通过多种途径寻求证据、运用创造性思维和逻辑推理解决问题，并通过评价与交流形成共识的过程。经历提出问题和假设、设计研究方案、获取证据、分析和处理数据、得出结论、评价与交流的过程。能用科学探究的过程和方法开展学习和探索活动。

——在科学知识与技能方面，通过科学课程学习，使学生逐步加深对下列自然科学中统一的概念与原理的理解：物质、运动与相互作用，能量，信息，系统、结构与功能，演化，平衡，守恒。了解生命系统的构成层次，认识生物体的基本构造、生命活动的基本过程，以及人、健康、环境之间的相互关系。逐步领会生物体结构与功能的统一、生物体与环境的统一和进化的观念，认识生命系统是一个复杂的开放的物质系统。了解物质的一些基本性质，认识常见的物质运动形态，理解物质运动及其相互作用过程中的基本概念和原理。初步建立关于物质运动和物质结构的观念，认识能的转化与能量守恒的意义，会运用简单的模型解释物质的运动和特性。了解地球、太阳系和宇宙的基本情况及其运动变化的规律，了解人类在空间科学技术领域的成就及其重大意义。了解在人类生存的地球环境中阳光、大气、水、地壳、生物和土壤等是相互联系、相互影响、相互制约的整体，建立人与自然和谐相处的观念。具有初步的观察技能、实验技能、收集和处理信息的技能、用科学语言表达和交流的技能。具有初步的应用科学知识描述和解释周围世界的能力，以及初步的运用科学知识和技能解决实际问题的能力。

——在科学态度、情感与价值观方面，通过科学课程学习，使学生保持对自然现象的好奇心和求知欲，热爱自然，珍爱生命，养成与自然和谐相处的生活态度，提高保护环境的意识，增强社会责任感；不断提高对科学的兴趣，深化对科学的认识，关心科学和技术的发展，尊重科学，反对迷信；求真务实、坚持真理，初步具备探究与创新意识，敢于依据客观事实提出和坚持自己的见解，能听取与分析不同的意见，面对有说服力的证据时勇于改变自己的观点，初步养成善于与人交流、分享与协作的习惯，形成良好的相互尊重的人际关系。

——在科学、技术与社会的关系方面，通过科学课程学习，使学生初步认识科学推动技术进步、技术又促进科学发展的相互关系，初步认识社会需求是促进科学和技术发展的强大动力；了解科学技术在日常生活和生产、社会中的应用，了解科学发现带来的重大的技术发明及其产生的社会影响，初步认识科学和技术的社会功能。了解科学技术在当代社会经济发展中的重要作用，了解对一个问题的解决可能又带来新的问题，认识技术发展带来的负面影响；了解有关正确运用科学技术的伦理问题；初步懂得实施可持续发展战略的意义；了解科学技术不仅推动物质文明的进步，也促进精神文明的建设与发展。

为此，科学课程应包括以下内容：统一的科学概念与原理；科学探究的基本过程和方法；自然科学中最基本的事实、概念和原理；发展学生思维能力、创新精神和实践能力的内容；培养学生科学精神、科学态度的内容；反映现代科学技术发展的新成果以及科学技术社会之间关系的内容。[①]

（三）科学课程教学

初中科学课程的教学是创造性的活动，需要教师和学生共同以科学的态度和方法，积极主动地探索、认识自然界。

第一，为每位学生提供公平学习科学的机会。初中科学课程是义务教育阶段的一门核心课程，是初中学生在接受九年义务教育之后所应当达到的科学素养基本目标的需要，体现了现代社会对公民科学素养的基本要求，为学生未来的科学学习奠定基础。初中科学课程要面向全体学生，无论学生存在着怎样的地区、民族、经济条件、文化背景的差异和性别、天资等方面的个体差异，科学课程均应为他们提供公平的学习科学的机会，努力实现因材施教，并为所有学生提供必要的资源和支持，使他们学习科学的潜能都得到充分发展。

第二，密切关注学生在科学学习过程中的自主发展。初中学生探索自然的兴趣是学习科学最直接和持久的内在动力，对学生今后的发展至关重要。在内容的选择和组织上，要从学生的实际出发，精选基础知识、技能与方法，创造学习科学良好的条件和环境，使学生在学习中体验科学的魅力和乐趣。注意尊重、保护学生的自尊心、自信心和好奇心，教师要成为学生学习活动的组织者、引导者和规范者，使学生的科学素养在主动学习科学的过程中得到发展，为学生形成正确的世界观、人生观与价值观奠定良好的基础。

第三，引导学生逐步认识科学的本质。认识科学本质有助于促进学生科学认知、科学探究能力和科学情感态度等方面的发展，有助于全面提高学生的科学素养。一方面，让学生成为科学的终身学习者，认识科学本质有助于理解科学知识的形成和发展过程以及不同领域知识之间的相互联系，从而更好地认识科学的成就、方法和局限性，正确评价科学的实用价值和社会影响，关注科学的最新进展。另一方面，作为未来社会的公民，需要认识和把握日常生活中遇到的科学技术以及相关过程，需要了解与科学相关的社会问题，参与决策过程，需要理解科学作为当代文化的一个重要组成部分，需要了解科学团体的规则和规范，这些都是科学本质的重要方面。

[①] 教育部. 义务教育小学科学课程标准(2017 版)[EB/OL]. (2017 – 02 – 06)[2019 – 12 – 20]. http://www.moe.gov.cn/srcsite/A26/s8001/201702/t20170215_296305.html.

第四，要体现科学探究的精神。要让初中学生不只是接受一些科学的知识和结论，而是经历科学探究的过程，如通过观察与思考提出问题，通过动手、动脑、合作交流等途径解决问题，这不仅符合学生的认知特点，而且对他们的发展有长远的意义。科学课程教学中，体现科学探究的精神，是科学教育面向未来的必然要求。它不仅可以使学生更有意义地学习科学知识，更好地掌握科学方法，而且使学生得以亲身体会科学精神的实质，培养科学的情感和态度，从而更全面地提高科学素养。科学教学应当是开放的，培养学生的科学素养仅仅依靠课堂教学是不够的，课堂教学在时间和空间上要向课外活动延伸。例如，开展科学技术小组活动和参观博物馆、科学技术馆、动植物园、农业生产基地、工厂等。通过课外活动，让学生不仅可以丰富经验、开阔视野、活化知识，而且可以根据自己的兴趣开展各种活动，充分发挥各自的特长，培养创新意识和提高实践能力。

第五，要反映当代科技成果。要发扬重视基础的优良传统，也要适当反映当代的科学成果和新的科学思想。多让学生了解一些他们能够接受的现代科技知识，了解现代科学技术对改善人们物质与精神生活的作用，从而使他们意识到科学与自身和社会发展的密切关系，立志学好科学，服务社会。①

四、高中科学教育

高中阶段科学教育，无论是对国家、对社会、对个人来说，都非常重要，谁赢得高中，谁就赢得未来。高中阶段是青少年科学素养的深入发展时期，重点是培养学生的学科核心素养，适应学生全面发展的要求。

（一）科学基础教育

高中科学教育是与义务科学教育相衔接的基础科学教育。2018 年我国教育部印发《普通高中课程方案和课程标准（2017 年版）》，发布了我国 260 多位专家、历时 4 年修订完成的 14 门普通高中学科课程标准，进一步强化了学科的育人功能，明确提出学科核心素养、人的全面发展的要求，明确学生学习科学课程后应形成的正确价值观念、必备品格和关键能力；同时，提出学业质量要求，明确学业质量是对学生多方面发展状况的综合衡量，研制学业质量标准，建立新的质量观，改变过去单纯看知识、技能的掌握程度，引导教学更加关注育人目的，把立德树人任务落到实处。②

———————————

① 教育部.义务教育小学科学课程标准(2017 版) [EB/OL]. (2017 - 02 - 06) [2019 - 12 - 20]. http://www.moe.gov.cn/srcsite/A26/s8001/201702/t20170215_296305.html.

② 教育部.教育部印发普通高中课程方案和课程标准(2017 年版)，落实立德树人根本任务 [EB/OL]. (2018 - 01 - 16) [2019 - 12 - 20]. http://www.moe.gov.cn/jyb_xwfb/gzdt_gzdt/s5987/201801/t20180116_324668.html.

早在 2001 年颁布的我国义务教育化学、物理、生物和科学的课程标准中就明确，科学素养即科学课程的主旨，即知识与技能、过程与方法、情感态度与价值观，也就是常说的"三维目标"。到 2011 年修订颁布的义务教育课程标准，仍然是这个框架。学科核心素养，也称核心科学素养或科学素养的核心，不仅是对科学技术发展的背景而言的，也是整个社会发展的一个代名词。高中科学教育就是要让这个时期的青少年懂得：科学究竟是干什么的？我们到底要学什么？具体表现在什么方面？科学能解决什么问题？不能解决什么问题？这就主要涉及科学的核心概念、方法和能力、科学价值观等。

高中科学课程教学的目标是聚焦培养学生学科核心素养，即重在强化各分科学科的本质，揭示本学科更深层次、更内隐的某些东西，把表象的科学知识与其内因关联起来，形成新的思维结构，帮助学生去认识更为复杂的自然现象或实验现象。

（二）学科教育课程

我国《普通高中课程方案和课程标准（2017 年版）》中，在 14 门普通高中学科课程中包含与科学和技术相关学科课程，有高中的数学、物理、化学、生物、地理、信息技术、通用技术 7 门科学课程。

高中科学教育在以核心可续素养为主线的课程教学的主要任务，主要包括：①以核心素养为基础提炼各学科的大概念，也就是科学课程在培育核心素养过程中可能和应该做出的贡献；②需要以核心素养为指引和依据，来选择学习内容；③需要设计保证核心素养目标得以落实的教学过程和教学方法；④需要设计与核心素养培育的教学目标和方式相适应的评价标准和评价方法。

（三）学科课程教学

高中科学课教学是非常艰巨的任务，学科门类繁多，学科核心素养要求高，且面临着高考的巨大压力。这就要求就学科教师改变教学理念、创新教学方式。

第一，牢牢把握学科核心素养要求。高中分科的物理、化学、生物乃至技术学科共通的素养，既具有跨学科整合，也有不同学科背景框架的差异。整合的科学素养框架是一般性、共性的，而学科核心素养则是具体、深刻和独特的。例如，对生命的观念和研究化学物质的观念，显然是不一样的；生物学要研究生物学的最本质、最核心的东西；化学要研究化学的最本质、最核心的东西。然而，社会发展又要求对科技进行整合，如当今的材料科学是物理还是化学已很难界定；分子生物学是化学还是生物也无法分开。在科学层面，不同的学科具有共同的核心素养。科学素养的精髓也在学科素养中体现，比如说科学态度、科学精神、证据推理等，任何科学分支学科的思维都必须依据证据，这是科学与其他学科重要的分水岭。

第二，在学科教育的教学设计上创新。在长期应试的重负之下，学科教师在进行课堂教学设计时，通常都是从知识的理解记忆、技能的规范操演和解题的强化训练来立意的，课堂教学的目的几乎被唯一地定位在向学生传授应试所必备的基础知识和基本技能上。因此，"传道、授业、解惑"就被片面地当作传递知识、教授技能和帮助学生解决在掌握知识与技能中存在的问题。这样一来，灌输也就注定成为主要的课堂教学模式。在学科教学内容的构思方面，要以科学课程标准中的相关条目为依据，以所用教材的相关内容为参照。不仅要关注学科的基础知识和基本技能，还要关注学科的历史进程、取得的主要成就、未来的发展趋势、与其他学科之间的关系，以及对人类社会方方面面的影响。要注意把学科规律的探究过程、探究的重要意义、科学研究的主要方法、发现并提出问题的独特角度和思考并解决问题的典型思路等纳入教学的内容。要把揭示大自然的奇妙与和谐、展现探索自然规律的艰辛与喜悦、关注身边现象和与相关的热点问题、判断大众传媒有关信息等纳入教学内容。在教学活动的安排，要以教学内容为依据，以教师本人以及本班学生的实际情况和所在学校的现实条件为基础。要根据知识的内在逻辑和技能的复杂程度，以及学生在学习中的接受逻辑和心理特点，有度又有序地安排教学活动。要留有足够的时间和空间，让学生经历科学探究过程，尝试运用实验方法、模型方法和数学工具来研究物理问题、验证学科规律，尝试运用科学原理和方法解决一些实际问题；让学生有机会发表自己的见解，并与他人讨论、交流、合作；还要让学生通过科学课程，来学习如何计划并调控自己，并逐步形成一定的自主学习能力。要注意发展学生对科学的好奇心与求知欲，激发他们参与科技活动的热情；鼓励他们主动与他人合作，并通过合作学习来培养敢于坚持真理、勇于创新、实事求是的科学态度和科学精神以及团队精神；要创造条件，让学生在力所能及的范围内，将所学的学科知识服务于他人、服务于社区，为社会的可持续发展贡献出自己的一份力量。

第三，在因材施教方式上寻求学科教学创新。遵循当代科学教育理念，发挥每个学生的个体能动性，培养他们自身的潜在能力，立足于每位学生的个体差异，全面把握学生成长的各个要素，采取个性化的教学指导策略，科学而有针对性地帮助他们扬长避短，力求在因材施教的方式上有新的突破。在教学活动中，要努力营造宽松、和谐的良好氛围，创设多样化的学习情境，着眼于使全体学生通过教学活动都能在原有的基础上得到提高。

第四，在教学实践实中寻求学科教学创新。实验、社会实践等是一座架设在理论知识与实践能力之间的桥梁，它能使学生了解学科理论知识对人类生产和生活的重要作用，知道现实生活中的一些发明、创造都包含哪些学科理论知识，以及这些理论知识是通过怎样的手段用于实践为人类造福的。此外，实验还具有另一更为重要的功能，即能为学生提供一个想象与实现想象的空间，使学生的创新思想得以验证。

五、校本科普活动

各类学校要立足学校的科普资源，同时借助各类社会科普资源，开展课堂教学外的校园科普活动，营造出浓厚的校园科技文化氛围，形成良好的科技教育人文环境。

（一）课外科普活动

利用科学课程开展科普活动。在中学物理、化学、生物等自然学科，应用课本上的原理、定义等知识，合理利用课本增加的资料或介绍性知识等青少年既感兴趣又与生活实际密切联系的内容，解决现代社会中青少年身边的实际问题，开发自然学科的潜隐课程，培养青少年处理信息、分析归纳、逻辑推理、合作交流的能力，调动他们的学习积极性，增强知识的迁移能力。在教学过程中，要广泛应用各种现代化的教育手段，增大青少年的信息提供量，培养青少年收集、处理信息的方法和能力；设置问题情境，让青少年去探究（收集资料、拟订方案、实施操作、评价检验），找到解决问题的方法，使青少年充分参与学习过程，体验科学研究的过程；在青少年探究的过程中，重视对青少年科学态度、科学方法能力、科学行为习惯的培养，重视探究的过程；重视青少年动手实践，为青少年创造更多的参与活动、实践操作的机会，让其通过动手、动口、动脑，提高科学素养。利用劳动技术课开展科普活动。劳动技术课要强化技术，在实践中学习，富含创新，引爆兴趣。课程内容要与时俱进，吐故纳新；要重视基础，体现创新；要体现综合，各有特色。课堂教学要体现师生主体，互相激励；要面向全体，突出个性；要开发思维，重在实践。

（二）校内科普活动

充分发挥校园科技社团、科技兴趣小组等作用，开展校内大型科普活动。主要包括：定期的常规性科普活动，如"科普活动月"活动、科技周活动，以及全校参加的每年都在固定时间举办的传统科普活动；科技主题教育类活动，如结合形势、节日举办的全校性的不固定时间的主题教育活动——在"世界戒烟日"开展远离烟草、珍惜生命的主题教育活动等；科技夏令营活动，利用假期开展的部分青少年参加的科普活动，如科技夏令营、冬令营等。这些活动大多以科技兴趣小组的形式开展。

教育环境是教育中的隐性因素，它对青少年产生着潜移默化的影响，直接影响着教育的效果。中小学科技教育如果没有环境氛围的支持，将会是"空口说白话"。营造浓厚的科技教育环境氛围，有利于科学精神的熏陶和科学情趣的培养；把校园建成科技园，能为青少年经常性的科学观察、实践和创造活动提供设施和空间，可在玩中学、看中学、做中学。学校要重视科技教育环境建设，在校园改建和扩建时充分考虑科技教育的场所建设，增加专用教室的数量和面积，改善硬件设施。

（三）校外科普活动

学校要利用一些得天独厚的条件，充分利用区域内人才资源，以及丰富的科普场所，开展科普活动，如组织科学家报告会；组织青少年参观国家重点实验室；与科学家直接对话；参加区域性、全国的科普联动活动等；组织课外兴趣小组，如天文兴趣小组、生物组织培养小组、生物试验小组、电子线路小组、化学兴趣小组、摄影小组、计算机小组、环保组、模型组、花卉组、智能机器人小组等。举办校园科技节、科技活动周、科技论坛、科技成果展示等，可以为学生提供提高科学素质、展示创新才华的平台。此外，与科技相关的社会实践活动也是增强学生科学素质的重要途径。比如，中国科协"大手拉小手"科普报告希望行活动于 2000 年设立以来，旨在以科学家的大手拉青少年的小手，搭起科学家与青少年之间的沟通桥梁，以科普报告的形式面向青少年开展科学传播，激发青少年的科学兴趣、点燃青少年的科学梦想，20 年来足迹遍及全国 32 个省、自治区、直辖市的中小学校，举办科普报告近 6000 场，受益青少年近 300 万人。

第三节　校外科技活动创新

校外科技活动，是指充分利用社会科技、教育、科普等资源，将青少年的科学课从课堂走向社会，让青少年走出课堂、走出家庭，走进大自然，走进科技馆、科普教育基地、社区、工厂、田野和海疆，使青少年在自然和社会的氛围里，接受科技教育。

一、校外科技活动

校外科普活动与学校教育、家庭教育等，共同组成青少年科技教育。校外课外科学教育活动可以充分激发学生学习科学的兴趣，拓宽学生的知识面，培养学生客观、求实、严谨的科学态度。课外科技活动不仅对学生有益，而且也有促进科学教师学习和提高业务水平的作用。

（一）科技竞赛

科技竞赛活动是普遍受到学校、家长、学生关注的校外科技活动，有研究表明，竞赛因素对学生科学素质提升呈显著正影响[1]。在参与科技竞赛等课外活动中，学生不仅需要综合运用学过的各种知识、技能，还需要其他方面的专业基础知识和技能，拓宽学生的知识面和对其他相关学科知识的了解、学习和应用能力。同时，还可以引导学生逐步养成严肃、认真、细致的态度，提高他们分析问题、解决问题的能力和实际动手操作能力。科技竞赛类活动能更大程度地激发学生的兴趣与热情，使其思维更加灵活和具有创造性，并会主动、积极、执着地去学习与探索。竞赛作为一种方式，能激发竞争意识、培养竞争能力和拼搏精神。如果分组比赛，还可以使团队形成团结友爱、互帮互助的氛围，实现问题共解，过程共同经历，结果共同分享的合作目标。竞争对手之间在竞赛中也可以互相学习，最终达到共同提高。科技竞赛活动教育虽然为期较短，但影响力很大，虽然每年最终选出500多名青少年科技爱好者、200名科技辅导员参加全国竞赛、展示和交流活动，但每年能吸引全国的1000万名青少年参加不同层次的大赛活动。

（二）科学调查

青少年科学调查体验活动由教育部、中央文明办、国家广播电视总局、共青团中央、中国科协等单位共同发起，是一项面向全国中小学的广大青少年群体，以提升青少年的科学文化素质为目标，以科学调查、体验、探究为主要内容和形式，面向全体青少年，具有群众性、基础性、引领示范性的科学普及传播类科技教育活动。

调查体验活动把学习与巩固、延伸与拓展科学知识作为关键，把调查与体验作为手段。活动过程中，青少年在科技教育工作者的指导下，围绕活动的主题，结合客观实际，采取项目研究等学习方式，利用所学的科学文化知识，通过实证、实践性的调查体验，以理解、巩固所学的基本科学知识与规律，延伸学习科学知识与方法，在体会、感悟过程中提高运用科学知识分析、解决客观问题的能力，提升科学文化素质，实现青少年书本科学知识从感性到理性的升华，巩固、建构青少年适应社会进步发展所需的科学文化知识体系。

（三）科普研学

科普研学是校外科技活动的有效形式，充分利用附近的条件，或建立校外科技实践基地，推进中小学生走出第一课堂、主动参与社会实践、启发思维。科普研学的主要形式包括组织开展科普游学、夏令营，以及收集资料、实地考察、亲身体验、生产或实验过程、讨论交流、采访专家、样本采集、专题调研等多种丰富的活动形式。其目的是增加科学课程的实践环节，用丰富多彩的亲历活动充实学生的学习过程，鼓励学生进行科学探究活动，理解

---

[1]　薛海平,胡咏梅,段鹏阳.我国高中生科学素质影响因素分析[J].教育科学,2011(5):70-80.

科学探究过程，培养学生的动手能力、探究问题和解决问题的能力，培养学生的科学探究意识和能力，增强实践意识和社会责任感。科普研学是面向青少年进行科学传播和科学教育的新方法和新模式，开展科学普及研学，有利于培养青少年的科学兴趣，促进书本知识和科学实践活动的深度融合，有利于青少年创新能力和动手能力的提升。

科普研学亦称科普游学，但非简单科普旅游项目，而是在旅游的基础上增加学习的功能，在自然轻松中完成旅游的过程。科普研学以学为主，边游边学，是一个"行万里路，读万卷书"的过程。科普游学是一种跨文化、跨地域、跨行业的体验式科普旅游模式，既不是单纯的旅游，也不是枯燥的学习科技知识，而是在学习中潜移默化地体验人生，在体验中学习科技。随着人们生活层次和审美层次的提高，越来越多的家长开始接受科普游学教育理念和让孩子更好成长的科学教育方式。例如，2019年11月7日，中国科学院青海盐湖研究所举办"科学之旅"科普研学活动，40名高中生参加活动。活动安排了参观历史遗址和科学实验室、近距离接触科学家、听报告、观展厅、解疑释惑等，达到激发他们对科学的热爱，帮助他们实现拓视野、圆梦想的目的。

随着各种以研学为名的旅行项目持续升温，"重旅游，轻研学"，使科普研学旅行成为纯粹旅游的现象不断出现。必须推动科普研学的健康发展，科普研学要与学校科学课程结合，以提升学生的好奇心和想象力为目的，探索提升青少年科学素养的科普研学的有益模式，支持科研院所、高等院校、高新企业的科技专家成为优秀的科普研学导师；推动更多的高校和科研院所面向青少年开放，设计开发优质的科普研学课程；在科普研学活动中，不仅要注重传授科学知识，更要重视传播科学精神和培养青少年的科学志向，培养爱国情怀。

二、科普展教活动

科普展教活动，是指依托科普专门设施或具有科普功能的场所，通过展览、演示、互动、体验等方式，开展科普的一种形式。这些设施或场所包括科技馆、自然科学类博物馆、天文馆、专业博物馆、科技活动中心，以及具备科普教育功能的公共场所等。

（一）科学体验

科学互动体验是指通过在科技馆等主要科普专门设施或场所，布置经常性和短期的科普展览（参与、体验、互动性的展品及辅助性展示手段），举办科普教育讲座、演出和科学文化交流等活动。例如，科技馆常年对全体社会公众开放，青少年是科技馆最主要的参观群体。科技馆互动体验活动不仅包括实体科技馆的科普展教活动，也包括流动科技馆巡展、科普大篷车活动等。

例如，中国科协 2013 年启动的流动科技馆巡展，是为满足对尚未建设科技馆地区的科普公共服务需求，为充分发挥科技馆的辐射和带动作用，探索建立广覆盖、系列化、可持续的流动科技馆公共服务机制，它把科技馆服务送到最基层和偏远地区的公众身边，让尚未建设科技馆的地区同样享受到科普公共服务。再如，中国科协 2000 年启动的科普大篷车活动，主要指以车载形式为中小学校、城乡社区，特别是贫困、边远地区提供科普展览和教育服务的流动科普设施，机动性好，开展的小型科普展览、播放科普影音资料、提供科普资料阅读等，受到青少年的普遍欢迎。

（二）科技博览

自然历史博物馆、天文馆、地质博物馆、农业博物馆、汽车博物馆、邮电博物馆、铁道博物馆、煤炭博物馆等，收藏、制作和陈列了大量的动植物、矿物、天文、地质、动物、植物、古生物和人类标本，以及人类科技文明、工业文明等方面具有历史意义的展品，可供科学研究、文化教育、科普教育。开展科普教育的主要方式包括常设和短期展览，相关科普讲座，以及常年对全体社会公众开放等，是校外科普活动的良好场所。

（三）开放活动

为履行社会责任，越来越多的高校、科研机构、企业、事业机构等设立开发日，开展相应的科普活动。不少高校、科研机构、企业等，自身拥有一定数量的自然、地质、动物、植物、古生物和人类等方面的科学研究，还有科学传播，如小型科普馆、展览馆、标识牌、导引说明等，一些公共文化机构还拥有自然保护区、森林公园、地质公园、海洋公园（馆）、水族馆、标本馆、动物园、植物园等，也是科普的良好场所。一些机关和企事业单位利用自身设施条件，如医疗设施场所、测绘设施场所、地震台站、气象台站、消防设施、航空航天设施、生产设施（或流程）、科技园区、展览馆等，也蕴含丰富的科普元素。这类场所，在对公众开放时，特别能让青少年零距离、直接感受到科学技术研究的前沿氛围，并由此激发对科学技术的兴趣，了解相关的科学知识、科学方法和科学思想。

三、校外科普服务创新

校外科普活动要以科学教育理论为指导，与学校科学教育、科学课程教学紧密结合，注重借鉴国内外先进经验，不断创新我国校外科普服务。

（一）突出受众中心

校外科普活动的受益主体是青少年，要坚持以青少年为中心的核心理念，以全新的视角、全新的方法和全新的观念，创新校外科普活动。青少年喜欢动手，不喜欢听空洞的理论，就投其所好，让他们动手。青少年有争强好胜的特点，那就通过开展各种科技竞赛活动，吸引他们参加科普活动。正如台湾省台中市自然科学博物馆馆长孙维新先生所说："跟孩子做科普得蹲下来。如果你要跟小朋友讲一个故事或灌输一点有趣的知识，你得蹲下来，跟他的眼光一样高，看着他的眼睛跟他讲，而不是让他仰着头看着高高在上的你，讲一堆高大上的东西，他也不见得会懂。"① 科技馆办得好，对公众特别是青少年的吸引力和影响力常常超出我们的想象。在美国有大大小小 300 多座动手型科学中心和博物馆，每年多达 1.35 亿人次的观众来科学中心和博物馆参观，比观看各种体育赛事的观众加在一起还要多。这些科技馆成功的原因之一，是他们坚持以学习者为中心的经营思想。

（二）坚守科普初心

科学教育、科普教育的初心，是提高全民科学素质，不是为教育而教育、为考试而教育、为升学而教育、为工作而教育。校外科普活动要紧紧围绕提高科学素质的宗旨开展科技教育活动。例如，针对小学阶段的儿童，校外科普活动要把培养科学兴趣、体验科学过程、发展科学精神作为重要任务。使青少年在接受科技教育中不仅要引发科技兴趣、科学思考、创新思维，提高科学探究学习和创新发展的能力，而且要感受到科技教育过程的自由、愉快、享受。要大力营造自由放飞科学梦想、近距离感悟科学真谛、无边无际科学思考遐想、快乐惬意创新创造的科技教育的氛围，大胆引入科技创客等教育模式，激发青少年的科学兴趣、释放创新活力。始终把青少年对科技活动的体验和需求满足感作为衡量标准，让青少年积极主动参与到科技教育活动中，成为主角，弱化知识灌输，强化启发，"授人以渔"。

（三）凸显时代特色

校外科普活动涉及教育、科技、社会、家庭等方面，要适应时代教育发展趋势，解放思想，实时迭代。要充分利用科研、高校、媒体、社会机构、企业、互联网等场景资源，开展校外科普活动，用当代科技教育理念指导和促进科技教育的发展。以科技创新教育为重点，瞄准科技发展前沿，开展模拟航空飞行、电脑机器人、虚拟现实、三模制作、科学 DV、科幻绘画等具有当代科技特色和未来感很强的活动，吸引青少年广泛参加科技活动，激发、体验学习科学的乐趣，展现未来科技生活，培养创新思维能力，激发科技梦想，培养青少年的科学精神和创造执行能力。

---

① 钟丽婷,冯宙锋.台湾台中自然科学博物馆馆长孙维新:科普得蹲下来,跟孩子的眼光一样高 [N].南方都市报,2017－05－26(13).

第六章　全民科普服务创新

科学素质决定公民思维方式和行为方式，是实现美好生活的前提，是国家发展抢占先机赢得主动的核心竞争力，是建成世界科技强国、奋力实现中国梦的群众基础和社会基础。创新科普公共服务方式，细分和聚焦科普受众、精准对接科普需求，不断提升科普公共服务质量水平，增强全社会的科普服务获得感，这是当代科普的基本任务。

第一节　领导干部和公务员的科普

领导干部和公务员是我国社会主义现代化强国建设的组织者和领头人，肩负着人民的重托和希望，担负着关键的使命和重任。我国共有 4000 多万名各级各类国家领导干部和公务员，面向他们开展科普，不断增强其科技意识和创新思维水平，提高科学决策及管理能力，对全面实施创新驱动发展战略、建设世界科技强国，实现中华民族的伟大复兴具有决定意义。

一、科学治理的需要

决策成功是最大的成功，曾于 1978 年获得诺贝尔经济学奖的美国著名管理学家西蒙有句名言——"管理就是决策"。科学决策及管理是领导干部和公务员的主要职责，提升其科学素质，增强其科学认知水平和决策能力，改善科学行为动机，是适应我国治理体系和治理能力现代化、适应当代社会发展、应对和化解各类挑战与风险的基本需要和迫切要求。

（一）决策素养新要求

决策就是做出决定或选择，管理也是决策。科学决策就是用严谨、定量的方法去研究问题，灵活运用经验提出处理问题、解决问题的措施和方案。科学决策，是科学性和艺术性相结合，是通过理性、客观、逻辑、系统的方法来理解，并且通过收集客观数据和信息来诊断，通过定量的或科学的决策方法和技术做出决定。当今时代，是多元、充满不确定的时代，对领导干部和公务员的科学素质提出新的更高要求。

第一，科学素质是决策者的必备条件。当代社会，决策者的科学决策和执政能力由他们的综合素质所决定，而科学素质是决策者综合素质的重要组成部分。作为当代领导干部和公务员，必须掌握必备的科技知识、基本的科学方法和科学思想，具备科学精神以及处理实际问题、参与公共事务的能力。只有具备较高科学素质，才能做好科学决策，推动决策的有效执行。

第二，科学态度是决策者的前置条件。尊重客观规律，从客观实际出发，严谨的科学态度是科学决策的前提和基础。决策者的决策是否科学，是衡量科学执政能力的基本前提，只有具备科学意识，才能很好地贯彻落实创新、协调、绿色、开放、共享的发展理念，破解发展难题、增强发展动力、厚植发展优势。只有具备科学意识，才能正确认识客观规律、遵循客观规律办事，才能树立正确的价值观、采用科学的方法处理各种矛盾。只有具备科学意识，在科技迅猛发展、世界百年未有之大变局的背景下，才能准确判断和把握国际科技发展态势，掌握国际经济、政治、法律、文化、军事等发展趋势，把控和驾驭我国经济社会发展大局，才能科学制定和执行我国的科学发展策略，理性应对国际局势和处理国际事务的能力。

第三，科学方法是决策者的必备能力。掌握科学的决策方法，可以尽量避免决策失误。这就要求决策者必须严格按照科学的方法进行决策。科学决策必须符合以下标准：一是具有准确的决策目标；二是决策的执行结果能够实现确定的目标；三是实现决策目标所付出的代价小；四是决策执行后的副作用相对小。

科学决策是提出问题、分析问题、解决问题的完整过程，是一套科学的方法论。一方面要善于提出问题，确定目标。一切决策都是从问题开始，必须善于在全面收集、调查、了解情况的基础上发现差距，确认问题，并能阐明问题的发展趋势和解决问题的重要意义，以及必须达到的目标和期望达到的目标。另一方面要科学拟定解决问题的可行方案。解决任何问题，都存在多种途径，要经过比较，制订各种可供选择的方案。拟订方案的过程是发现、探索的过程，也是淘汰、补充、修订、选取的过程，要大胆设想、敢于创新，又要细致冷静、精心设计。

（二）决策面临新挑战

决策是行动的先导，一切管理过程和管理活动，都离不开决策。但在现实中，由于决策者的理论水平、科学素养和决策能力，以及决策程序、方法，或者决策者带有的偏见、功利性目等因素，使原有的决策目标无法完成，甚至出现错误决策。过去，决策只是政府部门或单位机构中某个或几个领导人的事情，随着国家治理体系和治理能力现代化建设的推进，决策环境日益复杂，决策主体不断扩大，决策的质量和效率不断提高，对决策系统内参与者或主导者的科学素养要求越来越高。然而，由于社会环境、工作内容的变化、领导体制机制、领导者个人科学素质，以及决策信息不对称等原因，致使决策的科学化面临越来越多的挑战。这就要求各位领导干部和公务员，必须坚持并善于学习，在掌握科学的决策理论和方法的同时，努力提高自己的科学素质。

（三）创新发展新形势

大国崛起，起源于制度创新，持续于科技创新。当今世界，新科技革命和全球产业变革正在兴起，科技创新突飞猛进，领导干部和公务员作为当代的决策者，必须适应当代科技发展浪潮。

一是要主动适应科技创新需要营造良性创新生态的新要求。科技创新是一项系统工程，设计若干重大科学技术问题，需要具备全球视野，面向科技前沿，站在科技制高点，做好战略性引导。需要通过建制化科技力量主导、全社会协同的系统创新，来满足国家重大战略需求。产业关键技术或核心技术突破，要融企业创新系统、供应链创新系统、产学研协同创新系统、科技服务系统、共性技术竞合创新系统和政府创新激励系统等为一体，各创新主体功能定位清晰、合作支撑有效、协同创新顺畅的创新链、产业链、资金链和政策链准确对接且彼此支撑的共生、互融、共赢的科技创新生态圈，全面提升我国在全球创新格局中的生态位势。

二是要主动适应科技创新需要优化人才培养模式的新要求。人才是第一资源，教育体制和人才培养模式要顺应科技创新型需求而变革。当今的高教体制、知识灌输式教学和就业导向考核，严重落后于科技创新对人才的需要，必须强化科学精神塑造、科学思维训练和创新能力培养。减少行政性评价，让市场发挥人才资源配置的决定性作用，让人才把精力放在科技创新上。

三是要主动适应科技创新需要加大科技研发投入的新要求。企业是创新主体，只有企业创新投入得到提升，才能进一步适应当今科技创新的新需求。国家要将主要的精力和科研经费投入到重大战略需求上来，重点投入国家实验室、大科学计划、大科学工程、大科学中心建设，强化科技创新基础设施建设、基础科学和应用基础科学研究；重点作用于整个科学体系的源头，夯实世界科技强国建设的根基。

四是要主动适应科技创新需要，加快发展方式转变。我国经济发展依赖于资本、劳动和土地要素投入的时代正在成为过去，依靠创新驱动的发展方式正在生成。各类经济社会主体必须要高度重视科技创新在社会生产发展中的重要地位和关键作用，切实转变发展方式。企业要可持续发展，唯有构建创新能力，依靠科技创新；产业要具有竞争力，必须控制关键技术或核心技术，唯有依靠科技创新。

二、科普的主要任务

领导干部和公务员是国家领导主体，这就是领人、领策、领力，以及指导、引导、开导、导向等，是当代社会发展中举足轻重的人群，其所具备科学素质的高低直接关系国家和民族的前途命运。领导干部和公务员所必备的科学素质，除了需要健康的心理、适应环境、努力实践，主要通过学习和掌握科学知识来塑造，这就是科普必须承担的主要任务。

（一）强化科学意识

要促进领导干部和公务员群体，大兴学习科技新知的风气，深入了解把握当代科技发展态势、学习掌握新科技知识，使科学思想、科学方法、科学精神有机融入其领导发展的实践；始终以敏锐的眼光和宽阔的视野，广泛涉猎最新科技知识，丰富知识结构，增强与国内外产业界、科技界的对话能力，增强对事物发展内在规律的洞察能力；跟上时代的步伐，在发展中不落伍、不掉队，以日积跬步、水滴石穿的精神，厚植科学素养，做到书到用时胸有成竹，努力培养一批知道、知识、知途的科技创新通才，运用驾驭科技创新的将才，服务支持科技创新的"后勤部长"；把创新摆在核心关键位置，全面研判科技革命大势、主动跟进、精心选择、有所为有所不为，从创新中找出路、想办法、促发展，提高对本地区本部门创新发展的战略谋划能力，提高科技政策制定和制度安排的质量水准，牵住科技创新这一牛鼻子，下好科技创新这一先手棋，把创新作为发展的内生动力，不断增强自主创新这一供给侧结构改革的能力，努力破解发展难题，厚植发展优势，形成想创新、会创新的良好局面。

（二）增强创新思维

"苟日新，日日新，又日新"。俗话说"思路决定出路"，只有先解决好"如何想"的事，才能谈到创新"怎么做"的问题。当今是"唯创新者进，唯创新者强，唯创新者胜"的大变革时代，在前所未有地接近中华民族伟大复兴目标的历史新阶段，促进领导干部和公务员群体主动识变、应变、求变，自觉运用创新思维方法，不断提高创新思维能力，更显得迫切。

第一，将创新思维融入治国理政的科学思维。要促进领导干部和公务员群体，将与时俱进的创新思维，融入治国理政的科学思维中，使之与高瞻远瞩的战略思维、以史为鉴的历史思维、蹄疾步稳的辩证思维、防患未然的底线思维等一起，成为治国理政的科学思维。

第二，让创新思维成为决策主体的集体习惯。让创新思维成为领导干部和公务员群体的集体习惯，以创新思维治理国家和社会，破除迷信、超越陈规，善于因时制宜、知难而进、开拓创新。用新思路谋求新发展、用新眼光把握新机遇、用新方法解决新问题，竭力突破思维定式，突破思想僵化或半僵化的误区。

第三，让问题成为决策主体的思维起点。创新是决策活动的灵魂，具有创新思维的决策者能够高瞻远瞩、未雨绸缪，可以多视角、多方位、多层面地探索解决问题的办法。要让问题成为领导干部和公务员群体的创新思维的起点，勤于用脑、善于用脑，思维灵活、敏捷，敏于生疑、敢于存疑、勇于质疑，将问题挖掘出来，瞄着问题去、追着问题走、迎着问题上、盯着问题抓，创新活力才能被不断激发，创新果实才会越结越丰硕。唯有让问题占据头脑，才能在面对错综复杂的内外条件时闯出新天地。

第四，让"本本""权威"远离决策主体。要促进领导干部和公务员群体，破除对"本本"的迷信，破除对"经验"的迷信，破除对"权威"的迷信，要尊重权威、学习权威，站在巨人的肩上继续攀登，守正创新。营造鼓励和尊重创新思维的良好氛围，敢为人先，打破惯性思维，开放包容。

（三）提升研判才能

在决策过程中，高质量的研判才会出来高质量的决策。研判才能是决策者有效开展领导工作所必需的个性心理特征和实际技能，是开展决策工作的前提条件，是决策质量和效能的决定因素。促进领导干部和公务员群体提升调查研究、用好科技咨询成果、提高科学决策质量和效能非常重要。

第一，提高决策研究能力。调查研究是成事之基、谋事之道，是提高决策参考能力的重要手段。决策研究是领导干部和公务员的重要能力，是其科学素质，以及分析解决问题、提出或选择解决方案本领的综合反映。决策研究涉及系统科学、管理科学、行为科学、科技相关专业学科、经济社会学，以及政治、伦理等方面。不但要领导干部和公务员做好经济、决策、规划、管理、科技方法，以及技术、工程咨询等方面科普工作，更重要的是做好当代科技发展的相关科普，使之在充分调查研究、如实掌握数据资料的基础上，进行定性与定量相结合的系统分析和论证，从而得出正确的预断，做出科学的决策。

第二，提高应用科学咨询成果的能力。随着国家治理体系和治理能力现代化的推进，科学决策已经变得越来越专业化和社会化，大批高端智库发挥其专业支撑、人才云集、理论扎实等独特优势，积极主动围绕重大问题、重大战略、重大改革、重大规划、重大政策研究，开展决策咨询服务工作，产出大量辅助决策的科学咨询成果。如何用好科技咨询成果辅助决策，是领导干部和公务员的基本功。促使决策者读懂和领会科技咨询报告或方案、精准识别优秀科技咨询成果，并且能流畅地与"外脑""外口"深度沟通，充分发挥智库作用，正确发挥对内引导舆论、解疑释惑，增强公众的向心力凝聚力，对外开展公共外交、讲述中国故事，贡献中国智慧等作用，是面向领导干部和公务员群体科普的重要任务。

第三，提高应用信息辅助决策的能力。当今时代是信息对称时代，最不缺乏的就是信息。海量信息中，可能蕴藏着决策者分析解决问题、提出或选择解决的答案。对决策者来说，信息越丰富，就会导致注意力越分散，信息并不匮乏，匮乏的是决策者处理信息、利用信息的能力。卡内基梅隆大学的赫伯特·西蒙指出，人类的理性是有限的，因此所有的决策都是基于有限理性的结果。他继而提出，如果能利用存储在计算机里的信息——数据来辅助决策，人类理性的范围将会扩大，决策的质量就能提高。在大数据时代，领导干部和公务员群体面临的问题就是如何更好地利用数据来辅助决策。

如果领导干部和公务员将传统的思维模式运用于数据化、网络化的大数据时代，就会错过重要的信息。当掌握大量新数据时，精确性就不那么重要了，不依赖精确性，同样可以掌握事情的发展趋势。这就要求决策者不要去期待大数据的精确性，而是要接受大数据的不精确和不完美，从而能更好地进行科学预测，更好地理解当今世界。要求决策者要懂得局限于狭隘的小数据，可以分析细节中的细节，而大数据的完整性和混杂性，有利于我们接近事实的真相。大数据思维就是不需要建立假设，不执着于对精确性的追求，而是拥抱混乱，不偏执于因果关系的追寻，而是重视相关关系。让领导干部和公务员具备大数据思维，是面向领导干部和公务员群体科普的另一重要任务。

（四）增强理性沟通

提高决策的信息沟通能力，实现政府决策信息公开，把知情权真正交给群众，不仅有助于政府做出科学的决策，同时也是建设和谐社会的要求。建设和谐社会不仅要重视结果的和谐，还要注重手段和过程的和谐，换言之就是要及时化解矛盾，使政府和公众经常处于良性互动的态势。通过决策信息公开，将政府决策信息快速、方便、廉价、准确地传递给社会公众，减轻公众为获取这些信息所需要付出的经济和时间成本，实现政府与公众双向、直接的沟通和互动，密切与公众的联系。只有让社会公众广泛参与，拥有了更多更大的话语权，才能更好地激发群众的积极性和创造精神，进而为政府决策的科学性提供更多宝贵的参考意见及建议。因为话语权与知情权是相辅相成的，只有充分了解情况，话语才能有的放矢。让领导干部和公务员学会用科普方式，用科学的知识和方法，科学理性地与公众沟通，是面向领导干部和公务员群体科普的又一重要任务。

三、科普的主要途径

领导干部和公务员是全民科普的重要组成部分，是全民科普对象中具有特殊职责和职业要求的群体。因此，在接受一般全民科普基础上，领导干部和公务员还应通过以下专门的途径和渠道，接受定制的科普。

（一）阅读科普读本

编发领导干部和公务员科普读本，创新学习渠道和载体，加强领导干部和公务员的科普读物、科普融合作品等创作和编发。鼓励领导干部和公务员通过网络培训、自学等方式强化科学素质相关内容的学习。积极利用网络化、智能化、数字化等科普手段，扩大优质科普信息覆盖面，满足领导干部和公务员的多样化学习需求。加强科技宣传，充分发挥新闻媒体的优势，增加科技宣传版面和时段，用好用活新媒体工具，推广发布优秀科普作品，大力传播科技知识、科学方法、科学思想、科学精神。围绕科技创新主题，选树弘扬科学精神、提倡科学态度、讲究科学方法的先进典型。

（二）接受科普培训

把科学素质教育作为领导干部和公务员教育培训的长期任务，把树立科学精神、增强科学素质纳入党校、行政学院和各类干部培训院校教学计划，合理安排课程和班次，引导、帮助领导干部和公务员不断提升科学管理能力和科学决策水平。突出科学理论、科学方法和科技知识的学习培训，以及科学思想、科学精神的培养，重点加强对市县党政领导干部、各级各部门科技行政管理干部、科研机构负责人和国有企业、高新技术企业技术负责人等的教育培训。

（三）参加科普活动

广泛开展针对领导干部和公务员的各类科普活动。办好院士专家科技讲座、科普报告等各类领导干部和公务员科普活动。继续在党校、行政学院等开设科学思维与决策系列课程。做好心理咨询、心理健康培训等工作，开发系列指导手册，打造网络交流平台。有计划地组织领导干部和公务员到科研场所实地参观学习，鼓励引导领导干部参与科普活动。组织开展院士专家咨询服务活动，着力提升广大基层干部和公务员的科学素质。加大宣传力度，为领导干部和公务员提高科学素质营造良好氛围。

第二节　新农村农民科普

农民科学素质是整个国民科学素质不可缺少的重要组成部分。农民作为社会主义新农村建设和乡村振兴的主体，其科学素质高低决定着国家强盛和世界科技强国进程，也决定着社会主义现代化强国建设的成败。推动我国农村科普公共服务的创新提升，进而带动我国农民科学素质整体的跨越提升，是当今我国科普最艰巨的任务。

一、科普特点

我国农民科普受困于诸多因素，成为我国全民科学素质工作的难点和重点，主要有以下特点。

（一）科普基础薄弱

改革开放以来，我国农村社会生活发生巨大变化，农民收入水平大幅提高，农民生活质量显著改善，农民精神面貌明显改观，传统落后的观念、思维方式明显转变，农民的科学文化素质显著增强。然而受我国农村经济发展相对滞后的影响，农村科普发展总体水平不高、基础薄弱。

一是农村人口科技文化素质偏低。我国城市化水平较低，农村人口庞大。据国家统计局发布的国民经济和社会发展统计公报，2018 年年末全国大陆总人口 13.95 亿人，其中城镇常住人口 8.31 亿人，占总人口比重（常住人口城镇化率）为 59.58%，户籍人口城镇化率为 43.37%；乡村人口 5.64 亿人，占40.42%。全国人户分离的人口 2.86 亿人，其中流动人口 2.41 亿人。与城市居民相比，我国农民受教育程度总体不高，科学文化素质较低。据中国科协对全国公民具备科学素质抽样调查，2018 年我国农村居民具备基本的科学素质比例仅为 4.93%，远低于全国公民 8.47% 的平均水平。农民科学文化素质低下，给他们在接受新观念、获取信息、提高技能、参与市场竞争等方面带来极大困难，这是我国乡村振兴亟须解决的关键问题。

二是农村科普教育薄弱。我国农村劳动力中，接受过职业培训的比例不高，难以满足当代农业发展和乡村振兴发展的需要。农村人口流动性大，不断流向非农产业和城市，使农村地区普遍出现高素质、适龄的农业劳动力短缺问题。在农村留守大军中，妇女是农业生产劳动的主体，而农村妇女的受教育水平普遍偏低，使我国农业劳动者整体素质和劳动能力降低，也使本来就较低的农村人口素质变得更加低下，给农村科普带来更多困难。

三是农民从众心理强。从众行为在我国小农经济中非常普遍，表现在农业生产生活中有两种：一种是谨慎从众，另一种是盲目从众。谨慎从众心理是农业劳动者思想保守、缺乏自信、谨小慎微型心态的表现，源于传统落后的生产方式及自身科学素质的不高。在生产中，当新的生产观念、新品种、新技术出现时，他们接受的过程要经历疑虑观望、犹豫权衡和从众而动三个阶段。盲目从众与谨慎从众相对应，农民的谨慎从众占主流。农民的从众行为，造成我国农产品市场缺少个性和特色，放大农产品过剩或短缺的信号、扭曲农业结构，产生市场波动的同步震荡，增加农业生产的市场风险，也给农村科普带来极大困难。

（二）科普任务艰巨

我国农村、农民、农业的国情，决定我国新农村的农民科普任务的艰巨性。

一是农民科普是我国科普的重中之重。城市化是人类社会发展的必然趋势，是人类文明进步的重要特征，是衡量一个国家发达程度的重要标准。据国家统计局发布的国民经济和社会发展统计公报，2018 年全年全国居民人均可支配收入 28228 元。其中，城镇居民人均可支配收入 39251 元，农村居民人均可支配收入 14617 元，城乡收入差为 2.69∶1，差别仍然十分明显。农村经济和社会发展相对中国城市落后，城乡差别较大，我国经济和社会发展的国情决定我国科普的重中之重在农村。

二是农民科普大多处在工具价值阶段。我国农业自然资源总量大，但人均不足。如我国人均耕地仅 0.08 公顷，还不及世界平均水平的 1/4。我国农村的国情决定农村科普必须把解决我国农村人口的生存、提高资源的产出效率、提高农户的收入水平放在重要的位置。从实际需求出发，以提高农村劳动者在这些方面的实际技能、具有工具价值的"实用型科普"，仍是我国农村科普的重要内容。

三是农村科普组织须担负科技社会化服务的责任。我国农村农户经营规模小，全国有 2.5 亿个农户，几乎每户都从事农业生产，每户耕种的耕地仅 0.66 公顷，每个劳动力耕种的耕地仅 0.26 公顷；而美国每位农民耕种面积可达 100 公顷。农户经营规模过于狭小，自我服务成本高，农户作为独立的生产经营者踏入商品经济的复杂环境面临许多困难，而我国农村政府和社会服务化组织发育程度较低，满足不了农户的需求。由此，我国农村科普组织须承担对广大农户提供技术、信息、市场销售等方面的任务。

四是农村转移人口科普面临巨大挑战。我国是劳动力资源丰富的国家，据国家统计局发布的国民经济和社会发展统计公报，2018 年年末全国就业人员 7.76 亿人，其中城镇就业人员 4.34 亿人，全国农民工总量 2.88 亿人（其中外出农民工 1.73 亿人）。随着我国农业技术进步、土地流转和劳动生产率的进一步提高，种植业劳均负担耕地面积可以提高，在维持现有耕地面积不变的情况下，种植业需要的劳动力不断降低，剩余劳动力数量将进一步增加。所以，在我国农村劳动力的转移是十分紧迫而长期的任务，根据我国国情，农村科普必须承担农村剩余劳动力转移和科学素质提高的任务。

（三）科普需求多元

我国农村科普受到自然、地理、政治、经济、社会、文化、民族等多重因素影响，呈现明显的实用性、地域性、文化性特征，科普需求多样性、多元化。农村科普主要是解决发展不平衡性、不充分的问题。

一是农村区域的差异。我国农村地域辽阔，农村面积占全国面积的96%，地区间的自然资源、地理条件、经济发展水平等差异很大，生产布局、生产方式、生活习俗、生活方式等有很大的差别，造成种植、养殖、加工、储藏等技术的普适性不强。农村科普必须要根据不同地域的适应特点，普及相应的技术和知识。

二是农村文化的差异。我国是文化源远流长、多民族的国家，从人口结构看，农村人口分布广，在科技文化程度、民族、信仰、劳动技能、风俗习惯、语言等方面存在很大的差异，这就要求农民科普必须要按照具体科普对象，制定不同的内容、表达手段、传播方法开展科普工作。

三是农村行业的广泛。当今我国农村几乎涉及所有行业，随着农村改革的深入和小城镇建设的发展，农村行业还会更加广泛，这就要求农村科普必须具有专业性、针对性、指导性。

（四）农民科普变革

我国农村正处于大变革、大转型的关键时期，当代农业加快迭代、乡村振兴如火如荼、城乡融合发展加快推进。这为新农村的农民科普发展带来新的机遇和挑战。

一是农业呈现大变局。我国农业正在由2.0时代，全面迈向农业3.0时代。相对农业3.0时代而言，农业1.0时代对应传统农业社会，是一家一户分散经营、自给自足，技术水平较低，耕作主要依靠人力畜力，对风调雨顺、地力水源等自然因素依赖度高的农业形态；农业2.0时代对近代工业社会，是工业革命的成果逐渐反哺于农业，机械、化肥、农药等工业品广泛使用，农业基础设施全面改善，"靠天吃饭"的局面得到较大改观，农产品"量"的问题基本解决的农业形态。

农业3.0时代，发端于后工业社会和信息化社会，是技术水平和生产效率更高，更加个性化和丰富性，不仅满足"量"的需求，更要满足"质"的要求的农业形态。对我国农业而言，当今的挑战显而易见。例如，城镇化的快速发展，吸走农村年轻的、高素质的劳动力，农村"空心化""老龄化"日益严重，"未来谁来种地"问题的求解已迫在眉睫；农业生产成本，包括人力成本、土地成本、农资成本等快速提升，而农产品价格受国际市场影响，上涨有限，甚至有所下滑，两相夹逼的形势短期内难有改观；我国粮食产量虽然实现连续增产，但付出的资源环境代价太大，难以为继：地下水超采、地力退化、水源污染、化肥农药超量使用。随着生活水平的不断提升，民众对农产品的品质、健康、安全性、丰富性提出新的要求，而农业生产体系不能与之衔接，社会诟病不断。

挑战催生变革，这就要求我国农业在目标取向方面，要从主要追求数量转向数量、质量并重；在生产方式方面，更加依赖技术的支撑，更加注重可持续的导向；在经营体制方面，"适度规模经营＋社会化服务"成为必然选择；在产业链条方面，从产销一体到以销定产，农业大规模定制将逐渐普及；在模式业态方面，注重农业功能的多样化开发，强调第一、第二、第三产业的融合发展。① 新农业发展，必然给农民科普发展带来新的机遇和挑战。

二是城乡融合加快推进。实施乡村振兴战略，是党的十九大做出的重大决策部署，是决胜全面建成小康社会、全面建设社会主义现代化强国的重大历史任务。随着乡村振兴战略的推进，以城带乡、整体推进、城乡一体、均衡发展的义务教育发展机制，覆盖城乡的公共就业服务体系，城乡基础设施互联互通，统一的城乡居民基本医疗保险制度和大病保险制度等，正在加快推进。城乡要素自由流动、平等交换，新型工业化、信息化、城镇化、农业现代化同步发展，工农互促、城乡互补、全面融合、共同繁荣的新型工农城乡关系正在形成。城乡基本公共服务均等化水平不断提高，乡村居民的幸福感和获得感不断增强。城乡融合发展，对科普的城乡全域规划、融合发展提出新的要求。

三是农村社会加快变迁。我国当今农村社会正在加速变迁，这种变迁是全方位的。从深层次看，主要包括乡村秩序、社会结构和价值观念三方面，具体主要表现在乡土社会的现代性变迁、乡村社会结构的深刻变化、个人权利意识的崛起与价值观念的多元化、利益纠纷的集中爆发与社会矛盾的复杂化等，这对我国乡村治理提出新的挑战。构建"政府—市场—社会"合作共治的复合治理体系，加强农村社区基层政权建设，积极培育经济、社会组织，拓宽农民社区参与渠道，将网络等新型技术手段应用于乡村治理创新等，将是促使未来农村社会健康发展的主要措施。② 农村社会的变迁，对新农村农民科普服务体系和服务能力建设提出新的要求。

二、科普对象

我国农村社会变迁，出现农村科普对象新的细分，已经由过去一统化的农民，细分为农村干部、职业农民、流动人群、留守人群等不同的群体，他们对科普有不同的诉求。

---

① 宋晓东. 中国农业"惊人一跃"：扣启农业 3.0 时代[EB/OL]. (2017 - 07 - 11)[2019 - 12 - 20]. http://www.banyuetan.org/chcontent/jrt/2017711/231322.shtml.

② 黄家亮. 当前我国农村社会变迁与基层治理转型新趋势基于若干地方经验的一个论纲[J]. 社会建设,2015,2(6):11 - 23.

（一）农村干部

俗话说，村看村，户看户，农民看村干部。村干部身处基层治理第一线，既是"指挥员"，也是"战斗员"，更是党的路线方针政策的宣传者、贯彻者和执行者，承担着维护地方社会稳定、经济发展和民族团结的重要责任，是新时代加强和改进农村治理最重要、最基础的领导力量。[①] 村干部群体是否具备科学素质，有没有敢于担当的锐气、勇于进取的精神风貌、乐于干事创业的热情、善于攻坚克难的能力，对一个村子能不能发展起来、能发展到什么水平至关重要。据中央组织部统计数据显示，截至 2018 年 12 月 31 日，中国共产党党员总数为 9059.4 万名，有基层组织 461.0 万个，其中基层党委 23.9 万个，总支部 29.9 万个，支部 407.2 万个；另据 2016 年的统计，57.73 万个建制村中，57.72 万个已建立党组织，农牧渔民党员 2593.7 万名。

除选优配强村两委班子，最有效的措施就是不断提高村干部群体的科学文化素质，全面提升村干部综合治理乡村的能力。应当充分发挥基层科普组织、科技机构作用，把科普培训纳入党校培训干部的主阵地，不定期组织村干部进行农村实用技能培训，加强与科研院所、产业示范基地的合作交流，利用农民夜校、实训基地、现场教学等方式培养一批会管理、懂技术、爱农村、善经营的村干部，进一步提高村干部在组织、管理、宣传、协调等方面的综合治理能力。加大村干部经商办企业的资金、技术、信息支持，完善考核评价和激励机制，鼓励村干部在乡村治理实践中勇于探索、敢于创新、善于作为，从制度层面消除村干部干事创业的后顾之忧。

（二）职业农民

职业农民或称新型职业农民，是指以农业为职业、具有相应的专业技能、收入主要来自农业生产经营并达到相当水平的现代农业从业者。据 2018 年 10 月 26—27 日，农业农村部科技教育司和中央农业广播电视学校发布的《2017 年全国新型职业农民发展报告》显示，2017 年全国新型职业农民总量已突破 1500 万人。其中，45 岁及以下的新型职业农民占 54.35%，高中及以上文化程度的新型职业农民占 30.34%。职业农民与传统农民的差别在于，前者是主动选择的"职业"，后者是被动烙上的"身份"。职业农民分为生产经营型、专业技能型和社会服务型三种类型。职业农民必须具备的基本素质是：要有主体观念、开拓创新观念、法律观念、诚信观念等；要有科技素质、文化素质、道德素质、心理素质、身体素质等；要有发展农业产业化能力、农村工业化能力、合作组织能力、特色农业能力等。要采取各种有效方式，细分职

---

① 唐顺利.打造好村干部队伍推动乡村治理现代化［EB/OL］.（2019－12－16）［2019－12－20］. http://www.qstheory.cn/dukan/qs/2019－12/16/c_1125346350.htm.

业农民的具体需要，对他们开展科普培训。

（三）流动人群

农村城镇化是人类社会发展的必然趋势，是人类文明进步的重要特征，是衡量一个国家现代化程度的重要标准。我国正处在城乡互动发展的重要时期，城乡之间、地区之间的人群流动势头持续不减。国家统计局发布的数据显示，2018年农民工总量为2.88亿人，外出农民工1.73亿人。随着我国城镇化的推进，农村人群流动的城市化成为必然趋势，我国将有数以亿计农民融入城镇。农民的市民化及城镇化，科学素质是基础，新农村的农民科普必须顺应新型城镇化发展大势，为即将进城的农民、"村改居"等人群开展预期城镇化公共科普服务，在城镇社区为已进城的农民、新市民开展城镇化公共科普服务。

流动人群的科学素质事关城镇化的成败。在推进城镇化过程中，国际社会普遍重视人口的城镇化，而在推进人口的城镇化中普遍重视教育，特别是科普教育，这为我国科普助力人的城镇化提供了宝贵经验和启示。例如，在19世纪，随着大量德国农民进入城市成为产业工人，为使农民更好地在城镇就业和生活，当时德国的政府、企业非常注重这些人群的职业培训，加强对学徒工的技术学习与训练。19世纪的英国政府一方面限制农业劳动力的"超常"转移，以防止农村劳动力盲目流失，保证农业劳动力资源；另一方面组织大量农民、农场工人、园艺工人参加学习培训。20世纪初，美国由农业社会向工业化进军的过程中，大量来自贫穷国家和未受教育人口的移民增加，公众强烈要求改变公立教育系统中的农艺教育与手工训练，以便将这些移民吸收进入城镇劳动市场。美国国会通过长达6年的考虑和准备，1917年通过《史密斯－休斯法》。日本在19世纪70—80年代颁布《学制》，强制推行"学制令"，向占人口绝大多数的广大农村人口普及教育，为后来的农村富余劳动力转移和人的城镇化提供基础。日本农民进城现象从明治维新时期出现，19世纪末开始活跃，在第一次世界大战期间开始激增。为提高进城农民的科学素质，更好地向非农产业转移，日本政府积极推行职业训练制度，对农民进行职业技能训练，同时鼓励各企业、社会团体积极开展岗前培训，为农村谋职者提供各种学习机会。为了向包括进城农民在内的城镇公民提供教育，1946年成立主要开展包括科普教育在内的城镇市民教育场所——公民馆，目前公民馆已在日本社区普及，它经常开设各种内容的定期讲座，举办讨论会、讲习会、讲演会、实习会、展览会等，配备各种图书和资料等，成为社区学习活动的基本场所。

20世纪70年代，韩国通过新村运动，教育、宣传、普及有关技术知识，动员理工科大学及科研院所的教师、研究员轮流到农村巡回讲授并推广科技文化，对农民进行科技培训，提高他们在城镇就业和生活的能力。波兰政府汲取西欧国家在城镇化过程中的教训，防止盲目发展城镇化后出现失地农民无业可就的局面，实行以工业化带动城镇化的发展战略，20世纪90年代初以来成立许多针对失地农民的职业学校，对失地农民进行系统的职业技能培训，使他们获得一定的技能并在城镇工作、生活，更好地融入到城镇中。

相应地，一些国家盲目地城镇化，产生贫民窟和城市二元结构的惨痛教训，也值得我们警醒。拉丁美洲和南亚一些国家在第二次世界大战后就开始城镇化，大量农民盲目涌向城镇，由于政府和社会没有针对提高进城务工人员的教育措施，对失去土地的农民没有进行科学指导，导致他们没有掌握必要的就业技能，没有在城镇就业和生活的本领，从而误入经济发展受社会问题钳制的"中等收入国家陷阱"，贫民窟成为"拉美城镇化模式"挥之不去的阴影。印度最大的城市孟买，市区人口约1400万，贫民窟人口接近一半。而贫民窟是各种犯罪和毒品交易等的滋生地，给这些国家的社会安定带来很大隐患。

（四）留守人群

随着社会经济的迅猛发展，越来越多的农村剩余劳动力转移到城市务工。由于更多的农民大规模外出打工，农村出现大量的留守人群，他们在生产生活、受教育和安全保护等方面存在的问题和困难，已经成为严重影响农村经济社会健康发展和社会关注的重大问题。留守人群，是指长期留守在农村生活的人群，具体有以下三类。

一是留守老人。农村留守老人，是指有户口在本村的子女每年在外务工时间累计达6个月及以上、自己留在户籍所在地且60岁以上，身边没有赡养人或者是赡养人没有赡养能力的农村老年人。其规模达1600万人。[1]这些留守老人家庭氛围缺失，精神生活单调，家庭负担重，大多过着"出门一孤影，进门一盏灯"的寂寞生活。留守老人在子女外出打工后，承担起繁重的农活和细碎的家务活，让本该享受天年的老人痛苦不堪。老年人口身体素质的下降和生理的自然老化，决定老年人的晚年生活并不仅仅需要经济保障，精神慰藉也同等重要。农村老年人过惯了苦日子，对物质生活往往没有过高的奢求，大部分老人靠补贴和出卖自身劳动力来维持生计。"生不起病，拿不起药，有病不医"的情况很普遍，各种叠加的积困致弱因素致使农村老人成为社会人口中的弱势群体。强化农村留守老人的赡养与关爱，围绕科学生活、健康医疗、护理保健等开展经常性的科普，是当今农民科普的重要任务。

二是留守妇女。农村留守妇女，是指因丈夫长期进城务工、经商或从事

---

① 张明敏.留守老人是公益领域的边缘性议题[N].公益时报,2018-12-11(2).

其他活动而留居在农村的已婚妇女。有关资料显示，中国农村"留守妇女"人数达 4700 万。随着农村青壮劳力的外出，留守妇女一方面要担负起赡养老人、教育子女、操持家务、下地劳动的重担；另一方面还要承担起农村中的人情世故、邻里交往及社会的义务和责任。劳动强度高、感情越变越淡、无力教育子女、没有安全感等，成为困扰农村留守妇女的难题。农村大量青年劳动力涌入城市，在农村形成以妇女种田为主的新型"留守经济"形态，以留守妇女为主的农村妇女成为推动农业农村现代化的重要力量。随着社会发展以及相关政策的支持和鼓励，"男主外，女主内"思想慢慢淡化，农村留守妇女逐渐参与到村"两委"竞选中，也参与到相关的农业经济生产和乡村活动当中，在参与乡村振兴、村庄治理中发挥自身独特优势。① 新农村的农民科普要把留守妇女作为重点，细分科普需求，强化科普精准服务，对她们进行技术、领导力等方面的培训，进而培育新型职业女农民和女性村干部，助力她们在未来的乡村振兴发展进程中，更好地服务乡村和建设乡村。

三是留守儿童。农村留守儿童，是指父母双方外出务工或一方外出务工另一方无监护能力，无法与父母正常共同生活的不满 16 周岁农村户籍未成年人。据北京师范大学中国公益研究院发布的《中国儿童福利与保护政策报告 2019》，截至 2018 年 8 月底，全国共有农村留守儿童有 697 万人，其中由祖父母、外祖父母监护的农村留守儿童有 669.12 万。② 健康安全、情感缺失、教育管理缺席、价值观缺失等是困扰留守儿童的难题。加强农村留守儿童教育，必须从政府、家长、学校三方面着手，提高留守儿童受教育的机会和质量，使留守儿童身心健康得到全面发展。学校作为专门的教育机构，拥有专业的教育工作者，不仅要做好教师的角色，讲授书本知识，还要充当父母的角色，承担家长的义务。应改变以往只注重传授书本知识的现象，在重视留守儿童学业的同时，还要关注留守儿童的行为习惯及心理健康等多方面的教育。加大教师对留守儿童的心灵关怀，使留守儿童感受到家的温暖，以弥补家庭教育的缺失。新农村的农民科普，要把农村留守儿童作为重要关注点，与农村学校教育紧密结合、与科学教育衔接，加大科普资源下沉和倾斜，大力开展精准性、针对性的青少年科技活动和科普活动，以弥补他们教育的不足。

三、科普服务创新

农民科学素质的差距，从本质上讲是农村科普公共服务能力不足的问题，

---

① 萧子扬，马恩泽，刘成曦．重视留守妇女在乡村振兴中的正向价值[N]．中国人口报，2018 – 08 – 13(2)．

② 黄哲程．全国农村留守儿童数量降至 697 万 96% 为隔代抚养[N]．新京报，2019 – 05 – 28(3)．

因此农民科学素质跨越提升，农村科普公共服务能力要先行。

（一）聚焦农民需求

要做好农民科普服务，必须知道农民需要什么并精准提供什么。

第一，农民最需要的是技术。农民需要什么样的科普服务，当然最好像电视机一样，开关一开，服务就来了，但问题是谁都难以做到。我国目前的农民特点是小农户分散、交易程度不够高，村里有几十种肥料、几十种种子，农民不知道该有什么。大学有专业，而农民没有专业，从种子到最后的丰收要全部熟悉才行。任何一个环节出问题，其他的努力都白费。

据对农民的需要调查，技术是第一位需求，而农民最难的也是技术，特别是技术性比较强的知识是最难的，像肥料技术、农业指导技术等都是农民认为最难的。小农户从种到收到的每一个环节都需要服务，例如中国农业大学科技人员在河北省曲周县推广小麦玉米高产优质技术，推广之前产量基本上是全国最高水平的一半多一点，当地潜力只实现了60%，40%的潜力没有实现。科技人员把小麦、玉米从种到收所有的技术分析了一遍，选了品种、播种，然后施肥、灌水等10项关键技术，这10项中的每项技术都可以贡献产量，但没有一项技术可以完全解决农民的问题。贡献最大是玉米的品种，贡献只有20%，其他的5%、8%的贡献技术也不能忽视，如果忽视的话最后产量就不行。中国农业进入了综合管理的时代，不再是某一个限制因素，像过去施肥就可以增产多少，这个时代已经过去了，服务必须是全面的、综合的。

第二，农民最喜欢技术培训示范。这10项技术农民用了多少？调查的结果平均使用占18%，10项技术都很好，可以决定产量，但是82%的农民没有采用，为什么？分析结果发现是知识的问题，他们不是没有钱或者基础设施不够，老百姓说最共同的问题就是没知识、没技术、不知道怎么弄，这是最关键的。所以采取的办法就是培训。让他们学会这些技术怎么发挥作用，做示范，然后在用这个技术的过程中怎样把技术用好，不出毛病，这就需要指导他们。甚至建专门的示范方，让他们学会这些技术怎样做到位。有一条特别强调，农民要用适合他们的技术、条件才可以增产，带着技术去，要和农民商量，农民说技术不错，改改就可以成为适合农民的技术。到后来农民甚至超过专家提供的技术，农民的进步非常快，非常大，可以和农民一起实现技术的服务、技术的应用。

第三，让农民行动的办法多种多样。要把技术应用到更多的农民，可采取一系列的措施，如让农民方便获取信息、让农民产生兴趣、让农民能理解，建立科技长廊、给农民发科技日历、鼓励奖励农民、组织农民搞活动、给农民颁奖发奖章、打造农民示范户、跟着农民带头人模仿学习、让农民自己去讲他是怎么做的、靠村的组织和合作社、随时为农民解决他们的问题。这些办法很多，都是传统方式，但要让技术走进并惠及千家万户，需要打造平台，需要分工协作，才能解决"最后一公里"的问题。产、学、研、用，政府、企业、科教、农民等协同，可以通过科技小院，在一个平台上把知识、技术、政策、信息、资源等全部变成农民的能力，只有变成农民的能力，才能真正实现农业生产的目标。科技小院和别的推广服务不一样的地方，就是驻扎在农民身边，和他们一起进步，这是最关键的一条。①

（二）创新科普组织

以创新提升农技协和农技推广服务为重点，强化农村基层科普服务能力。我国有农技协 13 万多个，要着力提升农技协的产业聚合和引领能力，充分发挥乡镇农技协联合会的桥头堡作用，充分发挥好互联网等现代信息技术在农技服务的强力引擎作用，加速推进农技协服务品质的创新提升，推动农技协由技术示范推广型协会向产业服务型协会转变、由封闭粗放服务向协同精准服务转变、由传统手段向现代信息化手段转变，实现农技协组织服务模式的升级。要积极推动乡镇农技站和当地农技协有效对接，将农技协纳入基层农技推广体系建设范畴，建立健全乡镇农技站和农技协分工明确、各有侧重、联合协作的农技推广新机制。要把农村科普组织纳入政府购买公共服务范畴，采取订购服务、定向委托、公开招标等方式，优先支持农村科普组织开展农技社会化服务，切实发挥好自己的专业技术优势，积极承接政府转移交办的农民科技培训、农业科技推广等社会化农技推广服务工作，在示范基地建设、科技示范户认定、技术人员培训、信息化服务手段改善以及主导品种、主推技术遴选发布等方面发挥主导作用。要积极推进银会合作，加强与农商银行（农村信用社）、邮政储蓄银行等金融机构与农技协会的合作，积极探索建立银会合作对接平台，筛选推荐优秀农技协、科普示范基地、科普带头人，银行创新产品和服务与之对接，实现农技协资源和银行服务网络资源、资金资源的深度融合，形成资金和技术整合运用、优势互补的"银会合作"模式。

（三）提升科普能力

我国科普法明确规定，各级政府应当将科普经费列入同级财政预算，逐步提高科普投入水平。要改变我国农村科普经费投入普遍不足，科普工作所需的必要物质基础得不到有效保障的状况，要将科普设施纳入新农村社区综合服务设施和基层综合性文化中心等建设中，提升农村科普服务能力。深入开展文化科技卫生"三下乡"、科普日、科技周、科技文化进万家、世界粮食日、健康中国行、千乡万村环保科普行动、农村安居宣传、科普之春（冬）

---

① 张福锁.农民究竟需要什么样的农业服务［微信公众号］.中国农业科学微平台,2019 – 03 – 31.

等各类科普活动，大力传播创新、协调、绿色、开放、共享的发展理念，围绕农业现代化、加快转变农业发展方式、粮食安全等，普及高效安全、资源节约、环境友好、安全健康、耕地保护、防灾减灾、绿色殡葬等乡村文明等知识和观念，传播科学理念，反对封建迷信，帮助农民养成科学、健康、文明的生产生活方式，提高农民健康素养，建设美丽乡村和宜居村庄。

（四）促进科普均等

要加强革命老区、民族地区、边疆地区、集中连片贫困地区科普服务能力建设。广泛动员广大科技工作者和各级科普组织大力开展以集中连片特殊困难地区扶贫、减贫工作，依托乡镇农技协联合会、农技协、农村科普示范基地、农技推广站、农技专家服务团等重要力量，大力提高欠发达地区农村劳动者的生产技能和科学素质，创造更多就业岗位、提供更多就业信息、帮助他们实现就业，大力推广应用农业新技术、新品种、新模式，大力发展特色产业，为生产销售、生活改善提供便捷服务。实施科普援藏援疆工作，加大科普资源倾斜力度，加强双语科普创作与传播。

（五）打开科普通道

当今世界，以数字化、网络化、智能化为标志的信息技术发展日新月异，互联网日益成为创新驱动发展的先导力量，深刻地改变着人们的生产生活，有力地推动着社会发展。要大力推动农村科普公共服务信息化，缩小和填补农村科普信息服务"鸿沟"。

一是要充分依托现有企业和社会机构，借助现有信息服务平台，统筹协调各方力量，融合配置农村科普信息资源，建立完善优质科普信息内容生产体系和服务机制，细分农村科普对象，提供精准的科普服务产品，泛在满足公众多样性、个性化获取科普信息的要求。强化农村科普内容生产，增强优质农村科普信息内容有效供给水平和能力。

二是紧紧依托科普中国服务云的共享式服务平台，实现农村科普公共服务的信息汇聚、数据挖掘、应用服务、实时获取、精准推送、决策管理等。要借助科普中国信息服务"云网端"体系，构建完善农村科普公共服务的"云网端"分体系，采取精细分类、精准推送等有效方式，洞察和感知农民科普个性需求，通过公众主动获取、定制推送、精准推送、线上线下活动结合的方式，实现农村科普信息落地并服务最广大的农民群众。

三是重构新农村科普服务的新阵地。要充分发挥乡村科普宣传员、科普中国信息员作用，建立以科普员为核心的农村科普传播社群。要按照有网络、有场所、有终端、有活动、有人员的"五有"要求，与农村科普活动站、科普宣传栏、科普员（站、栏）等紧密结合、深度融合，建好和用好科普中国乡村e站，主动获取各类所需要的科普信息资源，实时传递给属地公众，要利用科普中国服务云线上的内容信息资源，开展科普教育培训、展览、咨询、竞赛等线上线下结合的科普活动，推动科普中国信息在乡村的落地应用。

第三节　城镇劳动者科普

城镇劳动者，是指在我国城镇就业的劳动群体，与在农村就业的劳动群体相对应。企业是创造社会财富的经济实体，是专业技术人员和城镇劳动者的主要富集地，是技术创新的主体。劳动者是生产力中最活跃的因素，只有劳动者的科学素质得到全面提高，生产力水平提升才有保证。要推进经济转型升级，必须高度重视劳动者素质特别是科学素质的提升。

一、科普特点

当今世界，全球化和多极化在曲折中负重前行，新一轮科技革命和产业变革加速发展、深刻改变世界，使经济和产业发展面临着合作与对抗、多边与单边、开放与封闭等重大抉择，每个国家劳动者素质特别是科学素质水准受到挑战。只有具备良好科学素质的劳动者，才能在增强自主创新能力、增强经济社会发展在国际上的竞争与合作能力。

（一）素质浸润于劳动

当今时代，科技以前所未有的力度重塑着劳动形态和劳动观念，张扬人才价值、重视创新驱动是时代的要求。在冲刺全面建成小康社会、建设科技强国、工业强国、质量强国，建设社会主义现代化强国的关键时期，我们比以往任何时期都更加需要拥有知识的城镇劳动者和知识分子；有知识的城镇劳动者、知识分子、技工技师、海归人才等各类劳动者、科技人才也比以往任何时期都拥有更能发挥作用的广阔舞台。

创新时代赋予劳动者新的伟大使命，也提供他们施展才华、成就劳动伟业的广阔舞台。中国制造需培养"工匠级"产业工人，实施创新驱动、提升制造业从中低端向中高端发展，中国要想从制造大国转变成制造强国，需要培育大批具备高素质、高技能的产业工人。面对日趋激烈的全球化竞争，推进从制造大国向制造强国转变，作为新时代的劳动者，必须将科学素养融入工匠精神，汇入创新驱动发展潮流，深化学习，以全新知识提升自己的科技素质，在深化创新、技术革新实践中，打造自主核心技术竞争力，为国家现代化建设贡献力量。

（二）创新需要高素质

木有所养，栋梁之材成；水有所养，灌溉之利溥。知识越丰富、技能越娴熟，劳动者的创造能力就越强，我们参与全球竞争就越有力。素质是劳动者思想、知识、才能等方面的综合素养和能力的反映。人是生产力的第一要素，在社会发展诸多要素中，人的素质是重中之重，是决定因素。小到一个企业或一个组织，大到一个国家、一个民族，劳动者的素质特别是科学素质如何，决定着发展水平的高低。

我国经济进入新常态，创新驱动成为经济社会发展的新引擎，创新驱动不是无源之水，而具有良好科学素质的劳动者，正是增强自主创新能力、推动经济社会发展不竭的智力源泉。实施创新驱动战略，其实质是从依靠要素推动转向依靠人力资本质量和科技创新驱动，其根本是建设包括科学素质在内的高素质劳动者队伍。劳动是一切成功的必由之路，劳动是创造价值的唯一源泉。纵观国际格局，一个国家的发展能否抢占先机、赢得主动，越来越取决于国民素质特别是劳动者素质。放眼国内大势，落实新发展理念，推进供给侧结构性改革，实施创新驱动发展战略，孕育一支宏大的高素质产业工人队伍至关重要。实现中华民族伟大复兴的中国梦，召唤着知识型、技术型、创新型高素质劳动者，召唤着劳动精神、工匠精神、创新意识的引领者。学习新知识、掌握新技能、增长新本领，正是当代工人阶级和劳动群众的时代之歌。

（三）产业需要新技能

放眼世界，新一轮科技革命和产业变革孕育兴起，世界各国加快争夺未来制高点、争创产业新优势的步伐，谁拥有人才上的优势，谁拥有新技能上的优势，谁就拥有竞争实力。审视国内，中国经济动力转向创新驱动，经济结构发生深刻变化，新产业、新业态、新模式纷纷涌现，对知识型、技术型、创新型人才需求迫切。[①] 这一切都对劳动者素质提出更高要求，昭示当代城镇劳动者必须学习新知识、练就新本领、培育新技能，适应数字化、网络化、智能化发展的新要求，适应我国经济由高速增长阶段转向高质量发展阶段的新形势，抢抓信息化时代新产业革命带来的巨大机遇，通过物联网、人工智能、5G 等核心技术应用，为新一轮科技革命和产业变革蓄力，也为自身未来的职业转型等做准备。

（四）高质量需要匠心

质量是产品的灵魂，是企业的命脉，是劳动者的生命。解决质量问题是中华民族走向复兴的本质要求，质量时代的创造与建设是中华民族全面复兴的关键标志，也是实现中国梦的重要途径。质量之魂，存于匠心，这就必须

---

① Gollub. 第四次工业革命：一场席卷世界的大变革[EB/OL]. (2017 - 07 - 04) [2019 - 12 - 20]. http://trust.jrj.com.cn/2017/07/05082022698637.shtml.

大力弘扬工匠精神，厚植工匠文化，恪尽职业操守，崇尚精益求精，培育众多中国工匠。

在国际竞争中，我国的经济总量和产品的质量极不相称，作为世界第二贸易大国，我国产品质量总体却处在低端国家之列。而贸易保护主义的抬头和各国制造业的兴起，使我国面临较尴尬的局面，中低端市场也正在被其他发展中国家分割。我国从速度时代迈向质量时代，从满足基本需求向满足品质需求转变，是不可抗拒的大趋势。创新精神是质量时代维系的根本动力，是一个民族除旧布新的思想之源；而企业家精神则是工匠精神与创新精神的集纳者。以工匠精神为基本，以创新精神为引领，以企业家精神把工匠精神、创新精神凝聚起来，整合起来，必能推动企业迈向质量时代。创新主要是对传统的突破，打破旧传统，创造新传统，它的取向更偏重于求异、求新、批判、颠覆、突破。工匠精神直接指向质量，工匠对自己的产品精雕细琢，精益求精，追求尽善尽美，体现的是严谨、耐心、踏实、专注、敬业、创新、拼搏等可贵品质，其直接结果就是产品质量的提升。工匠精神作为人类精良品质的代表，蕴含着人类共同的价值追求。[①] 当代国家之间的竞争，已经从过去的拼经济、拼管理进入拼文化的阶段，要解决质量问题，迈进质量时代，最终拼的是劳动者的科学文化素质和匠心精神。

二、科普任务

城镇劳动者除具备一般公众生活的科学素质外，必须具备与自己所从事职业相应的科学素质，才能适应创新驱动发展和日益竞争的产业变革的需要。

（一）强化竞争意识

竞争意识，是指对待竞争的一种精神状态，亦即对于市场竞争的认识、意愿、思想观点和态度。当今世界，竞争是永恒的，是平等的，在城镇劳动者科普中要大力倡导竞争合作精神，促使城镇劳动者乐观地面对挑战，参加竞争。

一是要强化敢于竞争、敢于胜利的意识。城镇劳动者既然从事商品生产或服务业，就必然有竞争，所以想绕道走是走不过去的，只能按照市场规律和科学规律办事，积极参加竞争。竞争有胜有败，胜者生存，败者淘汰，企业经营者、劳动者不愿失败，就一定要树立敢于胜利的思想，"敢"字当头，百折不挠，才能取得竞争的胜利。

二是要强化敢于创新、善于创新的意识。市场竞争，说到底是产品的竞

---

① 董宏达. 提高劳动者素质为托起中国梦强本固基［EB/OL］.（2015 – 04 – 30）［2019 – 12 – 20］. http://www.wenming.cn/wmpl_pd/yczl/201504/t20150430_2588130.shtml.

争，而新产品竞争的是科技含量，最终是劳动者科学素质的竞争。发现用户的潜在需求，设计出新产品，满足社会需要，就一定要树立创新思想，具备科技技能。

三是要强化经营管理、质量管理的意识。生产出来产品，还必须把它卖出去，商品生产的任务才算最终完成。要促使城镇劳动者树立全面的经营管理意识，不仅要把生产过程管好（提高质量，降低成本），还要把销售过程也管好，提高经济效益，增强竞争能力。

四是强化精诚诚信、合作共赢的意识。从事商品生产，最基本的目的是为了发展社会生产力，提高人们的生活水平，马克思曾经说过："协作会产生新的生产力。"特别是当今世界，生产的专业化程度越来越高，任何一个国家、一个企业或一个人都不能包打天下，往往是缺资金，或缺技术，或缺场地，缺合适的劳动力，通过合作就可以取长补短，互通有无，共同提高，所以在竞争中都有合作的愿望。

（二）提升技能水平

城镇劳动人口是指在城镇就业年龄为18—60岁的人员，他们的职业技能直接影响我国生产力水平。我国是世界上人口最多的国家，也是世界上劳动力资源最丰富的国家，提高劳动适龄人口的科学素质，培养城镇劳动人口的职业技能，是我国经济建设与社会发展的百年大计。城镇劳动人口是城镇建设和经济社会发展的主体，担负着我国工业和服务业发展的重任，转变经济增长方式、加快产业结构调整、走新型工业化和中国特色自主创新道路的发展目标，对我国城镇劳动者的素质提出更高的要求。随着经济结构的调整，一方面，我国已经出现被市场经济淘汰的企业下岗人员不断增加；另一方面，新兴产业和服务业需要的大批高技能人才出现较大缺口的现象。加强对城镇劳动者职业相关的科技知识、与职业相关的科技方法、与职业相关的科学精神、具体的职业技术技能等培训，是城镇劳动者科普的重要而艰巨的任务。

（三）提升创新能力

创新是多层次的，包括科研院所进行的原始创新、企业进行的技术创新，也包括广大工人农民开展的群众性创新活动。只有全社会开展全方位的创新活动、多方面创新人才广泛参与、全社会创造活力竞相迸发的国家，才是真正意义上的创新型国家。以企业为主体、市场为导向、产学研相结合的技术创新体系，是这个时代发展的特征。作为这个时代的城镇劳动者，必须积极投身"大众创业、万众创新"的活动中，置身于企业或社会的创新活动、具备相应的创新和开发能力。例如，具备发现和帮助研究解决制约企业发展的重要瓶颈难点技术问题的能力；参与企业技术进步和群众性技术创新活动的能力，在一些小技术革新方面的创见能力；能对降低企业能耗、提出企业产品质量、减少安全事故等方面的提出改进方案和建议的能力等。①

三、科普服务创新

我国经济增长已从高速转入中高速的"新常态"，进入人口红利渐失、简单依靠对原材料加工转口式的生产难以为继、资本流动的国际化趋势明显、服务业兴起、科技创新驱动与制度红利凸现的经济发展阶段。面对新时期的新要求、新变化和新特点，必须以强化劳动者自身素质为突破口，提高和发挥劳动者素质技能，妥善应对人口结构变化和劳动力市场转型所引发的严峻挑战。

（一）开展继续教育

要大力宣传创新、协调、绿色、开放、共享的发展理念，弘扬创新创业精神，引导更多的劳动者积极投身创新创业活动。要围绕加快建设制造强国、实施"中国制造2025"、推动生产方式转变，加大对专业技术人才、高技能人才、进城务工人员及失业人员的继续教育培训。要推动职业技能、安全生产、信息技术等知识和观念的广泛普及，提高城镇劳动者科学生产和健康生活能力，促进城镇劳动者科学素质整体水平提升。要完善专业技术人员继续教育制度，深入实施专业技术人才知识更新工程，全面推进高级研修、急需紧缺人才培养、岗位培训、国家级专业技术人员继续教育基地建设等重点项目，开展少数民族专业技术人才特殊培养工作，构建分层分类的专业技术人员继续教育体系。充分发挥科技社团在专业技术人员继续教育中的重要作用，帮助专业技术人员开展技术攻关、解决技术难题，参加跨行业、跨学科的学术研讨和技术交流活动。

（二）开展全员培训

构建以企业为主体、技工院校为基础，各类培训机构积极参与、公办与民办共举的职业培训和技能人才培养体系。面向城镇全体劳动者，积极开展订单式、定岗、定向等多种形式的就业技能培训、岗位技能提升培训、安全生产培训和创业培训，基本消除劳动者无技能从业现象，提高城镇劳动者安全生产意识，避免由于培训不到位导致的安全事故。组织开展技能就业培训工程暨高校毕业生技能就业和新一轮全国百家城市技能振兴等专项活动，深入实施国家高技能人才振兴计划，开展全国职工职业技能大赛、全国青年职业技能大赛、全国青年岗位能手评选等工作，大力提升职工职业技能。

---

① 王学健.企业创新主体地位有赖员工科学素质[EB/OL].(2007-05-24)[2019-12-20].http://news.sciencenet.cn/sbhtmlnews/2007524234356718180405.html?id=180405.

（三）开展职业培训

大力开展农民工求学圆梦行动、农民工职业技能提升计划、家政培训、城乡妇女岗位建功评选等活动，将绿色发展、安全生产、健康生活、心理疏导、防灾减灾等作为主要内容，发挥企业、科普机构、科普场馆、科普学校、妇女之家等作用，针对进城务工人员广泛组织开展职业技能培训，提高进城务工人员在城镇的稳定就业和科学生活能力，促进常住人口有序实现市民化，助力实现城市可持续发展和宜居。

（四）开展劳动竞赛

深入开展"大国工匠""最美青工"、智慧蓝领、巾帼建功等活动，倡导敢为人先、勇于冒尖的创新精神，激发职工创新创造活力，推动大众创业、万众创新，最大限度释放职工创新潜力，形成人人崇尚创新、人人渴望创新、人人皆可创新的大众创业、万众创新的社会氛围。

第四节 科普展教服务创新

科普展教，即指科普展览和科普教育，是科普服务的最常见、最有效的方式。科技场馆是开展科普展教活动和服务的主要阵地，是人类科学智慧的汇集地，是公众了解科学和感悟科学的殿堂。随着社会的发展，信息化、智能化彻底改变教育和传播方式，为当代科普展教创新发展带来新的机遇和挑战。

一、科技馆的演进

科技馆是公众获得新科技知识、产生科学感悟、享受科学探究快乐的殿堂，是科学转变为大众文化的精神工厂，是现代社会中助人顿悟的神秘之地。科技馆发展经历了一个历史演变的过程。

（一）科技馆的演进

科技馆的发展经历自然历史博物馆、科学与工业博物馆、科学中心三个阶段。第二次世界大战后，全世界科技馆数量增长迅速，不仅发达国家，而且像印度、阿根廷等发展中国家也建立了自己的科技馆。据不完全统计，全世界77%以上的科技馆是20世纪50年代之后兴建的，现代科技馆多以科技中心为名，至今发展势头依然强劲。①

科技馆是为适应科技日新月异的发展而自然产生的，如1753年建成的伦

---

① 游云.科技馆的发展现状与特点[N].中国高新技术产业导报,2014-07-28(3).

敦大英自然博物馆等，早期把自然界本身产生的动、植物的标本、化石等收藏起来，进行陈列和研究。随着科技逐渐发达，特别是欧洲工业革命后，出现如 1820 年建成的德国柏林国家技术博物馆和 1857 年建成的英国伦敦科学博物馆等工业技术博物馆，人们把设计制造出来的较为复杂的工具、仪器和设备收藏起来，进行陈列。

在教育思想改革中创新出科技馆，最早应是建于 1937 年的法国巴黎发现宫。当时法国巴黎承办万国博览会（世博会），政府投资兴建了包括漂亮的大宫和小宫在内的一大批建筑，博览会后诺贝尔物理学奖获得者让·佩兰策划了"技术中的艺术"展览，并在大宫展出，后不断改造、扩充，发展成为现在的发现宫形式。佩兰产生建发现宫的想法，据说是他与一位英国朋友、也是一位诺贝尔奖得主讨论时说，不应把科学活动局限在科学家范围，应把科学加以普及，让更多的人了解科学。在这种思想引导下，发现宫尝试展出一些基础科学内容。发现宫是世界上第一个没有像传统科技工业博物馆那样全是收藏品的科技馆。

随着科技发展日新月异，传统科技工业博物馆难以解决包括科学家在内的所有人知识局限和贫乏的问题。随之产生如 20 世纪 60 年代建成的美国旧金山探索馆、加拿大安大略科学中心，以及日本东京科技馆等科技馆，用趣味性手段表现科学原理和技术应用，这些馆没有像传统科技工业博物馆那样的收藏品。这类现代科技馆起步虽晚，但发展迅猛。例如，美国和日本在 20 世纪 60—80 年代，欧洲在 20 世纪 80 年代至 20 世纪末，多数的大中型城市已经建成现代科技馆，或者在原有科技工业博物馆中融入现代科技馆的内容和形式。

科技馆（科学中心）与科技类博物馆有所不同。科技类博物馆是指以征集收藏、保存保护、研究、传播和展示自然物，以及人类所创造的科学、技术、工程和产业成果的，可供公众参观和学习的，具有公益性质的场馆和场所，而科技馆的功能和性质则不同。

（二）科技馆的功能

科技馆（科学技术馆的简称）是以展览教育为主要功能的公益性科普教育场所，主要通过常设和短期展览，以参与、体验、互动性的展品及辅助性展示手段，以激发科学兴趣、启迪科学观念为目的，对公众特别是青少年进行科普教育、科技传播和科学文化交流活动。

科技馆提倡探索学习，不提倡灌输。国外绝大多数科技馆的主要教育形式是展览教育，而且是常设展览教育，其非正规系统和面对大量各类观众的教育理念，与严格按年龄段进行正规系统教育的学校形成鲜明对照。在开展展览教育的同时，开展其他形式的科普活动，以此作为科技馆教育内容的丰富和扩充。国外大多数科技馆的展厅都不设一般意义的讲解员，因为主动讲解不符合科技馆主动发现、探索学习的现代教育思想，科技馆不盲目提倡灌输式的讲解，而是强调普通大众对科学的感性认识和自学能力。不提倡主动讲解，并不是不需要展厅工作人员，而是说展厅工作人员的主要职责是维持展厅秩序、保养和爱护展品、观察观众的反映、熟悉展品的原理和性能、随时为观众答疑解惑。

不同规模科技馆的教育对象常有区别。发达国家科技馆教育对象多立足于属地公众。国外大中型科技馆，涉及观众对象广泛。例如，加拿大的温哥华和卡尔加里、日本的横滨等小型科技馆常专门针对少年儿童，内容多为最基本的科学内容的趣味展示。国外发达国家科技馆，多从科技本身的教育特点规划内容，认为科技是世界的，反映科技内容的科技馆也是世界的。国外较大的科技馆多按较抽象的大主题规划，然后再按较具体的小主题划分展区。而小馆内容少，支离破碎，不易构成学科体系，只能按专题直接划分。科技馆展览无论采用哪种方式，都要符合公众的知识基础和文化程度，最好让人看到主题或展区名称，知道其中的展示内容，主题过于玄妙是不提倡的，那不符合大众教育的原则。科技馆的任务和最大特点就是把复杂、深奥和抽象的内容简单、通俗和形象化。①

（三）展教服务特点

当今时代，科学无所不在，科技已经对人类活动产生深远的影响，科技馆是与时代发展高度契合的科普阵地，随着科技和经济文化发展而发展。

第一，细分化与集群化的融合。国内外科技博物馆和科学中心林林总总，按强调收藏品还是强调互动性、综合性还是专业性两个维度进行划分，科技博物馆分为四类。第一类是综合性科技博物馆，如柏林科技博物馆；第二类是综合性科学中心，如旧金山探索馆；第三类是专业性科技博物馆，如伦敦自然博物馆、北京汽车博物馆；第四类是专业性科学中心，如北京天文馆。②

在科技馆细分化的同时，科技馆发展走向综合发展的趋势。现实中，一些强调收藏品的科技博物馆也引入了科学中心的元素，即互动展品。例如，新建的西藏自然科学博物馆即是科技馆、自然博物馆和展览馆"三馆合一"。我国很多科技馆，虽然英文名称是 Museum（博物馆），比如中国科学技术馆（China Science and Technology Museum），但其主要还是属于"科学中心"，强调互动性，缺乏收藏品。近年来，不少科技馆已经或计划引入收藏，如上海科技馆新建了拥有大量收藏品的分馆，即上海自然博物馆。湖北科学技术

---

① 黄体茂.世界科技馆的现状和发展趋势[J].科技馆,2005(2):3-11.
② 刘立.国际科技博物馆和科学中心的发展阶段、趋势及对我国的启示[J].科学教育与博物馆,
2015,1(6):401-404.

馆新馆拟引入科技史收藏品。不光新建科技馆应引入科技史收藏品,老馆也应更新换代,补齐这块"短板"。更广泛地讲,考虑到我国某些省份或地区缺乏科技博物馆,新建的大型科技馆,如河南省科学技术馆新馆,应以综合性科学中心为主体,同时兼顾综合性博物馆(收藏品涵盖多个广泛的领域)、专业性科技博物馆(以某一或某些地域性历史"镇馆之宝"为鲜明特色)、专业性科学中心(以某一专业领域的互动展品为主)。又考虑到我国某些省份和地区缺乏自然博物馆,新建的或扩建的科技馆也可兼顾自然博物馆,如上海科技馆。再加上科技日新月异,不断出现热点话题,新建的科技馆应有较大面积"应急"处理的临时展厅。总之,新建科技馆可考虑成为综合性科学中心、科学与工业博物馆(收藏品和仿制品)、自然博物馆和临时展览馆"四位一体"。

此外,集群化建设和运行也是科技馆发展的重要趋势。例如,德国柏林的"博物馆岛"集中了5个大型博物馆(柏林老博物馆、柏林新博物馆、国家美术馆、佩加蒙博物馆、博德博物馆),充分展示了当地的文化品牌和形象。这种现象用经济学、管理学的术语就是"集群化"。在北京奥林匹克公园的中国科技馆周围也将形成博物馆集群,包括中国国学中心、中国国家美术馆、中国工艺美术馆·中国非物质文化遗产展示馆。①

近年来,我国民众对科技馆的参观热情日益高涨,然而逐年增长的科技馆以及观众数量对科技馆的运营管理提出新的挑战。科技馆集群化发展,通过集群形成资源的集聚,实现优势互补和资源共享,形成价值共同体,提升了科技馆的整体形象,使科技馆在集群中得到更高效和个性化的发展,从而更好地满足了社会对包括科技馆在内的馆群需求。纵观世界博物馆的发展,博物馆群均被视为城市发展的催化剂和文化行销的典型。对集群内的小型场馆来说,它缺少营销的资源,而大型场馆可以借用先进的管理理念和成熟的营销策略将其整合在自身的战略发展策略中,一并进行营销,一方面提高小型场馆的公众知晓度和参观量;另一方面也使小型场馆在集群化的过程中汲取先进的营销、管理理念。而大型场馆也利用了集群的优势进行资源的整合,提升了整体运营能力和效率,实现群体化运作的规模效应,促进整个城市的文化发展。②

第二,时代化与人文化的融合。科技馆应不断追赶时代发展的步伐,必须以不断丰富人类知识,增长人类能力,改变人类生产方式与生存方式、观念与思维为己任。

① 刘立.国际科技博物馆和科学中心的发展阶段、趋势及对我国的启示[J].科学教育与博物馆,2015,1(6):401-404.
② 左焕琛,王小明.新形势下博物馆集群化运营的探索[N].中国文物报,2015-06-23(6).

一是瞄准科技前沿。让公众通过科技馆及时了解科技前沿、领略世界。现在科技发展日新月异，从基础研究到高技术研究，到其他技术的更新换代，步伐不断加快，科技馆需要把最新的、前沿的科学技术及时向公众普及。例如，航天、新材料、生命科学等领域不断有新成果出现，科技馆应该把最新的前沿科技尽快转化为公众普遍能接受理解、易看易懂的展品和内容，通过信息化、虚拟现实等手段体现出来。科幻的发展引起了人们对天体物理、天文学、宇宙学等领域的兴趣。随着《三体》的火爆，公众很想了解什么是黑洞、虫洞，什么是暗物质、暗能量等，如果科技馆还仅限于展示原来经典物理学的内容就无法满足公众需求。科技馆要深入研究，加强创新，在内容和形式上紧跟时代的步伐，在现有良好的基础上促进科技馆事业的创新发展。①

二是瞄准新兴科技。科技馆展教内容从经典科学到新兴科学。科技馆应该兼顾经典科学与新兴科学的结合。目前，在我国科技馆所展示的大多是已经被证明为真理的科学常识，比如牛顿三大定律、DNA双螺旋结构等。然而科技的发展日新月异，出现了很多新兴的科学技术，还有战略新兴产业，例如转基因、纳米科技等。国外不少科技馆已把这些新兴科技引入到展览中，让公众及时了解其前沿动态。

三是瞄准科技过程。科技馆展教内容从科学成果到科研过程。科技馆应该兼顾科学成果与科研过程的结合。我国科技馆的展示内容，基本上是"尘埃落定"的东西，即科技成果；而国际上科技馆早已开始关注科技成果是如何"尘埃落定"的，即科研开发的过程。我国科技馆要扩充展教内容，不仅要展示通常所说的"四科"，即科学知识、科学方法、科学思想和科学精神，也要引入科研过程、科学技术对社会的影响等。科技馆还要承担宣传普及科学发展观以及中共十八大以来确立的科技创新观、五大发展理念（创新、协调、绿色、开放、共享）的工作。

四是瞄准科技参与。科技馆展教方式从灌输式到启发式、从讲解型到动手型。从以科技馆为中心到以观众为中心，我国科技馆应兼顾以科技馆为中心与以观众为中心两种理念。科技馆专业人员具有丰富的实践经验，适当坚持以科技馆为中心，充分考虑观众对科技馆的多种需求，尤其是对展教主题的需求。考虑到我国国情，尤其是我国公民科学素质总体水平相对较低的现状（2015年我国具备科学素质的公民仅为6.20%），我国科技馆应该兼顾灌输式和启发式展教方式，结合两种方式开展科学传播与普及教育，并逐步从灌输式走向启发式，兼顾讲解与动手两种方式开展科学普及教育。实际上，在我们国家，观众特别喜欢听展品的讲解说明，所以我们需要坚持讲解型的

① 尚勇.在全国科技馆工作会议上的讲话[Z].2015-12-17.

展教方式，培养更多优秀的讲解员，同时也要鼓励观众尤其是青少年在做中学。科技馆展教立场从支持辩护型到客观中立型，我国科技馆应兼顾辩护型与客观中立型的展教立场。比如科技馆对转基因、核电产业方面的展教，就要站在相对中立的立场上，让公众通过展览所获得的内容、数据和证据，做出自己的判断。当然，由于我国公民科学素质总体水平较低，在展览时要有一定的舆论导向，有所侧重。[①]

五是瞄准科技人文。科技馆要贯彻 STEAM 教育理念。现在的科技馆尤其是展品应该与艺术结合起来。美国的 STEM 教育指的是科学、技术、工程与数学的教育。近年来，STEM 教育逐渐转型，开始引入艺术和人文的元素，扩展为 STEAM 教育。人类最高的价值观是追求"真、善、美"，科学是求真的，人文是求善的，艺术是求美的，这些元素应该有机地结合起来。科技馆要把 STEAM 教育理念落地，就要强调展品的设计和布置必须与艺术结合起来，体现出科技展品的文化特性。要把 STEAM 教育理念贯彻到科技馆的建设、运营和实践中去，设立创客空间，让公众尤其是青少年在科技馆感受、体验并激励其发明与创新。

第三，信息化和场景化的融合。随着互联网特别是移动互联网的普及，信息化技术在科技馆展教和服务中得到广泛应用，延长了科技馆教育和服务的手臂。同时，科技馆展教情景化激发了公众对科学的兴趣，体验科学给他们带来了愉快和乐趣。

一是科技馆展陈虚拟化。把现代信息技术应用到科技馆展教中，推动"互联网 + 科技馆"，把实体的科技馆与互联网技术结合起来，把"互联网 +"战略思维和行动计划与广义的科学传播事业结合起来，线上线下形成无缝对接。

虚拟科技馆是科技馆信息化或"互联网 + 科技馆"的重要形式之一。虚拟科技馆，一般是指以信息技术、虚拟现实技术等模拟真实科技馆的展览，让观众参观时有身临其境的虚拟化科技馆。虚拟科技馆需要制造出虚拟科普展教场景和展品，观众通过鼠标操纵进入科技馆参观，如加入虚拟现实的外设，如头盔、数据手套等，可以实现人—机互动。较好的人—机互动可以调动观众的视觉、触觉等，使人产生较好的"现场感"。

数字化科技馆是比虚拟科技馆更宽泛的概念，是指以数字化的形式全面地管理现实科技馆的所有信息，不仅包含虚拟科技馆的内容，也包含科技馆内部管理网络、观众导览系统、网上信息服务等内容。科技馆信息化突破了

① ② 刘立.国际科技博物馆和科学中心的发展阶段、趋势及对我国的启示[J].科学教育与博物馆，2015,1(6):401 – 404.

实体科技馆时间和空间上的限制，使科技馆服务不受地域的限制，不受开放时间的限制，任何人、在任何地点、任何时间都可以参观"科技馆"。

二是科技馆展教意境化。科技馆里的展项是"在场"的东西，要让人们联想到"不在场"的东西，形成完整的"冰山"图景。正如哲学家海德格尔通过"壶"，联系到了"天地人神"。在展览的时候应该制造相关的背景，只有在一定背景下才能发现展品丰富深刻的内在意义。瑞士伯尔尼爱因斯坦博物馆的场景制造就做得非常好，令人有身临其境的感觉。又如，清华大学以"两弹"元勋邓稼先校友为主题的原创校园话剧《马兰花开》，生动地展现了科学大师的光辉业绩和崇高精神，对弘扬科学精神、激励青年学子献身中华民族伟大复兴的"中国梦"很有意义。

三是科技馆展览时态化。当今社会发展迅速，科技馆要跟上时代，就必须增加一些临时展览。例如，青蒿素的发现者屠呦呦研究员最近刚刚成为中国本土第一位诺贝尔科学奖获得者，我们的科技馆应该立即围绕这个主题做一些临时展览。再比如咸宁要建核电站，湖北科技馆就可以适时地推出相关展览，让公众理性地看待核电站。[①]

二、我国科技馆的发展

党和政府历来非常重视科技馆建设，经过 60 多年的建设，我国科技馆事业飞速发展。

（一）科技馆发展历程

近 30 年来我国科技馆的发展，大致经历了三个阶段。

1. 科技馆初创期。1958—1995 年，这个阶段是科技馆发展的艰难探索阶段，主要探索"科技馆是什么"的问题。1958 年，我国开始筹建中央科学馆（中国科技馆前身）。经周恩来总理和聂荣臻副总理批准，中央科学馆的建设列入 10 周年国庆首都十大工程之一，并选中清华大学梁思成教授主持的设计方案，现在的北京国际饭店所在地为当时的选址，后因资金、建材等原因，中央决定停建。1978 年全国科学大会上，包括茅以升、钱学森教授在内的一大批科学家向中央提出建设中国科技馆的倡议。1979 年 2 月，国家计委批准兴建中国科技馆，但因未能列入国家"六五"计划，暂缓施工。1983 年，茅以升等著名科学家在全国人大会议上提出加速实施中国科技馆建设的提案，得到姚依林、万里等党和国家领导人的支持，7 月，国家计委批准中国科技馆作为国家"七五"计划。1984 年 11 月，邓小平亲笔为中国科学技术馆题写

① 刘立.国际科技博物馆和科学中心的发展阶段、趋势及对我国的启示[J],科学教育与博物馆,2015,1(6):401-404.

馆名，中国科学技术馆一期工程破土动工，1988年9月22日建成开放。

2. 科技馆探索期。1996—2000年，这个阶段是科技馆发展的深刻反思阶段，主要反思"科技馆怎么办"的问题。2000年年底，中国科协组织召开第一次全国科技馆工作会议，明确科技馆以科普展教为主要功能，并公布《中国科协系统科学技术馆建设标准》，之后全国科技馆建设进入高速发展期。2006年年初，国务院颁布《全民科学素质行动计划纲要（2006—2010—2020年)》；2007年7月，建设部、国家发展改革委员会正式颁布《科学技术馆建设标准》。

3. 科技馆繁荣期。2001年以来，是科技馆发展的快速发展阶段，主要讨论"科技馆如何科学发展"的问题。[1] 经过近30年的快速发展，我国科技馆形成包括实体科技馆、流动科技馆、科普大篷车、中学科技馆，以及数字科技馆等在内的现代科技馆体系，并实现多数科技馆的免费开放，科技馆公共服务能力显著提升。

2010—2015年，全国新增、改建或改造开放科技馆54座，新增建筑面积76.4万米^2。截至2015年年底，西部地区科技馆占全国的比例由2010年的13.9%上升为20.6%；中西部地区科技馆的比例之和由2010年的44.6%上升为49.7%，科技馆区域分布不均衡的局面有所改善。2015年年初，中央宣传部、财政部、中国科协开展全国科技馆免费开放试点工作，取得很好效果，观众数量呈现井喷式增长，免费开放前两个月内观众人数总体提升近50%，特别是省级科技馆，观众人数增长2—3倍。[2]

截至2016年年底，全国达标科技馆155座，另有在建科技馆138座，2015年中央财政支持3.51亿元、2016年5.51亿元，补贴全国123家科技馆实施免费开放试点；科普大篷车全国保有量1345辆；全国流动科技馆保有量295套；中国数字科技馆注册用户数逾115万，日均浏览量约238.6万次，资源总量9.19TB，官方微博粉丝逾400万个；建立农村中学科技馆175个。

（二）科技馆体系形成

在推动实体科技馆建设的基础上，初步建成中国特色现代科技馆体系，推动有条件的地方兴建实体科技馆；在尚不具备条件的地方，比如在县域主要组织开展流动科技馆巡展，在乡镇及边远地区开展科普大篷车活动、配置农村中学科技馆，开通基于互联网的数字科技馆网站。

一是实体科技馆。实体科技馆是科技馆体系的龙头和基础，以展览、教育为主要功能的公益性科普设施，是面向社会公众进行展览、培训、实验等

① 马麒.国内科技馆学术研究30年述评——基于中国知网(CNKI)的统计研究[J].科普研究，2017(2):23-34.

② 束为.着力升级融合服务创新驱动开创中国特色现代科技馆体系新局面[R].在全国科技馆工作会议上的工作报告,2015-12-17.

重要场所。同时，为整个科技馆体系提供展教计划、内容选题、展品设计和组织制作、展教活动策划、组织实施、人力资源等提供核心保障。

二是流动科技馆。流动科技馆是与固定的、实体科技场馆相对应的概念科技馆。与实体科技馆的"展品不流动、观众上门"相比，流动科技馆的理念是"展品送上门、观众就近看"。因此，它是以择优配置的观众可参与的互动科普展览、科普教育活动等为核心内容，以可拆装运输、可移动的科普互动展品、科学实验、科普影院等为主要手段，采取科普对象人群地域上的全覆盖、科普主题内容的系列化、流动活动的周期性等方式，让尚未建设科技馆或科技馆未能完全覆盖地区的公众同样享受到科普的公共服务方式。①

三是科普大篷车。科普大篷车是指包括按照技术要求改造的车辆、车载设备和车载科普展品等组成的流动性科普设施。科普大篷车以其丰富多彩的展示内容、多种媒体的教育方法、机动灵活的活动方式，深入偏远地区和农村，开展科普展教活动，受到广大公众和科普工作者的欢迎。

四是农村中学科技馆。农村中学科技馆旨在为培养中学生讲科学、爱科学、学科学、用科学的意识提升农村青少年科学素质，促进教育资源均衡化，促进科技馆展品产业化。筹建农村中学科技馆面向全国特别是中西部地区农村，每所农村中学科技馆建设经费约30万元，全部来自社会捐赠，建成后的运行费和更新维护费建议列入当地财政预算。农村中学科技馆须根据现有场地条件，结合初中生对科学技术的兴趣和爱好，配置1000册左右的图书、展示学生的科技创意作品（挂图或展板）、配置多媒体投影设备和适合当地需要的卫星接收设备等。②

五是数字科技馆和虚拟科技馆。数字科技馆是利用现代信息技术手段，开展科学技术教育、传播、普及的科普形式，是现代科技馆体系的科普资源集散与服务的重要平台。数字科技馆作为科技教育、传播、普及机构的工作支撑平台，可为科普机构、科普工作者及社会公众提供不同层次的共享服务；作为公共科普服务平台，可为科普产品开发、创作提供资源支撑，为公众体验科学增强乐趣和服务，为青少年开辟寓学于乐的网上科技教育的第二课堂。

虚拟现实科技馆遵循"超现实体验、多感知互动、跨时空创想"的核心理念，通过虚拟现实技术营造互动参与场景，使公众能够身临其境般地参与互动体验，突破科普的时空局限，充分激发公众的创造力和想象力。

---

① 中国科协,财政部.中国科协、财政部关于印发《中国流动科技馆实施方案》的通知[EB/OL].(2014-06-12)[2019-12-20].https://m.hexun.com/news/2014-06-12/165635976.html.

② 中国科学技术协会.农村中学科技馆公益项目实施方案[EB/OL].(2012-08-30)[2019-12-20].http://gongyi.hexun.com/2012-08-30/145298461.html.

（三）科技馆建设标准

科技馆已经成为衡量一个国家科技、文化水平高低以及社会发展形象的重要标志，也是衡量一个国家经济、科技、社会等综合国力的重要标志。2007 年 6 月，建设部、国家发展改革委批准发布由中国科协负责编制的《科学技术馆建设标准》，本建设标准共分九章，包括：总则，建设项目构成，建设规模和建筑面积指标，选址与总体布局，建筑设计，室内环境，建筑设备和建筑智能化，主要技术经济指标，管理和运行。该标准有力地促进了我国科技馆的发展，使全国建成的达标科技馆从 2000 年的 11 座猛增到 2017 年的192 座，当年正在建设中的有 130 余座，成为 21 世纪全世界科技馆数量增长最快的国家。

《科学技术馆建设标准》是现代科技馆体系建设发展的技术支撑和依据，是科技馆管理和服务能力现代化的基础。推动制定完善科技馆体系建设标准，是加快完善科技馆标准化体系，提升我国科技馆展教水平的需要。2016 年 3月，中国科协组织启动国家标准《科学技术馆建设标准》（建标 101—2007）修订工作，2018 年 7 月新版的《科学技术馆建设标准》（征求意见稿）发布，完善后正式颁布。

三、展教服务创新

新时期，我国科技馆体系建设必须适应建设世界科技强国和人民科技文化需求，以提高展教水平、改进展教方式、增强展教效果为核心，大力提升我国现代科技馆体系的转型升级。

（一）强化科普展教理念

科技馆是人类科学智慧的集散地，是科学转变为大众文化的精神工厂，是公众的科学殿堂。不同年龄、不同生活经历、不同文化知识背景的参观者在科技馆都能获得新知识，产生感悟，享受探究的快乐。科技馆的展陈要努力实现与参观者多层次互动，包括感官互动、逻辑互动、情感互动与思想互动。科学是朴素的，科技馆亦然。人们喜爱亲切、自然、朴素的科技馆，朴素寓意深刻、深邃、深沉。平庸的科技馆大多相似，而杰出的科技馆都有好的顶层设计，对公众需求做出现实与前瞻分析，精心确定展陈的科学主题，悉心选择实现目标的途径。在理解事物的时候，让人们交替运用形象思维与逻辑思维，使两种思维方式契合在参观者大脑中。契合的媒介，是美与情。缺乏这种媒介的展陈，会令人感到冷漠、乏味。①

（二）展览与教育融合

科技馆虽然是科普教育的场所，但其展示教育的方式表明，其主要功能

---

① 张开逊. 中国科技馆事业的战略思考[J]. 科普研究,2017(1):5-11.

应该是通过直观视觉刺激和体验，来唤醒人们的理性意识、科学理念，激发好奇心，激励人们进行探索和学习的兴趣，并逐渐改变观念，形成科学的世界观和人文的价值观。科技馆的这种科学教育理念，与学校正规教育的科学教育理念是有明显区别的，要坚决扭转一些科技馆建设发展中，"重馆舍建设、轻内容建设""重场馆建设、轻运营管理""重展轻教、以展代教"等现象。

如何改变科技馆"有展无教"的局面，如何认识和把握科技馆的展示教育的原则、开发设计、功能内容等，是新时期我国科技馆发展面临的核心问题。例如，"问题比答案更重要"就是科技馆展教设计"有展无教"的有效方式。往往这类科技馆许多的展品没有说明牌，靠观众体验；有说明牌的展品，并非告诉观众科学原理，只是告知操作方法，科学原理需要自己在操作中体会，寻找答案。这就启示我们，在科技馆展教设计时，应当坚持"问题比答案更重要"理念，更多地关注探索的过程，让公众在探索中提出自己的问题，并寻求属于自己的答案，而不是直接把答案告诉公众，以更好地激发公众的科学意识和探究精神。

再如，创造"科学实践场"也是科技馆展教设计"有展无教"的另一种方式。这些科技馆通过多件展品、多种展示手段的协同作用创设完整的"实践场"，展教设计的重点是解决如何创造"引导观众进入探索和发现科学的过程"的条件。这就启示我们，作为新一代科技馆，展教思想要充分体现"做中学""探究学习法""发现学习法"，无论是在展厅展品设计、展教活动策划，都应当注重让公众在"动手做"中感受科学魅力、体验科学快乐。[①]

（三）提升展教服务能力

科技馆展教是现代科技馆体系建设的灵魂和核心，要以实体科技馆为依托，以科技馆专业人才建设为支撑，大力推动提升科技馆展教服务能力。加快对科普教育功能薄弱的科技馆进行更新改造和改建扩建，推动具有专业、地方、主题特色科技馆的建设。依托和鼓励全国展教资源研发能力雄厚的科技馆和企业，建设国家级和省级科普展教资源研发与服务中心；同时为流动科技馆、科普大篷车、农村中学科技馆和基层科普设施及其展览展品的运行、维护、维修等提供技术支持和服务，弥补基层相关专业技术力量和人员配备等方面的不足。通过设立展览展品开发及更新改造、科学教育活动开发、网络科普和影视科普作品创作项目，大力提升科普展教资源设计开发能力和水平，不断拓展内容和形式，鼓励创新，形成一批具有自主知识产权、社会影响力和国际竞争力的科普展教资源。促进科普展教资源产业发展，增强企业

① 河南省科技馆.英法意科技馆观摩报告[Z].科普传播之道微平台,2016-04-06.

科普展教资源研发制作的能力与水平，鼓励科技馆与企业的深度合作与优势互补，逐渐形成现代化、规模化、集约化的科普展教资源产业。要拓展科技馆可视化、智能化展示功能，利用大数据处理、精密柔性传感、全球精确定位制导、虚拟展示等技术，将科技馆展教界面图形化、科学计算可视化、插补方式多样化、高性能数控模块化、多媒体技术应用集成化等，既要向受众普及科技基本原理，更要启迪受众的智慧和心灵，激发人们对科技探索的积极性、创造性，培育他们的超现代思维、创新型思维。[1]

（四）创新展教服务模式

围绕科技馆公共服务供给的品质和效率，创新科技馆公共服务供给模式，引入市场机制，打破垄断，鼓励竞争，多元投入，推动科技馆公共服务的专业化、供给主体的多元化，推动科技馆公共服务供给侧创新提升，充分发挥科技馆人力、物力、财力的效能，降低供给成本，提高供给效率。要完善政府购买服务模式，进一步强化科技馆公共服务职能，创新公共服务供给模式，有效动员社会力量，构建多层次、多方式、多元化的科技馆公共服务供给体系，提供更加方便、快捷、优质、高效的科普公共服务。坚持把推进科技馆免费开放作为改善文化民生、丰富城乡基层人民群众精神文化生活的重要任务，增强科技馆公共科普服务供给。要加强与学校联系合作，积极探索科技馆与学校科学教育的有机结合途径，将科学的思想和思维方法融入学校教育中。开设流动科技馆，将流动科技馆设在学校，学生可以利用空闲时间随时到流动科技馆参观。积极探索流动科技馆常态化与县级科技馆建设结合的新模式，采取科技馆展品、展厅服务、讲解人员、场地等的众筹、众扶模式，借助流动科技馆展品的流动性、更新快等特点，集成多方力量共同建设和持续运营县级科技馆。建设完善"互联网＋科技馆"的服务平台，鼓励发展科技馆服务的众创、众包、众扶、众筹等，使科技馆展教资源配置更灵活、更精准，凝聚大众智慧，形成内脑与外脑结合、企业与个人协同的科技馆服务创新格局。

第五节　全域科普服务创新

随着人员流动、连接社会的到来，科普受众由城乡地域细分向全域多元精准细分发展，科普服务由粗放碎片、不对称向精准定制、泛在送达发展，科普产品由占有向共享发展，一幅栩栩如生、从区域局部向全域全面的科普

① 湖北省科技馆.从科技馆发展历程看其未来发展趋势[Z].科普中国传播之道,2017－01－21.

新场景展现在人们的面前。

一、科普情景巨变

科普受众的立体流动、需求自主、信息对称，已经完全打破传统意义上依据职业定位、服务均等、地理定位等的科普细分格局，呈现科普供给与科普需求的新场景。

（一）流动的人群

人口流动是指人口在地区之间各种各样短期的、重复的或周期性的运动，包括长期人口流动、暂时人口流动、周期性人口流动、往返性人口流动等。人口是科普场景的关键要素，人口流动和流向彻底改变科普服务的场景，影响科普受众细分、服务定位和方略。

从区域、地理位置方面来观察，2018 年我国人口迁徙的全景图反映以下趋势。从流动大方向看，主要是东迁与南下，向核心集中。据统计，我国东部地区持续呈现人口净流入，2011 年以来人口流入总规模达 742 万人。从省内人口流动来看，向核心城市集中是大势所趋，从 2010 年人口普查和 2015 年抽样调查的数据来看，跨省流动人口占 1/3 左右，更多是省内的人口流动。① 流动的世界，必然需要流动的科普，科普须择公众而动，择场景而动。

（二）均等的诉求

我国科普事业呈现出蓬勃发展态势，但科普服务仍然存在不平衡、不充分的突出问题，距离公众对科普服务的无差化、均等化要求还有较大距离。从我国科普机会来看，城乡之间、东中部之间、内地与边疆之间、性别之间、不同人群之间、不同年龄段之间等，都存在不均等性；从我国公民科学素质调查的结果看，公民科学素质水平存在较为严重的地域和人群差异，男性公民科学素质水平远高于女性，东部地区公民科学素质水平远高于西部地区，城市公民科学素质水平远高于农村；从公民科学素质的整体水平看，我们与国际上的科技先行国家有较大的差距，即使到 2020 年公民科学素质水平达到 10%，也仅仅是进入创新型国家行列的最低门槛。② 均等的诉求，必然需要均等化的科普服务，须着力解决科普发展不平衡、不充分，以及科普基本公共服机会不平衡等突出问题。

（三）对称的社会

随着网络的迅速发展，信息传播呈现零距离、广覆盖的特点，人们已经置身于信息对称的时代。公众愈来愈重视科普信息传播，同时也越来越依赖

① 梁中华,吴嘉璐.2018 年全国人口流动大盘点,人们迁徙向何方? ［EB/OL］. (2019 – 05 – 05)［2019 – 12 – 20］. https://m. sohu. com/a/311811428_124689.

② 高宏斌.平衡发展是科普和科学素质工作的关键［N］.科普时报,2017 – 11 – 24(1).

网络获取和满足科普需求，促使科普信息的不对称向对称转变。尤其是自媒体（包括微博、微信等）兴起后，大大拓展公众获取科普信息传播的渠道，并使信息以多方位且更加完整的形态传递给公众，公众也能及时将反馈传送给科普媒体，与科普媒体进行多种方式的互动，形成科普信息传播的对称。

对称的社会必然需要对称的科普供给。一方面，要彻底改变科普信息传播实效度的不对称格局，科普信息的发布部门和媒体要积极改变科普工作方式，力求采取更加精准、完整、及时和权威的科普姿态。例如，建立完善的科学辟谣平台，将许多涉及民生的科学真相及时发布，科学机构、科技专家等及时披露科学信息，增强科普信息的时效度，扩大科普传播面，与公众的科普需求与供给、及时与有效等形成对称的局面。另一方面，要彻底改变公众参与科普传播不对称的格局。在移动通信工具、自媒体十分普及的社会中，几乎人人可以成为信息发布者，虚假信息和不确定、不准确信息会因为对事物真相的难以辨识而得到流传，甚至是大范围传播，形成不对称现象，影响社会舆论导向。要充分利用科普传播者与科普受众的互动互换，充分调动公众参与科普信息传播，使科普信息在互动传播中形成对称效应。

二、科普全域动员

全域科普，需要通过盘活全域科普资源，按资源禀赋优势重组和优化配置科普要素，扬长避短，从而构筑具有区域特色、适应其公众需求的科普服务体系。2019 年，天津市启动了全域科普行动，[①] 提出全域科普的理念和行动措施，即横向动员到边。

（一）政府部门

全面动员相关政府部门单位参与科普工作。例如，教育行政管理部门负责青少年科技教育工作计划并组织实施；卫生健康行政部门负责普及医疗健康科学知识，推动医疗机构加强医疗保健方面的科普工作；体育管理部门负责开展全民健身科普；生态环境行政管理部门负责生态环境保护宣传和普及；规划和自然资源行政管理部门负责做好城市规划和自然资源开发利用与保护等方面科普工作；应急、气象、地震等行政管理部门负责普及安全生产、消防、气象和防震减灾等方面科学知识；文化和旅游、交通运输行政管理部门负责在自然和人文景观、公共文化、旅游设施、公交地铁等的维护、建设和管理中融入科普内容；住房城乡建设、城市管理行政管理部门负责开展建筑、园林绿化、垃圾分类处理与利用等方面的科普工作；工业和信息化、国有资

---

① 中国科学技术协会.天津市出台《关于大力推进全域科普工作的实施意见》[EB/OL]. (2019 – 04 –04) [2019 –12 –20]. http://www. kepuchina. cn/more/201904/t20190404_1038808. shtml.

产管理、商务、市场监管等行政管理部门，负责结合工业生产、重点产业发展、商品性能宣传、产品质量监督检查等开展科普工作；人力资源和社会保障行政管理部门，负责在职业技能培训中提升城镇劳动者科学素质；警备区负责组织驻地部队科普工作和面向社会开展国防教育、军事科普。

（二）科技机构

充分发挥科技群团、科技行政管理部门的统筹协调作用。例如，突出科协、科技行政管理部门在统筹协调和组织推动全域科普工作的突出作用。科技行政管理部门，负责制定科普工作总体规划，实施监督检查，推动政府支持的生态环境、应急救援、卫生健康等领域符合公开条件的科研项目向社会开展科普宣传，将科普工作成效纳入科研成果评价体系。科技群团负责全域科普日常工作，广泛开展群众性、社会性、经常性科普活动，会同有关部门组织科技周、科普日等重大科技活动，按照有关规定开展表彰奖励。

（三）社会各界

充分发动人民群体、社会组织和各行各业开展科普工作。例如，社科联组织社会科学学术团体和有关单位开展社科界千名学者服务基层活动，与科技界联合开展科普活动。工会、共青团、妇联结合工作对象特点开展群众性科普活动，重点做好职工技术创新，青年志愿服务、关爱妇女儿童等方面的科普工作；科技团体、基金会、民办非企业机构等社会组织开展本专业领域的科学普及。促进科普社会组织孵化，将科普纳入社会组织公益创投项目。鼓励科研机构、高等院校和企业的科研平台、成果展览场馆和生产车间向社会开放。围绕智能科技主题开展科技周活动，普及智能科技知识，推动智慧城市建设和智能产业发展。

（四）全媒体

全媒体，即所有传播渠道全借助、全联动，把所有对科普传播有效的渠道都用起来，所有传播工具和载体都用起来，形成全媒体、全覆盖、泛在的科普信息服务网络体系。例如，推动广播电视、报刊等传统媒体，开设科普栏目、节目；网站、微博、微信、移动客户端、短视频等新媒体，加强科普宣传教育；公共交通、户外电子屏、楼宇电视等各类媒介安排专门的版面、时段开播科普公益广告；繁荣科普科幻创作，支持科普图书和音像制品出版发行。加强科技界与媒体、媒体与媒体之间的协作，建立科学传播融媒体联盟，推进优质科普资源的融合生产和协同传播，围绕党委和政府中心工作、社会普遍关注的科技问题等，及时进行科学权威解读与发布，破除"伪科学""反科学"等流言。建设信息化科普应用信息平台。开发集科普学习、宣传、监测、指导为一体的科普信息平台，打造科普中央厨房，组织开发分级分类的科普资源，精准推送科普资源。发展科普中国信息员，推送科普中国平台的权威信息。

三、科普服务全覆盖

全域科普，需要通过合理布局科技基础设施，开展群众性科普活动，提供广覆盖、具有属地特色、适应公众需求的科普服务。即科普服务覆盖所有的基层社区、属地群众。

（一）属地单位

全面动员属地部门、单位参与科普工作。如按照"战区制，主官上"要求，结合创建文明城区和新时代文明实践中心试点工作，打造科学普及和科技服务平台，规划建设辖区科技馆，培育科普教育基地。在街道、广场、公园等人流密集区域建设科普电子屏、科普画廊等设施，定期更新科普内容信息。

（二）街道乡镇

充分依托街道（乡镇）开展科普服务。例如，依托街道（乡镇）服务中心建设科普活动中心、科普学校、科普体验馆等设施和载体，开展科普公共服务。积极吸纳本地区学校、医院、农技站、科研院所、科技型企业负责人和高技能人才等到街道（乡镇）科技群团兼职挂职，鼓励其结合自身专业和工作，开展科普活动。

（三）城乡社区

实现社区（村）科普服务全覆盖。例如，将科普工作融入党建带群，建群建助党建制度体系，坚持资源共享、一室多用，依托社区党群服务中心建设科普阵地、开展科普活动。明确村委会科普工作负责人；建立科普协会（小组）。科普志愿者协会等功能型科协组织。组织党员、教师、医护人员、农技人员、乡土人才等开展科普志愿服务。依托企业、园区、科技馆、自然博物馆、楼宇党群服群服务中心（指导站）等，开辟科普场所或科普板块，加强园区高新技术科普宣传，推动辖区科技资源协同共享，通过科普论坛、科普社团服务、科学沙龙、技术交流等开展科普活动。

四、全民参与科普

全域科普，需要充分发挥公众的科普主体作用，通过科普动员，让公众深入参与到科普组织、科普活动中，深度融入科普工作中，形成人人参与科普、自己的科普自己办，让科普成果惠及所有的公众。

（一）人人参与科普

树立科学普及人人参与、人人受益的理念，引导公众积极开展参与科普活动。例如，鼓励和支持科技工作者从事科学普及，建立科普志愿服务组织，组织开展群众性科普活动。面向青少年广泛组织开展科技教育。建立完善科技教育体系，结合综合实践课程推行科普学分制，把科技教育纳入学校年度工作考核。鼓励学校建立科技社团、举办科技节等科技教育活动，支持科学课和其他学科教师创造性地开展校内外科技教育活动，积极组织学生参加青少年科技创新大赛等活动，培养科技创新后备人才。与高等院校、科研院所、科技场馆、企业等科普教育基地和社会力量相结合，开展青少年校内外结合的科技教育。面向成年公众开展科普活动。面向领导干部和公务员、城镇民众、农民等，以需求为导向，广泛开展科普活动。

（二）人人享有科普

致力于发挥社会全员动员优势，促进人人享有科普的基本服务。例如，开展科普进农村、进社区、进学校活动，开展丰富多彩的科普活动，让每一位城乡社区的公众等享有科学教育、健康生活等科普服务。通过开展科普讲座、张贴科普挂图、建设科普图书角、播放科普视频，将优质的科普信息或服务产品精准推送到社区、农村和学校，送到百姓手中。形成人人关注科技发展、人人支持或参与科技创新、人人享有科普资源，人人共享科技创新成果的良好社会氛围。

（三）科普共创共享

随着信息社会的发展，通过平台化、协同化的集聚，可以将社会海量、分散、闲置的科普资源进行复用与供需匹配，从而促使科普资源实现使用价值和共享最大化。在这个共创共享时代，科普的传播者与受众之间的关系，科普的传播者与传播者之间的关系，科普的传播团队与成员之间的关系，科普的传播团队不同层级之间的关系，不是简单的交易关系，而是协同创新、共创价值、合作共赢的关系；科普资源的所有权和使用权趋于统一，科普资源的经济价值和社会价值趋于统一，形成一种科普的价值创造和获取的正和博弈关系，即共创共享科普价值。全民创造、公众参与、网络组织、平台支撑，正在成为全域科普共创共享的新的风景线。

第七章　全媒体科技传播

媒体是无冕之王，是让公众实时了解科技信息，了解世界科技变化的桥梁，媒体掌控着社会的话语扩散权，主导着社会的科技舆论导向，是科技传播的主渠道。科技传播是指基于传播学基本原理，以大众媒体、新媒体、融媒体等为载体，通过媒体工作者，面向广大公众开展的科技信息扩散、科技信息的众创与分享、科技信息有序推送、科技信息开发与利用等活动。

第一节　当代科技传播特点

当今社会，传播媒体越来越普及、越来越多样化。随着媒体技术的发展，媒体特别是新媒体不断发展，已经成为科技传播不可或缺的重要载体，成为公众获取科技信息、提升自身科学素质的重要渠道。

一、公众向网络转移

大众媒体、新媒体、融媒体等是公众获取科技信息的主要途径。大众媒体，即大众传播媒体，包括电视、广播、报纸、杂志，仍然是大多数成年人了解科技新事物、进行学习的主要途径，同时互联网及信息技术的高速发展，给公众获取科技信息的方式带来变革。

（一）"低头族"兴起

随着信息化的发展，互联网特别是移动互联网彻底改变了世界，也改变了科普的途径和方式。1994 年 4 月 20 日，中国大陆接入国际互联网，2008 年之后，大陆网民规模保持全球第一。据中国互联网中心发布的《中国互联网发展状况统计报告》显示，截至 2019 年 6 月月底，我国网民规模达 8.54 亿人，互联网普及率为 61.2%，网民中使用手机上网的人群占 99.1%。[①] 各类

---

① 中商产业研究院.我国网民规模已达 8.54 亿人 ［EB/OL］．（2019 - 08 - 30）［2019 - 12 - 20］. https：// baijiahao. baidu. com/s? id =1643402131605336971&wfr = spider&for = pc.

手机应用的用户规模不断上升，场景更加丰富。手机已牢牢地"长"在人的身上，人们临睡前抚摸的最后物件是手机，醒来第一个摸索寻找的物件是手机。"低头族"不分年龄，没有代沟，同在地球，都在低头看手机。PC互联网培养出一代"宅男宅女"，移动互联网让全民"变宅"。

从传播学的角度看，公众获取信息有较为固定的模式和习惯，通过各种渠道获取科技信息的比例会保持比较稳定的趋势。由于互联网上的信息传播具有很强的实时性和碎片化特征，与传统媒体中的报纸传播内容具有较强的同质性，因此公众通过电视、报纸和互联网及移动互联网获取科技信息呈现此消彼长的关系。从2003年以来的可比数据表明：电视一直都是我国公民获取科技信息的最主要渠道，通过传统报纸获取科技信息的比例呈现逐渐降低的趋势；与此对应，公众通过互联网及移动互联网获取科技信息的比例呈明显的上升趋势。据2018年中国公民科学素质抽样调查显示，互联网已经成为与电视同等重要的公民获取科技信息主渠道，调查数据显示，我国公民每天通过电视和互联网及移动互联网获取科技信息的比例分别为68.5%和64.6%，每天通过听广播获取科技信息公民的比例为24.2%，每天通过读报纸获取科技信息公民的比例为10.3%；每天通过图书和期刊获取科技信息公民的比例分别为8.1%和5.9%。进一步调查还显示，网民更愿意、更频繁地通过微信，腾讯网、新浪网、新华网等门户网站，百度、搜狐等搜索引擎，果壳网、科学网、百度百科等专门网站获取科技信息。

不同群体公民获取科技信息的渠道呈现较大差异，我国不同年龄段公民获取科技信息的渠道呈现与该年龄段对应的特点。各年龄段公民均将电视作为获取科技信息的主要渠道，不同年龄段公民通过电视获取科技信息的比例差别很小；随着年龄段的提升，公众通过互联网及移动互联网、期刊、图书获取科技信息的比例逐渐降低，使用网络的比例下降幅度巨大。年轻一代更倾向于使用新媒体和阅读出版物的方式获取科技信息；随着年龄段的提升，公众通过广播和亲友同事获取科技信息的比例逐渐提升，尤其是50—69岁年龄段提升更加迅速。与其他年龄段相比，我国老年人更倾向于通过与亲友同事交谈、听广播来获取科技信息；随着年龄段的提升，公众通过报纸获取科技信息的比例提升后又逐渐降低，40—49岁年龄段的中年公民通过阅读报纸获取科技信息的比例最高。如果将18—39岁、40—49岁和50—69岁年龄段公众分别定义为中青年、中年和中老年群体，发现这三个群体呈现出明显的代际特征，具体表现为：中青年群体获取科技信息的渠道更加集中，以电视和网络为主，兼有其他渠道；中年群体获取科技信息的渠道以电视为主，网络、报纸和亲友同事为辅，兼有其他渠道；中老年群体获取科技信息的渠道以电视为主，但更倾向于通过亲友同事、报纸和广播获取科技信息，利用网络、期刊和图书获取科技信息的比例较低。

受教育程度不同的公民获取科技信息的渠道也呈现出较大差异。随着文化程度的提升，通过电视获取科技信息的比例逐渐降低；而通过互联网及移动互联网获取科技信息的比例迅速提高；通过亲友同事和广播获取科技信息的比例随着文化程度的提升而逐渐降低；通过图书和期刊获取及科技信息的比例逐渐升高；在通过报纸获取科技信息的群体中，高中/中专/技校学历的比例最高。文化程度较低的公民群体（小学及以下），电视、亲友同事、广播是他们获取科技信息的主要渠道；初中和高中/中专/技校文化程度的公民群体，电视、网络、报纸是他们获取科技信息的主要渠道，通过亲友同事和广播获取科技信息的比例降低，通过期刊和图书获取科技信息的比例提升；尽管电视、网络、报纸仍然是获取科技信息的主要渠道，但大学专科及以上文化程度的公民更倾向于通过互联网及移动互联网获取科技信息，此外，与通过广播和亲友同事获取科技信息相比，大学本科以上的公民群体更愿意通过期刊和图书获取科技信息。①

（二）人人的链接

信息技术发展，经历大型机、个人电脑、互联网三个时代，当今世界正在进入以信息互动、移动互联网、物联网、大数据、Web2.0为主要特征的云计算时代②。以数字为重要信息载体，将传感技术、计算机技术等结合，使各类信息迅速地转化为标准化数据，大大提高了信息收集、整理、加工和传递效率，降低了人与人、人和物、物和物间的信息交换成本。信息处理和传输的高速化、低成本化，不仅显著地提高了信息交换的速度，扩大了信息交换的规模，还大幅降低了信息交换的成本。观察、测度和分析的数据超大规模化，实时进行信息的广泛采集和普遍连接，为社会提供了规模难以想象的数据信息，为准确地认识经济社会发展规律创造可能，为对事件进行科学的分析提供条件。信息技术与经济社会各领域深度融合化，推动了生产方式的数字化、智能化，推动着流通方式的便捷化、扁平化，手机阅读、网上社交、移动购物已成为许多人的生活场景。

无论在全球还是中国，人手一机的场景已是现实。每个移动设备后面就是一位真实的人，移动设备的互联，实质就是人与人的链接。无论线上还是线下，核心是人在线下可以触到景，线上可以触到点，而这些景与点都是由人来打造。基于移动互联网的人人链接，如潮水一般席卷着世界，无论是个人还是企业，无论是工作、生活，还是对科技的传播，都是重大变革。例如，

---

① 张超,何薇,任磊.中国公民获取科技信息的状况及新趋势[J].科普研究,2016,11(3):22-27.
② 第102期齐鲁大讲坛:王柏华——大数据与社会治理[EB/OL].(2019-08-27)[2015-12-20].http://www.qlwb.com.cn/2015/0827/448266.shtml.

让人热血沸腾的战略规划往往形同废纸，跨界思维使定位大师无所适从，渠道为王已渐行渐远，甚至终将消亡；网络视频成为年轻人的首选；上网在特定（地铁上、公交车上、洗手间、睡觉前、餐厅等）情景下；信息泛滥，真假难辨；关注内容的制作，关注场景；从导流量到攒粉丝等。人与人的链接也极大地改变了科技传播，每位网民都能方便快捷地参与公共讨论，由科技信息的被动接受者转变为主动参与者，这种具有高度参与性和互动性的科技传播形式，对于科技传播来说，有时会产生意想不到的效果。

（三）微传播盛行

传媒大师麦克卢汉说过，媒介是区分不同社会形态的重要标志，每种新媒介的产生与运用，都宣告一个新时代的来临。① 以微博、微信为代表，以短小精炼为传播特征，以细微的语言和行为反映着人们内心世界变化的微时代已经来临。

一是科技传播门槛低。微博、微信等新媒体的传播，不需要权威机构的审核，只要在法律框架内就可以跨越传统媒体的把关和限制，通过电脑、手机等设备自由地进行科技信息发布和传播，以及互动交流和讨论。相对传统媒体，微博、微信等新媒体具有更大的平民性、开放性、便捷性等。微博、微信等新媒体的出现，消解了传统媒体科技信息发布与传播的特权和垄断，在一定程度上实现媒体的大众性、平等性、自由性。人们只要用电脑、手机就能通过新媒体表达自己的思想和观点，从而使每个人都有可能、有条件扮演科技评论员或记者等角色。

二是科技传播速度快。微时代带来信息传输的高效率，传播活动也随之具有瞬时性的特点，信息的传播速度更快、传播的内容更具冲击力和震撼力。由于博文被限制在 140 字内，使人们在短时间内完成博文的创作成为可能。微信通过网络快速发送语音短信、视频和文字，支持多人群聊等方式，使用户与好友进行形式上更加丰富快捷的联系；手机网络的广覆盖，使人们能方便地利用手机将现场采集到的信息（如手机拍照、录像等）迅速传播出去。快速发布信息后，信息以"裂变"方式传播，一条敏感信息一经发布，就可在短时间内迅速传播，并将现实社会中不同国家、地域、行业、领域、团体中互不相识的利益相关者迅速聚集起来。这种信息裂变式的传播，使信息传播的速度和方向都难以控制。

三是科技传播碎片化。微博、微信可以传送文字、图片、声音等信息，几乎事事皆可发微博、微信，信息的传播呈现碎片化，即各种信息、各种渠道、各种形式毫无关联的信息，会同时出现在同一个人际圈里；相同信息会

---

① 张海荣，王立. 浅论微传播时代的对外军事宣传[J]. 军事记者，2013（11）：53 – 54.

被身份、职业、年龄、爱好迥异的人收阅。碎片化的信息传播，一方面增加人们对于信息筛选辨别的难度，另一方面也给信息的管理和控制带来障碍。最让人担忧的是信息传播的碎片化还极易导致信息在传播中失真、变形，产生信息控制的危机。

四是科技传播强互动。微博、微信等新媒体的高黏合力、高活力和高影响力，很大程度上来源于微博等新媒体的互动交流性，人们可以快速地知晓圈内关注对象的言行、情感，并予以评论，博主可以便捷地回复，这样的交流模式跨越了时间、距离的限制，做到"天涯若比邻"，从而极大地提高人们交流的欲望、效率。人们热衷于微博，很大程度源于互动带来的快感，互动越强，交流越多、越深入，对微博的依赖性就越强。①

（四）泛在化获取

泛在化获取，相对应于固定的时间、途径获取信息方式，是指任何一种内容的信息，在任何时间、任何地点、通过任何一种媒体、任何一种形式，都可以无障碍地得到。随着信息社会的发展，泛在化、随时随地、无时无刻地获取信息成为常态。

一是泛在化阅读。公众获取科技信息的方式由过去的平面阅读、肉眼阅读、深阅读、宏阅读、完整阅读等，向泛在阅读、体验阅读、浅阅读、微阅读、碎片阅读等转变；获取的途径从可读到可视、从静态到动态、从一维到多维、从一屏到多屏、从平面媒体到全媒体等转变；对科普信息表达，更加偏好科技传播与艺术、人文融合，以及沉浸化的科技传播表达、形象化的科技传播表达、人格化的科技传播表达、故事化的科技传播表达、情感化的表达等。

二是泛在化偏好。泛在阅读不欢迎严肃的科技传播作品。有资料显示，情感/语录、养生、时事民生占据公众号关注热点的前三名，而用户每天在微信平台上平均阅读 6.77 篇文章，每篇平均阅读用时为 85.08 秒，在移动端公众不爱阅读包括科技传播在内的有深度有难度的严肃文章。随时随地、无时无刻进行的轻薄阅读，最重要的变化在于阅读仪式感丧失，阅读的庄重感也就丧失。阅读仪式的轻薄、终端的轻薄，决定内容的轻薄。②

三是"煎饼人"出现。泛在获取时代的到来，在浅阅读下塑造"煎饼人"的知识结构和人格。随着网络和各种信息渠道的发展，很多人力求在不同领域获得一些基本的操作知识，不再将精力专注于某个感兴趣的领域。由

---

① 庞丽铷,苏琪."微时代"高校思政课教学创新路径研究[J].山西高等学校社会科学学报,2015(1):35-38.

② 艾媒咨询.2015 中国手机网民微信自媒体阅读情况调研报告[EB/OL].(2015-11-06)[2019-12-20].https://www.iimedia.cn/c400/39692.html.

此出现"门门通，门门松"的新一代"煎饼人"。在这种情形下，意见领袖盛行就自然而然。因此，浅阅读下容易形成低智商社会，容易陷入"小编决定智商和眼界"的陷阱。网络上风行的"标题党"文化，碎片化让更具冲击力的信息满足网民快速获取结论化信息的要求。因为信息铺天盖地，人们希望直接得到结论，也就逐步丧失思考判断和过滤信息的能力。人类一思考，上帝就发笑。在网络低智商时代，也许上帝再也笑不出来，因为人们几乎停止思考。在微信朋友圈有种奇特的现象，就是标题党层出不穷，还有"不转不是中国人""不点个赞就变汉奸似的""什么世界都转疯"一些怪象。2015年5月，中国科协主席韩启德院士在中国科协年会致辞中指出，微信有"四多现象"，即道听途说的八卦谣言太多；缺乏理性的极端情绪宣泄太多；故作高深或假托名人的心灵鸡汤太多；违背科学原理的生活常识尤其是似是而非的养生保健知识太多。有网友认为，现在网络新媒体有七种病[1]。即内容克隆化、同质化严重；求快不求真，求时效而忽视真实；迷信点击率，哗众取宠；标题玩惊悚，助推网络谣言，损伤新媒体公信；广告硬推销，过度商业化，破坏新媒体平台生态；剽窃成重症，随意、恶劣、掐头去尾的嫁接、转载和"洗稿"；媚俗无底线，低俗成为卖点，"标题党""鸡汤党""乌龙新闻"背后是价值观判断的偏离。

二、新媒体传播崛起

当今世界，新媒体技术发展迅速，各类新媒体被广泛运用，与人们生活、学习等关系日益密切。在学习科学知识与了解科技信息方面，新媒体为人们提供了比以往更多的新途径、新模式，给公民学习科技与提升自身科学素质带来深刻的影响。

（一）新媒体普及

新媒体即网络媒体，是指以计算机技术、通信技术、数字广播技术等为基础，以互联网、无线通信网、数字广播电视网、卫星等为传输渠道，以电脑、电视、手机、视频音乐播放器等为终端的媒体。当今的新媒体，已经不单指某一具体的媒介形态，但凡基于数字化、网络化、移动化、智能化等为特征的各种媒体形式或融媒体，都视为新媒体。[2] 新媒体从技术与传播层面可分为两类：一类是各种网络媒体形式，如各类网站、搜索引擎、网络报刊、博客与播客、网络电视等；另一类是移动类新媒体，如移动类数字广播电视，

① 于洋,张音.新媒体需治"七种病"[EB/OL].(2015-04-02)[2019-12-20].http://theory.people.com.cn/n/2015/0402/c40531-26788289.html.

② 谭霞,关利平,刘芳.新媒体对公民科学素养影响研究[J].山东理工大学学报(社会科学版),2015(2):84-89.

手机短信、手机报刊、手机图书、手机电视等。同时认为，车载移动电视、户外媒体、楼宇电视等，由于不具有互动性特征，因而不属于新媒体范围。

（二）多媒体融合

在移动互联网时代，伴随着新的信息载体出现，信息的产生和表现形态也随之发生变化。数字化与多媒体化是新媒体信息传播的典型特点，数字化指的是新媒体传播的信息内容，包括图像、文字、音频、视频等，在采集、加工、存取、管理、传播过程中都进行过数字化转换，在信号传输与播出形式上都采用数字信号模式。多媒体化指的是新媒体消解了报纸、电视、广播和杂志四大传统媒体的边界，聚合了媒体在视觉与听觉方面的功能，借助文字、图像、声音、图形、视频等媒体形态，使信息的呈现模式更加形象化和立体化，营造了生动形象的信息传播情景，增强了信息感染力，在向用户传递信息的同时带给用户全感官式的体验，有助于用户形成关于该信息的更加深刻的整体印象。

1. 多媒体融合的互动性。具有互动性特征的并不仅仅是新媒体，传统媒体也具有互动的特点，但传统媒体的互动只是有限程度、有限范围内的互动。新媒体信息传播的互动实现了人机之间或多用户之间，同时进行一对一、一对多、多对多等不同的信息交流与沟通，新媒体用户可同时拥有信息生产者、信息发布者、信息接收者的多重身份，在与其他用户的多方互动过程中，新媒体用户的主体地位得到充分体现。

2. 多媒体融合的个性化。新媒体传播的个性化主要指：一是媒体选取个性化，用户在进行信息发布、检索及获取时，可以根据个人喜好选取不同的媒体形式；二是信息内容个性化，不同用户可以根据自身的需求目标，对信息筛选定位，或是对信息内容进行个性化组织加工，然后传播出去；三是在网络通信技术支持下，移动新媒体的信息传输系统能够针对用户个性化的信息需要进行精准传送，这是新媒体个性化传播的典型表现。

3. 多媒体融合的碎片化。这是新媒体信息传输形式所独有的，指的是新媒体在信息传播中的时间碎片化与信息内容的零碎性。新媒体传播的碎片化主要体现在：一是时间碎片化，用户可以充分利用随机或零散的时间，随时随地获取想要的信息，或进行信息的即时发布；二是传播内容的碎片化，新媒体中的微博、博客、手机短信等在技术设定的限制下，信息内容因被分割而变得零碎。

4. 多媒体融合的即时性与超强的地域覆盖性。新媒体传播在互联网支持下，凸显了信息传输的无障碍性，尤其是利用移动新媒体，用户可以随时随地发布信息、传递信息、获取信息；新媒体则可以把信息瞬间传递到网络中其他节点，对社会事件的实时报道和文字直播尤其便利。互联网把世界连接成一个紧密的整体，网络的范围决定着新媒体传播空间的大小。① 如2019年4月在中科院物理所的抖音账号，一则《用电磁学库仑定律分析异地恋》的短视频收获超258.6万点赞量。中科院物理所发起的话题"谁说科学不抖音"，整体浏览量高达2200万。抖音与中国科技馆开展的"科普之夜"活动，播放量达10.5亿次。抖音平台活跃的科普短视频作者已超过两万名。②

三、后真相的困扰

2016年年底，《牛津英语词典》将"后真相"选为年度词汇，并将其定义为："诉诸情感及个人信念，较陈述客观事实更能影响舆论的情况。"就是说，事实已经变得不重要，重要的是人们对此所产生的情绪。随着自媒体的发展，主流媒体和政府公信力降低，同时以去中心化、分众为特征的社交媒体网络的影响力进一步扩大，致使当今社会的人们实际上生活在后真相时代。③

（一）带节奏的操控

随着网络的普遍性，信息开始走向民主化，民主化使普通大众有了更多的自主权，但却没有因此而教会他们如何辨别信息的真假，导致互联网上充斥了各种声音。在这个时代，每个人既是信息的接收者也是信息的发布者，而信息的更迭速度之快，让我们眼花缭乱。多重媒介渠道用自己的方式试图影响受众从而获得话语权与影响力，于是出现很多的反转新闻，并有"后真相"的概念。而真正提出这个单词并有幸被《牛津大辞典》选为年度词汇则是在英国脱欧公投、特朗普当选美国总统之后。正如麦克唐纳所说："身处后真相时代，作为信息消费者，我们都免不了会上当受骗。唯有洞悉真相操纵背后的思维模式，我们才能更有智慧地处理信息，免受煽动式宣传和病毒营销的蛊惑，甚至改善真相的讲述方式，达成目标。"④ 这些受情绪感染的人们，从未渴求过真理，他们对不合口味的真相视而不见；假如谣言对他们有诱惑力，他们更愿意崇拜谣言；谁向他们提供幻觉，谁就可以轻易地成为他们的主人；谁摧毁他们的幻觉，谁就会成为他们的攻击目标。

在"后真相"时代，"带节奏"成为操控的主要手段，立场越极端，敌人越鲜明，越容易迎合和操控民意。所谓"带节奏"，是指针对某个事件话题

① 谭霞,关利平,刘芳.新媒体对公民科学素养影响研究[J].山东理工大学学报(社会科学版),2015(2):84-89.
② 孟环.大科学家拥有一颗科普心[N].北京晚报,2019-04-08(12).
③ 崔莹."后真相"时代,公众已不在意何为真相[搜狐号].谷雨故事,2017-09-14.
④ 林小路.我们应该如何定义所谓"后真相时代"？[EB/OL].(2019-10-14)[2019-12-20].https://www.zhihu.com/question/68579170? sort=created.

的时候，会有人故意发表一些比较具有煽动性和争议性的言论，来挑起一些吃瓜群众的跟风或争端，甚至带点看热闹不嫌事儿大的煽风点火的行为。这个时代，往往流行的是断言、猜测、感觉，是通过对事实进行"观点性包装"，强化、极化某种特定看法。有些自媒体人急于蹭热点，煽动情绪、吸引流量，唯恐事不大、唯恐天下不乱、唯恐网民不怒。他们用辱骂、批斗、扒老底等方式迎合公众趣味，误导公众认识。这个时代，往往"政治正确"永远高于事实准确，即"立场重于事实"。这个时代，往往是主流形势大好、非主流暗流涌动、真相还未出发、"谣言"已经满天。这个时代，是科普与迷信赛跑时代，媒体为追求传播效应而使科学知识的严肃性被削弱，导致科学最终臣服于大众传媒和消费文化；随着科学发展，科学共同体的分工变得越来越细，真正的科学人退出科普的舞台，导致科学传播过程中，科学思想和理性精神的缺失；同时，由于科学本身为我们提供许多确定性，随着科学知识的传播和普及，理性的科学精神在不断被稀释，大家在不断接受着碎片化知识，这导致怀疑精神的丧失，让迷信有了生存空间。

真相本身不造成恐慌，真相的缺席才令人恐慌。互联网时代实现信息的爆炸式生产和裂变式传播，也让一批动辄以"内幕消息""最新研究"为噱头的网络谣言借机扩散、混淆视听。关于 2020 年年初的这次新冠肺炎疫情，就让国人吞噬了深刻教训。例如，一些网民谣传新型冠状病毒是西方国家专门用来毁灭中国人的基因武器，真是扯淡。没有哪个国家会蠢到拿病毒当基因武器，世上根本不存在"只感染黄种人不感染白种人"的病毒。有个网民说得特别好：武汉的疫情比武汉电视里的重，比微博上、微信群里的轻。新浪微博上、微信朋友圈里呈现的疫情，比真实的疫情严重得多。

为什么会这样呢？因为互联网是放大器：个人的悲惨遭遇放在平时只是个人的，但放在重大疫情时期就会被放大成群体的。微博上年轻人居多，整体传播的声音是情绪太过激烈，总是容易炸，集体围观叫骂是情绪常态，但转瞬之间又特别容易感动，喜欢转发点赞喊加油，容易感动得热泪盈眶，总之就是思考太浅，情绪太满，浮躁、糊涂、混乱、跟风，集体人格极不稳定。微信上则以成年人居多，知识分子和各界精英扎堆，信息含量大，知识维度多，思考也相对深些，分析或有理有据，表达或俏皮精妙，但也往往容易陷入逻辑自洽的闭环思考和琐碎认知中不可自拔。总之就是爱讲理，常有理，但批评能力过剩，建设想法不足。①

其实，又何止一两个伪科学的帖子，一些在科学上存在严重纰漏的"科

---

① 段战江.痛中思痛的十个战"疫"思考和建议［EB/OL］.（2020 - 02 - 09）［2020 - 02 - 18］. https：//weibo.com/ttarticle/p/show？ id=2309404470754061189139.

普图书"通过正规出版社出版后大行其道已不是什么新鲜事，尤以涉猎养生保健、外星探秘居多，其为吸引眼球博取利益而无视科学的行径，如同在光天化日之下实施诈骗。科普既需要国家有关部门来做，也离不开民间的参与，但民间科普鱼龙混杂，也需要规范。科普乱象层出不穷，究其原因在于"生产"伪科学的成本太低，而揭发检举的代价太高。套用传播学者克罗斯的谣言公式"谣言＝（事件的）重要性×（事件的）模糊性÷公众批判能力"，只要关乎健康、生死，再配以似是而非的说辞，哪怕很拙劣的伪科学都能像病毒一样迅速蔓延。[①]

（二）不确定的流言

流言，或称谣言，是指利用各种渠道传播公众感兴趣的事物、事件或问题中那些未经证实或不实的信息。流言自古就有，唐代诗人白居易有"周公恐惧流言日，王莽谦恭未篡时"之诗句，生动地表明流言蜚语自古就有。从某种意义上言，流言是社会生活的"调味品"，完全禁止流言是不可能的。只要有人，有人的活动，人类社会就会传播各种各样的流言。

流言具有时代性，流言的传播和所处时代的典型媒介是直接相关的。麦克卢汉说，媒介是人的延伸。媒介是流言传播的社会土壤。每个时代有其具有时代特征的流言媒介：古时是口耳相传；当今社会化媒体则是我们这个时代的自媒体。能够成为流言，一方面，流言会触及社会的痛点或痒点。流言传递的信息有些是人们希望了解的，有些是人们所担忧的，例如，当今在健康、教育、公共医疗卫生等方面感到担忧问题多一些，恰恰是流言产生的土壤；另一方面，流言的传播要有契机或催化剂，例如不熟悉的前沿科技，也有可能是基于热点事件或意外事件而被流言所用。简言之，流言的形成源于人们的关切、无知、恐惧、希望、娱乐、逐利等，套路是借尸还魂（借助某些热点事件）、旧瓶装新酒（包装高大上的科技成果）、望文生义、莫须有，等等。

流言的传播是关键环节，人们消费流言的过程中同时也在传播流言，即流言的传播本质上是一种社会的协作。波兰诗人斯坦尼斯洛·耶日·勒克说过："雪崩的时候，没有一片雪花觉得自己有责任。那之前，它们从未想过雪崩这件事，只是愉快地叠加着。"当我们有意无意地通过社会化媒体平台参与某些流言的阅读、转发、点赞、评论时，事实上也在参与这样的"叠加"，在对流言的风生水起中起着推波助澜的作用，对流言的社会性传播做出"贡献"。

流言的传播会产生社会影响，而且大部分是负面的。对个人来说，民众的某些消费观念、行为会因为流言的影响发生改变。对社会来说，某些流言

① 赵鲁.治理科普乱象须多管齐下［N］.中国科学报,2014－08－08(13).

可能会引起社会恐慌。尤其像"毒疫苗"这样的流言，直接导致了近年来某些疾病疫苗接种率的下降，原来几乎被消灭的疾病在近几年有发病率上升的趋势，社会后果非常严重。流言不完全均匀地影响社会人群，而是会针对特定易感人群进行重点出击，一个社会总有一些人群是更容易被某些特定类型的流言击中，形成自己的渗透路径。例如，2011 年 3 月 11 日下午，日本东北部太平洋海域发生里氏 9.0 级地震，地震造成惨重的人员伤亡，福岛核电站发生核泄漏等一系列严重后果。这次灾难中除了人员伤亡，还有一波又一波的谣言给人们带来巨大的惊恐和不安。再如，2019 年 12 月出现并于 2020 年 1 月发酵的新冠肺炎疫情，在伴随疫情升温过程中，各种真真假假掺杂的信息也通过网络扩散，北京师范大学新媒体传播研究中心通过极术云网络调查平台调查武汉、北京、上海、广州、成都的网民，结果表明：网民获得新冠肺炎疫情的信息渠道多元化特征非常明显，2/3 的网民认为网上存在一些新冠肺炎疫情的谣言，网上流传的各种预防新型冠状病毒方法中，无法确定的就包括喝中药预防、室内煮醋、喝板蓝根、多吃葱姜蒜、补充维生素，谣言包括喝酒杀菌、吸烟杀菌、放烟花爆竹驱散病毒等。[①]

（三）不对称的信息

谣言的生成与传播，往往是由于话语表达模糊，内容来源难以确定，在谣言传播中，出现最多的字眼是"据说""据传"，一旦有部分群体相信内容的真实性并付诸行动，剩余群体会在短时间内受到极大影响，形成盲目跟风，信息在深度、广度和力度上不断扩展，也使那些看似毫无逻辑性的谣言在众多民众的实际行动下也变得有说服力，从而对社会的安定带来极大的负面影响。同时，朋友圈的强关系属性，使大多评论和转发都来自年龄、教育、职业与自己类似的人，形成认知趋同；媒体客户端的推送算法，使看到的都是精准推送的我们喜欢的内容，形成认知封闭。如此无博览分析和独立思考，则不自觉陷入信息的"楚门的世界"，或沦为分布式的乌合之众。例如，日本地震中影响最大的是"食用盐可以防辐射"的谣言，导致人们大量采购食用盐，一时造成超市缺货。在这一事件中，部分人相信谣言购买食盐储备，另一部分人也许并不相信这条消息，但因为短时间内无法确定内容来源及真假，看到别人在抢购时，心理的恐慌感上升，也会参与到抢购的行列中，如此反复，不断扩大谣言的实际影响力。

同时，信息内容丰富，话语层次多样，让人应接不暇，难辨真假，也可能是造成谣言的主要原因。例如，在日本东北部大地震中，谣言分为三种类型，一种是名人遇难型，网民时常毫无根据地爆出某某名人在地震中已经死

---

① 张洪忠,等.有关新型冠状病毒肺炎疫情的谣言分析[N].新京报,2020-01-28(3).

亡，因为死亡名单尚未公布，大多数受众又无从判断传者的信息真伪，加上名人的影响力使谣言得以广泛传播。第二种是有图无真相型。在日本地震后，网友发布了一张巨浪袭击城市的所谓"日本仙台海啸现场图"，图中，数十米高的海浪迎面袭来。不过图片传播没多久，门户网站的工作人员就发现这实际上是韩国一部电影的海报图片。第三种是来源捏造型。日本地震后，有条来自英国广播公司（BBC）的消息，通过网络和微博广为传播。信息的大致内容是：日本已经证实核泄漏，正蔓延至亚洲区域国家，预计下午 4 时抵达菲律宾，建议人们在接下来的 24 小时内尽量不要外出。一些人还收到这条信息的英文版。而传播这条信息的不乏经过实名认证的知名人士，让人感觉到这条信息非常可信。后经过 BBC 官方认证，BBC 从未发布过此条信息。

再有，信息不对称，一方面是传者在信息传递的过程中表达不清晰或不全面，另一方面由于传者和受者本身的文化素养、知识水平存在差异，受者往往根据主观意愿进行理解或者对传者信息的理解存在偏差，一旦信息无法通过有效途径辨别真伪时，谣言便会产生。对重大事件的报道中，大众传播往往是信息的主要传播方式。与之不同的是，谣言传播的途径多为人际传播，虽然网络的出现让谣言的产生方式更为多样化，可人际关系网络的影响在谣言传播中发挥着极为重要的作用，这些信息大多和受众的切身利益有关，却无法得到大众媒体和有关部门的证实。社会大众与精英层面的话语方式、话语习惯及话语结构都存在差异，平民话语系统和精英话语系统的隔阂，扩大了谣言的传播态势，不利于制止谣言的产生及传播。例如，伴随着 2019 年 12月出现并于 2020 年 1 月发酵的新冠肺炎疫情，"上海药物所、武汉病毒所联合发现中成药双黄连口服液可抑制新型冠状病毒"这样一句话，就能让成千上万的人在深夜排起长队抢购双黄连，甚至一些网点的兽用双黄连都卖脱销了。虽然随后一些媒体发布消息，规劝公众不要盲目购买和用药，但是这并不能阻止公众停下跑向药店门口排队的脚步，也不会停止在网店上疯狂下单的动作。比起不确定性，公众更喜欢确定性，从公众的视角来看，他们并不明白"抑制"与"治疗""预防""防治"等词语的差异，再加上信息发布时往往会采用一些不太确定的修饰语，这就更加让公众感到疑惑，他们宁可信其有，不可信其无的心态在此刻一定占上风。由此，需要反思在非常时期向公众传播信息的时候要不要有所规制。当然，这种规制并不是说要限制信息的发布，或者说隐而不发，而是要思考该如何更好地发布，从而让公众能够接收到我们希望传递的信息，又不导致公众采取盲目的行动。同时，媒体在非常时期更应担当非常之责，媒体在发布信息时不应该只是一个出口，更应该担当其把关人的角色，把好为公众传递及时、准确、科学的消息关口，这也是媒体被称为"第四权"的原因。①

（四） 跑不过的谣言

公众科学素养及人文素养低下，反智主义盛行，助推谣言传播。美国的托马斯·M. 尼科尔斯教授在《专家之死：反智主义的盛行及其影响》一书中告诉我们：信息的民主传播（而非传统的教育培养），造成大量一知半解、充满愤怒情绪的公众横空出世。他们都认为自己是饱学之士，误将"反专家"当作坚持自我，公开指责智识的完善，沉浸在对无知的崇拜中，甚至产生一种错觉，误认为民主便意味着我的无知与你的博学一样优秀，可以在网上自由发布任何东西，这就让公众空间充斥了不良信息和半瓶醋的见解，并泛滥成灾。

真相还没出发，谣言已经走遍天下，这是当今谣言生成和传播的真实写照。同时，谣言一张嘴，辟谣跑断腿，则是辟谣之难的另一番写照。在"后真相"时代、在自媒体时代，谣言生成传播的门槛低、成本低、传播快，但要用科学、用事实去一一证明是谣言，需要时间、需要研判谣言、需要找依据、需要生成辟谣的文章或信息、需要找准辟谣渠道、实时与受众互动讨论等，成本很高，非常难。同时，往往谣言有一个流行期，常常是当我们把辟谣的所有准备都做好了，把辟谣文章或信息发出去以后，受众已经不关心这条谣言，而新的谣言又出现了。

第二节　科技传播的任务

当今世界，信息技术日新月异，深刻改变着人们的生产生活，有力推动着社会发展，对国际政治、经济、文化、社会等领域发展产生深刻影响。以信息技术为代表的新一轮科技革命和产业变革正越来越深刻地改变世界，人工智能社会已经到来，公众获取和参与科技传播的方式等发生着巨大变化。

一、传递科技新闻

科技新闻是科学技术领域新近发生的事实报道。所谓科技事实可以是科技成果及其推广应用，可以是党和国家的科技政策，也可以是科技工作者的成就、科技界的活动。

（一） 科学与新闻结合

科技事实经过报道、传播，才成为科技新闻。科技新闻有许多种类，常

---

① 王大鹏. 重大疫情面前如何做好科学传播［EB/OL］.（2020－02－06）［2020－02－18］. https：//baijiahao. baidu. com/s？ id＝1657779337523692765&wfr＝spider&for＝pc.

见的有科技消息、科技通讯、科技评论、科技人物专写、科技特写等。

科技新闻有以下特点：一是新闻性，是指科技新闻内容要新，时间上是新近发生的，新闻性是科技新闻区别于其他科技文体的主要特点。二是科学性，是指科技新闻中报道、传播科学内容是真实的，表述准确，有科学根据。同时，在报道、传播科学事实时，要注意向广大读者普及科学知识。科学性是科技新闻区别于其他新闻文体。三是通俗性，是指科技新闻写作时，应用一定的科普写作技巧，语言要形象生动，巧用比喻和解释，还可以插入一些背景材料，便于广大读者接受和理解。

（二）科技新闻的立场

科技新闻既是科技，也是新闻，它的目标读者包括关注科技的人、科技工作者、关心新闻的人，新闻工作者将自己了解的科技知识写出来，供对科技和新闻感兴趣的人们看新闻，它肩负着传播科技信息和寻找新闻关注点的双重任务。科技新闻的传播只有站对立场，担负起该有的社会责任，才能向民众传播真实可靠、富有价值的科技新闻。

科技新闻的传播立场，决定科技新闻的传播者是了解新闻的人还是了解科技的人。不同的传播立场，同时决定科技新闻传播的是新闻还是科技。科技新闻与普通新闻的不同在于它具有明显的科学性，应当兼具其科技性与新闻性，将新近发生的、受人关注较多的科学技术信息，通过新闻的形式将其放大，使其涵盖科学性又富有新闻的特点。在选择科技新闻素材时，应当选择受公众关注的、最新的科技领域的研究成果，将科技前沿动态及时呈现在新闻中，对重要科研项目的领军人物、重要科研项目成果，以及关于科技发展方向的国家最新政策方针等作为素材呈现在新闻中。将新闻性与科技性作为科技新闻的选择标准。科技新闻的传播者即写科技新闻的专业工作人员，不仅应当懂新闻，也应当懂科技，并且具有扎实的科技知识，在自身专业的新闻知识基础上，对科技知识进行了解，避免由于专业障碍而影响科技新闻的传播质量。选择好的科技新闻素材，在具有专业科技新闻传播者的引领下，站对科技新闻的传播立场，为民众呈现出更多优秀的科技新闻报道。

（三）科技新闻的责任

科技新闻的主要责任，是及时传播科技消息，促进科学技术交流；同时，通过科技新闻报道，宣传党和国家的科技政策，宣传先进的科学技术，推动科学技术转化为现实生产力。

科技新闻的社会责任在于向公众传播具有意义的、准确的科技信息。而科技信息来源于科技发明，我国每天都有大量的科技发明，科技新闻传播者在选择这些科技发明作为素材时，应当甄别其真实性和价值性，在采访中判断哪些科技发明是有意义的、真实的，哪些是没有价值的、虚假的发明。在传播科技新闻时，媒体应当主动地向民众宣传科学发展理念，传播正确的科学，揭露伪科学，将真正的科技信息传播给公众。对科技新闻工作者而言，写出具有价值的科技新闻是其重要的责任，向读者传播正确的科学精神和科学信息，对我国科技新闻发展有着重要意义。科技新闻工作者可以从回应科学关切、破除迷信谣言方面入手来写具有价值和分量的科技新闻。

二、回应科学关切

跟踪掌握舆论，关注的科技热点难点，积极回应社会关切，对重大突发事件能否及早说明事实真相、阐明观点主张和政策举措，是当代科技传播面临的机遇和挑战。

（一）关注热点焦点

科技几乎涉及所有的家庭，而且不只影响一代人，这使科技舆情有许多特殊的性质，因此科学回应舆论关切的热点、焦点问题，是科技传播的重要责任。要建立专业团队，认真研究科技舆情发生发展和科技传播的规律，精心做好预案，实时准确研判形势，采取有效措施，努力为科技创新和和谐稳定发展创造良好的舆论氛围和社会环境。谎言、谣言、流言、传言的盛行体现了社会非理性、非和谐、非正常的一面，不能等问题发生后才被动应对，而要在事前、事中、事后做大量深入细致的研判工作，不断练就辨别舆论热点焦点的火眼金睛。

（二）快速反应回应

网上无小事，事事关平安。决不能掉以轻心、麻痹大意，给别有用心的人以可乘之机。有区别地、正确地对待造谣、传谣、信谣者，是科技传播的应有之义。当今网络状况是：当真理还没有穿上鞋子的时候，谎言已经走遍全世界。在"秒杀"时代，力争第一时间回应关切是科技传播的重要环节，而第一时间发现和掌握舆情，则是及时回应关切的关键。网民是全天候的、不放假的，科技传播也应该是全天候的。许多谣言、误解都是信息不对称造成的，对重大突发事件，及早阐明科学事实和真相、科学观点主张和政策举措非常必要。

（三）实时科学解读

在互联网成为科技传播主要途径下，科技传播要一手把握新闻宣传、一手传播科普知识，形成新闻导入、好奇心驱动、科学解读的科技传播新模式，使新闻与科技两者相得益彰，实现科学内容的有效传播和广泛覆盖。在科技新闻的内容制作方面，如果将科普内容的准确性和科学传播的趣味性结合在一起，就能让大众更好地感受到科技的魅力。要在科技新闻的传播方式方面，增加公众接触科学的机会，激发公众亲近科学的兴趣，充分借助人们对重大新闻和社会热点的关注度和好奇心，发挥作为新闻网站的强大优势，在新闻报道中附着科普要素，让科学知识借势新闻传播。在科技传播生态方面，要秉承开放和融合的理念，与各地学会、协会、高校、科研院所、企业机构、科普场馆等建立良好的合作关系，团结大批自媒体、公众号、科普网站，推动科普信息资源的共建共享，充分聚集优质资源，谋求科普效果的最大化。

三、破除迷信谣言

当今社会，网络谣言传播速度快，影响范围广、社会危害大，损害公众合法权益，需要全社会共同行动、科学治理。科学辟谣是人心所向和法治要求，也是加强和改进社会治理的重要任务，维护政治安全、社会稳定和服务人民群众美好生活向往的必然要求。

（一）让科学跑过谣言

谣言一张嘴，辟谣跑断腿。要让科学跑过谣言，唯有让科普跑在谣言的前面，让公众具备基本科学素质。要让媒体科学素养普遍提升，保持信息的一致性，加大媒体传播知识的社会功能，在信息传播过程中保证信息的准确、流畅和即时，才能有效地遏制谣言传播。要通过权威的信息发布渠道及时向受众公布其真伪性，并及时消除受众的疑虑，安抚其不安的情绪，才能从根源上阻止谣言的传播。要提供尽可能多的传播渠道，打破大众话语和精英话语的隔阂，发挥正确信息的有效性，能够有效地预防谣言的产生与传播，提供不同层级的话语交流空间，拓宽信息发布渠道，是谣言传播预防的有效途径之一。①

开展科学辟谣是全社会的共同责任，要发动科技传播机构、科技社团、社会机构和科技工作者共同打造的科学辟谣体系，切实提高辟谣信息的传播力、引导力、影响力，让科学跑赢谣言。要采用"广泛汇聚、科学解读、矩阵传播、源头阻断"方式，打造最具权威性、时效性、协同性、精准性的国家级"科学辟谣平台"。科学家是辟谣的主力军，是科技志愿服务的主体，应当在网络科学类谣言面前及时发出权威之声，守护公众利益。例如，发生在2019年年底至2020年年初的新冠肺炎疫情，关键时刻钟南山院士、李兰娟院士等及时行动和发声，对整个防治和稳定民心等起到巨大作用。

（二）让真相战胜谣言

有人类的地方就有谣言，任何国家都一样，这是不可避免的社会现实。谣言并不可怕，可怕的是不知道哪里有权威声音，哪里有事实真相。知情权

① 王刚.谣言传播的话语机制研究——以日本大地震中的谣言传播为例［J］.今传媒,2012(3):49-50.

就是生命权，如果一开始就失去了知情权，最后致使无数并非病毒感染的患者被交叉感染、本来可以避免的灾难最终降临，别低估事实真相和知情权，它与你的生命息息相关。越是关键时刻，越是要搞清事实真相，某些人喜欢隐瞒真相，有些人喜欢制造谣言，这两者又互为因果，形成恶性循环。

事实真相是战胜谣言、规避灾难的入口。白岩松说：在没有特效药的情况下，信息公开是最好的疫苗。诚然，自由的信息流通本身就是一种免疫机制。南京大学新闻传播学教授杜骏飞有句话说得特别好：什么全媒体、融媒体、智媒体，不能报道真正的新闻，就都是假媒体。什么是真正的新闻？一个是真知，一个是真相。无数事实证明，信息公开是避免恐慌的最好办法。信息公开不是制造恐慌，而是最好的全民动员和警觉。要有针对性地开展精神文明教育，加强对健康理念和传染病防控知识的宣传教育，教育引导广大人民群众提高文明素质和自我保护能力，让大家充分接触各方面的信息，掌握并积累识别谣言的本事，以科学知识战胜愚昧，用事实真相抵制谣言。

（三）让谣言止于智者

流言之所以能够盛行，并在社会上广泛地流传，是它击中了大家内心需要的某种东西。这就是没有心理的预准备，但一种流言若正好契合人们的社会心理，这种流言就会被传播。一个流言如果穿上科学的外衣，可信度和传播的渗透性都会加强，因为这些流言如同有了帮手，就很容易渗透到人们的意识中。科学而权威信息的缺位，让谣言传播有了空间。

要充分利用互联网弘扬科学精神，普及科学知识，提升公众识谣、辨谣能力和网络素养，让谣言止于智者。针对社会上的谣言、伪科学、伪气功和封建迷信泛滥的现象，要发动科技传播机构、科技社团、社会机构和科技工作者进行大胆地揭露和批判，向广大人民群众普及宣传科学知识。要建立预警机制，当公众在集中议论一个问题时，就要非常及时地捕捉这种社会热点、社会恐慌、社会风潮，及时采取行动，及时通过主渠道公布权威信息，使公众判断接近事实，社会的恐慌就会降低到理性的限度内，公众就不至于议论纷纷，道听途说，肆意放大谣言。

（四）让公众免于恐慌

后真相时代的科技传播，需要多管齐下。一是在制度建设上，政府应采取强制措施，加强对科技传播行为的干预和管控，激浊扬清，让好的科技传播机构、活动、读物享有市场红利，粗制滥造者被市场淘汰。二是在打击"生产"伪科学方面，政府要降低"打假"的风险和代价，鼓励专业人士抵制伪科学，要提高违法违规的成本，让"生产""传播"伪科学的人员止步。三是要鼓励更多的专业科技工作者做科技传播，面对公众关心的科学问题，主动及时发声，及时破除"科学"谣言，要对一些民间机构参与科技传播，建设科普场馆等进行科学评价，是他们既顺应市场需求，又讲究科学专业，更要寓教于乐。

要做好应对重大事件的科技传播预案，在面对类似新型冠状病毒疫情、非典疫情、南方冰雪灾害、"5·12"汶川地震等重大事件中，要实时把院士专家群体的努力和付出，将他们的言语和行动及时传达给公众。再如，"5·12"汶川地震后，18位院士出席中国科学院地学部举行的四川汶川地震院士座谈会，积极参与研究，他们对地震的形成、预测，以及赈灾救灾、灾后恢复重建工作发表看法，以期最大限度减轻地震灾害造成的负面影响，减少公众的恐慌。

第三节　科技传播创新发展

当今世界全媒体融合不断加快，社会对科技的关切，迫切需要把握科技传播大势，创新科技传播方式，传播科学精神，加强科技新闻传播和舆论引导能力，不断提高科技传播的吸引力和影响力。

一、转变科技传播观念

科技传播信息化与现有传统科技传播之间，不是二选一，而是传统科技传播与现代科技传播信息化的有机融合。要推动科技传播从理念思维到行为的革命，全面创新科技传播服务模式，开创科技传播服务新纪元。

（一）媒体融合化

万物互联时代，传统科技传播与科技传播信息化之间的界限变得模糊，跨界、跨行业、跨媒体成为科技传播的常态。在互联网尤其是移动互联网迅猛发展的今天，要逐步形成科技传播的开放跨界、边界消融，跨体制、融体制，跨范式、融范式，跨底线、融底线，跨媒体、融媒体，跨创作、融创作，跨终端、融终端的科技传播新理念。要借助互联网对传统科技传播进行技术改造，带动科技传播的跨界和融合，提升传统科技传播机构的竞争力。要利用信息技术手段提升科技传播服务水平和公众体验，加强科技传播产业链上下游的协同，从而促进科技传播提质增效。

（二）受众为中心

受众思维是科技传播的逻辑起点。科技传播信息化遵循互联网精神和受众思维。众创、分享、人人可创造、获取、使用和分享的平权网状的互联网社会的出现，与传统的金字塔式、科层制的科技传播格格不入，互联网社会的出现，激活草根的创造力和参与活力。要树牢开放思维，这不仅要体现在科技传播的物理场景中，更要体现在人们的思维空间中。例如，可以组织不同行业和不同生活经历、不同地方的人，共同就某一科学话题展开信息交流和讨论，思想火花的碰撞将极大地拓展人们思维的边界，丰富人们的科技知识。要树牢平权思维，在网络面前没有人知道你是谁，在网上进行的科技传播，要剥去权力、财富、身份、地位、容貌标签，彼此平等相待，使科技的交流变得更加透明和精彩。要树牢协作思维，互联网世界是兴趣激发、协作互动的世界，网民既是科技信息传播的接收者，也是科技信息的传播者，有时还是科技信息的生产者，彼此协作是维护和共治网络科技传播家园的基础。要树牢分享思维，分享是互联网科技传播发展的原动力，技术虽然是互联网科技传播发展的重要推动力，却不是关键，关键是科技传播信息的应用。要树牢产品思维，细分受众、满足每一位的个性需求，真正让公众有科技传播服务的获得感和满足感。

（三）传播社群化

随着移动互联、万物互联的普及和发展，催生出网络社群。这种网络社群，是指基于网络，为科技传播的受众提供新的交往空间和交往途径，由两个或两个以上的有共识感或兴趣、爱好的人所组成的人的集合。传媒学者喻国明说，网络社群已成为当今构造社会议题的一个重要来源，它直接影响着现实社会的判断，影响着社会的价值取向和行为方式，甚至左右着事件的走向。[①]

网络社群发展大致分为三个阶段。一是社交阶段：以熟人社交为主，以QQ群为代表的社交平台，是现实交往的延伸，主要是信息传递、情感交流。二是社区阶段：以陌生人社交为主，标志是社区类平台，如贴吧、豆瓣的出现和发展，主要基于共同兴趣的内容交流，其工具性更强。三是社群阶段：基于微信群、QQ群、自建APP等的出现，信任感和某一共同点连接一切，通过标签聚合用户，其特点更加精细化。

网络社群以群体结构展开，强调群体意志，有领袖或组织者，强调网络效应，强调群体的规范。社交，以个人结构展开，强调个人意志，无领袖或组织者，弱网络效应，不存在群体规范。社区主要是B2C，有规模效应，较容易定位营销对象。社群主要是C2B，有社群的规模效应，营销对象更为精准，社群内信任度影响转化率。[②] 数据显示，到2016年年底，中国网络社群数量将超过300万，网络社群用户将超2.7亿人，占中国手机网民比例的近40%，网络社群发展仍处于初期扩张阶段。

人和内容是科普网络社群形成发展并产生价值的两个根本要素，科普网络社群长期健康发展的核心是信任感。与一般的网络社群一样，科普网络社

① 李艳艳.浅析网络社群对公共领域的影响[J].新闻传播,2014(5):139-140.
② 艾媒咨询.2016年中国网络社群经济研究报告[EB/OL].(2016-11-13)[2019-12-20].https://www.iimedia.cn/c400/46077.html.

群的信任感建立在成员间共同的兴趣、维持社群的良好氛围、不归属于某位领袖的自组织结构、用户生产内容的持续能力等。能够将人从广场上拉到社群里的，互联网只是提供一个手段。连接者的互联网是平的，内容者的互联网是有价值观的，这是新世界里的两种玩法。价值观的传播与认可，对拥有价值观的族群最有效果，也就是说，理性中产及知识爱好者会在未来的社群经济试验中成为最主流的势力。①

（四）体系生态化

科技传播朋友圈，是指科技传播建设中，采取"众创、众包、众扶、众筹、分享"社会动员建设模式，营造良性和良好的科技传播氛围。要汇众智，开展科普创作，聚集全社会各类优秀科技传播作品，使每位具有科技传播创作、创意能力的人都可参与。要汇众力，参与科技传播，借助互联网等手段，将传统由特定科技传播专业机构（个人）完成的任务向自愿参与的所有机构和个人分工，最大限度地利用大众力量，以更高的效率、更低的成本满足科技传播产品及服务需求，促进科技传播方式变革。要汇众能，助科技传播创意创作创业，通过政府和公益机构支持、企业帮扶援助、个人互助互扶等多种方式，共助科普小微和创者成长。要汇众资，促科技传播发展，通过互联网平台向社会募集科技传播资金、科技传播资源，更灵活、高效地满足科技传播产品开发需求，拓展科技传播资金、资源的新渠道。要聚所有、共分享科技传播信息和内容资源，其分享不仅在线上，还要向线下活动延伸，线上线下的科技传播资源融合，使其落地应用，惠及公众。

二、推进传播媒体融合

媒体是媒介＋内容体系的组合，媒介只是媒体信息传播所需要的载体、介质或通道，还必须拥有后端内容架构、生产流程、编读互动等系统支撑，需要多种媒介处理技术以及内容体系支撑，媒体才能发挥作用。互联网、区块链等在现实生活中的应用，进一步推了动媒体融合。媒体融合是当今传媒大整合之下的新作业模式。

（一）媒体思维转型

科技传播媒体融合不是传统媒体的互联网化，而是思维方式必须转型。传统媒体的"互联网焦虑症"，20多年前掀起跟风建网站，现在又催生标配的"两微一端"——微博、微信、APP客户端，手机屏幕成为大家抢占的新终端。有关研究机构统计，目前传统媒体推出的新闻客户端达231个，但下载量达十万级的新闻客户端为15个，万级的38个，而千级以下的新闻客户

---

① 吴晓波."屌丝经济"的时代已经过去［微信公众号］.吴晓波微信公众号,2016－02－17.

端达 167 个。新闻客户端遍地开花、严重同质化、"僵尸"盛行的深层次原因，在于这是一种"＋互联网"思维取向的结果，大多数没有按照互联网思维方式来进行顶层设计和路径选择，导致很多新媒体项目成了披上互联网外衣的传统媒体。当然，需要明确的是，思维方式转变并不是重形式轻内容，任何时候内容都是根本，只是一定要借助互联网思维使内容更有吸引力、感染力，从而构筑起媒体真正的入口价值。

（二）系统性深度相融

科技传播媒体融合不是简单的平台相加，而是系统性的深度相融。当前大多数传统媒体在融合发展实践中，没有真正坚持问题导向，没有用"互联网＋""大数据＋"来解决痛点，只是与互联网简单嫁接，只是进行数字化"转场"，从而导致只有量变没有质变，只有物理反应没有化学反应，难以实现 1＋1 大于 2 的协同效应，这不仅仅是资金、资源的浪费，更为重要的是发展时机的耽搁和话语权的旁落。媒体融合是一项复杂的系统工程，是一个不断演进的动态过程，要取得实质性的进展，必须从新闻运作模式、生产方式、操作手法进行根本创新，必须从产品内容、表现形式、生产流程进行系统变革，必须从体制机制、组织结构、盈利模式进行综合转型。

（三）产品生态建构

科技传播媒体融合不是单纯的传播形态改变，而是产业生态的建构。传统媒体的新媒体产品，大多数把重点放在网络平台的搭建和传播形态的转变上，期望通过受众积累后再进行流量的二次贩卖，而没有创新盈利模式、难以可持续发展。其实，在大数据时代，传统媒体拥有的新闻信息资源已经转化为新闻数据资产，数据是生产资料，算法是生产力，由资源向资产的转变仅一字之差。大数据产业生态系统，就是从新闻资讯数据的生产、采集、加工、汇总、展现、挖掘、推送等方面形成一个闭环的价值链，通过对每个环节的多种技术处理后，提供有价值的应用和服务。科技传播要用"内容＋"赢得新优势，传播媒体阵地被别人跨界打劫了，传统科技传播媒体人不要悲观，可以反包围，让科技传播媒体内容反向渗透到各个行业。既然从市场趋势来看，"内容制作"将无处不在，那么好内容就会成为稀缺资源。对专心做优质内容的传统科技传播媒体而言，科技传播媒体战场不是被挤压变小了，而是更大了。科技传播融合在经历媒体内部的融合、媒体与媒体之间的行业融合以后，正在与一切产业融合，迎来"内容＋"时代。只要坚定内容定力，用优质内容加到一切端口上，让科技传播媒体产业在与各个行业的深度融合中壮大，让主流价值在更多的平台上唱响。①

---

① 卢新宁."内容＋"将成为媒体融合关键词[N].人民日报,2017－08－19(6).

（四）去中心与多中心

科技传播媒体融合不是单向度地加强科技信息中心建设，而是去中心化、多中心化。在融合实践中，很多传统媒体单向度地加强科技信息中心建设，企图通过"一次采集、多种生成、多元传播"这种集权指挥体系的构建，打通内部不同介质传播的障碍。其实，互联网的一个重要特征就是去中心化：在一个分布有众多节点的系统中，每个节点都具有高度自治的特征；节点之间彼此可以自由连接，形成新的连接单元；任何一个节点都可能成为阶段性的中心，但不具备强制性的中心控制功能。开放式、扁平化、平等性是去中心化的基本特征。所以，我们认为，以大数据技术为支撑的媒体转型没有严格意义上的新闻信息中心，是去中心化、多中心化。每台电脑都是一个中心，每个人都是一个中心，而指挥和支撑多个中心的是一个基于中文语义联系的大数据基础平台。真正形成一个平台化、开放式、互联性的新兴媒体架构。[1]

三、精准定位受众需求

当今世界，信息已经成为人类生产、生活的基本元素，人与人之间以及社会运行中的信息沟通不可或缺且作用重大。随着信息社会的发展，公众获取科技信息的偏好、方式、途径等发生了根本变化，科技传播必须随之改变。

（一）传播场景

随着信息社会的发展，科技传播的权利越来越向公众转移，即科技传播的权利在终端。在信息化条件下，科技传播到底传播什么，怎么传播，是时代性命题。正如中国人民大学喻国明所指出的那样，科学传播模式已经由传统传播内容、形式的二要素，向新媒体传播的内容、形式、关系、场域的四要素彻底转变。坚持需求导向、精准发力是对科技传播服务的基本要求，在新媒体时代，科技传播、科技传播服务愈加讲究强相关、强情怀、强心物、强体验，这正是信息社会公众对科技传播场景的要求。

（二）偏好改变

当今世界，随着互联网特别是移动互联网的快速发展，公众获取科技传播信息的日益细分化、个性化、多样化、多元化，网民对科技传播表达方式由无选择性或被选择，向有知、有趣、有料、有用取向、主动选择等转变。公众获取呈现碎片化和泛在化，必须满足公众随时、随地、通过任何一种阅读终端、获取他想获得的任何形式的信息，必须满足公众通过搜索引擎、通过手机等移动端获取内容信息的需要。公众对所获取科技传播信息的有知有

① 李述永.当前媒体融合发展的实践与思考［EB/OL］.（2016－08－05）［2019－12－20］. http：//ex. cssn. cn/xwcbx/xwcbx_zhyj/201608/t20160805_3151397_2. shtml.

趣有用的要求越来越高，视频化、移动化、社交化、游戏化等成为基本偏好取向，因此必须综合运用图文、动漫、音频、视频、游戏、虚拟现实等多种形式，大力开发创作科普游戏、科普微视频、科普虚拟体验等沉浸性、趣味性、互动性科技传播作品，这是现阶段公众对给科技传播创新提出的新要求。

（三）应急支持

在重大公共事件发生、疫情防控中，科普具有提高科学理性认知、提供心理支持、稳定人心等重要作用。例如，打赢新冠肺炎疫情防控阻击战，需要科普工作者结合疫情防控工作实际，向公众提供权威科普知识，解读疫情防控措施，帮助公众正确认识疫情发展态势、掌握疫情防控知识、提高自我防护意识和能力，既减少感染病毒的风险，又避免出现恐慌情绪。当重大公共事件发生、疫情防控发生时，相关部门和科研机构应积极参与疫情防控的科普工作，以浅显易懂的语言介绍防护知识、解读疫情最新进展、回应群众关切，为群众提供"定心丸"。例如，2020年年初国家卫生健康委员会官方微信号"健康中国"及时推送疫情防治政策信息和科普知识，连续刊发"新型冠状病毒科普知识"，满足了公众获取疫情防治科普知识的需求，取得了较好效果。应动员更多科普工作者在疫情防控的关键时期及时站出来，普及防护知识，用事实击败讹传，用科学击碎谣言，让理性之光照亮疫情防控之路。

同时，要推进科研与科普有效连接，需要根据科技发展与时俱进，使科普知识迅速体现最新科研成果。例如，新冠肺炎疫情发生后，我国科研机构着力进行病原鉴定、病毒溯源、有效药物及疫苗研发等工作，为一线防控和治疗提供重要科技支撑。这些科研成果既能满足疫情防控需要，又能不断丰富科普内容，增强疫情防控的科学性和有效性。要打造智能科普，须善于在传播载体上，通过短视频、动漫、3D可视化等载体和手段提升科学的趣味性，进而提升公众科学防护意识和能力。要让权威科学家为普及相关科学知识发声，起到稳定人心的重要作用。[1]

四、完善科技传播生态

纵观人类历史，每一次重大的科技进步都会带来的媒介相应变革，传统视听媒体衰落，正在被新的媒体取而代之。依托数字化、网络化，以及手机终端等新技术构建的新媒体已经迈向平民化时代，导致科技传播环境的极大改变，这需要我们传播生态规律，不断完善科技传播生态。

（一）构筑传播平台

科技传播进入传播内容信息找受众时代。在科技传播中，信息服务的落

---

[1] 北京市习近平新时代中国特色社会主义思想研究中心.发挥科普在疫情防控中的重要作用 [N].人民日报,2020-02-12(9).

地应用，即科技传播的"最后一公里"是难点。科技传播必须在强化内容建设，强化科学表达，除了借助一切可以利用的传播渠道，还要充分运用大数据、云计算等先进技术手段，建立完善科技传播服务平台、开展科技信息的精准推送、建立科技传播社群、建立多级反馈机制等，最大化地实现科技内容信息与人（受众）的连接，解决科技传播的"最后一公里"，充分满足公众多元化、个性化、泛在化的科技传播需求，让每一位公众都有科技传播的获得感。

在科技传播建设布局中，要特别强调发展云服务，推进科技传播网络生态建设，推进数据资源开放，整合信息平台，消除信息孤岛，实现科技传播信息的互联互通、开放分享。要推动科技传播开源众创、丰富优质科技传播内容资源，提高科技传播投入利用效率、降低运营成本，精准洞察感知受众需求，创新和提升科技传播产品，细分科技传播服务需求，推动落地应用，实时动态监测，科学管理决策。有数据显示，云服务平台可使信息服务的成本下降 70%，服务创新的效率提高 300%。①

（二）讲好科技故事

科技传播本质上就是把科学家想讲、有责任必须讲的科学故事讲给公众听；是把政府或国际社会要求、科学家有责任必须讲的科学故事讲给公众听；是把公众想听、科学家有责任必须讲的科学故事讲给公众听。科技传播中讲科学故事的人有两类，一类是科技共同体内的科学家、科技专家，另一类是科技共同体外、具有一定科学素养的媒体人士或社会公众。前者往往科学性强，但可能存在通俗性、故事性不够的缺陷；后者往往故事讲得好，但可能存在科学性不够的缺陷。讲好科技传播的科学故事，需要科学家、科技专家与媒体人士或社会公众的通力合作。

科学家、科技专家不仅是科技工作者，还应该是科技的教育、传播、科普方面的工作者，是讲好科技故事的传播工作者。例如，在 2019 年年底以来的新冠肺炎疫情暴发，必须采取科学防治打赢这场没有硝烟的斗争。这不仅要求科学家、科技专家用好科学的武器，让科学防治贯穿到疫情防控的全过程，坚持科学精神，密切跟踪疫情形势的变化，不断完善防控工作流程，系统做好疫情监测、排查、预警、患者收治等工作，全面做到早发现、早报告、早隔离、早治疗。同时，要面向公众讲好疫情防控的科学故事，强化科学普及，提高科学素养，不断涵养科学理性的社会心态，让每一位社会公众既不能心存侥幸，马虎懈怠，也不能惊慌失措，无所适从。要科学认识，理性判断。要针对疫情中一些网络谣言有所抬头，甚至造成了个别地方恐慌性抢购等现象，着力加强对疫情防控知识的宣传普及，帮助公众科学地自我保护和

① 阿里研究院.解读互联网经济十大议题［搜狐号］.大数据文摘,2016－02－18.

救助他人，并以此为契机在社会形成尊崇科学、相信科学的氛围，有效纾解焦虑情绪，消除恐慌心理，筑起疫情防控的坚实防线。①

科学记者是科技传播的核心力量，当今社会，科学记者的"科学性"正在遭到质疑。社交媒体上，但凡与科学、科技相关的报道出偏差，总会有人质疑科学记者的"科学性"：缺乏科学素养的记者在涉及科学事实的时候指鹿为马、无法筛选可靠的信息或者判断科学事实，或者一味追求点击率或者耸人听闻的程度而夸大、歪曲某些事实。科学界被记者媒体的形象污名化，让人们不再信任传统媒体的科学报道。讲科学故事的人（科学记者）消失后，谁该填补上来，确实是我们需要思考的问题。②

（三）精准分发内容

科技传播不仅需要有好的科学故事、好的科学内容，而且也需要让合适的科学故事、科学内容，让合适的公众听到、看到、读到。这就需要做好科技传播内容的精准投放、精准分发、精准推送。

一是要精心细分受众。科技传播的科学故事、科学内容必须与受众的需求紧密吻合、衔接，要充分利用云计算、移动互联网、大数据等现代技术手段，深度感知公众的内容需求、表达方式需求、场景需求等，准确了解每位网民、每类公众的需求，实时了解他或他们想要什么科技信息、在什么地方、是什么状况、方便或通过什么途径获得等，并对这些需求进行详细分类和汇集。

二是精准细分内容信息。遵循科普的内在规律，以及科技传播的客观需要、与科普服务对象需求的匹配性等，细分科技传播信息，使之与科学共同体的范式和受众的情景需求相适应，捕捉科技前沿、紧盯社会热点、紧扣公众需求，充分考虑受众生长的个性特点和泛在需求特征等，从尽量多的维度细分科普服务内容信息。科技传播内容信息的细分，不是一蹴而就、永不变化，而是要实时变化。科技传播内容信息越细分，精准推送就越有针对性，科技传播就越有效、公众的体验和获得就越多。

三是实时精准推送内容信息。要通过科技传播平台，以及其他各种有效的传播渠道，将科技传播内容个性、实时、精准、有效地提供给目标受众，及时为公众提供所需的科技内容信息和服务，满足公众对科技信息的个性化需求。要充分利用大众传播渠道，加强与电视台、广播电台等大众传媒机构的合作，充分发挥广播、电视等现有覆盖面广、影响力大的传统信息传播渠

---

① 央视评论员.让科学防治贯穿疫情防控全过程[EB/OL].(2020-02-18)[2020-02-08].http://news.cctv.com/2020/02/08/ARTICv0fZ7EATHX7Dgugahgk200208.shtml? spm = C96370.PsikHJQ1ICOX.Em32AuyOHUeL.11.

② 李子.为何"科学记者"这个职业正在消失？[微信公众号].我是科学家iScientist,2017-07-12.

道作用，建设科技传播栏目，传播科技内容。积极组织和动员科技类博物馆、科普大篷车、科普教育基地、科普服务站等传统科普渠道与信息化新媒体深度融合，分发科技传播内容信息。要充分利用好跨媒体阅读终端，积极推动与车站、地铁、机场、电影院线等公共服务场所，以及移动服务运营商、移动设备制造商的合作，将科技传播内容作为公益性的增值服务提供给公众。

（四）组建传播社群

科技传播社群是最大化地实现科技传播内容信息与受众的连接的有效途径。科技传播社群，要以科普员为社群领导者或核心，推动科技传播社群在其社群中深度传播分享和在社群与社群间的传播分享，实现科技传播内容的落地。

科技传播社群主要由社群领导者、核心参与者、活跃用户等组成。其中领导者是关键。要发挥好社群领导者对辖区或圈内公众的科技需求比较了解，联系着一定数量的辖区公众的传播力优势，赋予科普信息员职责。要加大对基层科普信息员或科普员的培训，提高他们运作科普网络社群的能力和技巧，大力推动建立以科普信息员或科普员为核心或领导者的科技传播社群，并通过这些科技传播社群实时、精准地传播科普服务信息。

随着科技传播社群的移动化，在弱关系基础上科普网络社群能形成强大的科普组织力与号召力，线上与线下联动成为动员与传播扩散的常态机制。在特定的科技传播社群中，科技信息的发布和获取与群体成员的价值共同作用，可以提高群体成员的科技传播组织化程度，进而形成弱关系之上的强动员。但也要看到，科技传播社群信息传播的"把关人"机制如果弱化，也会导致科技传播乱象丛生。移动终端成为互联网上最庞大的科技传播的即时信息节点，公众搜集、散布科普信息的门槛不断降低，海量的用户和科普信息，使移动网络社群成为科技信息资讯的集散地，也可能成为谣言、负面言论的重灾区。因此，基层科普信息员或科普员不仅要成为科技传播社群的领导者，还必须成为科技传播社群的科学把关者。

在科技传播社群中，科技信息的分发路径主要包括订阅机制和社会化机制两种。订阅机制以科技内容为核心，个人依循自身科技兴趣进行筛选和关注；社会化机制以"科普员"的关系网络为链路，朋友的转发、推荐成为获取科技信息和知识的过滤渠道，这一路径凸显对某位"科普人"信任为核心的馈赠型传播的逻辑。随着科技传播社群与信息网络的日渐交融，当今人们订阅的不只是科技内容信息，还有"科普人"；人们因兴趣关注科普内容信息，认识更多的人，集结成科技趣缘圈子，进而在趣缘关系中分享科技内容信息，发展科学兴趣。

第八章　当代科普的评价

科普评价是指通过评测、计算、观察和咨询等方法，对科普活动的过程及其成效进行复合分析研究和评估，做出对其目标任务和价值实现程度或者工作状态等判断的过程。科普评价是科普管理的重要环节，具有诊断、导向、激励、鉴定等作用。科普评价贯穿科普管理始终，包括确立评价标准、决定评价情境、设计评价手段、利用评价结果等过程。科普评价主要包括以科普自身为主的能力评价（如组织机构的科普能力、区域科普服务能力等）、活动效能评价（如普及效果、满意效果、接受效果等），以及以科普作用对象为主的科学素养评价（如公民科学素质、青少年科学素养等）。

第一节　科普能力及效果评价

科普评价，实际上就是对科普活动及其相关要素的客观评价，涉及科普的背景、目标、主体、对象、内容、载体、效果等因素。科普评价事关科普的管理水平、服务质量、资源优化配置等，对促进科普事业持续健康发展，具有重要意义。

一、科普评价的特点

科普评价实际上就是科普活动的客观评价。科普活动是在一定背景下，以提高公民科学素质为目的、有组织地向公众普及科学技术知识、倡导科学方法、传播科学思想、弘扬科学精神、促进公众理解科学的活动项目和行动的总称。科普评价有其自身的特点。

（一）系统复杂性

科普具有系统性，涉及科普的背景、目标、主体、对象、内容、载体、效果等要素，而且与科技、政治、经济、社会、文化、伦理等方面高度相关，这就决定了科普评价的复杂性和艰巨性。同时，科普评价的内容包罗万象，不同的价值导向、态度、标准、方式，会有不同的结果。例如，科普活动对社会公众在知识、思维和行动三个层面产生的影响或者变化，如果要从公众参与科普活动的效果去评价，就会涉及公众从认知到态度再到行动的效果的累积、深化和扩大的过程。这种对人的态度或者行为方面产生的变化的度量是非常具有挑战性的。因为科普活动对人们在态度、行为等方面产生效果的影响因素非常复杂，具体包括：科普传播者因素、科普环境因素、科普对象因素、科普内容因素、科普渠道因素及科普反馈因素等，这给活动效果的评估带来了很多困难。

（二）主体多元性

科普的群众性、社会性极强，支持参与组织科普活动的主体涉及范围广，如包括政府部门、企事业机构、社会团体等多种类型；参与科普活动的人群繁杂，如包括科技、教育、媒体等工作者；参与科普活动的社会公众涉及全体公民。参与科普活动机构、专门人群、社会公众的多元化，由于个体、群体的差异，对科普的动机、诉求、价值等理解必然多样，决定很难用一种方式、一种眼光、一个标准，去评价同一项科普活动。同时，不同的评价人或评价机构，对同一项科普活动的评价结果也会不同。

（三）价值多重性

科普具有教育、文化、科技、经济、社会等多种功能，承载着科学价值、技术价值、经济价值、社会价值、文化价值等实现的多重任务目标，但这些科普价值的表现各有不同，有些效果表现得比较直接，有些效果比较间接；有的效果比较显性，而有的效果比较隐性；有的效果立即呈现出来，有的效果却有时间上的滞后性。只有认真分析和了解不同科普形式产生的效果，影响科普效果的因素才能对科普任务目标的实现程度进行正确的评估。例如，对科技创新成果科普成效评价，就是要对科研、技术攻关、重大工程等科技创新活动过程中形成的新发现、新知识、新思想、新方法、新技术、新应用等成果，在不涉及保密的情况下，面向公众及时传播、普及推广等的过程、效果的评价。[①]

（四）成效延后性

科普不是一时一地的事情，需要长期坚持，公众接受科普也将是终生的。科普活动对受众的影响因个人的心智、兴趣等而异。有的受众反应快一些，有的则很慢，有的可能是连贯的、即起的；有的则可能是间断的、迟效的。时间的滞后性使科普活动效果很多时候不能很快、很明显地显示出来，绝不会像"皮下注射理论""魔弹理论"所宣称的那样，立竿见影。科普活动的

---

① 全民科学素质行动纲要实施工作办公室.关于印发《科技创新成果科普成效和创新主体科普服务评价暂行管理办法（试行）》的通知［EB/OL］.（2017 - 06 - 14）［2019 - 12 - 20］. http：// www. cast. org. cn/art/2017/6/14/art_459_73801. html.

效果，既有即时效果，也包括长期效果。尽管如此，如果对科普评价的条件做出一种限制，仍然是可评估的。例如，把某项科普活动设定在一定的时间、地域、受众等范围内，其评价仍然是可行的。

二、科普能力的评价

国家科普能力表现为一个国家向公众提供科普产品和服务的综合实力，主要由机构、地区等的科普能力构成。开展科普能力评价，对加强科普能力建设，提高公民科学素质的重要保障，具有重要意义。

（一）科普能力构成

国家科普能力表现为一个国家向公众提供科普产品和服务的综合实力，主要包括科普创作、科技传播渠道、科学教育体系、科普工作社会组织网络、科普人才队伍，以及政府科普工作宏观管理等方面。① 对此，科普能力评价要素应主要包括以下六方面。

一是科普创作能力。包括：原创性优秀科普作品数量；参加科普创作的专业科技人员、文艺创作人员、媒体编创人员等人数；获得奖励的优秀科普作品数量等。原创性科普展品、教具研究开发数量；制定出台科普展品、教具的技术规范数量；参与科普展品（教具）的设计和研究开发的科研机构、大学、企业等数量。

二是科技传播能力。包括：开设科普类专题、专栏、专版或频道的综合类报纸、期刊和电视、广播、互联网等数量，以及增加播出时间、版面、打造精品科普栏目等数量；满足广大公众需求的程度，如订阅量、收视收听率、浏览量等；出版科普影视作品、精品专题栏目和动漫作品的种类、发行量等。符合《科学技术馆建设标准》的科技馆数量、展览面积、接待公众数量，以及其中的青少年人数；科技类博物馆数量、展览面积、接待公众数量，以及其中的青少年人数；开展科普展教活动数量、受众人数；开展流动科技馆巡展活动数量、受众人数等。开展科普活动的县文化馆、图书馆和乡镇文化站、广播站、农民书屋、中小学校、农村党员干部现代远程教育接收站点等数量、接待公众数量；乡村科普活动站、科普宣传栏、科普大篷车等数量、接待公众人数；农村专业化数量、会员人数、培训班次和人数等；开展科普活动的社区文化中心、图书馆、科普学校等数量、接待公众数量。

三是科学教育能力。包括：幼儿园、中小学开设科学课程的覆盖率；科学课程教师数量；科技辅导员人数；科学教育实验室数量、实验仪器设备数

---

① 国务院办公厅.关于加强国家科普能力建设的若干意见[EB/OL]. (2008 - 02 - 05). http://www.gov.cn/ztzl/kjfzgh/content_883813.htm.

量；中小学图书室中科技类图书数量、比例；青少年科普活动资源咨询中心数量、活动次数、参加人数等。具有科普教育功能的青少年宫、儿童活动中心等数量、开展未成年人校外科技活动的场次、参加人数；高等学校、科研院所、科技场馆等开展教学和课外科技活动场次、参加人数等。

四是资源转化能力。包括：科技计划项目中涉及向公众发布成果信息和传播知识的数量、比例；国家重大工程项目、科技计划项目和重大科技专项实施过程中，向公众发布科技信息的次数；建立公众开放日的科研机构、大学数量、接待公众人数；开展科技周、科普日、主题科普等活动次数、参与公众人数等。

五是科普动员能力。包括：组织开展科技周、科普日、主题科普等重大科普活动的次数、参加人数；建立综合、行业等科普教育基地数量、接待公众人数；开展医疗卫生、计划生育、环境保护、国土资源、农业、体育、气象、地震、文物、旅游等行业性科普活动次数、参加公众人数。建设国防科普教育基地数量、接待公众人数；开展航空、航天、核技术、兵器、船舶等科普活动次数、参加公众人数；开放国防科研院所和所属高校的实验室等设施次数、接待公众人数。面向公众开放或举办科普活动的企业数量、活动次数、参加公众人数；开展企业职工岗位技能培训次数、参加人数等。

六是科普人才队伍。包括：参加科普的科技工作者人数、科学课程教师人数、科普创作人员人数、大众传媒的科技记者和编辑的人数、科普场馆的展览设计制作人员的人数、科普活动的策划和经营管理人员的人数、科普理论研究工作者的人数等；设立科技传播专业方向的高校数量、在校学生人数；开展面向科技教师、科普工作管理人员、科普场馆展览设计人员、科技记者和编辑、科普导游、科普讲解员的培训次数、培训人数。科普志愿者人数、活动次数、参加公众人数；科普宣传员、信息员人数等。

（二）单位能力评价

单位科普能力表现为一个政府部门、企事业机构、社会团体、企业等单位（部门、机构、团体）向公众提供科普产品和服务的综合实力，主要包括科普产品开发与供给、科技传播渠道、科普组织网络、科普投入（人员、经费、物资设备等投入）等方面。例如，对高校、科研机构、企业等创新主体的科普能力，主要评价这些机构面向公众开展科技教育、传播、普及等科普服务所涉及的科普组织机构、科普规划计划、科普经费和人员投入、科普设施、科普服务项目，以及科普服务效果等的评价。①

① 全民科学素质行动纲要实施工作办公室.关于印发《科技创新成果科普成效和创新主体科普服务评价暂行管理办法（试行）》的通知［EB/OL］.（2017－06－14）［2019－12－20］.http://www.cast.org.cn/art/2017/6/14/art_459_73801.html.

（三）区域能力评价

区域科普能力与国家科普能力相对，表现为某一个区域（如，一个省、一个地市、一个县、一个社区等）向公众提供科普产品和服务的综合实力，主要包括科普创作、科技传播渠道、科学教育体系、科普工作社会组织网络、科普人才队伍，以及政府科普管理、科普投入等方面。

从宏观视角，有学者从科普基础设施、各级政府对科普事业政策支持、科普宣传能力、科普投入社会化四方面，来分析我国区域科普能力建设的趋势。[①] 有学者基于国家科普统计指标，从科普的投入和产出角度，构建了包括科普人员、经费投入、基础设施、科普传媒、活动组织等的地区科普力度评价指标体系。[②] 还有部分学者考虑地区人口和国内生产总值（GDP）要素，构建了涉及科普投入、基础设施、科普人员、科普创作及科普活动组织等的地区科普能力评价指标体系。[③] 从微观视角，有学者认为对科普人才、科普设施、科普示范社区等的能力评价非常重要，并从社区、科技人才、科技组织、科普场馆等层面提出区域科普能力的评价方法和指标体系。[④]

区域科普能力的评价指标，可以设定科普人员、科普场馆、科普经费、科普传播、科普活动 5 个一级指标。其中，科普人员包括每万人拥有科普专职人员数、每万人拥有科普兼职人员数、每万人拥有科普志愿者人员数等；科普场馆包括每百万人拥有科技馆数量、每百万人科学技术博物馆数量、每百万人社区科普活动室数量、每百万人农村科普活动场地数量等；科普经费包括年度科普经费筹集额占地区 GDP 的比例、科普专项经费数额、科技活动周经费、科普场馆支出等；科普传播包括科普图书出版总册数、科普期刊出版总册数、科普音像制品出版总册数、科普网站数量、科普传播社群、科普信息员数量等；科普活动包括科普展览举办次数、科普讲座举办次数、科技夏令营举办次数、重大科普活动次数等。[⑤]

三、科普效果评价

科普效果的评价，一般是针对科普项目或科普活动而言，这类项目一般是指由政府、机构或者社会组织推动，以公众为对象，在某一固定时间段集中开展的群众性、社会性的弘扬科学精神，传播科学思想和科学方法，普及

① 陈昭锋.我国区域科普能力建设的趋势[J].科技与经济,2007,20(2):53-56.
② 佟贺丰,刘润生,张泽玉.地区科普力度评价指标体系构建与分析[J].中国软科学,2008(12):59-65.
③ 任嵘嵘,郑念,赵萌.我国地区科普能力评价——基于熵权法-GEM[J].技术经济,2013(2):61-66.
④ 王刚,郑念.科普能力评价的现状和思考[J].科普研究,2017(1):29-35+109-110.
⑤ 张慧君,郑念.区域科普能力评价指标体系构建与分析[J].科技和产业,2014(2):128-133.

科学知识，增强公众对科学技术的理解的活动项目。

（一）科普效果分层

科普效果评估目的是评估审定科普项目或活动的时效度，因此在评估中，对科普活动效果进行分层，以实施逐层深入的评估。

第一个层面，主要是指科普活动的知晓度和受众覆盖率。科普活动要对受众产生效果，首先需要让受众接触到，如果受众根本就接触不到，科普效果就无从谈起。因此要对科普活动的受众数量和结构（包括年龄、性别、文化程度、住地离活动场地的距离、职业），以及活动在社会公众中的知晓度等进行分解。公众对科普知晓度评估，可以采取邀请公众做在线调查的方式。

第二个层面，主要是参与者对科普活动的满意情况。例如，对活动的趣味性、快乐元素、易懂性、知识性、互动性、活动的整合及总体设计、活动中的新元素和创新等进行分层，评价公众的满意程度。

第三个层面，主要是指科普活动的目标受众对活动知识内容和科学理念的理解情况。例如，对科普活动目标人群通过参加科普活动，对科普活动涉及的相关科学知识、科学主题、科学理念的理解，以及对科学的兴趣等进行分层，评价目标受众是否有了从事科学相关工作的想法及对职业选择的影响等。

第四个层面，就是指目标人群通过参加科普活动，对科学的感悟情况。例如，对科普活动在对公众对科学的感悟进行评估分层，根据凯尔勒、阿斯图和鲍文舒尔特的方法，可将公众在科学的感悟方面分成三类：一类是相信科学具有重要性；第二类是坚信科学的控制性；第三类是不接受科学。分别统计得出相应人群比例。①

（二）评价指标设定

科普效果评估，可采用从普及效果、满意效果、接受效果三个维度来设立评价指标，通过量化来评价科普效果。

一是科普活动的普及效果。普及效果至少可以从参与度、知名度两方面来设立具体的评价指标。一方面是科普活动的参与度，主要是指目标公众、科研人员和相关机构参加科普活动的程度。这里的"参与"不仅包括作为观众的参与，而且包括作为活动组织人员的参与和作为科学传播活动演讲人员的参与。在某种程度上，参与度反映了科普活动在业界的影响力和美誉度。对诸如科技周、科普日此类重大公众性科普活动而言，参加者是其声誉的构成要件之一，重要的参加者名单、构成，以及他们对活动项目的忠诚度、稳

---

① 刘彦君,张微,董晓晴,等.重大科普活动效果评估[C]//科技情报发展与创新服务学术研讨会暨北京科学技术情报学会学术年会.2009.

定性等，决定活动美誉度的高低和影响力的大小。参加者的构成对活动的质量和成功与否具有极为重要的作用。参与度的评估指标应该包括：观众的数量和构成；活动组织者的数量和构成；演讲者的数量和构成等。

另一方面是科普活动的知名度，主要是指科普活动在社会上被人们了解的程度和影响的范围。知名度代表社会公众对科普活动知道和了解的程度，反映重大科普活动声望涉及和影响范围大小的客观状态。知名度从一定程度上概括公众对重大科普活动的总态度和总评价，是确定重大科普活动形象地位高低的指标之一。知名度的评估指标应该包括公众对科普活动的知晓度比例和媒体对科普活动的报道次数等。

二是科普活动的满意效果。满意是指观众、活动组织者、活动演讲者、活动主办方，以及相关专家对活动在主题性、兴趣性、信息量、愉悦性、互动性、清晰度、活动的整体组织和服务及对观众适宜等方面的认可程度。对科技周、科普日等科普活动的主办方而言，观众、活动组织者、演讲者等都可以看作是"顾客"，因此调查观众、活动组织者、演讲者对活动的满意度是评价活动质量的重要手段。对主办方的自我满意度评估，是因为主办方对活动的整个过程及相关背景较为了解。对于专家进行的满意度评估主要是考虑专家较为客观公正、专业。

三是科普活动的接受效果。接受效果至少可以从理解度、感悟度两方面来设立具体的评价指标。一方面是对科普活动的理解度，主要是指公众通过参加科技周、科普日等科普活动，对活动涉及的相关科学主题、科学理念等的心理接受程度。理解度反映科普活动的效能、公众的获得感，从某种程度上反映科普活动在提高公众科学素养方面发挥的作用。理解度的评估指标应包括：对科普活动主题的理解，对相关知识的了解程度，是否有兴趣继续探讨相关主题，将来愿意在哪方面继续探讨，对活动主题不感兴趣的原因，主题在实践的应用等。另一方面是对科普活动的感悟度，主要是指公众通过参加科技周、科普日等重大科普活动，对科学和技术本身的理解，对科学技术与社会的关系的理解。[①]

（三）分类综合评估

根据目标人群、活动类型等在分类评价基础上，进行综合评估。例如，科普活动一般包括公众活动，针对学校学生的活动和地方合作者组织的活动等；活动形态包括报告会、展览、电影、讲座、文艺演出、娱乐活动、辩论会、名人访谈和参观等。

---

① 刘彦君,张徽,董晓晴,等.重大科普活动效果评估[C]//科技情报发展与创新服务学术研讨会暨北京科学技术情报学会学术年会,2009.

一是突出重要的科普活动。如果对所有的科普活动都进行评估，从资金和人力，以及时间成本上看都是不可能的，因此只选取有代表性的重要活动进行评估。对重要科普活动的评估，主要从以下五方面进行：①要对活动参加人员的结构，是否打算/以前、是否在科学技术领域工作，对科学和技术领域的兴趣进行分析。②要对活动举办地的意义进行评价。要通过采访参观者以及调查者本身对所有活动的印象，并且在现场观察活动的全过程，对重要活动进行全面评价的指标包括趣味、快乐元素、易懂性、知识性等。③要对重要展览的传播工作，综合展、特殊活动方式的传播工作，传播工作的总体进行比较，评估传统的互动科技展览的效果，互动性活动和个人交谈方式对科学传播工作的效果。④要评估科普活动的整合及总体设计，以及活动之间的相互合作。⑤要评估科普活动中增加的新元素和活动的创新，以及活动介绍和活动特点等。

二是解析专门科普活动。由于一些专门的科普活动是为目标人群定制的，因此不仅要专门对专题科普活动进行评估，而且评估角度要非常新颖、评估指标要精准匹配。具体包括：科普活动期间有没有专题科普活动的计划、有没有关于科普活动的话题内容、有没有涉及科普活动话题的研判等。

三是评估卫星科普活动。科普活动中合作者组织的卫星科普活动，虽然不是活动的核心，但是这些合作者的活动承担着重要的中间媒介作用，把科普活动扩散到主办地之外，扩大科普活动的整体形象，对这些合作者的活动也很重要。对卫星科普活动的评估，主要从以下两方面进行：①要对合作伙伴的组织结构及提供的科普活动进行分析，主要包括合作伙伴组织的卫星科普活动在该地的分布、举办地方活动的机构类型分布、活动方式、针对的目标群体、活动的主题。②要对科普活动合作伙伴联盟进行评估，分析新的合作伙伴和旧的合作伙伴的比例，由此判断合作伙伴对科普活动的支持度和忠诚度。[①]

第二节　公民科学素质测评

公民科学素质测评，是衡量科技教育、科技传播、科技普及的有效性和结果，公民自身科学素质变化是反映公民科学素质建设的成效，发现公民科学素质建设中存在的问题等的主要手段，为公民科学素质建设绩效提供考量

---

① 刘彦君,张微,董晓晴,等.重大科普活动效果评估[C]//科技情报发展与创新服务学术研讨会暨北京科学技术情报学会学术年会.2009.

和决策的依据，对推动实施全民科学素质行动有重要作用。

一、科学素质特点

公民科学素质作为公民所修得和具备的内在科学品质与科学涵养，是每个人、每个群体的客观存在，有其内在的结构和客观的衡量标准，只有遵循这些规律，才能确保公民科学素质测评的科学有效实施。

（一）内涵的动态性

公民科学素质是一个与时俱进的概念，无论是其概念的内涵还是外延的定义，都是随着社会科技和文明的发展而变化的，是随着人们认识的不断深入和社会形式的变化而发展的。

早期的科学素质概念主要体现在美国 20 世纪 50 年代高中物理课本的编制上，强调科学的统一性、自主性，强调公众科学素质主要是能够理解科学术语和科学过程，能阅读报纸或杂志上有关的科学技术方面的报道和争论。到 20 世纪 70 年代，对科学素质的理解进一步拓展，强调科学素质应包括科学和社会、科学道德规范、科学的性质、科学概念的知识、科学与技术、科学和人类等方面。20 世纪 80—90 年代，科学素质从单纯的学术研究发展到全面实践阶段，其内涵进一步丰富深化，强调应包括科学世界观的性质，科学事业的性质，头脑中的科学习惯，以及科学和人类事务等。① 对科学素质的理解还有更为深入广泛的领域，包括从文化角度、人与自然角度等方面。2016年美国科学院科学教育委员会发布《科学素养报告》，对于科学素养的概念和情境进行重读，报告从社会层面、群体层面、个人层面对科学素养问题进行了考察，并指出，科学素养问题的重要价值和意义包括其经济价值、民主价值、文化价值、个人价值。

与此同时，对公民科学素质的认识还经历从"缺失模型"到"民主模型"的转变。美国学者米勒早期提出科学素质的定义——科学素质指个人具备阅读、理解及表达对科学事务的观点的能力，并设计了一套三维度测定体系：对科学规范或过程的理解和对主要的科学概念知识的理解，以及对科学技术作用于社会的影响及伴随出现的政策选择的理解。概括起来就是公民的科学素质包括科学知识素质、科学方法素质、科学对社会的作用认知。之后，米勒（1998 年）又将这三个维度进一步归纳总结为，公众应具有足以理解报纸和杂志上各种不同观点的基本的科学概念词汇量；对科学探究的过程和本质的理解；对科学技术对个人和社会的影响有一定程度的理解②。米勒把科学

---

① 张增一,等.面向全体公民的科学素质标准[C]//全民科学素质行动计划制定工作领导小组办公室.全民科学素质行动计划课题研究论文集.北京:科学普及出版社,2005:511-546.

② 任福君,等.中国公民科学素质报告(第一辑)[M].北京:科学普及出版社,2010.

看成连贯、客观、正确的知识体系，并且把科学与社会中存在的问题归结为公众对科学的无知和误解，由于这些缺陷，他的模型常被认为是"缺失模型"。

米勒以后的学者对"缺失模型"作了修改，提出"民主模型"，即科学知识是实验室成果，与日常生活有距离，有时公众的理解能更好地解决问题；公众和科学家看问题的不同可能源于理解差异，不能简单指责公众缺乏科学素质；问题的关键在于公众对科学决策是否满足自己利益持怀疑态度，硬向他们灌输科学可能适得其反。这种对科学素质的理解从缺失模型到民主模型的转变，一方面说明学者对科学本质理解的变化；另一方面是他们对如何使公众理解科学，消除对科学怀疑的一种努力。

不同国家对公民科学素质的要求是不同的。发达国家和发展中国家由于发展程度不同，对公民科学素质的理解或偏重也有所区别。总体来看，发达国家理解的科学素质更强调科技知识、科学方法及思维习惯并利用其对社会问题进行判断、决策和解决的能力，强调用历史去阐明科学探究、社会中的科学各方面的不同点，因此要求公民对科技知识与方法的系统化和理论化的掌握和理解，强调公民对科技政策的理解和参与能力，成为一个具有独立判断能力并支持和理解科学的健全的公民；而发展中国家则更加关注农业、健康、环境、基本技能和实用技术等，因此对"具有科学素质的人"的期待则是掌握基本的科学技术知识与方法，重点强调解决个人和社会生活中紧迫的问题，摆脱愚昧。

（二）程度的可测量

虽然对科学素质的理解，存在国别、文化的差异，并且不断与时俱进，但内化到人身上的公民科学素质是可度量的，只要确立其基本标准，就可进行评测和比较。

公民科学素质测评，包含监测和评估两层意思。监测的基本含义是监视检测①，指依据一定目的，在一定时空范围内，对特定对象的某些特征进行详细、周密的测定，以反映对象的现有状态，检查是否达到目的要求，以便及时采取对策进行处理调控。监测本质上是一种动态跟踪，其基本特征是动态、定量、定期和长期。评估则是指对特定对象的价值、意义或程度进行估计。评估是有选择性的、时段性的，通过定性的和定量的方法对被评估对象进行空间对比或与某种规范、标准比较，从而做出价值判断。监测活动更多关心对象是否达到目标要求，注重诊断性与终结性目标，重视监测指标体系的准

① 王素，等.公民科学素质建设的监测与评估［C］∥全民科学素质行动计划制定工作领导小组办公室.全民科学素质行动计划课题研究论文集.北京：科学普及出版社，2005：685－725。

确性与全面性，强调采取合适的监测方法与技术；评估活动则更多关心对象如何能够达到目标要求，注重形成性与发展性目标，重视分析对象状态的影响因素，以采取合适的干预与促进手段。监测是评估的前提和基础；评估依赖于监测的量化数据，同时也校验监测的准确性和合理性，分析监测结果产生的原因。

从国内外开展情况看，公民科学素质监测评估有以下特点：一是既是制度化的工作行为，又是专业性很强、技术含量很高的研究活动；二是基本宗旨是为决策服务，要求具有独立性、客观性；三是目标的明确化是确保评估质量的关键要素；四是要坚持决策导向与重视评估理论方法的创新。

（三）文化的差异性

公民科学素质测评实际上包括两方面，一方面是对"人"的测评，即对公民具备科学素质的状况进行动态、定量、定期、长期的测定与评价，以反映公民具备科学素质的水平以及是否达到了提高科学素质的目标要求；另一方面是对"事"的测评，即对公民科学素质建设的状况进行跟踪监测和评价，以反映公民科学素质建设工作在一定时间、空间和条件下的具体状态和进展情况，以及是否达到目标要求。

公民科学素质测评标准，是国家社会经济发展、科技发展，以及公民个人发展对公民科学素质要求的具体反映，是公民基本科学素质监测评估的依据。近年来，各国对提高公民科学素质的重视，但在不同历史时期有着不同的内涵，在不同的社会文化环境下，对科学素质内涵的认识和理解也不同（表8-1）。确定公民科学素质测评标准，不能照搬某一个国家或某一位专家的标准，而是要借鉴国际上对公民科学素质基本内涵的认识和理论研究成果，综合考虑具体国情来确定。

美国和印度分别代表公民科学素质标准的两极，反映发达国家和发展中国家根据国家目标和国情状况，对公民科学素质的不同要求。从两个标准涉及的知识领域看，两者并没有多大差别，只是呈现方式和侧重点有明显差别。

美国《科学素养基准》不仅在知识和技能方面起点很高，而且加入大量诸如数学、历史、思维、社会、科学本质等方面的深层内容。具体而言，首先，具有科学素养的人要掌握物理、化学、生物等学科中的传统概念和原理，还要掌握数学、技术和社会科学中的概念和原理。其次，应了解人类的努力，正是科学、数学和技术的联盟，才使人类的认知取得如此的成功；要了解科学的世界观、科学研究的方法、科学事业的本质、数学和数学过程的特征、科学与技术的联系、科学—技术—社会的联系，以及跨越学科界限的通用概念。最后，把价值、态度和技能等内容也纳入科学素质的内涵之中，如思维习惯。

表 8–1 对公民科学素质构成要素理解的差异①

1. Milton Pella (1966)	2. Victor Showalter (1974)	3. Michael Agin (1974)
（a）科学与社会的关系 （b）科学家的道德 （c）科学的本质 （d）科学概念知识 （e）科学与技术 （f）人文中的科学	（a）科学的本质 （b）科学中的概念 （c）科学方法 （d）科学中的价值 （e）科学与社会 （f）科学中的利益 （g）与科学相关的技能	（a）科学和社会（科学和人类） （b）科学的道德规范 （c）科学的性质 （d）科学概念的知识 （e）科学与技术
4. (NSTA, 1982)	5. Miller (1983)	6. (Murnane & Raizen, 1988)
（a）科学和技术的方法 （b）科学和技术的知识 （c）决策的科技技能和知识 （d）科学和技术的态度、价值 （e）科学技术与社会	（a）科学知识 （b）科学过程 （c）科学与社会	（a）科学世界观的性质 （b）科学事业的性质 （c）头脑中的科学习惯 （d）科学和人类事务（科学与社会）
7. Durant	8. PISA	9. TIMSS
（a）基本科学观点 （b）科学方法 （c）科学研究机构的功能（科学与社会）	（a）科学概念 （b）科学过程 （c）科学情景（科学与社会）	（a）科学知识（数学、地球科学、生命科学、化学、环境与资源问题） （b）科学研究（科学过程） （c）科学的本质

    印度《大众基础科学》强调"基础科学"必须具备一些基本要求，例如，特定科学原理和事实所要求的知识；科学方法的内在化应用；继续学习所要求的能力。主要是通过解决与公众生活和工作关系密切的问题来体现的，并且把标准的起点定得较低。它实际上是最低限度的要求，认为全民最低限度的科学指每个公民都需要具备的某种最低限度的、基本的科学或技术知识，以及对科学方法有一个可操作性的、实践性的熟悉和理解，对关系日常生活和安全、关系家庭、社区城市、省和国家的科学技术，有较好的理解。

    开展公民基本科学素质测评，重点和难点是根据国情和公民特点确定公民科学素质的基本标准，以及依据标准制定一套科学有效的公民基本科学素

---

① 张增一,等.面向全体公民的科学素质标准[C]//全民科学素质行动计划制定工作领导小组办公室.全民科学素质行动计划课题研究论文集.北京:科学普及出版社,2005:511–546.

质状况的监测评估指标体系①。确立标准的制定原则，目的是要保证标准的科学性，使标准更加符合国情和公民科学素质的现状。我国 2006 年颁布的《全民科学素质纲要》指出，制定《中国公民科学素质基准》，是根据社会主义现代化建设的战略目标，结合我国国情，借鉴国外相关经验和成果，围绕公民生活和工作的实际需求，提出公民应具备的基本科学素质内容，为公民提高自身科学素质提供衡量尺度和指导，并为《科学素质纲要》的实施和监测评估提供依据。

二、科学素质测评设计

公民科学素质标准是一种以文件形式发布的统一协定，其中包含可以用来为某一范围内的公民科学素质建设活动及其结果制定规则、导则或特性定义的技术规范和准则，其目的是确保公民科学素质建设活动过程及结果能够符合需要。公民科学素质标准文件的制定都经过协商过程，并经一定公认机构批准。

（一）公民科学素质基准

公民科学素质基准是公民科学素质建设的指导性政策文件。2016 年 4 月 18 日，科技部、中央宣传部联合印发《中国公民科学素质基准》，为建立完善我国公民科学素质建设的监测指标体系，定期开展中国公民科学素质调查和全国科普统计工作，为我国公民提高自身科学素质提供衡量尺度和指导。同时，也引起学界和社会各界对公民科学素质建设的再次关注，以及对我国公民科学素质基准的激烈讨论。

《中国公民科学素质基准》制定了中国公民应具备的基本科学技术知识和能力的标准。该基准共有 26 条基准、132 个基准点，基本涵盖公民需要具有的科学精神、掌握或了解的知识、具备的能力，每条基准下列出了相应的基准点，对基准进行解释和说明（表 8 - 2）。该基准适用范围为 18 周岁以上具有行为能力的中华人民共和国公民。测评时从 132 个基准点中随机选取 50 个基准点进行考察，50 个基准点需覆盖全部 26 条基准。根据每条基准点设计题目，形成调查题库。测评时，从 500 道题库中随机选取 50 道题目（必须覆盖 26 条基准）进行测试，形式为判断题或选择题，每题 2 分。正确率达到 60% 视为具备基本科学素质。②

---

① 张增一，等.面向全体公民的科学素质标准［C］∥全民科学素质行动计划制定工作领导小组办公室.全民科学素质行动计划课题研究论文集.北京：科学普及出版社,2005:511 - 546.

② 科技部,中央宣传部.科技部中央宣传部关于印发《中国公民科学素质基准》的通知［EB/OL］.(2016 - 04 - 18）［2019 - 12 - 20］. http:∥www. most. gov. cn/mostinfo/xinxifenlei/fgzc/gfxwj/gfxwj2016/201604/t20160421_125270. htm.

表 8 - 2　《中国公民科学素质基准》结构表

序号	基准内容	基准点
1	知道世界是可被认知的，能以科学的态度认识世界	5 个
2	知道用系统的方法分析问题、解决问题	4 个
3	具有基本的科学精神，了解科学技术研究的基本过程	3 个
4	具有创新意识，理解和支持科技创新	6 个
5	了解科学、技术与社会的关系，认识到技术产生的影响具有两面性	5 个
6	树立生态文明理念，与自然和谐相处	4 个
7	树立可持续发展理念，有效利用资源	4 个
8	崇尚科学，具有辨别信息真伪的基本能力	3 个
9	掌握获取知识或信息的科学方法	4 个
10	掌握基本的数学运算和逻辑思维能力	6 个
11	掌握基本的物理知识	8 个
12	掌握基本的化学知识	6 个
13	掌握基本的天文知识	3 个
14	掌握基本的地球科学和地理知识	6 个
15	了解生命现象、生物多样性与进化的基本知识	7 个
16	了解人体生理知识	4 个
17	知道常见疾病和安全用药的常识	10 个
18	掌握饮食、营养的基本知识，养成良好生活习惯	7 个
19	掌握安全出行基本知识，能正确使用交通工具	3 个
20	掌握安全用电、用气等常识，能正确使用家用电器和电子产品	3 个
21	了解农业生产的基本知识和方法	5 个
22	具备基本劳动技能，能正确使用相关工具与设备	5 个
23	具有安全生产意识，遵守生产规章制度和操作规程	6 个
24	掌握常见事故的救援知识和急救方法	5 个
25	掌握自然灾害的防御和应急避险的基本方法	3 个
26	了解环境污染的危害及其应对措施，合理利用土地资源和水资源	7 个

（二）科学素质测评指标

公民科学素质测评作为判定公民是否具有科学素质的根据，是确保公民科学素质建设活动过程，以及结果能够符合需要的技术规范和精确准则。

公民科学素质测评应遵循国际化和本土化、科学性和可行性、既定性和发展性的三结合原则来进行设计，可从内容和程度两个维度来建立。内容维度主要包括科技知识（科学概念和原理）、科学思想（科学的世界观和方法论）、科学方法（科学探究的过程、方法与科学思维能力）、科技与社会相互关系4方面。程度维度主要从了解与理解、掌握与运用、情感态度与价值观（科学精神）3方面来衡量公民具备科学素质的水平（表8-3）。

表8-3 我国公民科学素质测评指标体系设计模型①

程度	内　　容			
	科学技术知识	科学思想	科学方法	科学技术与社会关系
了解与理解	了解必要的科学概念和原理	理解科学的世界观和方法论	掌握基本的科学方法	理解科学技术与社会的相互关系
掌握与运用	具有一定的综合运用所掌握的科学技术知识、科学思想、科学方法，以及对科学技术与社会关系的理解的能力，并将其实际运用于处理个人实际问题和参与社会公共事务			
情感、态度与价值观	能够把科学作为人类文化的结晶来学习和理解，并能够充分享受科学所带来的精神文化层面的乐趣；具有科学精神，理解科学方法，具备独立思考、科学思维的习惯和能力；内化为自身科学的人生观、价值观和世界观			

公民科学素质测评指标设计可分为三个层级。其中，一级、二级指标相对稳定，三级指标可以是开放式的和动态的（表8-4）。

表8-4 公民科学素质测评指标体系框架②

一级指标	二级指标	三级指标
了解与理解科学技术	了解必要的科学概念和原理	基本科学概念、定律和过程
		日常生活和劳动技能所必需的科学知识
		现代科学技术的新发展以及未来趋势
	理解科学的世界观和方法论	具体的科学思想
		在科学研究、技术发明和产业创新活动中体现出科学意识和科学精神
	掌握基本的科学方法	经验事实方法
		理论思维方法
	理解科学技术与社会的相互关系	科学与技术关系
		科学技术对社会发展影响
		科技政策

①② 楼伟.公民的基本科学素质及其测评[J].科普研究,2014(4):29-37.

续表

一级指标	二级指标	三级指标
掌握与运用科学技术	处理个人实际问题	进行知识的再学习和再生产
		在思考的基础上提出科学问题,在证据的基础上得出结论
		正确认识自然界,认识人类活动给自然界带来的变化并做出与之相关的决策
		能够科学描述、解释和预测自然现象,能够更好地分辨封建迷信、伪科学和反科学现象
		能够读懂通俗报刊刊载的有关科学的文章
	参与社会公共事务	理解科学决策和与科学有关的政策及其背后的科学问题
		能够本着科学态度参与公共事务
具有科学的情感、态度与价值观	享受科学	享受科学所带来的乐趣
	思维习惯	具备独立思考、科学思维的习惯和能力
	人生观和价值观	具有科学的人生观、价值观和世界观

我国已经连续开展了多年的公众科学素质调查,主要采用国际标准,从对基本科学知识的了解程度、对基本科学方法的了解程度、对科学与社会之间的关系的了解程度三方面进行调查。而在教育部组织制定的科学课程标准中,则将科学素质划分为四个基本要素:科学探究(过程、方法和能力),科学知识与技能,情感、态度与价值观,科学技术与社会。这两个指标体系的主要区别在于,后者更多考虑了情感、态度与价值观层面的指标;同时,后者还将科学素质按照年龄层次进行进一步划分。

公民科学素质测评指标体系,可以用于指导具体的公民科学素质测评活动,如公民科学素质调查、学生科学素质评价等。但指标体系的指标要素还不能被直接用作调查的指标及问卷,需要根据调查的目的和方案将指标要素的要求转化为具体的调查问题。调查问题的设计,应该更适应公众的思维习惯和理解力。

开展科学素质调查,是各国测评公民科学素质的主要活动方式。在我国比较成熟的调查活动主要有两类:一类是由全国科协系统组织开展的全国层面及各地区层面、针对18—65岁成年公众进行的公民科学素质抽样调查,已经连续开展多年,从对基本科学知识的了解程度、对基本科学方法的了解程度、对科学与社会之间的关系的了解程度三方面进行调查；另一类是由教育部门组织开展的针对未成年的中小学生科学素质调查，只是在个别时间、部分地区开展，依据国家科学课程标准，从科学探究（过程、方法和能力），科学知识与技能，情感、态度与价值观，科技与社会等方面进行测评。选择什么样的测评方式，要根据评估的目的与评估内容的要求。

（三）科学素质测评方法

国内外在公民科学素质测评方面采用的方法很多。常用评价方法，除了传统的纸笔测验和标准化测验，还有行为观察评定、结构化面试、自评估、口头报告、概念地图、课题研究等评价方式。其中，各类实证评价方法，如表现性评价、作品法评价、档案评价等，已是广泛采用的评估方法[①]。公民科学素质测评可用以下 4 种方法：

1. 问卷调查。用问卷收集数据是公民科学素质测评常用的方法。问卷主要由一系列的问题构成，分为结构性测评和非结构性测评两种。结构性测评具有很强的指向性，对于要了解的信息有非常明确的定向，问卷的答案也往往是封闭的；非结构性测评则无论在问题和答案上都具有明显的开放性。用问卷收集信息非常简便，在较短的时间内能够收集到大量的信息，尤其适用于大面积评估，甚至可以采用邮寄或网络的方式施测，可以节省大量的人力和物力。但是，问卷调查也有其局限性，运用问卷往往难以触及非预计、生成性的、深层次的信息，也无法进行评估者和评估对象之间的互动。

2. 入户访谈。通过评估者与评估对象面对面的交谈收集信息。与问卷法一样，根据话题和回答的开放程度，分为结构性和非结构性两种。其优势在于能够在访谈的过程中跟踪、挖掘有价值的话题，从而得到更为丰富和有价值的信息；同时，访谈过程中评估对象的表情、停顿、语气等都可能成为重要的评估信息。访谈法也存在局限，对访谈者的素质要求很高，必须接受严格的培训；同时，运用访谈法还存在费时、费力的问题。

3. 标准测验。标准测验由一套结构良好、有高度针对性和特异性的试题组成。在公民科学素质测评中，运用标准化测验对测查公民的科学概念、科学过程、科学应用、科学态度、科学创造和对科学本质的理解是不可或缺的，因为它高效、针对性强，更由于其答案是标准化的，能通过机读的形式大批量集中施测。但是，标准化测验也不是完美的，由于其命题和答案都是封闭

---

① 康长运，等.公民科学素质建设的监测与评估[C]//全民科学素质行动计划制定工作领导小组办公室.全民科学素质行动计划课题研究论文集.北京:科学普及出版社,2005:728－758.

和固定的，因此不易考察主观、质性、开放的内容。

4. 表现评价。表现性评价与标准化测验正好相对立，是在真实的情景中给被评估者一个真正的问题（真正的任务），评估任务被要求是有丰富意义、有挑战性且能够实施的，评估应尽可能地发生在与被评估者生活息息相关的现实情境中。所以，表现性评价能够最真实、深刻地评估公民的科学素质。评估的过程，首先需要设计一个高质量的任务，不但能够测出想要测查的科学素质，而且应具有可行性；其次需要高质量地管理评估过程，收集有价值的信息，在这个过程中明确的评估标准和高素质的评估者是非常关键的；最后，还要对所获得的信息和数据进行合理、深入的解释，这是一个高度专业化的过程。

三、公民科学素质调查

开展公民科学素质调查，是测评公民基本科学素质状况的有效、实际、实用的方法，得到各方面的认可，而采用国际通行的调查方法，更有利于开展国际比较和国际交流。

（一）调查目标

明确公民科学素质调查目标任务是做好公民科学素质调查活动的关键，是决定调查对象、内容、方法、工具和过程的前提。开展公民科学素质调查的目标任务，就是要按照公民科学素质测评指标，具体测度和衡量公民的科学素质水平，分析影响公民科学素质的具体因素，提出改进全民科学素质工作的政策建议，为公民科学素质建设提供依据。通过分析调查数据，可以反映出公民科学素质建设的成效，发现公民科学素质建设中存在的问题，对全民科学素质工作的组织管理、运行方式、基础设施和环境条件等方面提出改进或增强的指导性意见建议。

（二）调查对象

科学素质调查的对象应是全体国民，这是由调查的目标决定的。我国公民科学素质调查须重点关注现实各类群体公众的科学素质现状，同时也考虑未来的公民（即现在的未成年人）的科学素质发展。尽管我国已经有两类调查，即公民科学素质调查主要针对18—69岁的成年公民，中小学生科学素质调查专门针对在校中小学生。但中小学生科学素质调查并没有在全国普遍开展，也没有涵盖所有的18岁以下的未成年人（主要针对9—15岁的在校学生，其他年龄段和非在校生并不包括在内）。有必要将我国科学素质调查对象的年龄段扩展7—69岁，形成更为完善的科学素质调查对象类型划分（表8-5）。

表 8 - 5　我国科学素质调查对象类型划分

划分类型	划分内容
民族	汉族，其他民族
性别	男性，女性
城乡	城镇居民，农村居民
群体	未成年人，领导干部和公务员，城镇劳动者，农民，社区居民
年龄	7—17 岁，18—29 岁，30—39 岁，40—49 岁，50—59 岁，60—69 岁
文化程度	小学以下，小学，初中，高中或中专，大专，大学及以上
职业	国家机关和党群组织负责人，企事业单位负责人，专业技术人员，办事人员与有关人员，农林牧渔水利业生产人员，商业及服务业人员，生产及运输设备操作工人，学生及待升学人员，失业及下岗人员，离退休人员，家务劳动者，其他
区域	东部，中部，西部

（三）调查问卷

制定科学、合理的调查指标体系，以及简洁、方便的调查问卷非常重要。我国公民科学素质调查参照国际通行的方法，从三方面进行测度，即公民了解必要的科学知识、掌握基本的科学方法、崇尚科学精神的程度，对我国公民科学素养水平进行测评。目前，调查指标和问卷主要包括三部分：一是关于公民科学素质（包括公民了解科学术语和基本观点、科学方法和科学与社会关系的程度），二是关于公民获取科学信息的渠道和手段，三是关于科学技术对个人和社会的影响。调查结果基本反映了我国公民的科学素养状况、公民获取科技信息和参与相关活动的情况及公民对科学技术的态度。例如，2015 年中国公民科学素质调查沿用以前调查指标体系，包括三方面内容，即公民对科学的理解程度、公民的科技信息来源和公民对科学技术的态度。其中，公民对科学的理解程度部分是公民科学素质的核心指标，用于测度公民的基本科学素质状况。分级指标包括 3 项一级指标、12 项二级指标和 37 项三级指标（表 8 - 6）。目前采用调查的指标和问卷，基本上沿用米勒体系及美国关于科学素质的调查问卷，其间，根据中国国情进行过多次修改和校正，但尚没有建立形成符合国际发展潮流、具有中国特色和中国方案、适应构筑人类命运共同体大势的科学素质测评体系。

科学素质调查问卷的设计，要讲究技巧性，基本原则是化繁为简。要将调查指标的目标指向转化成通俗易懂的问题，便于公众理解和回答。要避免设计问题的学术化，尽量贴近公众的实际生产和生活。评估者应该通过公众对问题回答的倾向，来判断公众是否具备某一方面的科学素质，而不是让公众自己直接选择是否具备科学素质。

表 8 - 6　2015 年中国公民科学素质调查指标体系

一级指标	二级指标	三级指标
一、公民对科学的理解	1. 基本科学知识	（1）对科学术语的了解
		（2）对科学基本观点的了解
	2. 基本科学方法	（3）对"科学研究"的理解
		（4）对"对比试验"的理解
		（5）对概率的理解
	3. 科学对个人和社会的影响	（6）迷信的相信程度及行为
		（7）科学对个人行为的影响
	4. 对公共科技议题的理解	（8）对全球气候变化的理解
		（9）对核能利用的理解
		（10）对转基因的理解
二、公民的科技信息来源	5. 公共科技议题的信息来源	（11）纸质媒体
		（12）影视媒体
		（13）声音媒体
		（14）网络
	6. 获取科技发展信息的渠道	（15）纸质媒体
		（16）影视媒体
		（17）声音媒体
		（18）网络
		（19）人际交流
	7. 参加科普活动的情况	（20）专门的科普活动
		（21）日常的科普活动
	8. 参观科普设施的情况及原因	（22）科技类场馆
		（23）人文艺术类场馆
		（24）身边的科普场所
		（25）专业科技场所
	9. 参与公共科技事务的程度	（26）自己关心
		（27）和亲友谈论
		（28）热心参加
		（29）主动参与

续表

一级指标	二级指标	三级指标
三、公民对科技的态度	10. 对科学技术信息的感兴趣程度	（30）对科技新闻话题的感兴趣程度
	11. 对科学技术的看法	（31）科技与生活
		（32）科技与工作
		（33）对科技的总体认识
	12. 对公共科技议题的看法	（34）对公共科学议题信息来源的信任度
		（35）对全球气候变化的认识和看法
		（36）对核能利用的认识和看法
		（37）对转基因的认识和看法

（四）调查方式

公民科学素质测评的核心是数据收集，数据收集的方法和工具是由科学素质测评采用的方式决定的。我国公民科学素质测评方式，主要是编制问卷、入户调查、统计分析、报告发布等方式。

数据收集的关键，是问卷调查的抽样方式与抽样方案的确定。由于公民科学素质测评的对象数量非常庞大，因此我国公民科学素质调查采用的抽样方法是 PPS 抽样，很好地保证所选样本的代表性，能够对不同属性群体的科学素质进行对比分析，提高评估的针对性，也有助于对评估数据进行更为深入的分析。例如，2018 年中国科协组织开展第十次中国公民科学素质抽样调查，调查范围覆盖我国大陆 31 个省、自治区、直辖市和新疆生产建设兵团的18—69 岁公民，设计样本量 6.06 万份，回收有效样本 6.02 万份。调查结果显示，2018 年我国公民具备科学素质的比例达到 8.47%，比 2015 年的6.20% 提高 2.27 百分点；上海市、北京市公民科学素质水平超过 20%，天津市、江苏省、浙江省和广东省超过 10%，上述省、直辖市和山东省、福建省、湖北省、辽宁省共 10 个省、直辖市超过全国平均水平；城乡差距缩小 0.67百分点，性别差距缩小 0.75 百分点；我国公民每天通过互联网及移动互联网获取科技信息的比例高达 64.6%，除了电视远超等其他传统媒体。公民对科学技术持积极支持态度，科学技术职业在我国公民心目中声望较高，科学家、教师、医生和工程师的职业声望和职业期望均排在前五位。

第三节 青少年科学素养测评

青少年科学素养测评是全民科学素质测评的组成部分，由于青少年科技教育的基础性，国际上普遍都作为一个特殊重要群体予以重点关注，以利于增强政策制定与组织推动的针对性，提高科技教育规划与实施的科学化水平。1992 年起，我国先后 10 次开展针对 18 岁以上成年人的全国公民科学素养调查，但针对青少年的科学素养测评尚未系统开展。科学评估青少年科学素养是目前科学教育界亟须解决的问题。

一、青少年科学素养特点

科学评估青少年科学素养，是国际科学教育界正在积极探索的难题。国内研究绝大多数是对公民科学素养的调查或是对部分中小学学生科学素养的调查，鲜有针对青少年科学素养测评。

（一）内涵的发展性

国外众多学者和国际学生评价组织对科学素养都有各自的理解和界定。借鉴学者、PISA 评价项目和我国基础教育科学课程新课标对科学素养概念界定，结合青少年身心发展的特点，有学者将青少年科学素养界定为：理解并掌握与其心智成熟程度相当的有关科学知识、科学本质以及科学—技术—社会关系等方面的内容，培养科学兴趣和科学态度，逐步形成正确的科学价值观，初步具备在社会生活情境中应用科学知识、技术和方法解决实际问题的能力。[①]

（二）测评的探索性

科学素养评估框架是研发科学素养测评工具的重要理论基础。有学者借鉴 PISA 科学素养测评框架，并参照我国基础教育科学新课标的理念和目标，构建针对我国青少年的科学素养测评框架。

PISA 国际学生能力评估项目主要以即将完成普及教育的 15 周岁学生的测评成绩来检测教育系统的结果，评价学生阅读、数学、科学素养三方面的内容。尽管当今世界各国关于科学素养的测评不尽相同，但是整体而言，这些评估框架都没能超越 PISA 2006 的测评框架。为此，2006 年教育部考试中心引进并启动了 PISA 2006 中国试测研究项目，虽然这并不代表中国正式参与 PISA 项目。该实践的目的在于学习、借鉴 PISA 先进的考试评价理念、理论、技术，构建符合中国国情的评价标准、手段、技术和方法体系，促进考试内容和形式的改革。2009 年，上海成为大陆地区第一个正式参与 PISA 项目的城市，并取得全球第一的佳绩。这些都为 PISA 评估框架在中国的本土应用奠定基础。[②]

---

①② 胡咏梅,杨素红,卢珂.青少年科学素养测评工具研究及质量分析[J].教育学术月刊,2012(3):16–21.

教育部制定的《全日制义务教育科学（7—9 年级）课程标准（实验稿）》于 2001 年正式颁发并实施，明确提出："科学课程要引导学生初步认识科学本质，逐步领悟自然界的事物是相互联系的，科学是人们对自然规律的认识，必须接受实践的检验，并且通过科学探究而不断发展。"这与 PISA 2009 对科学本质的测评目标完全一致。例如，科学课程新课标中科学探究的过程与 PISA 科学胜任力考察的三方面——识别科学问题、解释科学现象，以及运用科学证据极其吻合。同时，数学是依靠逻辑和创造研究规律和关系的科学，在现代社会中扮演着重要角色，国际上普遍将数学纳入青少年科学素养测评内容。例如，美国的"2061 计划"也将数学纳入科学素养范畴，并要求理解和运用数学知识、方法和思维方式解决实际问题。

（三）现实的急迫性

科学素养作为科学教育的重要内容，是当今公民素质的标配。然而，由于缺乏青少年科学素养测评体系，青少年科学教育面临严峻挑战，一是功利性需求异化科学精神，如有研究机构做过调查，在理性上有 43% 的学生是盲目地怀疑，或者是盲从专家和他人的观点，对事物较少有自己的看法。功利主义使青少年缺少远见，依赖性强。在科学精神养成上，缺乏实验探索精神，重逻辑思维，轻价值情感体验。在科学精神探索上，青少年的科学价值观被金钱等物质需求所异化。二是应试教育遮蔽科学教育，无论是中小学教育，还是大学教育都被应试教育的阴影所笼罩，学校科学教育逐步演化为对科学知识的灌输，学生成为接受教条的容器，导致青少年缺乏科学探索和创新精神、创造力和想象力。三是缺乏对科学知识与技能的理解和掌握，青少年对科学教科书、日常生活中的热点问题理解较好，但对科技前沿领域研究和发展处于比较低的水平，更谈不上对科技成果转化与推广应用的了解；同时，青少年对于科技语言和科学现象只是听过、见过，但是不理解其真正的本质。如此，亟须建立完善青少年科学素养测评体系，提倡由应试教育逐步转变为素质教育，营造科学素养氛围，完善科学教育方法，提升科学素养认识水平，以其促使我国青少年科学素质水平的不断提高。

二、PISA 测试经验

PISA 国际学生评估项目是一项由经济合作与发展组织（OECD）统筹的学生能力国际评估计划，每三年对各国 15 岁学生进行阅读、数学和科学学科的考试，测试学生们能否掌握参与社会所需要的知识与技能。截至 2019 年，已经有 90 多个国家的学生参加这项始于 2000 年的评估。除上述三门核心课程，学生还接受创新技能的测试，如 2015 年的合作解决问题和 2018 年的全球胜任力。

（一）测试演进

在 2000—2012 的测试框架中，PISA 把"科学素养"定义为"识别科学问题、科学地解释现象、使用科学证据"的能力。并进一步把科学素养的内涵概括为：能够拥有一定的科学知识，并利用这些科学知识识别科学问题、获取新的科学知识、解释科学现象、基于证据得出与科学有关的问题的结论；能够理解科学作为人类认识自然、探究自然的形式，具有一定的特殊性；能够意识到科学和技术是如何形成经验，培养智慧，营造文化环境的；作为一个有反思意识的公民，愿意用科学的思想，参与讨论与科学有关的问题。

《PISA 2015 科学框架草案》指出，科学素养是指作为一个有反思意识的公民能够参与讨论与科学有关的问题，提出科学见解的能力，并进一步解读为以下三种主要的科学能力：科学地解释现象，即认识、提供和评价对一系列自然现象和技术产品的解释；评价和设计科学探究，即科学地描述、评价科学研究，提供问题解决的方法；科学地解释数据和证据，即分析评价数据和各种不同方式表示的参数，并能得出恰当的科学结论。由此，所有理解和参与有关科学技术问题讨论的能力，都需要以下三种类型的知识：一是内容性知识，又称科学内容知识，指有关自然世界的事实、观点和理论等知识。二是程序性知识，也称为证据概念，是指关于科学家用于建立科学知识的知识，这是实证研究所依据的实践和内容知识。三是认知性知识指的是理解具体结构和规定性特征在知识建构过程的必要作用。包括理解问题、观察、假设、模型和讨论在科学研究中的功能，认识不同的科学探究形式，同行评审在建立可信赖知识的过程中扮演的角色等。

PISA 2018 全球素养评估主要由两部分组成，一部分是认知测试，一部分是背景问卷。认知测试为培养学生分析当地、全球和跨文化问题，理解和欣赏他人观点和世界观，与不同文化背景的人进行开放、得体和有效的互动，为集体福祉和可持续发展采取行动。在背景问卷中，学生会被问到，他们对国际事件的熟悉程度；他们的语言和交际能力发展程度如何；他们对"尊重不同文化背景下的人"之类的问题秉持何种态度；他们在学校有哪些机会来发展全球素养。学校和教师问卷将为此提供对比，展示教育系统如何通过课程和课堂活动整合全球、国际和跨文化视角。[1] 2018 年 PISA 全球素养测评结果显示，中国四地的阅读、数学、科学三项测试的成绩优异。2019 年 12 月 3 日，世界经合组织发表 2018 国际学生评估（PISA）结果。中国（北京市、上

---

[1]　程佩,潘涌.《国际学生评估项目 PISA 2018 设计草案》发布［N］.中国教育报,2016 – 12 – 23 (5).

海市、江苏省、浙江省）在阅读、数学、科学三项测试中获得全球最高分数，排名第一，新加坡排名第二，中国澳门排名第三，中国香港第四。中国四地的阅读、数学、科学三项测试的成绩分别为 555 分、591 分、590 分，世界经合组织的平均分数分别为 487 分、489 分、489 分。①

PISA 测评从 2000 年开始，每一轮都有阅读、数学和科学三个领域，但主要测试领域是变化的，对突破传统的认知能力越来越关注。比如，2003 年增加问题解决测评；2009 年开始引入数字化的测试；2012 年增加计算机化问题解决测试；到 2015 年，问题解决又深化为协作问题解决，它主要来测评合作能力；2021 年将增加创造性思维的评价。

PISA 2021 的重点是数学，同时会在创造性思维方面进行额外的测评。PISA 2021 数学框架基于数学素养的基本概念，定义了 PISA 数学评估的理论基础，将数学推理与问题解决（数学建模）周期的三个过程联系在一起。评估各国如何有效地准备学生在其个人，公民和职业生活的各方面使用数学，作为其建设性，参与性和反思性 21 世纪公民身份的一部分。同时，关注到世界范围对 21 世纪的技能以及技能在教育中的增长，关注到教育和技能的未来。21 世纪的关键技能包含：批判性思维、创造力、调查和研究的能力、自我调节，主动和毅力、信息使用、系统性思考、交流、反思。②21 世纪能力不仅仅关注创造性思维、合作能力等。其实，阅读数学和科学也是最基础的能力。所以，PISA 在阅读、数学、科学测评当中，也采用问题解决的方式来考查学生科学素养在新情境当中的应用。

（二）测试内容

为使科学素养测试更加具有可操作性，PISA 的 2015 测试框架在 2006 测试框架基础上，将科学素养的内涵进一步解读为背景、知识、能力和态度四个相互关联的方面，并构建了能力标准和知识类型的认知需求框架。要求学生在一定的个人、地区/国家、全球等背景中，根据自己对科学的兴趣、对科学探究方法的价值的认识，以及自我环境意识等，运用内容性、程序性和认知性知识，解决生活中的科学问题，从而展现科学地解释现象、评价和设计科学探究、科学地解释数据和证据等科学素养。

1. 测试框架。例如，PISA 2015 测试框架主要包括健康与疾病、自然资源、环境质量等方面的科学技术在自我、家庭和个人群体（即个人），社区（即地区/国家），世界各地的生活（即全球）等相关情景中的应用（表 8 - 7）。

---

①② 梁立维. PISA 2018 测试结果新鲜出炉，中国学生包揽三项第一［EB/OL］. (2019 - 12 - 04)［2019 - 12 - 20］. http://www.centv.cn/p/343159.html.

2. 能力要求。例如，PISA 2015 测试将学生科学地解释现象、评价和设计科学探究、科学地解释数据和证据等三方面作为科学素养的能力要求（表 8 - 8）。

3. 测试框架。例如，PISA 2015 科学素养测试框架包括背景、能力、知识、态度。其中，背景：包括个人情景、地区、国家情景、全球情景；能力：包括科学地解释现象、设计和评价科学探究、科学地解释数据和证据；知识：内容性知识、程序性知识、认知性知识；态度：包括对科学的兴趣、评价科学探究方法的价值、环境意识。①

表 8 - 7　PISA 2015 科学素质测试框架对背景的描述②

背景	个人	地区/国家	全球
健康与疾病	保持健康，处理意外事故，营养健康	控制疾病的社会传播，食物选择，社区健康	流行性传染病及其扩散
自然资源	物质和能量的个人消费	控制人口数量，保障基本生活条件，保障区域安全，保障食物的生产和分配，保障能源供应	可再生和不可再生的自然系统，人口增长，物种的可持续利用
环境质量	友好的环境（环保）行为，设备与材料的使用和处置	人口分布，废物处理，环境影响	生物多样性，生态环境可持续性，控制污染，土壤/生物量的损耗
危害	生活方式选择的风险评估	瞬间发生的危害，如地震，恶劣天气；缓慢发生的危害，如海岸侵蚀，沉降，风险评估	气候变化，现代交流方式的影响
科学和技术前沿	科学方面的爱好，个人技术	新材料，设备和流程，基因改造，健康技术，运输方式	物种灭绝，太空探险，宇宙的起源和结构

①② 秘书处,国际学生评估项目(PISA)的新重点对我国科学素养测评的启示[Z].创新人才教育研究会,2019 - 05 - 21.

表8-8　PISA2015科学素质测试框架对能力的要求①

能力要求	内　　容
科学地解释现象	认识、提供和评价对一系列科学现象和技术产品的解释，展现以下能力： (1) 回忆、应用适当的科学知识 (2) 识别、使用和形成解释模型 (3) 形成和证明恰当的预测 (4) 提供解释性假设 (5) 解释科学对社会的潜在影响
评价和设计科学探究	描述和设计科学研究，科学地提出问题解决的方法，展现以下能力： (1) 在给定的科学研究中，识别可以进行探究的问题 (2) 科学地区分可以研究的问题 (3) 科学地提出给定问题的探究方法 (4) 科学地评价给定问题的探究方法 (5) 描述和评价一系列科学家们用来保证数据的可靠性，解释的客观性和适用性的方法
科学地解释数据和证据	分析和评价不同的科学数据、科学主张和科学参数的表达方式，得出恰当的结论，展现以下能力： (1) 转换数据表达方式 (2) 分析、解释数据，得出结论 (3) 识别科学文献中的假设、证据和推论 (4) 区分基于科学证据或理论推导得出的参数和基于其他考虑得出的参数 (5) 评价来自不同资源（如报纸、因特网、期刊）的科学参数和证据

（三）测试特点

从 PISA 2006 和 PISA 2018 测试框架，可以发现其测试有以下主要特点。

一是测试的接续性。PISA 科学素养测试框架是一脉相承的，科学素养的内涵在继承已有认识的基础上不断深化和发展。例如，PISA 2015 科学素养测试是以 2006 科学素养测试为基础，加入时代特色，提升对科学证据使用和科学探究活动设计的能力要求，加强了对科学知识建立过程（即科学本质）的考查，细化了测试的背景层次和知识层次，对态度的探查更加本质，从而进一步增强中学生科学素养测试的可操作性，使科学素养的定义和内涵得到深化和发展。这种深化和发展的过程，前后的差异，以及与时俱进、不断创新

---

① 秘书处,国际学生评估项目(PISA)的新重点对我国科学素养测评的启示[Z].创新人才教育研究会,2019-05-21.

的精神，值得我国科学教育工作者们学习和借鉴。新一轮的 PISA 科学素养测试给出科学素养的最新诠释，重新划分科学知识类型，构建科学素养标准和知识类型的认知需求框架。

二是测试的发展性。例如，能力标准不断提升，既要利用证据得出结论，也要学会解释有所偏差的数据和证据；既要识别可以研究的科学问题，也要能够自己设计和评价他人的科学探究活动。对于证据的使用，在 2006 测试框架中是基于证据得出结论，而在 2015 测试框架中则是科学地解释数据和证据。一个具有科学素养的公民不应该仅仅是基于证据得出结论，更应该对实验得到的数据和证据进行科学的解释，即使是那些错误或者偏差较大的实验数据和证据，也应该得到解释。基于证据得出的结论有可能是错误的，那些错误结论的得出，不应该是一个具有科学素养的人应该具有的行为。而科学地解释数据和证据，就需要正确使用科学知识（内容性知识），以及与科学有关的知识，包括程序性知识和认知性知识。

三是测试的本质性。例如，对知识的考查内容更重视对科学知识建立过程（科学本质）的认识。在 2006 测试框架中，将知识分为科学知识和有关科学的知识，而在 2015 测试框架中，有关科学的知识具体化为程序性知识和认知性知识。要想适应未来的生活，不仅仅需要一般的科学内容知识（内容性知识），更需要理解这些知识的建构过程（程序性知识），以及在知识建构过程中，理论、假设和观察等科学方法是如何起作用的（认知性知识）。这样的划分，将以前的有关科学的知识具象化，使科学素养测试更加具有可操作性，便于科学教师在教学过程中进行针对性教学改进。再如，对科学探究的态度，不仅仅是简单的支持程度调查，更加注重认知上的评价。在 2006 测试框架中对科学探究的态度考查，只是简单的支持程度，而在 2015 测试框架中，则变成"评价科学探究方法的价值"。这是一种更高层次的要求，是一种本质的变革。不再停滞在简单的是否支持，而是从本质上去理解科学探究过程，评价科学探究方法的价值。只有能够评价科学方法的价值之后，才能发自内心地去支持科学探究，才有可能在未来的公民生活中愿意运用科学探究去研究科学问题，参与有关科学技术问题的讨论与决策。

四是测试的层次性。例如，在 2006 测试框架中，测试背景由个人、社会、全球 3 个层级构成，这样的划分体现一定的层次性，但是，社会涵盖的内容太广泛了。广义上的社会，指共同生活的人们通过各种各样社会关系联合起来的集合，即人群共存的地方。也就是说，只要与生活有关的情景都可以称之为社会情景。仔细推敲之后，个人和全球情景也可以涵盖在社会情景中，也就没有了所谓的个人和全球情景。而在 PISA 2015 测试框架中，把社会改为地区/国家，就构成了个人、地区/国家、全球的层级结构。最外层的全球就相当于我们生活的地球或者协调各国关系的联合国，个人就是指单个公民，在个人和联合国之间，就是由多人组成的群体，即国家或地区。如此细化之后，不同背景之间的交叉就会更少，背景的层次性会更加清晰、连贯。①

三、科学素养测评设计

缺乏青少年科学素养测评，一直是制约青少年科技教育健康发展和科普工作有效实施的瓶颈。提高青少年科学素养历来为世界各国所重视，许多国家都将加强青少年科技教育作为课程改革的核心，并为此制定配套的教育政策和教育目标。一些国际组织实施针对青少年科学素养的评价项目，如经济合作与发展组织开展的针对 15 岁学生的国际学生能力评估计划（PISA），国际教育成就评价协会开展的国际数学和科学学习成就趋势测评（TIMSS）等，这为我国做好青少年科学素质测评提供重要参考和遵循。

（一）测试要素

国内外学者或机构在对科学素养测试要素已经进行大量研究，取得不少成果。由于考察的角度不同，提出的科学素养构成要素各不相同。如有学者在总结继承这些成果基础上，提出青少年科学素养的"九要素模型"。② 一般意义上讲，科学素养测试要素应包括以下三方面。

一是基础科学素养。主要表现为科学知识、科学方法和科技成果三方面，相对应对科学的理解，也可分为对科学知识的理解、对科学过程的理解、对科技成果的理解三方面。

——对科学知识的理解可以从多个角度进行分析。例如，从知识的性质和类型看，可以分为对科学事实的了解、对科学术语和概念的理解、对科学理论的理解等方面；从知识所属的学科领域看，可以分为对物质科学的理解、对生命科学的理解、对地球与空间科学的理解。

——对科学过程的理解是指对科学研究历程和科学探究方法的理解。作为未来社会的建设者，青少年不仅要了解科学研究的发展历程，而且理解科学探究的基本方法。科学探究是指科学家用来研究自然界并根据研究所获事实证据做出解释的各种活动。同时，它也指学生构建科学知识、形成科学观念、领悟科学研究方法的各种活动。

——对科技成果的理解主要指对科技成果的原理和功能的认识。在日常生活中，人们通常认为科技成果就是指那些重大的科技发明创造和技术变革，如电话、计算机、克隆技术等。科技部（原国家科委）颁布的科技成果鉴定

① 刘克文,李川.PISA 2015 科学素养测试内容及特点[J].比较教育研究,2015(7):100-108.
② 周立军,李亦菲,赵红.基于"九要素模型"的青少年科学素养指标体系建构[J].中国软科学,2013(3):71-82.

办法所规定的科技成果是广义的，包括科学理论成果、应用技术成果以及软科学研究成果三方面。由于科学理论成果表现为科学知识，因此，这里所说的科技成果，主要指应用技术成果和软科学研究成果两方面。

二是实用科学素养。主要指表达与应用科学的能力，包含表达科学知识的能力、开展科学探究的能力、解决个人与社会问题的能力三方面。

——表达与运用科学知识的能力，主要通过两种形式表现出来，一方面是借助于书面语言、身体姿态、图形、模型等方式表达科学知识，并征求和听取他人意见；另一方面是利用科学知识解释现象背后的原因、预测事物的变化。无论是美国的国家科学教育标准，还是我国基础教育阶段的科学课程标准，都将"表达与交流能力"作为科学探究能力的重要组成部分。

——开展科学探究的能力是基础教育中科学课程的重要培养目标之一，也是青少年科学素养的重要组成部分。科学探究可以被分解为一系列独立的探究活动，如观察、测量、分类、推理等；相应的，可以将科学探究能力分解为一些独立的技能，如观察技能、测量技能、分类技能、推理技能等。在这些技能中，科学思维和科学推理是核心。

——解决个人和社会问题的能力是青少年科学素养的重要组成部分。具备解决个人和社会问题的能力，指能够对个人和社会面临的问题进行深入和系统的思考，并能应用科学和技术解决这些问题。

三是文化科学素养。文化科学素养涉及对科学的价值判断和情感态度，包括科学知识的态度、对科学方法的态度、对科技成果的态度三方面。

——对科学知识的态度表现为批判性思考和灵活性。批判性思考主要针对观察到的、表面正确的现象和事实，一个人能做到批判性思考，就能够做到实事求是，从而不会相信迷信。灵活性主要针对经过证实的客观结论和已有的主观认识，一个人能具有灵活性，就不会固守于自己已有的知识，并且不会迷信权威。

——对科学方法的态度表现为好奇心和尊重证据。好奇心主要针对观察到的、有明显疑问的现象和事实，一个人具有好奇心，就能够积极投身于科学探究活动中，主动应用科学方法解决面对的疑问。尊重证据主要针对科学探究过程中出现的各种不同的、有冲突的证据，一个人能做到尊重证据，就能够在研究中保持客观态度，获得真实的结果。

——对科技成果的态度表现为对变化的世界敏感。这里所说的变化的世界，既包括生生不息的自然环境，也包括丰富多彩的人造环境。对变化的世界敏感，就能够感知到科技成果的变化，以及科技成果对生命和环境产生的影响。在这一方面，一个被广泛接受的观点是：科技成果会积极推动人类社会的发展，但如果应用不当，会异化为一种破坏人类生活、违背人的本意、制约人压迫人的异己力量。应该强调的是，科学技术本身是中性的，关键在于人如何利用。同一种科学技术，一些条件下的应用起到正面的积极影响，而在另一些条件下的应用则起着负面的消极影响。[①]

（二）测评指标

由于成人科学素养测评指标，无法说明科学素养的形成过程，米勒在美国科学基金会的支持下，于1986年在伊利诺伊州立大学成立"美国青少年纵向研究所"，采用同期群研究方法对初中和高中学生进行长期的纵向跟踪研究。米勒认为，在从学生到成年人的发展过程中，家庭、社会文化、经济、宗教、职业以及政治活动等因素，都会影响他们对科学技术的感兴趣程度和关注度，以及对各种科学和技术议题所涉及科学知识的了解深度。为此，米勒和他的助手们设计出一整套调查指标和问题，并实施跟踪调查。学习借鉴这些研究基础，我国有关机构和学者按照新的科学素养理论体系建构了青少年科学素养测评指标体系，提出科学素养的"九要素模型"科学素养指标。[②]

一是科学素养的影响因素指标。按照公众科学素养调查的做法，并结合青少年的身心和学习特点，相应的青少年科学素养影响因素指标，应该包括群体因素、个体因素、环境因素、教育与学习方式等一级指标。

——群体因素指将个体分为特定类群的生物性特征或社会性特征，前者是先天决定的，后者是社会赋予的，是青少年科学素养形成和发展的基础条件。在群体因素之下，包括自然因素和社会因素等二级指标。其中，自然因素包括种族、性别、年龄等三级指标；社会因素包括居住户籍、学段等三级指标。

——个体因素指个体所具有的个性心理特征，也称个性因素，既是青少年科学素养的重要影响因素，也是科学素养的具体内容。在个体因素之下，包括认知因素和情感态度因素等二级因素。其中，认知因素包括注意力、记忆力、思维能力、学业成绩（含文理科倾向）、元认知能力等三级因素；情感态度因素包括兴趣、动机、价值观、意志力等三级指标。

——环境因素是个体所处环境的有关特征，是影响青少年科学素养的外部因素。在环境因素之下，包括社会环境、学校条件、家庭条件等二级指标。其中，社会环境包含特定地区的文化习俗、科普场所、科普活动及大众媒体（含互联网）等三级指标；学校条件包含学校类别、硬件设施、师资队伍、学校管理等三级指标；"家庭条件"包含家庭结构、父母文化程度、父母职业、家庭经济状况等三级指标。

——教育与学习方式是指青少年在科学方面所接受的教育与学习方式。在

---

①② 周立军,李亦菲,赵红.基于"九要素模型"的青少年科学素养指标体系建构[J].中国软科学,2013(3):71-82.

教育与学习方式之下，包括学校教育、家庭教育、自主学习等二级指标。其中，学校教育包含学科教学、校本课程、课外和校外教育等三级指标；"家庭教育"包含教养方式、家庭氛围等三级指标；"自主学习"包含自主阅读、主动求助、参加竞赛等三级指标。自主学习与社会环境及有关的社会教育等密切相关。

二是科学素养的内容指标。科学素养的内容指标应包括对科学的理解、对科学的表达与应用、对科学的态度3个一级指标，分别对应于基础科学素养、实用科学素养和文化科学素养（表8-9）。

表8-9　青少年科学素养指标体系①

一级指标	二级指标	三级指标
基础科学素养：对科学的理解（40）	理解科学知识（20）	理解科学现象（8）
		理解科学术语和概念（8）
		理解科学理论（4）
	理解科学方法（12）	了解科学研究的发展历程（6）
		理解科学探究的基本方法（6）
	理解科技成果（8）	理解应用技术成果（4）
		理解软科学研究成果（4）
实用科学素养：对科学的表达与应用（30）	表达与运用科学知识（10）	表达科学知识（5）
		解释自然现象（5）
	开展科学探究（10）	掌握探究技能（5）
		运用探究策略（5）
	解决实际问题（10）	解决身边的问题（5）
		参与公共科技事务的讨论（5）
文化科学素养：对科学的态度（30）	对科学知识的态度（10）	尊重事实，不盲从权威（5）
		尊重科学，不相信迷信（5）
	对科学方法的态度（10）	有好奇心，求真务实（5）
		尊重证据，严谨细致（5）
	对科技成果的态度（10）	对科技与社会关系的看法（5）
		对科技与环境关系的看法（5）

注：括号中的数字为各指标的权重

——在对科学的理解之下，包含对科学知识的理解、对科学过程的理解、

① 周立军,李亦菲,赵红.基于"九要素模型"的青少年科学素养指标体系建构[J].中国软科学,2013(3):71-82.

对科技成果的理解等二级指标。其中，对科学知识的理解包含理解科学现象、理解科学术语和概念、理解科学理论等三级指标；对科学过程的理解包括了解科学研究的发展历程、理解科学探究的基本方法等二级指标；对科技成果的理解包含理解应用技术成果、理解软科学研究成果等三级指标。

——在对科学的表达与应用之下，包含表达与运用科学知识、开展科学探究、应用科技成果等二级指标。其中，表达与运用科学知识包含表达科学知识、解释自然现象等三级指标；开展科学探究包含掌握探究技能、运用探究策略等三级指标；应用技术成果包含解决个人问题、参与公共科技事务的讨论等三级指标。

——在对科学的态度之下，包含对科学知识的态度、对科学过程的态度、对科技成果的态度等二级指标。其中，对科学知识的态度包括灵活变通（表现为尊重事实、不盲从权威）和批判性思考（表现为尊重科学、不相信迷信）等三级指标，与公众科学素养调查的指标中对迷信的态度等内容有关；对科学过程的态度包括有好奇心（表现为求真务实）、尊重证据（表现为严谨细致）等三级指标，与公众科学素养调查的指标中对科学家和科学事业的看法、对科学技术发展的认识等内容有关；对科技成果的态度包括对科技与社会关系的看法、对科技与环境关系的看法等三级指标，与公众科学素养调查的指标中科学与社会之间的关系、对科学技术的看法、对科技创新的态度等内容有关。

（三）调查方式

青少年科学素养测评中，要细分不同年龄段青少年科学素养指标体系，编制相应的科学素养背景调查问卷和测试量表，并进行适时调查、统计分析和报告。

一是编制青少年科学素养调查工具。调查工具应该包括小学组、初中组和高中组等相应问卷，分别用于考察小学五年级、初中二年级、高中三年级学生的科学素养。每套问卷包括背景调查问卷和科学素养测验两部分。

——科学素养测试背景调查问卷。调查问卷应该包括基本信息和教育与学习方式两部分。基本信息分别对影响学生科学素养的群体因素、个体因素和环境因素进行了解。其中，群体因素包括性别、年龄、区县、户籍等；个体因素包括最喜欢的科目、高中生的文理科倾向等；环境因素包括父母学历、父母职业、家庭住房条件、拥有车辆情况等。教育与学习方式，分别从学校设施条件、学校科学教育情况、家庭教育情况、学生自主学习情况等方面，对学生在科学方面的教育和学习方式进行调查。此外，还了解学生长大后想从事的职业、喜欢的科技项目、获取知识的途径等方面情况，作为对青少年科学素养影响因素的补充。

　　——科学素养测试量表。分为小学五年级、初中二年级、高中二年级三个版本，各版本的试题均有：你是否同意以下观点、你是否了解以下知识、了解科学家的工作、做个小小科学四个组成部分，各部分只是在你是否了解以下知识部分的具体问题上有区别。例如，第一部分：你是否同意以下观点？分别考查学生在理解科学知识、对科学方法的态度、对科学知识的态度、对技术成果的态度等要素上达到的水平。第二部分：你是否了解以下知识？主要考查学生在对科学知识的理解这一要素上达到的水平，涉及物质科学、生命科学、地球与空间科学三个领域的知识。第三部分：了解科学家的工作。主要考查学生在对科学方法的理解、对科技成果的理解、开展科学探究等要素上达到的水平。第四部分：做个小小科学家。主要考查学生表达与运用科学知识、开展科学探究、解决实际问题、对科学方法的态度在等要素上达到的水平。

　　二是实施科学素养调查。青少年科学素养调查，可通过抽样调查的方式，如采用非概率的配额抽样方法，根据学段和区域特征进行二层配额。要与教育部门、学校等共同实施。按照抽样调查的要求，组成专门调查团队，有序组织相关学生回答或填写学生调查问卷，回收和报送问卷（或向网络上传数据）。

　　三是分析科学素养调查结果。利用所编制的专用调查工具和分析框架，可得到青少年的基本信息、教育与学习方式（教育与学习方式）、科学素养水平等相应数据和分析结果。考虑到学生在青少年时期处于身心发展阶段，开展科学素养测评的目的不是判定学生是否达到某个预先设定的具备科学素养的标准，而是了解学生实际达到的科学素养水平，进而通过分析科学素养水平与各种直接因素和间接因素的关系，为青少年科学素养的形成机理提供客观的数据支持。[1]

---

① 周立军,李亦菲,赵红.基于"九要素模型"的青少年科学素养指标体系建构[J].中国软科学,2013(3):71－82.

第九章　新时代科普新图景

当今世界，科技是第一生产力，人才是第一资源，创新是引领发展的第一动力，科技创新是推动经济社会发展的强大引擎和革命性力量。随着新一轮科技革命和产业变革的加速发展，对科技的全域赋能，会加速推进全球治理和人类文明演进。新时代的科普将肩负前所未有的新使命，将面临前所未有的新机遇和新挑战。

第一节　新时代科普的逻辑起点

党的十八大以来，以习近平同志为核心的党中央把科技创新摆在更加重要的位置，提出大力实施创新驱动发展战略，开启建设世界科技强国的新征程。习近平总书记在 2016 年召开的全国"科技三会"上重要讲话中强调，科技创新、科学普及是实现创新发展的两翼，要把科学普及放在与科技创新同等重要的位置。[①] 这为科普的发展指明了方向，成为新时代科普发展新的逻辑起点。

一、建成科普强国

从向科学进军到科学技术是第一生产力，从实施科教兴国战略到建设创新型国家，在国家发展的每个关键阶段，党中央都围绕科技创新作出重大决策部署，开启建设世界科技强国的新征程。没有国家科普能力的全面提升，没有全民科学素质的普遍提高，就不可能成为世界科技强国。建设世界科技强国，科普是底色，公民科学素质是基石，建设世界科普强国是逻辑前提。

（一）强国的历史逻辑

科技是国之利器，科普强，则科技强，国家强。我国要成为科技强国，

① 习近平.为建设世界科技强国而奋斗——在全国科技创新大会、两院院士大会、中国科协第九次全国代表大会上的讲话[EB/OL].（2016－05－31）[2019－12－20].http：//www.xinhuanet.com/politics/2016－05/31/c_1118965169.htm.

意味着我国要成为世界主要科学中心和创新高地，即要成为世界科技创新文化高地、全球高端创新人才中心、全球科学文化传播中心、全球高端科技智库中心、国际科技组织总部中心。

一个国家是否强大，不仅很大程度上取决于科技是否强大，国家之间的竞争归根结底是科技实力的竞争，而且也在很大程度上取决于科普是否强大，国民科学素质的高低。近代以来，世界各国现代化进程充分演绎从科技强到经济强、国家强的基本路径。每一次科技革命都改写世界经济版图和政治格局。世界经济中心几度转移，其中一条清晰脉络就是科技和国民素质一直是支撑经济中心地位的强大力量。领先科技出现在哪里，尖端人才流向哪里，公民科学素质的制高点和经济的竞争力就转向哪里。科普是科技发展的基础，是国家强盛的时代逻辑起点。

（二）发展的现实逻辑

中华人民共和国成立 70 年来，经济社会发展取得举世瞩目的伟大成就，科技创新在经济社会发展中的地位不断提升，科普服务能力不断增强，公民科学素质不断提高。当今中国已经开启全面建设社会主义现代化国家的新征程，面临诸多困难挑战，还有很多深层次结构性问题亟待解决。新时代社会的主要矛盾已经转化为人民日益增长的美好生活需要和不平衡不充分的发展之间的矛盾，人民收入水平将从中等收入阶段向高收入阶段迈进，人口结构、需求结构都将发生重大变化。应对这些新变化，不仅要科技创新全面融入经济社会发展，而且要大幅提升全民科学素质，在解决"结构"和"动力"两方面下功夫，为"平衡"和"充分"发展提供更强大、更关键的社会基础和支撑。

（三）科技的演进逻辑

历次科技革命和产业变革，都引发生产方式和生活方式的巨大变革。当今世界，全球新一轮科技革命和产业变革正在加速演进，可能引发更为剧烈的变革。从微观到宇观各层次、各领域的技术都在加速突破，新方法、新手段不断涌现。信息技术与生物技术不断融合，人工智能、量子计算与通信、脑科学、基因编辑等新兴技术加速迭代。科技的渗透性、扩散性、颠覆性特征，正在引发国际分工重大调整，重塑世界竞争格局、改变国家力量对比。科普成就科技高原，科技创新攀登科技高峰，一个国家一旦在科普领域领先或落后，就可能发生竞争位势的根本性变化。我国既面临赶超跨越的难得历史机遇，也面临差距进一步拉大的严峻挑战。只有切实加强科普工作，大力提升全民科学素质，才能全面增强科技创新能力，才能在重要科技领域实现跨越发展，才能在新一轮全球竞争中赢得战略主动。

（四）创新的内在逻辑

当今中国，经济已由高速增长阶段转向高质量发展阶段，从要素驱动向创新驱动转变是高质量发展最鲜明的特征，科技创新是引领高质量发展的核心驱动力，公民科学素质是科技创新的社会土壤。我国外部环境已经发生深刻变化，特别是中美经贸摩擦日益复杂，创新博弈更加激烈，这给我国经济社会发展带来许多不确定性，这是我国现代化进程需要迈过的一个坎。要把这种压力变成动力，就必须从根本上夯实我国全民科学素质，建设科技创新文化，激发青少年的科学梦想，充分激发科技工作者的创新能量，推动形成大众创业、万众创新的生动局面，释放蕴藏于全社会的创新"红利"，把外部风险挑战转化为我国科技创新发展的重大机遇，让我国在世界百年未有大变局中更加绚丽地屹立于世界东方。

二、让科普与创新比翼齐飞

科技创新、科学普及是实现创新发展的两翼，要把科学普及放在与科技创新同等重要的位置。从政治建设视角审视，科技创新是提升国家战略地位的重要支撑，科普是推动民主政治的基础条件；从经济建设视角梳理，科技创新是经济发展的原动力，科普是经济发展的助推器；从社会建设视角分析，科普是科技创新和社会进步的土壤，科技创新通过科学普及促进社会变迁；从文化建设视角解读，科技创新不断丰富人类文化乃至文明的内容，科普不断提升人类文化传播的能力和水平；从生态文明视角考量，科技创新为生态文明建设提供物化支撑，科普是可持续发展思想的观念传输机。[①] 新时代的科普发展，面临全新的外部环境、全新的需求变化、全新的时代使命。

（一）为素质而科普

当今世界，人才资源成为经济社会发展的第一资源，人力资本成为最重要的资本，人才竞争成为综合国力竞争的核心。创新驱动实质上是人才驱动。谁拥有一流的创新人才，谁就拥有了科技创新的优势和主导权；谁拥有高科学素质的国民，谁就拥有了科技创新的后发优势和主宰未来权。

创新活动是人类更新已知、开创新知、探索未知的伟大实践。创新始终是推动人类社会发展的重要力量。一方面，要充分激发科技人才的创造性。我国是世界公认的人力资源大国，2017 年我国科技人力资源总量达到 8705 万人[②]，居世界首位，工程师数量占全世界的 1/4，每年培养的工程师相当于美国、欧盟、日本和印度的总和。这是我国极为重要的战略资源。必须充分激发各类人才的创造性，形成知识创造价值、价值创造者得到合理回报的良性

---

① 程萍,宁学斯,康世功.新时代科普工作的新理念[N].科普时报,2019-09-13(1).

② 科技部.我国科技人力资源发展状况分析—科技统计报告汇编.[EB/OL].(2019-04-01)[2019-12-20].http://www.sts.org.cn/page/content/content? ktype=4&ksubtype=1&pid=24&tid=0&kid=2068&pagetype=1.

循环。另一方面，要全力促进全民科学素质普遍提高，没有全民科学素质普遍提高，就难以建立起宏大的高素质创新大军，难以实现科技成果快速转化。建设世界科技强国，必须把科技创新摆在更加重要的位置，要加大科技宣传的力度，推出更多优秀科技人员的典型，加强对重要政策措施的解读，营造包容宽容、有利于创新的良好舆论氛围。要把科学普及放在与科技创新同等重要的位置，创新科普方式，提高科普能力，让科技创新和科学普及两翼振翅齐飞。[①]

科普水平决定着公民科学素质水平，而公民科学素质决定着国家的创新能力。科学素质的高低，对人们利用知识、进行科学思维和提高技术能力，对社会生产力的发展，有着深刻的影响。我国正处在加快转变经济发展方式的攻坚时期和建设创新型国家的关键阶段，提高公民科学素质从来没有像今天这样重要，面临的任务从来没有像今天这样紧迫。创新人才深深植根于综合素质高、科学素质好的国民群体之中，植根于激励有章、赏罚得法的良好体制机制环境之中。如果没有热爱科学、关注科技、具有较高科学素质水平的宏大公众群体，就不可能形成创新型人才辈出的大好局面。

（二）为创新而科普

当今世界，以科技创新为主导的创新是驱动人类社会变革和发展的强力引擎，而创新的社会基础是创新文化。创新文化是指与创新活动相关的文化形态，是社会共有的关于创新的价值观念和制度设计。它反映社会对创新的态度，这种态度体现为一种价值取向，体现社会是否对新思想、新变革容许、欢迎乃至积极鼓励。营造创新文化、孕育创新人才，是新时代科普的要责和使命。

一是要塑形创新价值观念。创新文化是影响创造性科研活动最深刻的因素，是科学家创造力最持久的内在源泉。鼓励创新的价值观念是创新文化的核心，新时代科普要把促成有利于形成科技创新的思想、态度、信念等作为重要职责任务，大力弘扬科学精神和企业家精神，在全社会倡导崇尚理性、尊重知识、勇于竞争、鼓励创新、宽容失败。[②]

二是要塑形科技创新行为规范。科技创新有范式、有规则，如国家的科技管理体制机制、管理制度、法律法规、政策规划等，以及科学共同体内部的评价、荣誉、竞争、成果共享等各项制度和规则，新时代科普要把塑形科技创新行为规范作为重点任务之一，形成有利于全社会遵守科技创新活动规范的环境。

---

① 刘延东. 实施创新驱动发展战略为建设世界科技强国而努力奋斗[EB/OL]. (2017 - 01 - 13) [2019 - 12 - 20]. http://www.qstheory.cn/dukan/qs/2017 - 01/13/c_1120305357.htm.

② 李惠国. 创新文化是科技创新的重要元素[N]. 人民日报,2016 - 09 - 25(5).

三是促进科学与人文融合。当今世界是科技创新主导发展的时代，而科技创新方式从原来注重单项突破的线性模式，转向更为注重多学科交叉融合的非线性模式；创新组织从以往相对独立的组织形态，转向多机构协同的创新体系；创新活动与人文伦理价值观的联系日益密切。新时代科普要把促进科学精神与人文精神深度融合作为重要任务，大力促进思维定式、组织模式、管理方式的创新。

四是形成崇尚创新的氛围。要大力宣传广大科技工作者爱国奉献、勇攀高峰的感人事迹和崇高精神，在全社会形成鼓励创造、追求卓越的创新文化，推动创新成为民族精神的重要内涵。倡导百家争鸣、尊重科学家个性的学术文化，增强敢为人先、勇于冒尖、大胆质疑的创新自信。重视科研试错的探索价值，建立鼓励创新、宽容失败的容错纠错机制。营造宽松的科研氛围，保障科技人员的学术自由。加强科研诚信建设，引导广大科技工作者恪守学术道德，坚守社会责任。加强科学教育，丰富科学教育教学内容和形式，激发青少年的科技兴趣。①

（三）为复兴而科普

建设世界科技强国，实现中华民族伟大复兴，能否学习世界优秀文化、培育良好的创新文化传统是重要基础。我国科学文化传统的"先天不足"与"后天不良"并存，导致我国社会的科学理性缺失、创新精神和创新能力不足。在科学文化方面，我国存在五大隐痛：李约瑟之问、韦伯之问、钱学森之问、韩启德之问、乔布斯之问，补足科学文化短板是新时代科普非常艰巨的任务。

第一，破解"李约瑟之问"。李约瑟之问也称李约瑟难题，是英国学者李约瑟所提出的，其主题是：尽管中国古代对人类科技发展做出很多重要贡献，但为什么科学和工业革命没有在近代的中国发生？一些学者把李约瑟难题进一步推论，出现"中国近代科学为什么落后""中国为什么在近代落后"等问题。

李约瑟难题耐人寻味，我国是享誉世界的文明古国，在技术上曾有过令人自豪的成就。除四大发明，其他科学发明和发现也有不少。然而，从17世纪中叶之后，我国科技却如同江河日下，跌入窘境。据有关资料，从公元6世纪至17世纪初，在世界重大科技成果中，中国所占的比例一直在54%以上，而到19世纪骤降为0.4%。中国与西方为什么在科技上，拉开如此之大的距离，这就是李约瑟觉得不可思议，久久不得其解的难题。

李约瑟不仅提出问题，而且花费多年时间与大量精力，一直努力地试图

---

① 国家创新驱动发展战略纲要[M].北京:人民出版社,2016.

寻求这个难题的谜底。他从科学方法的角度得到的答案是：一是中国没有具备宜于科学成长的自然观；二是中国人太讲究实用，很多发现滞留在经验阶段；三是中国科举制度扼杀了人们对自然规律探索的兴趣，思想被束缚在古书和名利上，学而优则仕成为读书人的第一追求。李约瑟还特别提出中国人不懂得用数字进行管理，缺乏科技发展的竞争环境。

李约瑟难题的实质，在于中国古代的经验科学领先世界 1000 年，为何中国没有产生近代实验科学，根本上是两种科学研究范式的差别。一方面是中国的致用而治学、学术非理性、学而优则仕的非理性科学研究范式。另一方面是西方的爱知精神、理性思维、逻辑推理与观察实验的理性科学研究范式。建设世界科技强国，实现中华民族伟大复兴，科普要破解"李约瑟之问"，要促使中国科技界和全社会补上科学理性不足的这块短板。

第二，破解"韦伯之问"。100 多年前，德国社会学家马克斯·韦伯曾经问过一个问题：何以在这些国度（中国和印度），无论科学、艺术、政治以及经济的发展，都没能走上西方独特的理性化道路呢？韦伯之问，换言之则是：为什么工业革命发生在英国，而不是发生在曾经最早孕育过资本主义萌芽的中国？

韦伯在提出问题的同时，分析了中国在盲目自信、科举制、政治性财产聚集、巨额赔款等背景下，社会缺乏契约精神，经验科学缺乏科学规范等，最终使中国与数次科技革命失之交臂，导致中国大国地位的丧失，以及中华民族的百年追赶与复兴。近百年来，中国一直处在对工业化的追赶中，历经清朝时期的洋务运动、民国的黄金 10 年、中华人民共和国成立后国家工业化（1952—1978 年建立现代化工业体系）、地方工业化（1978—1995 年局部改革二元制度和推动农村工业化）、世界制造工厂等时期。简单讲，"韦伯之问"的实质，主要在于中国社会缺乏契约精神、科学研究缺乏规范等短板。建设世界科技强国，实现中华民族伟大复兴，科普要破解"韦伯之问"，大力弘扬诚实守信、信守科学规范等科学精神，补足我们在科技创新科学文化上的又一块短板。

第三，破解"钱学森之问"。2005 年，温家宝总理在看望钱学森的时候，钱老感慨说：为什么我们的学校总是培养不出杰出的人才？这就是著名的"钱学森之问"，是关乎我国包括科技教育在内的教育事业发展的一道艰深命题。

杰出人才，也称为优秀人才，大致分为科技人才和经营管理人才，包括企业家、经理人和广大党政领导干部。这两类人才的不同点在于掌握知识的结构大相径庭，科技人才拥有的知识更多的是技术知识，是专、深、尖的专业知识，经营管理人才拥有的知识更多的是领导知识，是广、博、通的社会知识。创新驱动是两轮驱动，一轮是科技创新驱动，一类是制度创新驱动。

科技创新驱动需要优秀的科技人才，制度创新驱动需要优秀的经营管理人才。

尽管科技人才和经营管理人才各有特点和优势，但二者同样作为优秀人才，有着共同的标准。一是有理想。优秀人才往往拥有浓厚的家国情怀，有强烈的社会责任感，这种情怀和责任感会通过时间的沉淀和实践的历练，转化为他们植根内心深处的对国家、对事业的使命感，为了国家的富强和事业的发达愿意付出生命去拼搏去奋斗。二是能创新。创新是优秀人才的核心特质，也是区分普通人还是优秀人才的关键指标。三是敢担当。全面深化改革的新时期，优秀人才更需要担当精神和责任意识。① 建设世界科技强国，实现中华民族伟大复兴，科普要破解"钱学森之问"，促进我国教育界、科技界和全社会形成重视素质教育、崇尚创新、包容失败的氛围。

第四，破解"韩启德之问"。2019年10月22日晚，"科学·文明"系列学术讲座第一讲在北京大学第二体育馆B101报告厅举行。韩启德做了主题为《科学与文明之问》的精彩报告。他讲道，科技的发展，离不开其土壤和环境，也就是科学文化。我国要进一步在世界科技格局中占据自己应有的地位，培育和发展适于创新的科学文化是非常重要的。为此，他提出3方面议题与12个具体问题：一是科学是什么，包括科学怎么定义？科学发展的内部动力在当今还发挥多大的动力？科学是中性的吗？当前科学是否正处于突破期？二是科学与文明是什么样的关系，包括什么是文明？追随科学是否一定追随西方文明？科学是否只有通过技术才能影响文明？人类社会能够控制科学发展的方向吗？三是科学与文明在中国有什么特殊性，包括中国古代究竟有无科学？中国传统文化不利于科学的发生与发展吗？当前中国科技在世界上处于什么水平和地位？当前推动中国科学发展最关键的环节在哪里？② 建设世界科技强国，实现中华民族伟大复兴，科普要破解"韩启德之问"，补足我国科技界和全社会的科学人文融合、科技创新自信的短板。

第五，破解"乔布斯之问"。乔布斯在美国出现，是因为美国鼓励个性、自由的思考，以及公平竞争。古怪想法的年轻人，在中国会被当作问题青年，而在美国却可能大获成功。乔布斯个人并不完美，如粗暴、不耐心、不尊重权威和叛逆等，为什么在美国可以容忍，为什么在中国却不能宽恕，这就是"乔布斯之问"。

把绝对听话、绝对服从当成执行力，养出"思想懒汉"。服从文化的产生与根深蒂固的儒家文化关系很大。儒家文化倡导"长幼尊卑有序"，服从长辈

① 张国玉. 何谓优秀人才,如何识别优秀人才[EB/OL]. (2017-06-26)[2019-12-20]. http://theory. people. com. cn/n1/2017/0626/c40531-29361811. html.
② 韩启德院士最新报告:科学与文明之间[EB/OL]. (2019-11-04)[2019-12-20]. http://scitech. people. com. cn/n1/2019/1104/c1007-31436396. html.

和权威已有数千年历史，影响着一代又一代人。在这种强大的文化心理定式面前，人们的心态、习惯和行为随之改变。孩子完全按家长的期待一步步走下去，仿佛这样的人生才是正确的。在社会层面，人们对专家教授、知名人士的言行深信不疑，对领导的话言听计从，从不质疑和反对。服从文化最大的负面影响是养成无数"思想懒汉"，很多人面对"权威"不再思考，盲信盲从，导致思维固化、钝化，丧失独立思考的能力。久而久之，对外界信息的感知能力下降，判断力和质疑精神缺失。当人的自主性和批判精神丧失，而依赖性很强时，创新自然无从谈起。建设世界科技强国，实现中华民族伟大复兴，科普要破解"乔布斯之问"，要补足我国科技界和全社会的判断力和质疑精神缺失、自主性和批判精神丧失的短板；要反思和扬弃服从文化，并不是要彻底打倒所有权威，而是希望人们面对权威时要有质疑精神，拒绝一味服从；在社会层面，要倡导科学精神，包括服从真理、逻辑推理，面对问题怀有质疑精神。

三、科普的制度创新

建设世界科普强国，涉及方方面面，任重道远。最重要的是需要切实把科学普及放在与科技创新同等重要的位置，建立科普体制机制，并创新形成系列相应的科普制度安排。

（一）让科学人到位

科技人员肩负着探索未知，创造新知识、新技术，造福人类的使命，同时也承担着向社会介绍科技成果，提高公民科学素质，构筑科学与社会之间桥梁的责任。

第一，要强化科技人员的科普责任意识和自觉性。科学是一种需要传播和传承的事业，而科学传播和传承是科技人员的天职。科研人员更多地从事科学发现和知识创造，对科普都缺少自发主动的原动力。与技术推广不同，科学发现对于现实生活的影响不直接，要让科技人员充分认识到提高科研项目和科研成果在大众中的认知程度，从而能够获得更多的支持，使研究机构和科研人员自发自觉开展科普，从根本上解决科技人员做科普的原动力问题。同时，要让科技人员充分认识到，如果不做科普将面临两方面问题，一方面是科研成果无法传播；另一方面是科研成果被窃取。例如，达尔文的《物种起源》、爱因斯坦的《相对论》，都是因为科普才被大众熟知。只有进行科普，科学家的贡献才能被知道，研究成果才会在社会上留下声音。[①] 通过多种形式的宣传教育、上岗培训、榜样示范，增强科技人员参加科普活动的使命感、

---

① 沈华伟：关于科学的科学—科普的原动力和推动力[搜狐号].黄河连线,2018－12－29.

荣誉感和责任意识，真正使科普成为科技人员乐而为之的自觉行为。

第二，要在科研项目中增加科普内容。使用纳税人经费开展的科学研究有义务回馈社会、回馈公众。国家科技计划项目应该注重科普资源的开发，并将科技成果面向广大公众的传播与扩散等相关科普活动，作为科技计划项目实施的目标和任务之一。国家科研资助体系在资助科研项目时，应鼓励项目承担者在条件许可时积极开展与项目相关的科普活动，包括指导中学生科研实践、出版科普读物、做科普讲座等，在项目结题验收时应检查科普活动开展情况。对于有科普活动内容的研究项目，可提供少量科普延伸经费。这样做不仅有助于推动科普活动的开展，而且能够促进科技人员的科普意识。另外，在不涉密的国家重大研究计划（如重大科技专项）中，可考虑设置科普专员，协调开展相关科普工作。对于非涉密的基础研究、前沿技术及其他公众关注的国家科技计划项目，其承担单位有责任和义务及时向公众发布成果信息和传播知识。

第三，要将科普评估纳入科技评价体系。科普任务评估在现行科技评价体系中的缺位，严重影响科技人员参加科普活动的积极性。科研人员从事的科普相关工作通常得不到所在单位的应有认可，更不能算绩效。同样，对科研机构、大学以及各种研究单元的考核评估通常也忽视科普。要从国家科技主管部门开始，将科普任务评估纳入科技评价体系，在制度上体现对科普工作的重视，在贡献上体现对科普工作的认可，从而有效调动科研机构、大学和科技人员等参加科普活动的积极性。

第四，要鼓励科技人员参与科技教育。要鼓励科研机构和大学在条件许可时向中学生开放实验室，让中学生走近科学，在科技人员指导下开展科学实践活动。这样做，不仅能够帮助中学生体验科学研究、感受科学氛围、培育科学精神，还能够帮助他们自我发现，了解自己对科学研究的兴趣，从而在选择专业或职业时更为理性。而对于具有特殊科学禀赋的中学生，通过科学实践活动、因材施教等方式，可使他们少走弯路，早日成才。

第五，要鼓励已退休科技人员参加科普。很多已经退休的科技人员对科普工作有很高的热情，他们对科学研究有心得，对科学文化有感悟，可自由支配的时间也较为充裕，是科普工作可以利用的重要力量。建议采用俱乐部、活动中心等适当形式，组织退休科技人员开展科普活动，国家要给予必要的经费支持。

（二）让青少年有梦

青少年是祖国的未来，必须在青少年科普上下足功夫。当科学家是无数中国孩子的梦想，要让科技工作成为富有吸引力的工作、成为孩子们尊崇向往的职业，给孩子们的梦想插上科技的翅膀，让未来祖国的科技天地群英荟萃，让未来科学的浩瀚星空群星闪耀。

第一，要高度重视科学教育。联合国于 2000 年提出千年发展目标，2015 年提出 17 个可持续发展目标，可持续发展成为全球共同关注的重要议题。应对可持续发展目标带来的机遇与挑战，越来越多国家和地区意识到科学教育在普及可持续发展理念、培育创新人才方面的重要作用。但通过科学教育实现可持续发展的效能还需要进一步发挥。2019 年 10 月 16 日，2019 世界公众科学素质促进大会在北京举行。大会期间，来自联合国教科文组织，以及美国、日本、英国、以色列、菲律宾、泰国等国家的可持续发展科学教育专家与我国科学家一道，在"科学素质促进：科学教育与可持续发展"专题论坛上，共同发布《面向可持续发展的科学教育倡议》，提出：一是要优化课程体系，基于可持续发展的理念和要求，全面优化从幼儿园到大学的学校科学教育体系，在课程目标、课程内容、学习方法和评价方式等方面，将可持续发展理念和内容融入各学科和各阶段的课程体系中。二是要协同教育资源，丰富教育供给方式，鼓励并引导社会各界为面向可持续发展的科学教育研发合适的教育资源。从与可持续发展息息相关的真实问题出发，兼顾全球问题、各国国情及地方特色。三是要提升教学能力，提升教师（包括学校教师和青少年活动辅导员等）的跨领域知识和教学能力，帮助教师树立可持续发展的理念，促使他们将可持续发展内容融入日常的教学活动中。四是要创新教学实践。以可持续发展教育理念指导实践，组织论辩、探究等多种多样的科学教育活动，积极使用包括新一代信息技术和新媒体在内的方式，培养学生批判性思维和问题解决能力。五是要营造社会氛围，在各种形式的校外场所和家庭环境中提供可持续发展主题的科学教育活动，宣扬支撑可持续发展的价值观念与道德标准，提升公众可持续发展的意识，营造关注可持续发展的社会氛围。通过丰富多样的科学教育活动，帮助学生具备相应的科学知识、方法与态度，使其自觉并积极参与可持续发展行动。①

第二，要激发青少年的科学兴趣。兴趣与爱好是最好的老师。从小培养青少年的科学兴趣与爱好，是青少年科技教育的最基本使命与重要责任。20世纪末以来，青少年的科技兴趣普遍下降，受到国际科技界和教育界学者的广泛关注和热烈讨论。调查结果，仅有 7.3% 的青少年表示将来愿意当科学家，排在 11 种职业中的第 7 位。在青少年的心目中，经理或老板（14.8%）、军人或警察（13.4%），以及教师（9.6%）和医生（9.5%）是他们较为向往的职业，其余是工程师（6.2%）、政府官员（4.5%）、农民（0.6%）和工人（0.5%）。要持续开展中国科学家精神进校园活动，大力弘扬爱国、创

---

① 改革君.面向可持续发展的科学教育倡议［微信公众号］.科协改革进行时,2019－10－18.

新、求实、协同、人梯等新时代中国科学家精神，大力弘扬精益求精、执着专注的工匠精神，营造尊重劳动、尊重创造的社会氛围，持续开展科技典型人物和创新团队宣传，与时俱进创新宣传方式和手段，深入挖掘大力塑造科技界的民族英雄，让科技工作成为富有吸引力的工作、成为青少年尊崇向往的职业。

第三，要教会青少年科学思考。在知识与思维之间，知识本身并无价值，知识的价值存在于"解决问题"的过程中。成功的教者，不在于他教会学生多少知识，更在于他教会学生思维，为思维而教。思维、思考是把人和动物区别开来的机能，是人的智慧的集中体现。激发青少年对科学的好奇心、教会青少年进行科学思考，是科技教育的重要使命和责任。

第四，要培养青少年创新能力。一个青少年缺乏创新意识和创新能力的民族，是没有希望的民族。通过科技教育手段，培养学生的创新意识，提高学生的创新能力，从而培养适应时代发展的学生，是科技教育的又一重大使命和责任。人工智能将使中国传统教育的优势荡然无存，要创新教育模式，把我国青少年从死记硬背、大量做题的教育中解放出来，创造更加宽松的、有利于学生个性发展的空间和时间；要更好地保护学生的好奇心、激发学生的想象力；要引导学生在价值取向上有更高的追求，避免短期功利主义。

（三）让全民都行动

我国拥有 14 亿人口，是全球人口最多的国家，要建成社会主义现代强国，就必须实施全民科普行动，大力提升国民科学文化素质，推动我国由人口大国、科普大国向人力资源强国、科普强国转变。

第一，持续推进全民科学素质行动。认真总结全民科学素质行动计划实施 15 年来的成效经验，分析研判未来科学素质建设大势，创新新时代全民科学素质行动实施机制，坚持政府支持、社会参与、以人民为中心，持续推动公民科学素质提升。推动建立新时代科技工作者参与科普的评价体系，形成科学普及与科技创新同等重要的制度安排，解决科技工作者的科普缺位问题，畅通科学家、科学传媒、公众之间的互动渠道，支持科技工作者更好履行科普社会责任。培养大批具有世界影响、在科学上具有杰出造诣的科学文化代言人，代表科学界向公众发声，加强公众与科学家的良性互动，提高公众对科学的兴趣与认同度。建立完善新时代中国公民科学素养测度指标体系，为世界公民科学素养评价提供中国方案，贡献中国智慧和力量。用好国际与国内、组织和市场的两种科普资源，完善科普服务标准，持续打造科学权威、智能泛在的科普传播平台，营造全民参与的良好氛围，推进全民科学素质的持续大幅提升。

第二，进一步提高国家的科普动员能力。全民科普、全民科学素质建设，需要全民动员、人人参与。一是要进一步加强政府和有关科普机构对科普工作的领导和协调，政府推进科普工作的重要着力点，要进一步发挥制定规划和政策、开展监督检查、统筹部署、集成资源等作用，有力调动和引导全社会共同参与科普。二是要加大科普投入，将科普经费列入各级财政预算、在科研计划中增加科普经费比例，逐步提高科普投入水平，保障科普工作顺利开展；同时，积极引导社会资金投入科普事业，逐步建立多层次、多渠道的科普投入体系，在实施国家科技计划项目的过程中，应推进科研成果科普化工作。三是要完善科普的评价和奖励政策制度，将科普图书、科普影视、科普动漫和科普展教具等科普作品纳入国家科技奖励范围，鼓励社会力量设立多种形式的科普奖，加大对科普工作先进集体和先进个人的表彰和奖励力度；同时，将科技工作者、科技志愿者等参与科普绩效纳入其业绩、职务晋升的考核指标。四是要增加科普公共服务供给，集成国内外现有科普图书、期刊、挂图、音像制品、展教品、文艺作品以及相关科普信息，建立数字化科普信息资源和共享平台，为社会和公众提供资源支持和公共科普服务；提高现有科技类场馆、专业科普机构以及向社会开放的科研机构和大学的科普展示能力、创新能力和管理水平等；通过创建、授名、合作等多种方式开发社会各方面的科普资源、转化为科普服务项目、产品，有效扩大全社会的科普服务供给。五是要建立国家科普能力建设的监测和评估体系，制定科学合理的科普评价指标，构建科普监测工作网络，及时了解和掌握地方、部门在科普政策实施、科普能力建设中的最新进展和动态，定期开展公民科学素质监测调查和科普工作统计，为政府决策提供科学的依据。六是要加强科普的理论研究，针对科普创作、科学教育、科技传播、创新文化、公民科学素质基准和监测等重大问题，开展多学科交叉融合的理论研究。

第三，为新世界贡献中国的科普力量。要建设世界科学文化传播高地，打造世界科技创新思想主要策源地，瞄准学科前沿、聚焦科技发展前沿交叉领域，搭建系列高端学术交流平台，邀请国内外科技、经济、社会及文化精英，促进创新思想碰撞，激荡智慧火花，形成促进科技创新、应对经济社会发展重大挑战的原创思想和理论。全面融入全球科技创新网络，构建同亚洲、欧洲和北美的科学共同体合作平台，在事关新一轮科技变革的重大领域，发起主办世界品牌的学术会议，发起研讨议题，发布世界科技前沿进展，预测学科发展趋势，成为学科发展和领域进步的主要策动方和推动力量，成为科学前沿的引领者。建设世界重大科技成果主要首发地，分梯次培育一批世界一流科技期刊，吸引全球优秀成果在中国期刊首发。持续跟踪，客观评估，构建有国际影响的科技创新成果、交流传播等系列评价体系。要建设世界科学文化传播主要中心，打造世界科学传播品的主要生产者和集散中心，深度参与国际科技传播标准制定，发起设立议题，组织开展国际科学传播交流合作，发布全球科学传播成果，汇聚扩散世界科学传播信息，讲好中国科学传播故事、贡献中国科学传播方案。

第二节　科普赋能时代

科技是人们认识自然和实现人类与自然和谐共处的武器，是第一生产力，是人类文明进步的基石。科普作为科技第一生产力的重要组成部分，作为直接以人为作用对象、以公众为中心的活动，随之成为引领时代发展的风向标，逐步从工具理性走向价值理性，开启科普＋政治、科普＋产业、科普＋文化、科普＋社会、科普＋生活、科普＋营销等的全面赋能、全域赋能的新时代。

一、科普理性的反思

有学者对工业文明社会的批判，首当其冲的就是批判科技。在他们看来，科技具有工具理性，而工具理性只关注效率、功用、计算、手段，消解了人生存的价值基础。工具理性、技术理性、奴役理性，造成对自然和人的双重奴役。科技的大量普及应用，使人类生存的处境越来越尴尬，需要重新确立人类生活的价值基础。[①]

（一）科普价值检视

霍克海默在分析工具理性和科技的弊端时认为，知识就是力量，科技是第一生产力，但这种知识和科技忽略人的价值和意义，消解人生存的本质目的。[②] 受霍克海默对工业文明社会、科技的批判启示，有必要对新时代科普的价值做一检视。

长期以来，科普供给服务的主体根据自身的需要选择达到自己目的、满足自己需要的科普内容和科普方式，关注的是实现目的的手段的适用性，追求一种科技知识、一种科技工具的效用性和正确行动方案的选择。在这样的工具理性视野中，一切理性的东西都是有用的东西，任何一个有工具理性、有机会决定科普的人，就是能够决定什么科普内容方式对他有用的人。在他们看来，一个科普行动只要能为某种目的服务就是合理的，对科普目的本身是否合理，是否有价值则漠不关心。这就是基于工具理性的科普实用主义。

科普实用主义，简言之就是科普的工具理性或技术理性，主要特征为：

---

①② 霍克海默的警告：工具理性和技术理性正在消减人的生存价值基础［百家号］. 文眼看世界，2019－12－12.

一是科普工具主义，把科普及其构成要素仅看成是达到自己目的的工具或手段，不产生价值和意义。二是科普实用主义，它的价值尺度是效率，关心的是实用，忽视人的本性和人性。三是科普实用主义，它分离事实与价值，使人们一心只盯着科普目标，为实现确定的科普目标而努力，甚至可以为达目的不择手段，而忘却对科普目标合理性的质问，排除思维的否定性和批判性，否定人心的力量和价值，让人们消极地顺应科普现实，满足科普现实，不去力图变革科普现实。

（二）科普价值异化

霍克海默认为，在工业文明和科技不占主导的社会之前，工具理性并没有抬头。只是到了近代，当培根提出"知识就是力量"，并倡导用科技消除匮乏和获取丰裕的物质财富时，科技才得到高度发展，同时主观理性（即工具理性）才得到高度发展。① 从霍克海默对工业文明社会、科技的批判启示中，我们同样需要关注科普价值的异化——物欲科普倾向的问题。

近现代，在工业文明飞速发展后，每个人都可能会有成为别人被利用的工具的危险，人被物质所异化，被物化，物欲科普有所抬头。在这样的社会意识中，往往科普对发展人，健全人，人的全面发展考虑不够。科普的工具化和技术化，所带来的最大和最直接的后果，就是使人们只注重科普的功用、效率、计算，而轻视或根本放弃对科普的科学价值的追求，科普的异化导致人自身的科学素养异化。物欲科普导致人的科学素质异化，具体表现在科普的思维方式、行动方式和存在方式上，对物质欲望的过度追求——投其公众所好、投其自己所好，科普中但凡不能带来物质利用的都不重要，于是科学精神、科学思想、科学方法就被放在可有可无的地位。

这世上没有无用之科普，只有没找到科普真谛的人。德国哲学家康德认为，人类知识只有两类，一类是关于物质的，另一类是关于价值的。科学技术研究的对象是物质世界。科学普及的对象是人，科普必须实现这种对象主体的转换，为人类创造的工具性智慧赋予人文价值。② 要成为世界科技强国、社会主义现代化强国的公民，就不能光是体现在柴米油盐里的"有用"科普，也必须有科学精神、科学思想、科学方法的"无用"科普，科普越"无用"越高级。科普有太多的美好，恰恰是"无用"的结果。

科普是为了人的活着，而人活着有三层境界：活着，体面的活着，清醒的活着。很多人只做到了前两个，是活在一种"有用"状态，却很难进入清醒的"无用"状态。某些人会因为别人的一句话而难过很久，因为别人的质

---

① 霍克海默的警告：工具理性和技术理性正在消减人的生存价值基础[百家号].文眼看世界，2019 - 12 - 12.

② 徐善衍.关于当代科普的人文思考[J].科普研究，2010，5（3）：5 - 7.

疑和指责，就轻易改变了自己的初衷。跟随别人的队伍，做别人眼中的"老好人"，活成别人喜欢的模样。殊不知，生活从来都是自己的。或许，这些人觉得科学精神是无用的，科学思想是无用的，甚至科学方法也是无用的……可当他们发现某一天这些东西开始有用时，这些"无用"的东西却不会在原地等你！作为新时代的中国公民，科普来源于生活，又超脱于生活，必须做好这些"无用"的科普，越"无用"，越高级。

（三）扬弃工具价值

在工具理性的统领下，人的思维必须以技术和工具的实际效用为核心，追求形式逻辑和数学的统一，主体的自我意识消失殆尽，人的主体性被边缘化和隐藏化。在此，人类最有力的武器——科学思想，不再有往日的浪漫，而变为了一种服务于实用目的的物，变成工具。这样的思想当然不会有否定性和批判性，只会屈服和顺从现实，而看不到现实中的种种弊端和不符合人性的诸多技术问题。①

追求科普的工具价值，必然导致科普行为方式的异化，科普被带走了节奏。在科普工具理性场景中，科普的行为方式借助技术和机器被规定、安排了，科普对象必须符合和适应技术世界的节奏，跟随机器一起运转，科普实际上变成了科普对象的工具化和人的技术化，科普对象不再成为他自身，而成为科普的殉葬品和被使唤者。

追求科普的工具价值，必然导致科普对象个人价值的异化。在科普工具理性场景中，科普对象个人被分解为一个个独立的原子，成为一种机器，消费机器，赚钱机器，娱乐机器。科普对象个人被等同于客户或用户，遵循着市场的规律，科普对象个人的价值是按照市场上商品交换的价值来设定和判断的。科普对象个人的生活不再是他自己的精神所触及之地，而沦为科普市场的获利品，丧失了自我意识及自我存在的价值，在社会中软弱无力而又孤立无援。进入数字化时代，各种工具经验的不断累积、科技的高端发展与科技低端转化的易得性，将一种理所当然的工具性的功利主义渗透到包括在包括科普服务在内的社会生活各层面。人们在努力适应新的科技发展带来的各种消费生活方式的同时，技术生存概念亦侵入到人的自我意识和感觉中，大众慢慢遗失了最初用于完善自我、修缮自身的科学价值理性，失去对周围世界的天然性好奇心。现代人类生活在一个充斥着各种工业商品的科技时代，却忽略追溯它的渊源，甚至忽略对自身的科学人文关怀。大众在生活的各个领域都需要基本的科技的技能，这已经成为科普存在的基本需求价值，但科

---

① 霍克海默的警告：工具理性和技术理性正在消灭人的生存价值基础［百家号］. 文眼看世界,2019 - 12 - 12.

学工具理性逐渐强化的"霸气",使得科普承载科技传播和提高普及大众科普素养的责任,愈趋失去科学人文价值理性,这是科普被学术界及受众群冠以"鸡肋"倾向的要因。

现代技术对个体社会的侵入,已使科普受众的自由想象力逐渐萎缩,一种直面的触觉只相对于我们的视觉神经而感知,直接的"代替解读"限制科普受众创造力的活动,进而导致科学幻想与分析力的萎缩,以及人与人之间个性的渐趋标准化。科技从一开始就不是作为无思想的单纯手段或工具而存在,它凝结着人类维持生存与发展的科学人文及理性价值需求。但由于人类物理性欲望的不断膨胀、内心生物性贪婪的本能、理所当然攫取世界的天性,导致在当代运用科技改进消费生活的同时,诸多社会性问题的层出不穷,为技术和文化社会的发展带来"瓶颈"制约。早就有学者发出预警:"科学与理性已经不再仅仅是解放生产力、推动社会进步、启迪民智、赋予人们力量和自由的利剑,它也可以是破坏人类的生存家园、残杀生灵、扰乱社会政治经济秩序的帮凶"。特别是进入工业自动化时代,工具性能使得人类越来偏向知识获取的便捷性及手段性,这也是科普步入新时代不得不面临的一种工具性的技术伦理。多端技术的发展与大众对科技工具性能的普及需求,在一定侧面说明当代的科学理性已经失去文艺复兴时期较理性的人文价值内涵。工业化时代中,在技术层面上工具理性或技术理性的客观泛滥,在理论层面上对事实与价值的区分所加速的学科间分裂态势,以及在研究批判上注重普及、经济效能的学术讨论,都表明工具理性与价值理性从最初起源时的融合到如今功利性的对立关系已逐渐形成。[①]

科普工具理性或技术理性,放弃对科普对象的生存生活价值问题的关注,表现为对客观外界事物的无视、功利算计和冷漠,只把科普供给侧当成控制科普外在自然界的生产力,当成科普过程和工具实施的手段,这是造成科普文明危机的根源所在,当代科普文明的危机实际上就是科普价值的危机和科普信仰的危机和科普意义缺失的危机。我们必须合理扬弃科普工具的价值。

二、科普文化赋能

文化是一个民族和国家赖以生存发展的重要根基,也是区别于其他民族和国家的重要标志,影响着一个民族和国家的兴衰和命运。在当代,发展先进文化,就是发展面向现代化、面向世界、面向未来的民族的科学大众文化,以不断丰富人们的精神世界,增强人们的精神力量。科普是先进文化建设的

---

① 霍克海默的警告:工具理性和技术理性正在消减人的生存价值基础[百家号].文眼看世界,2019 –
12 – 12.

重要方面，无论是先进文化的发展还是民族精神的弘扬，科普始终承载着无法替代的重要功能。

（一）催生先进文化

科技是人类创造性劳动的产物，是认识与改造世界的智慧结晶，是文化的重要内容。一切先进思想、先进理论都具有鲜明的科学性，科普能够使科技为亿万公众所掌握，成为公众建设先进文化、参与健康有益文化活动的强大力量，成为改造落后文化、抵制腐朽文化的锐利武器。从弘扬和培育民族精神看，科技知识、科学方法、科学思想、科学精神的宣传和普及，是精神文明建设的重要内容，也是弘扬和培育以爱国主义为核心的团结统一、爱好和平、勤劳勇敢、自强不息伟大民族精神的一项重要课题。科学的贫乏不仅会导致物质的贫困，也会导致精神的贫困。加强新时代科普，可以使崇尚科学、崇尚文明成为广大公众的精神追求，才能推动先进文化的发展，赋予民族精神以崭新的时代内容。

当今世界，是一个以科学文化为主导的时代，科学精神、科学思想、科学方法已经成为这个时代价值取向的风向标，科学的人文化和人文的科学化是当今时代的基本趋向。在现实工作中，由于对科学的人文化或者说人文的科学化的轻视，导致人们往往只注意到科技的"脱贫功能"，而忽视"治愚功能"，导致科普的初衷与实际后果背道而驰的局面。作为科学文化核心的科学精神、科学思想、科学方法的普及，不能空喊口号，也不意味科技知识层面的丰富，而是意味着人生观、价值观、生活态度的科学内化。

人文认识方法具有内向、感悟、形象、具体生动的特点，但一般缺乏科学方法的客观性、普遍性、规律性。人文科学是以人的思想和行为作为研究对象的，因为具体的人具有丰富的内在世界，存在着较大的个体差异性，所以需要人文的认识方法加以揭示。通过这种研究可以提炼出人类共同遵守的价值法则和行为尺度。但人文方法始终摆脱不了思辨的局限，要精确反映人的特性必须要有科学方法给予"帮助"。尤其是在研究"抽象的人"的过程中，更加需要用科学的方法加以实验、观察、综合，才能得出正确的结论。因为科学方法具有客观性、普遍性、规律性，这是科学向人文渗透的直接动力。

随着科学及其成果向人文领域渗透，科学方法逐渐成为揭示人的"另一面"的重要手段。人文研究运用科学方法，可以揭示、发现人的共性，从而为人的生活质量的改善及社会的科学管理提供手段与根据。例如，行为科学便是用科学的方法，从人的有差异的行为中概括出一般规律，从人的需要、动机和行为之间的内在关系把握人的各种活动（阶段）的内在联系，为科学高效地管理员工和群体提供新思路。又如，著名的需求层次论，以及管理科学的一系列理论，都是运用科学方法研究的结果。

（二）提振民族精神

任何国家和民族的文化传统和民族精神，往往都包含善与恶、科学与迷信、民主与专制、革命与保守等的对立的精神品质。进步的民族精神体现了全民的科学文化素质的水准。无数历史事实说明，一个国家和民族的衰落，无不是从科学精神的衰落、道德滑坡、精神萎靡、道德沦丧开始的。如果说一个国家和民族的衰落是从精神支柱的坍塌开始的，那么一个国家和民族的兴旺则无不是以科学精神和民族精神的唤起为先导的。中国近代，是一部中华民族的屈辱史，而辛亥革命、五四新文化运动、中华人民共和国成立等则是中华民族觉醒、自立、自强的历史，是民族精神和科学精神回归和唤起的历史。半个多世纪以来，中国社会经济取得了飞跃发展，国际政治、经济地位显著提高，已经进入全面建设小康社会，加快推进现代化建设新的发展阶段，开始实施第三步战略部署。同时，世界正处在一个国际风云变幻、社会矛盾日益复杂的新时代，面临着各种挑战和风险的考验。加强科普，弘扬科学精神，提高中华民族科学文化素质，已经成为振奋民族精神和时代精神，提高中华民族的凝聚力和战斗力，增强迎接时代挑战的信心和决心的时代要求。

先进文化的主要构成是人文文化和科学文化，或者说其核心就是人文精神和科学精神。当代中国的先进文化，就是有中国特色的社会主义的文化，必须着力提高全民族的思想道德和科学文化素质。科技的长足发展，特别是以信息技术为代表的新科技革命，对传统的思想和观念产生了巨大影响，促进了经济全球化进程，为人类开拓新的生产和生活空间。人们开始重视科技应用中引起的伦理道德问题，科学和人文的对话、交流成为当今社会谈论的热点。全球范围内的文化矛盾和冲突也越来越成为国际竞争的重要内容，而民族素质和文化的力量已经成为国际竞争的重要因素，国家之间的主张、价值观念、生活方式在意识形态方面的较量仍然相当激烈。因此，无论对一个国家还是一个民族，必须加强科普，提高公众的科学素质，把科学性融入建设具有中国特色的先进文化之中。

冷战结束以后，以精神和文化力为焦点的综合国力较量已成为当今世界的一个重要特征。随着经济全球化的发展，促进了文化力的商品化，推动了经济和社会的发展；信息化、全球化时代的到来，使各种文明交汇中的矛盾、摩擦、冲突和融合不断增强；西方国家更加注意利用文化力量来获取国家利益，强化其文化的扩张力和吸引力。一些西方发达国家，凭借其政治、经济、科技、军事的强大优势，采取假借人权、控制国际机构、利用文化渗透、争夺人才资源等手段，推行霸权主义和强权政治，极力把西方文明变成其他国家行为的楷模，形成了发达国家同广大发展中国家在精神和文化竞争中的突出矛盾。同时，伴随着社会主义市场经济的发展，我国思想文化领域也出现了一些新情况、新问题。特别是受到后现代思潮的影响，人们思想活动的开放性、多元性、独立性、个性、选择性、多变性、差异性等明显增强，商品交换的法则不恰当地应用到社会政治生活和人们的精神领域，一些曾经绝迹的社会丑恶现象死灰复燃，一些非马克思主义的思潮在涣散人的精神、毒害人们的灵魂。在新时代，中华民族要在国际竞争中立于不败之地，必须加强科普，提高公众的科学素质，建立一种基于科学精神基础之上的、强有力的民族精神支撑，积极参与国际文化竞争。

（三）塑形科学理性

科学理性或科学理性精神，是指以科学的态度、精神、方法对待工作和生活，崇尚科学理性、尊重科学精神、恪守科学人生观。当今社会，科学理性应该成为每位公民的标配，要科学理性地认识问题、看待问题、处理问题。

塑形科学理性，最起码的是要让公众都懂科学道理。怎样才能懂科学道理呢？中国有句话叫"知书达礼"。这"礼"是指"礼仪"，其实又何尝不是"道理"之"理"。好书一般是讲事物发展的科学规律的，只有多读好书才能懂科学道理。不读书，怎能"达理"？这就是科普，只有多科普，让公众多读书，多读好书，才能有比较，有鉴别，才能择其善者而从之，择其不善者而不从。同时，也要让公众要避免误入理性至上主义误区，避免唯理论和理性至上主义在批判经验论时扩大化，否则自身就成为没有科学理性了。

塑形科学理性，就是要让公众把握事情的真相和规律。科学认识的真正任务，就在于经过感性认识到达科学理性认识，把握事物的客观规律性，然后运用这种对客观规律性的认识去能动地改造世界。讲科学理性，就是要懂得事物的复杂性，明白事物的多样性，认识事物的艰巨性。也要公众懂得，不要以为世界上只有感性冲动是有害的，事实上理性冲动离开时间、地点的变化，要求实现普遍、永恒、绝对的理性，也是有害的。[①]

当今中国，社会科学理性缺失是不可忽视的问题。例如，在我国阻击新型冠状病毒肺炎的战役中，不断上演基因武器、爆竹杀毒、宠物感染病毒……各种谣言和偏执激进的观点，裹挟在恐慌、混乱、不满等情绪中，如同另一种病毒般在舆论场上蔓延，严重干扰了全民抗疫的斗志和信心。2020年1月31日晚间，一条"双黄连可抑制新型冠状病毒"的消息引发双黄连口服液的全国抢购。在新型冠状病毒疫情防控的危急时刻，在喧哗纷乱的舆论

---

① 邓伟志.讲"理性"，就是讲科学[N].北京日报,2011-07-18(2).

中，冷静和科学理性难能可贵。①

（四）破除愚昧迷信

当代中国，唯物论与唯心论两个世界观的斗争仍然渗透在社会生活各个方面，而且在某种程度上还表现得异常激烈。例如，20 世纪末我国现代迷信和伪科学的猖獗，以及"法轮功"泛滥就可见一斑。在科技迅猛发展及其所取得的辉煌成就，迫使各种唯心论、伪科学变换形式，乔装打扮，举起科学的旗号来蒙蔽和欺骗人民群众。

科普是反对现代迷信和伪科学的有力武器，新时代要大力开展科普，提高人民群众的科技知识水平，让他们了解科技，了解未来，了解现代化，不仅有助于人们开阔视野，启迪智慧，提高认识能力，还有助于人们解放思想，更新观念，识别各种唯心论、伪科学、迷信、邪教的真实面目，消除愚昧，肃清封建主义的思想影响，打破小农经济的狭隘观念，引导人们求知、求富、求智、求志，兴起学科学、学技术、学文化的热潮；树立起尊重知识、尊重人才的社会风尚；激励人们向愚昧、迷信、落后宣战，向现代化的新生活迈进。

三、科普教育赋能

科普本质上就是一种社会教育，广义的教育泛指传播和学习人类文明成果，即各种知识、技能和社会生活经验等，以促进个体社会化和社会个性化的社会实践活动。当今世界，科学素质已成为人类生存和发展的决定性因素，而科普就承载着这种教育功能。

（一）促进人的发展

教育即生活，同样科普亦生活，科普开始于一个人的出生并持续终身，始终伴随人的学习、生产、生活。马克思主义从分析现实的人和现实的生产关系入手，指出人的全面发展，即指人的体力和智力的充分、自由、和谐的发展。人的全面发展最根本是指人的内在素质和劳动能力的全面发展，即人的智力和体力的充分、统一的发展，以及人的才能、志趣和道德品质等的多方面发展。科学素质是人全面发展的内在要求，是指人在科学道德水准、科学认知、科学思维、科学品格、生产技能、生活方式等方面的全面发展。

科普是传承科学文化、促进科学素质和提高的社会的系统工程，它影响和决定着人生的发展方向，促进人的社会化，对人的科学文化素质养成和科学品德的培养起到重要作用。对年青一代来说，科普在相当大程度上决定他们的终身发展方向；对成年人来说，科普是终身教育体系的重要组成部分，

---

① 本报评论员.科学理性是此时最紧缺的良药[N].科技日报,2020－02－01(1).

在当代生活中很难设想一个不能经常受到科普教育的人能够很好地工作和生活。事实证明，我们的全民科学素质和科技创新能力不高，由于一些人科学精神不足、缺乏科学常识，给反科学、伪科学的迷信和邪教活动提供了可乘之机。已经成为制约经济发展和国际竞争能力的一个主要因素，要重视和发展学前科学教育，逐步普及高中阶段科学教育，加快高等教育科学大众化步伐；同时，还要适应信息社会的需要，建立和完善终身教育制度，开展全民科普，为每一个有学习意愿的社会成员提供接受多层次、多形式的科普服务，帮助人们树立正确的世界观、人生观和价值观，使人民群众掌握现代科学技术，创造更多的物质财富，在提高物质生活质量的同时，提高精神生活质量，全面提高国民科学素质，使每一位公众都能得到全面充分的发展。

（二）促进科学生活

科学文明健康的生活方式是当代公众的基本要求。科普倡导科学文明健康的生活方式，旨在促进改善提高人们的生活环境、生活质量、生活水平，促进改变公众不科学、不文明、不健康的生活观念、准则、习惯和行为。建立科学文明健康的生活方式，就是要把科学精神当成一种促进社会进步和发展的理性和信念去追求，融入生产生活的各方面，内化为每位公民的文化素养，就是把健康理解为人的生理、心理、社会适应能力的统一，而不能只看成是生理上的健康。

科学文明健康生活方式的养成并非一朝一夕之事，而是连续不断地加强科普，大力倡导终身教育和终身学习。我国社会改革给人们生活方式带来的一个显著变化，就是人们拥有自己的闲暇时间越来越多，自主性越来越强，信息交往越来越多，网络社群的发展给大家带来极大便利，每位网民都可能同时是几十个，甚至几百个社群中的成员，大量的单位人也是社群人。开展科普活动，倡导科学文明健康的生活方式，丰富人们的闲暇生活，优化社群文化环境，已经成为新时代科普发展的客观需求。

建立科学文明健康的生活方式需要更关注弱势群体。随着我国人口的平均预期寿命在提高，老年人口数量和在总人口中的比例都在增加，老年人与青年人的代际分化和空间分离，造成老年人群的弱势化。同时，伴随着改革向"硬核"突进，国有企业改革、机构改革、教育制度改革、医疗制度的改革、住房改革、社会保障改革等，使工薪阶层被卷入为自己、为子女未来生存的奔忙中，危机感凸显出来，如部分失业人员、城市低收入家庭、进城务工人员、贫困群众、留守人群等，成为社会的弱势和边缘群体。要针对社会弱势群体，开展科普活动，改变观念，提高他们谋生的科学素质，提高技能水平和生存发展能力，给弱势群体更多的支持，将更有利于破除迷信、铲除邪教，为建立科学文明健康的生活方式奠定基础。

（三）伴随终身教育

科普作为终身教育体系的重要组成部分，虽然有自己独立的科普体系，如科技馆教育、青少年科技活动、科普出版和科普期刊出版等系统体系，但更广泛的科普还是融入终身教育的各类教育形态中。终身教育理论涉及终身教育、终身学习、学习社会、国民教育体系、终身教育体系等概念，包括成人教育、继续教育；正规教育、非正规教育与非正式教育；学校教育、校外教育；社会教育、社区教育；业余教育、闲暇教育等五类相关的教育形态，这反映在终身教育的发展趋势与背景下，在不同时空与不同语境下，科普融入所呈现的不同存在状态与发展特点。

成人教育，指以社会成人（包括干部、职工、农民和其他校外青年）为对象，开展的以提高人文素养、科学技术水平为目的的教育活动。成人教育的形式多样，可以通过业余、脱产或半脱产的途径，以及学校的、继续的、补充的或延伸类型的方式进行。我国成人教育在1986年达到发展高峰，后因基础教育的全面普及、高等教育的大众化，以及社区教育的兴起，成人教育逐渐衰落，现在被纳入继续教育的范畴，并作为终身教育的组成部分得到了重新的定位。

继续教育，最初特指工程技术教育领域的知识或技能的更新，现在内涵逐渐拓展，在终身教育时代，它已泛指对接学校教育之后所有社会成员的教育活动。继续教育是一种按接受教育的过程或阶段来划分的教育类型，它具有在原来教育基础之上的教育"追加"或"延伸"的含义。即凡是脱离了正规学校教育系统后的所有社会成员都可以继续接受的一种没有年龄限制、教育形式和内容灵活多样的教育形态。它既包括了社区居民在社区参与的各种学习活动，也涵盖了为了更新知识、提升能力乃至获得学历资格而展开的多元学习活动。继续教育的对象并不局限于成年人，因各种原因中途离开学校的青少年（如辍学者）亦包含在内。继续教育也不局限于学历教育或岗位培训，凡对个体具有教育意义的各种学习乃至文化娱乐活动均属此列。在教育结构上，继续教育与学校教育紧密衔接，凡正规学校教育结束即可视为继续教育的开始。在教育内容上，继续教育亦涵盖了包括学历教育、非学历教育，正规教育、非正规乃至非正式教育，以及职业导向的就业教育、提高技能水平的岗位培训和丰富精神文化生活的社区教育、休闲教育等。

正规教育，指在国家颁布的学制系统中具有明确地位的，根据国家规定的任务和目标要求，由规定的教育组织举办的有目的、有计划，且由专职教学人员对学生进行系统的文化科学知识和思想品德的训练和培养的教育。与非正规教育和非正式教育相区别，其一般特指学校教育中的学历教育。人类社会已步入正规教育、非正规教育和非正式教育共同发展、互为补充的崭新历史阶段。

非正规教育，指在国家颁布的学制系统之外的，学校或其他社会组织为人口中的某一特定类型人群举办的，为达到特定目的的有组织、有系统的教育活动，是一种与正规教育相对应的非制度化的教育形态，一般指学校或其他社会组织举办的非学历教育。在我国，非正规教育的表现形态多种多样，例如社区举办的卫生、营养、计划生育、职业技能、休闲娱乐等各种培训，社会团体开办的各种辅导班、学习班，企业组织的岗位培训、业务进修等。从保幼结合的学前教育体系到老年大学，从带薪学习休假制度到各种形式的在职培训，非正规教育贯穿了人一生的各个年龄阶段，涉及人们生活和学习的方方面面，并已成为很多国家发展教育的重大战略措施。

非正式教育，指在生产劳动、日常生活和各种教育影响下，个体从日常经验和生活环境，如家庭、工作、娱乐中，从家人和朋友的榜样和态度中，从旅游、读报、看书、上网、收听广播、收看电视中，学习和积累知识、技能，形成一定的态度和价值观念的活动。这种教育具有潜在性、弥散性、随机性等特点。非正式教育因不具有正规教育和非正规教育的规范性而与之相区别。随着广播、电视、图书、报纸、网络等大众传播媒体数量的增加和质量的提高，博物馆、科技馆等公共教育文化设施不断完善，非正式教育对人们的影响亦越来越大，甚至到了无孔不入的地步。人们生活条件的改善，闲暇时间的增加，精神、文化需求的不断增长，对非正式教育的需求也随之日益迫切。在当代社会，非正式教育已经在人们的工作和生活中发挥着重要作用。

学校教育，是由专门机构、专职人员承担的有目的、有系统、有组织的，以影响入学者身心发展为直接目标的社会活动。其特点是：有固定的场所、专门的教师和一定数量的学生，同时制定有一定的培养目标、管理制度和规定的教学内容。按水平可分为初等学校、中等学校、高等学校，按性质可分为普通学校、职业学校和各种专门学校。学校教育逐渐成为根据社会需要和受教育者发展的需求，通过有组织、有计划地培养，来提高人的素质，并造就大批各级各类人才，以此推动科技发展和生产进步的一种重要教育形式。

校外教育，是由各种校外教育机构策划组织的，利用青少年课外、假期等休闲时间，开展的旨在培养个性品质、内容多样的教育活动。校外教育是我国社会主义教育的重要组成部分，并逐渐形成独特的活动机构、活动方式、活动内容和活动结果。现今校外教育机构形式多样，包括图书馆、博物馆、科技馆、文化馆、展览馆、少年宫、青年宫、电影院等各种文化教育设施。

社会教育，是以社会所有个体为对象，在正规学校以外领域，通过提供包括政治、经济、文化与生活在内的内容丰富及样式多样的教育活动，以促进个体身心健康及提高社会适应能力的教育活动。社会教育包括四方面：一是社会教育实施的主体是社会文化教育机构，无论它的创办者是政府、民间团体或个人，只要它是对社会成员实施了有影响的教育活动，就可视为社会教育的实施者；二是社会教育实施的客体是社会全体成员，而不是针对其中的某个特殊群体或以某个年龄段的群体为主要对象；三是社会教育实施的机构和场所，既包括公立也包括私立，既可以是学校，也可以是各种社会文化机构，如图书馆、博物馆、体育馆以及文化馆等；四是社会教育应有明确的教育目的、应纳入国民教育体系，并成为一种与学校教育互相衔接与融合的教育形态。

社区教育，指在一定社会区域内，根据社区居民的需要，为其提供教育服务，以提高社区居民整体素质和生活质量，推动社区发展的民众性教育活动。社区教育与社会教育具有相同的教育功能，其亦可称为地域性的社会教育。社区教育也是学校和社区相互开放、沟通和结合的产物，其需要社区内所有教育机构、教育力量、教育资源、教育功能之间的协同整合。当今，我国社区教育已经作为终身教育体系的重要组成部分，为实现"人人皆学、处处能学、时时可学"的学习型社会理念发挥了积极的作用。

业余教育，指对在职人员利用业余时间进行的各种形式、各种内容的教育与培训。其与在职教育同义。进入 20 世纪 80 年代以后，随着电化教育事业的发展，更为从业人员的业余教育创造有利条件。从未来终身教育的视角来看，业余教育的发展空间必将越来越大。

闲暇教育，亦称"余暇教育"，指在正式与非正式的教育或娱乐环境中，利用闲暇时间进行的知识、技能或精神素养方面的教育或活动，以帮助人们确立科学的闲暇价值观，并通过快乐而有意义的闲暇教育活动，提高闲暇生活的质量，促使个性得到充分而自由的发展。人们通过闲暇时间的有效利用，逐步了解自我、认识自我，以最终形成良好的闲暇生活方式与习惯，并在闲暇生活过程中重新认识生命的意义。闲暇教育包括两方面：一方面是"关于闲暇的教育"，其注重引导人们学会利用闲暇时间，实现个体精神的满足和人性的完善；另一方面是闲暇中的教育，即在休闲的状态中，使人学会发掘自我潜能，并从自我的不完善逐渐走向完善，最终达到提升自我的境界。由于科技的迅速发展，使得劳动与工作时间缩短，而操持家务时间的减少及人均寿命的延长，劳动者可以自由支配的时间迅速增长。我国自 20 世纪末开始关注闲暇教育，研究者主张转换传统闲暇观以促进个性的发展，要确立闲暇教育的价值观，开展愉悦生活的各种活动，倡导自由发展个人才能的闲暇理念，推进社会交往和陶冶性情的各种举措。

当人类社会进入终身教育时代以后，人们对科普的内涵亦有了更为全面与深刻的理解，随着科学的进步与知识流动的加速，学校已不再成为人们学习的唯一场所，封闭的教育环境也不可能完成人终身发展的任务，于是包括科普在内的学校外的非正规与非正式教育对人发展具有的重要意义越来越受到关注。在终身教育体系构架中，作为普及科学知识、传播科学思想和科学方法、弘扬科学精神为己任的科普，无疑将成为覆盖所有公众、成为实施终身教育的"硬核"和桥梁。

四、科普社会赋能

公众科学文化素质是推进社会进步的动力。科普通过提高和培养大批高素质的劳动者，使科研成果转化为社会物质财富；帮助公众掌握科学的思维方式，增强参与公共事务决策的意识和能力，并帮助领导干部掌握科学的决策方法，推动社会的民主化进程；帮助公众树立人与自然和谐的自然观和全面、协调、可持续的科学发展观。科普的这些功能和作用，推进了人类社会的文明和进步。

（一）助力社会治理

社会治理制度是国家治理体系的重要组成部分，社会治理能力是国家治理能力的题中应有之义。党的十九届四中全会首次将科技支撑与民主协商一道，纳入社会治理体系之中，这彰显用现代科技手段提升治理效能的鲜明导向，也要求必须加强科普，助力科技支撑社会治理。

一方面科普可以助力预防并化解社会矛盾。预防并化解社会矛盾，维护社会和谐稳定，是加强和创新社会治理的重要内容。预防并化解社会矛盾，需要科学理性、依法依规发现问题矛盾、分析研判问题、寻求科学的解决问题方法，为化解矛盾营造的良好环境和科学前提。要构建利用大数据进行的矛盾预判机制，善于运用大数据技术、信息化手段发现矛盾和问题，努力做到早发现、早预防。要构建利用网络媒体技术进行的矛盾化解机制，通过开设网上信访厅、网络调解室、网上法庭等方式，开展矛盾纠纷处置与化解。科普一方面可以提高公民科学理性，另一方面可以教会人们利用大数据新的技术手段，为早发现、早预防，以及有效化解矛盾提供帮助。

另一方面科普可以助力完善社会心理服务。社会心理与社会和谐稳定有着紧密关系。开展科普工作，特别是普及心理卫生知识，提供心理科普援助，加强社会心理服务，对新形势下加强和创新社会治理非常重要。做好心理卫生科普，可以有效培育公众的自尊自信、理性平和、积极向上的社会心态，营造和谐稳定的社会环境。要利用网络媒体做好心理健康知识和心理疾病科普工作；要培育专业规范的社会心理科普咨询网络机构；要构建心理科普服务网络平台，鼓励创办社会心理科普服务。

（二）促进民主参与

民主化是社会文明进步的标志，是国家竞争力的重要体现。社会由管制走向善治，公众参与是必由之路。提高科学素质，对促进社会民主、公民有序和高质量参与社会治理，促进高效的公共政策制定、促进良好的行政环境形成，具有决定性作用。提高全民科学素质是社会民主化进程的内在要求，而公众参与社会治理对公众自身科学素质提出更高的要求。

当今社会，科技已经影响到社会发展的方方面面，许多公共政策的决策都蕴含有较深厚的科学背景，只有当这些决策经过具备科学素质的公众的讨论后出台，才能真正称得上是科学的民主决策。如今具有重大社会影响、贴近公众日常生活的科技事件层出不穷，例如，转基因作物、基因治疗等公众十分关注的问题，公众的参与对其发展具有决定性作用，而公众科学素质则影响他们的参与决策能力和决策质量水准。

在民主社会里，受教育的权利是一种基本权利，公众的参政、议政意识与能力在民主社会中也是不可或缺的。缺乏科学素质的公众往往易于丧失独立性和人格尊严，易于被边缘化。开展科普活动，提高公众的科学文化素质，可以有效促进公民参与公共事务的有效性。

（三）扼守科技伦理

当代科技的迅猛发展，对全球社会经济迅速产生重要影响，既使当代社会成为不断变革的社会，也使当代社会面临着前所未有的不确定性，成为具有高度竞争和高度风险的社会。这种不确定性和高度风险，突出地反映在人类改造自然能力的不断增强，对科技成果的滥用，可能会危及个人和社会，危及环境和人的健康，甚至会威胁到人类的生存。例如，城市化是科技发展推动工业化的产物，当代大城市就像一个熟透了的水蜜桃，浑身没有一个地方不是软肋，随便哪里捅一下都是一个大洞。2008 年春节，南方大雪，停水停电 1 个月，城市食品的供应短缺，物价飞涨；带电的高科技设备成为摆设，毫无用途。2005 年的一场"台风"，将福州变水缸；同年，一声爆响，哈尔滨全城停水，引发全城市民疯狂抢购饮用水。城市系统整合资源越多，架构越复杂，稳定性越差，对于一座现代化的城市来说，断供电，断供水，断食物，断汽油，任选其一，都可以彻底打垮这座城市。把所有的应急交通信息传递、搜寻都建立在拥有互联网的前提下，断电了怎么办？在手机的时代里，断电拿什么充电？用什么渠道去通报信息？全城断电、信息全部消失，大家如茫茫大海中的一叶孤舟。在 2008 年冰灾中，向湖南郴州的第一次空中救援投放的是什么物资吗？是收音机。因为全城信息"预警"全部失灵，人心不安，谣言四起，只能靠广播系统传递信息。越是高效率的东西就越是脆弱，一旦遭受打击而停滞，效率下降的幅度就越惊人。①

科学追求理性精神，追求真理标准；技术追求先进性和效率。科学和技术都具有中立性，它可以为任何阶级、民族所运用；伦理是调整人与人之间、人与社会之间关系及其行为规范的总和，是人们在长期的社会实践中所形成的一种评价标准。伦理具有情感，深受社会经济、政治的影响。科技与伦理之间历来存在较大的冲突，一方面社会文化作为社会伦理的基础，是统治者进行伦理说教、政治统治和精神控制的理论基础和依据，成为习惯意识，以致成为传统势力的统治力量，与科技发展产生不可避免的冲突。另一方面，随着科学发展和技术的广泛应用，科技不当应用的确使人类社会的安全受到严重威胁。例如，以原子物理学、核物理学为理论指导而发明制造出的原子弹技术，带来数以万计生命和财产的毁灭；转基因、克隆技术给动植物的生产带来新的范式，也给人类的生活带来新的冲击。科技与伦理道德之间的这种冲突，仅由少数决策者来裁决是不公平的，应由全体公众来进行决策。这就需要通过科普告诉广大公众，转基因和克隆是怎么回事，对生命、身体、伦理会带来什么影响。

新时代科普，一方面要让公众懂得科技发展在带来巨大正效应的同时，也可能带来相应的负效应，需要对迄今为止科学发展方向和目的进行调整，以便使科学始终沿着可持续发展的轨道健康地发展，要认识到人与自然之间是一种相互关系，需要建立一种可持续发展的自然观、价值观和发展观。另一方面，也要让公众懂得人类固有的伦理道德，已经不适合新时代发展的需要，不适合科技发展的客观需要，要对以往传统的伦理道德，特别是封建性的伦理道德进行改革和清除，弘扬伦理道德中的科学理性因素，清除其中的非理性因素特别是腐朽的因素，用科学、民主、理性精神来改造和填充伦理道德，寻求科学与伦理相互结合、融合的新途径，建立起一种适合于科技发展的新的伦理观和道德观，促进人类文明社会的发展。

（四）促进和谐持续

人是自然社会的产物，要在社会中能够长期的生存下来并不断发展，就必须要确保整个社会和自然界的和谐统一，坚持创新、协调、绿色、开放、共享的新发展理念。社会发展既要稳定增长财富，又要保证自然资源可以持续循环使用，这就必然要求走和谐持续发展道路。新时代科普必须坚持、诠释和践行创新、协调、绿色、开放、共享的新发展理念。

创新是引领发展的第一动力，我国经济已由较长时期的两位数增长进入个位数增长阶段。在这个阶段，要突破自身发展瓶颈、解决深层次矛盾和问

---

① 温铁军.大城市,随便哪里捅一下都是一个大洞[新华公众号].新青年2050,2020–02–16.

题，根本出路就在于创新，关键要靠科技力量。要坚持自主创新、重点跨越、支撑发展、引领未来的方针，以全球视野谋划和推动创新，改善人才发展环境，努力实现优势领域、关键技术的重大突破，尽快形成一批带动产业发展的核心技术。抓创新就是抓发展，谋创新就是谋未来。适应和引领我国经济发展新常态，关键是要依靠科技创新转换发展动力。

协调，就是协调发展、平衡发展、兼容发展，要进一步做好攻坚克难、艰苦创业的思想准备和工作准备，大力实施振兴东北地区等老工业基地战略，加快建设社会主义新农村，全面增强核心竞争力，促进资源型城市可持续发展，建设向东北亚开放的重要枢纽。要深化产业结构调整，构建现代产业发展新体系，抓住化解产能过剩矛盾这一工作重点，使我国经济发展提高质量、增加效益、增强后劲。要积极稳妥推进城镇化，推动城镇化向质量提升转变，做到工业化和城镇化良性互动、城镇化和农业现代化相互协调。要积极深化农村改革，把握正确方向，尊重农民意愿，坚持试点先行，处理好农民和土地的关系，确保农村改革健康顺利进行。我国军民融合发展刚进入由初步融合向深度融合的过渡阶段，还存在思想观念跟不上、顶层统筹统管体制缺乏、政策法规和运行机制滞后、工作执行力度不够等问题。要坚持问题牵引，拿出思路举措，以强烈的责任担当推动问题的解决，正确把握和处理经济建设和国防建设的关系，使两者协调发展、平衡发展、兼容发展。

绿色，就是要扎实推进生态文明建设，努力建设美丽中国。绿水青山和金山银山决不是对立的，关键在人，关键在思路。保护生态环境就是保护生产力，改善生态环境就是发展生产力。让绿水青山充分发挥经济社会效益，不是要把它破坏了，而是要把它保护得更好。环境就是民生，青山就是美丽，蓝天也是幸福。要像保护眼睛一样保护生态环境，像对待生命一样对待生态环境。对破坏生态环境的行为，不能手软，不能下不为例。

开放，就是要以开放的最大优势谋求更大发展空间，要勇于冲破思想观念的障碍和利益固化的藩篱，敢于啃硬骨头，敢于涉险滩，更加尊重市场规律，更好发挥政府作用，以开放的最大优势谋求更大发展空间。要抓住当前世界经济格局深刻调整带来的机遇，实施更加积极主动的开放战略。随着国家推进"一带一路"建设，迎来了历史性的发展机遇。要加快形成面向国内国际的开放合作新格局，把转方式调结构摆到更加重要位置，做好对外开放这篇大文章，实行更加积极主动的开放战略，构建更有活力的开放型经济体系，扩大开放合作，构筑全方位对外开放平台。

共享，就是决不让一个少数民族、一个地区掉队，要大力做好保障和改善民生工作，注重关心生活困难群众，让群众得到看得见、摸得着的实惠。要帮助贫困地区群众提高身体素质、文化素质、就业能力，努力阻止因病致贫、因病返贫，打开孩子们通过学习成长、青壮年通过多渠道就业改变命运的扎实通道，坚决阻止贫困现象代际传递。

五、科普经济赋能

当今世界，科技经济一体化加快演进，科技的经济化、经济的科技化趋势日益强化。科普作为科技创新体系的重要组成部分，日益融入科技与经济交叉、渗透、融合之中，为助力经济高质量发展起着越来越重要的作用。

（一）促进技术转移

科技是第一生产力，是先进生产力的集中体现和主要标志。技术转移，又叫作科技成果转化，是将第一生产力变为现实生产力、驱动经济发展的根本途径。技术转移，是指技术从一个地方以某种形式转移到另一个地方，包括国家之间的技术转移，也包括从技术生成部门（研究机构）向使用部门（企业和商业经营部门）的转移，也可以是使用部门之间的转移。技术在空间上发展的不平衡，是技术转移及其定向性的内在根据。只要技术形态之间存在着技术势位的"落差"，技术就会由高势位向低势位发生转移，表现为技术上先进的国家、地区、行业、企业向技术落后的国家、地区、行业、企业实行技术让渡，前者是技术的溢出者，后者是技术的吸纳者。

技术转移过程是技术本体、技术供体和技术受体这三维变量相互制约、协调互动的过程。在技术本体给定的条件下，能否实现技术转移，主要取决于技术供体的意愿，而技术转移的成效，主要取决于技术受体的经济实力和技术素质。一方面通过科技交流、科技培训等科普形式，例如，组织科技专家讲学、研学、座谈、举办讲习班、举办交流会议等，可以有效促进国家之间或者地区之间的科研、教学、企业之间的了解和理解，以增进智力、技术和信息为内容的，以拓宽各自技术进步为目的的技术转移机会和渠道，为企业、技术的吸纳者等获取较完整的、系统的技术知识，特别是核心的技术诀窍，真正获得技术能力或模仿能力等奠定基础。另一方面，技术转移的关键是人，而不是技术文件。技术无论呈现何种具体形态，都是以人为核心而存在，为人所理解、掌握和应用。通过技术培训等方式，开展对关键技术人才的培训讲解、交流，可以提高技术的吸纳者团队的技术接纳能力，促进技术成果的流动；同时关键人员的交流和转移，可以促成"人力型"技术转移。

（二）助力产业升级

产业转型升级本质上是其从业人员的转型升级，是其职业科学文化素质和职业技能水平的提升。新时代面向产业的科普，就要以产业提质增效、转型升级、高质量发展为导向，以产业和企业的需求为导向，为细分的产业从业者提供科技培训、技能培训等科普服务。

技能人才升级将是产业升级成功的最关键因素，产业升级需要技能人才具备高知识储备、高职业素质、高技能、高价值观、高服务意识的新特征。产业升级对技能人才的需求，以及科普教育如何发展也将成为国家、高校和企业共同关注的难题，这为新时代的产业科普带来机遇与挑战。新时代的科普，必将聚焦产业高新技术应用，与产业发展同频共振，把科普服务送到产业链上，把科普组织建在工业园里、企业车间，零距离培训技术技能人才，做到了科普精准育人，不断优化专业结构，促进科普链、人才链、产业链的有机衔接，让职工技能与经济社会发展相适应。

要聚焦满足员工发展和产业升级的需求，给技能人才特别是高技能人才培养提供更多机会。在产业和企业内部，要以创建学习型企业为契机，发挥企业培养高素质人才的主体作用，通过多种途径组织科普培训、职业教育培训，让职工牢固树立"终身学习，追求知识，与时俱进，开拓创新"的思想，使职工逐步形成在工作中学习，在学习中工作，不断提高人才的素质和能力。在全行业或企业层面，开展技能竞赛活动，展示技术工人技能水平和企业良好形象，激发技术工人学习技术、钻研技术的热情和重视技能、尊重技能人才氛围。

（三）助力高质量发展

当代社会，经济与科技相互促进、不可分割，而实现经济与科技结合的是人。经济发展对劳动者的知识更新、技能水平、科学素质依赖越来越高，劳动者拥有的知识量、知识结构，以及知识更新和创新能力越来越成为经济发展、结构调整的决定性因素。科普已经构成经济结构调整、促进经济发展的强大支撑条件之一，科学素质已经成为衡量综合国力的重要标志。

创造价值的是人的劳动，离开了劳动这个环节，科技本身是不能创造价值的，离开了人，科技就是无源之水、无本之木。开展科普活动，不断提高工人、农民、知识分子和其他劳动群体，以及全民科学素质和劳动技能水平，对一个国家、一个民族社会生产力发展具有极端重要性。高质量发展，关键是创新，科技创新和科普，如同车之两轮、鸟之两翼，是科技发展的两个重要方面，共同推动着社会生产力的发展。要走出一条科技含量高、经济效益好、资源消耗低、环境污染少、人力资源优势得到充分发挥的高质量发展道路，必须发挥科技第一生产力的重要作用，必须依靠科技进步和提高劳动者素质。面对当今世界日趋激烈的国际竞争，面对发达国家在科技等方面占优势的巨大压力，面对高质量发展的崭新任务，只有在大力推动科技进步和创新的同时，大力加强科普，不断提高工人、农民等生产劳动者的科技水平和劳动技能，提高数亿计劳动大军的科学文化素质，把我国沉重的人口负担转化为巨大的人力资源优势，才能使我国在国际竞争中争得主动，始终立于不败之地。

第三节　科普之治时代

当今世界，唯变不变，未来已来。科普日益社会化、平台化、网络化、数字化、国际化，科普要素跨行业、跨领域、跨区域全球流动，科学、技术、创新、科普的范式变革加速迭代，新的科普组织和创新服务模式深刻改变着科普服务体系和科普场景。在日益复杂的社会背景下，治理已经成为全球发展的共识，也成为创新科普工作的新视角。以治理理念创新科普工作，实现科学普及与科技创新双向良性互动，是科普新场景下的新趋势和新要求。

一、科普国家治理

治理理念在 20 世纪 90 年代早期兴起，是世界范围内政府再造运动的重要进展，当今中国正经历一场以法治、责任和透明等为主的制度变革。从科普管理到科普治理，就是改变传统科普管理的以控制为核心和手段，形成科普治理从源头抓起，重视从源头到源尾的疏导，突出科普的开放、互动、平等和协商等的管理架构和制度安排。

（一）善治理念

善治是社会治理的最终目标和最佳形态，善治建立在国家主权和主权政府的基础上，党政机关、企事业单位、民间组织、公民个人等诸行为者，建立平等合作的伙伴关系，通过对话、商谈的良性互动，对社会组织和社会生活进行规范和管理，最终实现公共利益最大化。善治是一种多元、民主、合作的治理模式，对话、互动、参与、开放、平等是善治的基本特征。

科普善治，也称为良好的科普治理，是指要使科普公共利益最大化的管理过程。科普善治的本质就在于它是政府与社会的合作管理，是政治国家与公民社会的一种新颖关系，是两者的最佳状态。科普善治理念之所以产生，是由于人们发现在科普资源的配置过程中，存在着市场失灵和政府失灵现象，仅靠市场和政府的力量无法进行有效的科普管理。科普治理可以弥补国家和市场在调控过程中的一些不足，但亦非万能，也存在"失效"的可能性。

科普善治与传统科普管理显著不同的是，善治强调科普的参与、透明、互动、责任等价值理念。善治要求打破科普公共管理权力的封闭性，开放各种科普渠道，让公民和各种社会组织合法地分享各种科普管理权力，鼓励他们参与到科普公共事务之中去，表达自己的科普利益愿望，并对科普公共权力的运行实行有效监督。透明性意味着所有的科普决策及其执行都必须遵循既定的科普规则，除了法律规定不宜公开者，与公民个人利益密切相关的科普事项应公开宣示，要求科普公共权力机关为公民提供足够的科普信息，并且这些科普信息应通过最容易理解的形式和媒体发布。科普互动意味着科普公共管理人员和管理机构必须对公民的科普要求作出及时的负责任的反应，不得无故拖延或没有下文，不能以追求科普公共组织自身需求满足为目的，要主动关注公众的科普偏好和需求，及时推出相应的科普政策，对公众的合理需求予以满足。科普责任，意味着不论是政府机构，还是私人部门和公民社会组织，都必须对将会受其科普决策或者行动影响的科普受众群体负责。

推动科普工作和科普事业从管理转向治理，实现科普治理目标，现阶段重点在于，以积极有效的科普政策和措施，吸引社会多元主体参与科普，赋予科普主体特别是科学共同体更大自主权；眼睛向下，以调动基层人民群众参与科普的积极性，引领他们理性、自觉地参与到科普的各种活动中为目标，创新科普工作机制和方法；结合市场力量，多渠道多面向吸引社会资金，推动科普事业发展，培养科普专业人才，打造科普新媒体品牌等。[①]

（二）治理架构

科普治理架构，或称科普治理体制，是指国家层面科普及管理的机构设置、职责、使命定位、权利义务关系、运行机制等体系结构和制度框架。科普法律和政策体系是由政府制定或认可的一整套有关科普及管理的行为规则、行动指南和社会秩序。科普是全局性和系统性的，既有外溢性又有衍生性，既有自主性又有公共性，需要政府、市场与社会机制协同发挥作用，以提升科普治理体系的整体效能。[②]

当今世界，正处在一个大发展、大变革、大调整的时代，正在塑造和影响全球的政治经济格局，人类生产组织方式和社会组织方式会迎来新的变革，各国社会福利高度发达，更多人转向以智力劳动、文化创作、社会治理等为代表的具有创造性和人文精神的工作领域。[③] 科普治理的体制创新，就是要充分前瞻科技革命带来的不确定性，切实把科普制度优势转化为科普治理效能。

从发展历程看，我国科普法律和政策体系建设经历了从"科普自身发展"到"科普促进发展"的过程，新时代科普要统筹发挥好政府主导作用、市场决定性作用和科学共同体自治作用。在政府机制方面，构建完善科普与创新同等重要的制度安排，提供符合科普规律、科技创新和产业发展未来对科普需求的制度供给，明显提高科普事业管理的法治化水平；在市场机制方面，破除阻碍科普创新和公平竞争的体制机制弊端，提供普惠、精

---

① 程萍,宁学斯,康世功.新时代科普工作的新理念[N].科普时报,2019 – 09 – 13(1).

② 万劲波.政府、市场和社会多方协同提升科技创新治理体系整体效能[N].科技日报,2019 – 11 – 01(2).

③ 米磊.世界深度变革:新一轮科技革命将重塑全球创新版图[网易号].创新研究,2019 – 11 – 08.

准、平等的科普制度供给，形成创新友好的科普市场环境和营商环境；在社会机制方面，完善以信任和包容为前提的科普管理机制，改进科普伦理规范和科普把关审核机制，构建以诚信、参与、透明、互动、责任为基础的科普社会生态。

（三）治理体系

国家治理体系是在党领导下管理国家的制度体系，包括经济、政治、文化、社会、生态文明和军事、外事等各领域体制机制、法律法规安排，更包括党的建设的制度安排，也就是一整套紧密相连、相互协调的国家制度。科普治理体系是国家治理体系的组成部分，是指管理科普的制度体系。要构建多元参与、协同高效的新时代科普治理体系，切实把科普制度优势转化为科普治理效能。

一是完善国家的科普法律法规。修订完善的科普法规，保障激励相容；建设自主、协同、开放的科普服务体系和科普共享平台体系，鼓励草根科普创新；适应国际国内形势的新变化、新要求，统筹科普的国内国际两个大局，用好国内国际两种科普资源，大力提升科普及治理的国际化水平。①

二是转变政府的科普管理职能。将科普治理体系嵌入国家治理体系，把解决科普体制性障碍、结构性矛盾、政策性问题统一起来，协同推进科普与科技、经济、教育、人才、社会、文化、生态等体制机制改革。适应学习型、服务型、法治型政府建设，明确规范行政部门科普职责范围，大幅减少职能重复，加快从基于行政隶属关系的"命令控制型"科普管理向基于法律契约关系的"权利义务型"科普治理转变。

三是完善从事科普的支持政策。明确高校院所及国家战略科技力量的科普使命定位和内部科普治理机制，深化以"还权赋权"和"效能提升"为特征的科普治理模式改革，大幅解除不必要的政府科普管制。强化科普市场导向，严格保护科普知识产权和创新者合法权益，营造公平竞争的科普市场环境，由市场和企业来决定竞争性科普的新技术、新产品、新业态开发，提高科普产业国际竞争力。完善科普人才的支持政策，培养造就大批具有国际水平的战略科普人才、科普领军人才、青年科普人才和高水平科普创新团队。

四是建立国家科普的决策咨询制度。加强科普规划，设立国家科普项目计划，优化战略科普力量建设布局。强化国家科普决策咨询机制建设，按照科学、技术和创新的不同发展规律，支持多元主体参与科普宏观决策咨询，

① 万劲波.政府、市场和社会多方协同提升科技创新治理体系整体效能[N].科技日报,2019–11–01(2).

统筹优化公共科普资源配置；拓展科普治理社会参与机制，加强科普和创新文化建设，发挥各类新型研发组织、行业协会、基金会、科技社团等在推动科普中的作用。

二、科普社会治理

社会治理是国家治理的重要方面，其核心是坚持和完善共建、共治、共享的社会治理制度，完善党委领导、政府负责、民主协商、社会协同、公众参与、法治保障、科技支撑的社会治理体系。

（一）人人尽责

从科普管理到科普社会治理，必须是实现科普治理理念的根本转变。就是要始终坚持和完善共建、共治、共享的科普社会治理策略，始终坚持和完善党委领导、政府负责、民主协商、社会协同、公众参与、法治保障、科技支撑的社会治理体系。

推进科普社会治理，要坚持共建共治共享，明确科普不同主体的地位和作用，共同推进科普社会治理。科普共建，是指科普各主体共同参与科普建设，要加强党的领导和政府引导，市场主体和社会各方都有各自责任；科普共治，是指共同参与科普社会治理，要在党的领导下，政府、市场、社会、公民等科普主体协同协作、良性互动，形成保障社会和谐稳定的科普工作合力；科普共享，是指聚焦人民日益增长的美好生活对科普的需要，让人民群众共同享有科普的成果。科普社会治理是一项系统工程，推进科普社会治理体系建设，必须把握好以下关键。

第一，党的领导是根本。科普社会治理核心是党的领导，要充分发挥党总揽全局、协调各方的作用，紧紧围绕基层科普组织构建公共服务圈、群众自治圈、社会共治圈。

第二，政府负责是前提。管理科普事务是政府承担的重大职责之一，政府在科普社会治理中作用发挥得如何，直接关系科普社会治理效能，要注重发挥政府在科普社会治理中的主导作用，强化各级政府抓好科普社会治理的责任，提高政府资源整合、综合运用、快速响应的能力，不断提升科普公共服务水平。

第三，民主协商是渠道。科普社会治理中有大量涉及群众切身利益的实际问题，需要与公众广泛商量，找到公众意愿和要求的最大公约数。

第四，社会协同是依托。科普社会治理责任在政府，活力在社会，潜力在市场，要完善开放多元、互利共赢的科普社会协同机制，搭建科普互动平台和载体，调动各方力量参与科普。

第五，公众参与是基础。公众是科普的主体，要建设人人有责、人人尽责、人人享有的科普社会治理共同体，必须完善公众参与科普的机制，引领和推动每一位公民、每一个家庭充分参与科普。

第六，法治保障是条件。法治是科普社会治理现代化的重要标志，要发挥法治对科普行为的规范和保障作用，依法赋予并保障群众的自治权利，依法构建群众有序参与并行使各项民主权利的科普机制，以法治方式统筹力量、平衡利益、调节关系、规范行为。

第七，科技支撑是手段。当今时代，科技对科普社会治理现代化的支撑作用越来越明显，要利用好大数据、云计算、物联网、人工智能、区块链等技术手段，提升科普服务信息化、智能化、精细化水平。

（二）科普动员

推进新时代科普社会治理，要以诚信、参与、透明、互动、责任为基础，构建完善政府支持、社会协同的科普社会动员体系，充分激发全社会支持科普和参与科普的能量。

第一，共商共治。公众的群体特征呈现出极强的复杂性，年龄结构、职业背景、社会阶层、文化素质、人际网络、兴趣爱好等各不相同。这对科普内容选择提出了极高的要求，要回应各式各类的科普需求是极为艰巨的任务。科普的内容选择要把握好诸多要素的平衡，既要考虑到科普知识的普遍性，也要照顾到科普对象的差异性。既要立足于受众面最广的科普工作，要做好一般性的科技知识普及，也要针对不同公众群体组织的专题性科普活动。专题性的科普要有聚焦性、针对性和专业性，比如针对老人或幼儿的家庭护理知识普及等。在科普工作中，参与的主体多、涉及的议题广、面临的难题多，需要公众和多方主体的有序参与。通过多元主体共同参与实践来建立科普有效流程与规则，并在参与科普的活动中，培育公众的科学意识、参与公共事务的规则意识等，提升公众参与科普公共事务的积极性和主动性。

要建立公众参与政府科普决策的体制。要建立通畅的科普沟通渠道，听取公众对科普规划和政策研究制定的意见和建议。加强公众对科研不端行为的监督，推动科学道德和科研诚信建设。对涉及公共安全、社会伦理等与公众利益密切相关的科研项目，要逐步建立听证制度，扩大公众对重大科技决策、科普计划安排的知情权和参与能力。

第二，共建共享。促使公众参与科普工作，要依靠互信与认同、尊重公众意愿、把握公众需求、征求公众的意见、了解公众的个性化需求，形成以公众为实践主体的科普工作新机制。从"共建共享"的理念出发，绝大多数科普活动的参与者既是公众，又是科普活动的提供者。激发公众参与科普工作的内在活力，一定程度上解决科普服务"行政有效、治理无效"的格局，提升科普效能。建立和完善科技信息发布机制。在国家重大工程项目、科技计划项目和重大科技专项实施过程中，逐步建立健全面向公众的科技信息发布机制，让社会公众及时了解、掌握有关科技知识和信息。规范商业活动中科技信息传播，大众传媒要担负起向公众准确发布科技信息的责任。对企业产品发布中含有虚假科技信息的行为，相关行政主管部门要予以及时纠正。对利用科技信息的欺诈行为，要依法给予查处。各级科协组织、有关社会团体、科研机构要采取多种方式，加强面向公众的科技信息咨询，建立通畅的科技信息传播渠道。

第三，互信包容。支持、信任与理解是科普工作创新的重要目标。在开展科普活动时，社会各方和公众的支持、信任、理解同样重要，不仅体现在具体政策、资金、实物资源的支持上，还体现在科普活动的广泛参与上。通过开展科普工作培养支持、信任与理解，让公众真正体会到获得感和成就感，进一步提科普治理水平和科普服务品质。

（三）动员行动

科普社会治理贵在行动，要广泛动员社会各方面力量参与科普，以实际行动凝聚强大的科普力量，回馈社会公众、奉献科普价值。

第一，搭建平台。搭建各种群众性、社会性、经常性、网络性的科普活动平台，广泛动员公众参与科普活动。动员社会各界力量，集中开展系列全国重大科普活动，为广大公众参与科普活动创造条件。提高科普活动组织管理的专业化水平，不断创新科普服务产品、内容和形式。突出重点，强化特色，建立绩效评价机制，定期开展对重大科普活动的效果评估，接受社会监督，开展科普活动宣传。

第二，联合协作。坚持大联合、大协作的机制，充分挖掘和利用社会资源优势，充分挖掘、整合区域和相关单位的人力、物力、财力资源为科普工作服务。通过开展各类共建活动，使适宜向公众开展科普宣传的科研机构、高等院校和企业的实验室及生产车间等有组织地向公众开放，开展科普活动，为当地居民提供更多更好的科普教育。推动建立多元化资金筹措机制，加大对科普经费投入力度。协商驻区单位中的各类大型科学场所建立科普教育基地，共建共享。通过众筹众包、项目共建、捐款捐赠、政府购买服务等方式，鼓励和吸引社会资本投入到公众科学素质建设中。①

第三，发挥优势。要充分发挥各行业部门优势，根据自身特点和资源，把医疗卫生、计划生育、环境保护、国土资源、农业、体育、气象、地震、文物、旅游等工作与科普工作有机结合，研究制定行业性科普工作发展规

---

① 高宏斌,朱洪启,赵立新,等.治理现代化视角下社区科普的功能、职责和履职方式[EB/OL].(2019－12－20)[2018－11－28].http://www.kedo.gov.cn/c/2018－11－28/958923.shtml.

划和指导意见，建设一批具有鲜明特色的行业科普教育基地，大力发展行业的基层科普组织，形成一支高水平的行业科普队伍。调动行业部门积极性，挖掘行业科普资源，体现行业特色，开展专题性、系列性科普活动。

第四，志愿服务。科普志愿服务，是指科普志愿者、科普志愿服务组织为服务全民科学素质提高，自愿、无偿地向社会或者他人提供的公益性科普服务。科普志愿服务，不以物质报酬为目的，利用自己的时间、科技技能、科技成果、社会影响力等，自愿为社会或他人提供公益性科普服务。

一是大力支持志愿组织开展科普活动。支持科普志愿服务组织团结、引领、凝聚科技工作者、科技爱好者和热心科技传播的人士加入科普志愿者行列；依法筹集、管理和使用科普志愿服务经费、物资，组织开展多种形式的科普志愿服务活动；组织科普志愿者的宣传动员、招募注册、管理培训、记录评价、激励褒扬、个人信息保密等工作；保障科普志愿者、服务对象的合法权益，安排与科普志愿者的年龄、知识、技能和身体状况相适应的志愿服务；为科普志愿者开展科普志愿服务提供必要的工作条件，出具科普志愿服务记录证明。

二是大力支持科普志愿者开展活动。为科普志愿服务开展提供必要的经费支持，鼓励和支持社会力量通过捐助、赞助等方式参与科普志愿服务。可用政府购买服务的方式支持符合条件的科普志愿服务组织参与科技服务项目或活动。支持科普志愿者遵守国家法律法规及科普志愿服务管理有关规定，不从事任何以营利为目的或违背社会公德的活动；根据自己的意愿、时间和能力提供科普志愿服务。

三是加大对科普志愿服务重点指导。主要支持开展结合防灾减灾、应急避险、食品安全、卫生防疫、生态保护等群众关切问题，开展科技培训、科普报告、农技服务、义诊咨询、青少年科技教育等公益性科技类服务；围绕创新驱动发展和乡村振兴战略，结合地方和企业科技文化需求，协助做好科技服务供需对接，对标开展相关的公益性科技类服务；在文化场馆、科技场馆、科普教育（示范）基地等公共场所开展公益性科技类服务；参与学雷锋日、全国科技活动周、全国科技工作者日、全国科普日、文化科技卫生"三下乡"、国际志愿者日等大型活动的科普志愿服务等。

四是健全科普志愿服务激励机制。要对服务时间较长、业绩突出、社会影响较大的科普志愿服务组织、科普志愿者和科普志愿服务项目给予褒扬。要在人才推荐、项目评审、活动承接等工作中，同等条件下优先考虑服务较好的科普志愿者和科普志愿服务组织，推动有良好服务记录的科普志愿者获得相关科技场馆、科普教育基地等方面的优惠待遇。充分利用各类媒体，宣传科普志愿服务的感人事迹，总结推广成功经验，营造全社会关心、支持、参与科普志愿服务的良好氛围。①

三、科普数字化治理

当今世界，以信息技术为代表的新一轮科技革命和产业变革正越来越深刻地改变世界，智能社会已经到来。网络是科普受众的聚集空间，是科普民情众意的汇聚地和晴雨场，是科普治理的重要方面。

（一）网络理念

科普治理主体在坚持党和政府领导的前提下，积极有效地沟通、协商和合作，这就需要科普信息自由平等便捷地流通。以微博、微信等为代表的新媒体具有交互、即时、海量、共享、易得、便捷等特征，可以成为联系各科普主体的桥梁和纽带，能够实现政党、政府、民间组织和公众等各个科普主体之间的互动与合作，提高科普治理的效率，促进科普治理的信息化和智能化，契合科普善治对协作、沟通、共享的基本要求。互联网理念是科普网络治理的逻辑起点，必须遵循开放、平等、协作、分享的互联网精神和思维。

一是开放精神。互联网的特质决定着它既没有时间界限也没有地域界限，信息无时不在、无处不在。互联网的开放精神不仅仅要体现科普在物理时空的开放，更体现在科普人的思维空间的开放上。不同行业和生活经历、不同地方的人可以共同就某一科学话题展开交流信息和展开讨论，思想火花的碰撞将极大地拓展人们思维的边界，丰富人们的科技知识。

二是平权精神。人类社会自产生以来，大部分社会场景、大多历史阶段都是按照"中心化"模式运行，即将权力和职能集中于某一组织或个人，由其来统一安排社会的生产和生活，大至国家政权制度，小至家庭事务管理，基本都采用这一模式，究其原因，很大程度是由于其能够满足有效调配利用资源、组织人力物力从事大规模生产活动之需要。但是随着社会形式的不断发展进化，人们逐渐认识到"中心化"的组织模式存在诸多弊端。② 科普也不例外，特别是随着网络科普的发展，其按照职能范围、官僚等级和权力分工划分为上下节制的科层制科普组织体系，由上而下地推动科普行政决策。在体系内，各个节点只能从其上级也就是中心被动地接收指令和信息，而毫无主动权；在科普体系外，各个中心又各自为政，互不交流，导致科普信息和科普价值的流动效率低下。"去中心化"成为变革旧有科普模式的一项有益尝试，其呼声和应用需求日益增强。

---

① 中国科协科普部.关于进一步做好科技志愿服务有关工作的通知[微信公众号].科协改革进行时,2019-08-14.

② 张成岗.区块链技术与国家治理现代化[EB/OL].（2019-10-30）[2019-12-20].https://www.jinse.com/blockchain/507525.html.

在网络面前没有人知道你是谁，互联网的存在方式决定网络是一个平等的世界，在网上人们的科普交流、交往和交易，剥去权力、财富、身份、地位、容貌标签，在网络组织中成员之间只能彼此平等相待，同时网络使世界更加透明和精彩。在互联网的世界里都是网友，不管你有什么需要，不管你遇到什么困难，都会找到属于你自己的一片空间。在网络面前放弃自己现实中的属性和标签，以平等的精神融入互联网的世界，提高网络科普治理能力。区块链技术正在开启一个颠覆中心化的"新信任时代"，不仅仅是一场技术创新运动，也使社会生活方式发生重大变革，更对国家治理的诸多方面带来革新和重塑，必然对推动网络科普治理具有革命性意义。

三是协作精神。互联网世界是一个兴趣激发、协作互动的世界，网民既是科普信息的接收者，也是科普信息的传播者，有时还是科普信息的生产者。互联网的协作精神决定一方面要共同维护好共同的网络科普家园，另一方面相互协同，才能共同编织起科普阵地的网络。

四是分享精神。翻开互联网发展的历史，可以发现，开放、分享的精神才是互联网能发展到当今的根本原因。互联网的分享精神是互联网科普发展的原动力，技术虽然是互联网科普发展的重要推动力，却不是关键，关键是科普信息的应用。

（二）数字手段

数字化是科普网络治理现代化的基本标志，主要表现为科普由碎片化向整体性转变、由封闭向开放转变、由部门协调向整体协同转变、由手工作业向智能智慧转变。随着大数据、云计算、移动互联网、物联网、人工智能等新技术的应用，无处不在的网络、无处不在的数据、无处不在的软件、无处不在的计算、无处不在的互联网＋，为科普信息化发展提供了强大的技术保障。当今中国，智能手机用户数超过9亿，移动服务遍地开花，网络社交极为活跃，公众对科普泛在服务的要求，提供更多、高质量、便捷科普信息服务的诉求，是对科普数字化的倒逼，对科普数字化的重要推动。

第一，数字化是科普治理手段的首选。科普治理现代化重要的是科普治理能力现代化，而科普治理能力现代化最重要的是科普治理手段的现代化，在当今科普治理手段现代化首选项无疑就是科普治理的数字化。当今中国已进入数字化的3.0时代，2014年以来，以4G商用为标志，数字产业化、产业数字化和人工智能、5G的全面应用。在数字化3.0时代，有两个最显著特征：一是互联共享。过去讲人类发展动力是劳动对象、生产供需、生产资料等，但现在看到平台成为经济增长的新物种。一个平台就可以整合社会资源，然后服务于全社会，互联共享成为经济发展的新价值。借助平台，通过网络、连接、数据三个关键词，实现为全世界的人服务。二是数字穿透。数字化的渗透力、穿透力无处不在，没有一个主题可以游离于数字化浪潮之外，如数字地球、数字中国、数字医院、数字学校、数字政府、数字社区、数字家庭、数字化人……无一例外都被数字化，科普数字化更不能例外。

伴随信息化和全球化的发展，人类社会进入"风险社会"，不确定性更加多样，政府、专家、媒体等具有话语权的主体都成为监督和防范风险的角色而被寄予厚望，对信任的需求也比以往任何时候更为迫切。科普也不例外，一直以来网络上伪科学谣言满天，即便是存在相关科普规则和科普的第三方监管，传统的科普信用机制仍然严重失灵，区块链本质上是一种分布式记账系统，将很好满足新的社会形态需要创新科普信任机制的需求。区块链"自治性"的特点，有助于摒弃传统的科普管理——规制模式，而遵循科普治理——服务理念，让所有参与科普的节点均遵循同一共识机制，不受任何人干预，自由地交换、记载、更新数据，自发地共同维护科普信息可靠和安全。[1]

第二，重塑和优化科普职能体系和组织结构。在科普数字化的组织结构上重塑职能体系，要把构建融合科普、开放科普、协同科普、智能智慧科普作为科普数字化治理的目标，要实现科普组织结构的扁平化、少层次、简约机构、简化流程，通过政府部门间的智能配置，最大限度提高服务效能，最大限度方便服务公众、满足公众需求，最大限度整合利用科普信息和科普数据，充分发挥市场在科普资源配置中的决定性作用。

第三，重塑和建构科普数字化管理制度和规则。要完善和创新科普数字化管理过程中应用的制度和规则，破解传统科普的机制和制度障碍。要使大数据、互联网、人工智能在科普得到广泛应用，就要有规则、制度。随着人工智能、大数据这些新技术的广泛应用，要防止数字技术被过度使用，甚至影响个人隐私的保护。

第四，让数据带给公众有温情的科普服务。科普数字化治理，主导者依然是人，科普数据的背后看似是技术问题，实则体现了科普人的思维方式和服务理念。数据是冰冷的，科普服务是温暖的，当冰冷的数据化作贴心的科普服务，切切实实走进群众生活的时候，就会充满着浓浓的暖意。要牢固树立科普的用户思维，群众有怎样的科普需要，科普服务就有怎样的回应，要满足群众的多样化、个性化的科普需求。

（三）快速响应

我国幅员辽阔、人口众多，难免是一个自然灾害、事故灾难、公共危机、

---

[1]　张成岗. 区块链技术与国家治理现代化［EB/OL］.（2019－10－30）［2019－12－20］. https://www.jinse.com/blockchain/507525.html.

社会安全等事件频发的国家。每次危机事件发生，政府、社会、公众、媒体等都急迫需要科学预防、合理处置、科学减灾、科学救护等方面的科普服务，而有效、最快捷地感知科普需求、精准回馈科普关注的途径是借助网络。

一是强化制度安排。我国发生公共事件主要包括自然灾害类、事故灾难类、公共卫生事件类、社会安全事件类等，热点焦点事件主要集中在食品安全类、突发灾害类、环境污染类、医疗保健类、能源开发利用类、交通安全类、信息安全类等领域。科普应急响应是科普责无旁贷的重要任务，每当这些紧急状况发生，应急科普成为政府、社会、公众、媒体的急需。应急科普是针对危机事件，以常见突发事件中公众关注或必须具备的科学预防、合理处置、科学减灾、科学救护等为主要内容，以普及相关应急知识、提高灾害预防意识、提高应急心理素质、增强防范能力、提升应急处置水平，最大限度地降低社会生命和财产损失而进行的科普过程。要建立完善有效的应急科普快速反应的制度安排，建立自上而下的应急科普工作领导体制，制定科普宣传政策，各级应急职能部门积极执行应急科普政策，完善应急科普宣教机制，包括保障机制、考核机制等，推动应急科普宣教工作有效进行。

二是健全科普队伍。科学规划应急知识科普人才，壮大专兼职科普人才队伍。建立应急知识科普工作者的队伍体系建设，培养懂知识、懂方法、善组织的人才；建立应急科普专家库，积极发动、组织各行各业的专家加入应急科普专家队伍，成立应急科普专家组，发挥各类专家、学者和专业技术人员在信息研判、决策咨询方面的作用；推动多领域人才的跨界合作，发动科普宣传员、科普信息员和科普志愿者等收集反馈应急科普需求、普及应急科普知识、精准转发应急科普信息。

三是快速响应回馈。要针对我国常见的危机事件，健全舆情收集、研判、处置和回应的应急科普机制，把握住时度效，在热点事件上做到不失声、不缺位。应急科普如战场，科普回应得越及时，处理得越果断，表达得越诚恳，就越能压缩谣言生存的空间，也越能排除干扰，凝心聚力，将全民的力量更集中于应对防控上。[①] 要精细研判自然灾害类、事故灾难类、公共卫生事件类、社会安全事件类等事件面临的严峻而复杂的形势，针对公众焦虑心理、急躁情绪、围观心态等不同程度，实时快速、有针对性、精准有效地开展科普。例如，每次危机事件发生，总会有一些公众关注的热点，或有些机构和个人不断被推上风口浪尖，受到质疑，舆论高度关注。出现质疑声不奇怪，应急科普应从事实出发，针对其中科学问题坦诚面对公众，及时有效发布科

---

① 秦川. 面对舆情热点,不能拖更不能躲[EB/OL]. (2020 - 02 - 16) [2020 - 02 - 18]. https://baijiahao. baidu. com/s? id = 1658693224842212230&wfr = spider&for = pc.

学权威信息，避免传言甚嚣尘上，避免公众的情绪和认知被带走节奏。特别要对互联网上、朋友圈中一些热度持续攀升的信息，极有可能触动紧绷的神经，影响大家对形势和现状的判断，更需要在应急科普中密切关注，及时予以提供科学权威信息和积极回应。

四是畅通传播通道。在政府及其部门官网、互联网上设置应急科普栏目，尤其是要发挥互联网、手机、电视、广播等媒体载体的传播作用，拓宽应急科普传播路径和渠道，提升应急科普内容的传播效率和范围，并充分利用场景内容。注重应急知识科普与日常科普工作的有效衔接，将应急科普融入日常科普之中，通过科技活动周、科普日、安全生产月、消防安全宣传月、防灾减灾日等主题宣教活动，提升公众的公共安全意识、社会责任意识和自救互救能力。

（四）理性应对

互联网作为工具，是把双刃剑，它在让人们的生活变得便捷的同时，带来了新的问题。每当危机事件发生时，网络就成为造谣传谣、恶意攻击等的帮手。针对这些网络疫情，对涉及科学问题的谣言、攻击进行理性应对、科学引导，是科普的重要责任。

第一，要快速核实事实真相。要尽快查清事件科学事实真相，更要挤压谣言的舆论空间。舆情发生、发酵初期，各种信息爆料会不断地出现在舆论场上，有的为真，有的半真半假，有的干脆全是假的。这个时期因受科学真实信息尚在调查的客观条件限制，使科学权威信息在这个窗口期处于缺位状态，不能满足公众对信息的需求度，导致这个时期内公众更容易接受谣言的灌输。一旦假信息占据舆论主流，科学真实信息就会不断地被边缘化，舆情处置陷入被动。在这个时期，除了尽快查清事件原委，更要打击谣言、积极挤压其舆论空间，以确保后续科学真实信息能够顺利地占据舆论主流。

第二，要快速发布科学权威信息。舆情发生、发酵第二阶段意味着舆情将进入传播扩散期，这个时候传播"谁"的信息就成了舆情处置能否成功的关键。要用科学权威发布抢占舆论话语权。选择传播科学权威声音，还是选择传播所谓"网帖""网曝"都会对舆情后续走向产生巨大影响。如果这个时期，科学权威声音缺位或失声，很容易使媒体、自媒体账号采用"网帖""网曝"的内容，从而使舆情信息传播充满不确定性。这个时候具有科普属性的官微理应扮演好自身权威发布者的职责定位，及时发声，将舆论话语权掌握在自己手里。

第三，及时让公众见证科学事实真相。舆情发生、发酵第三阶段，要针对性地邀请媒体、时评人一起见证事件的科学事实真相，开展评论解读。力邀本地或本行业媒体、有意向采访的媒体、部分秉持理性观念的时评人参与，撰写基于真实情况的科学客观评论，将事情讲清楚、讲明白。

第四，对制造负面舆论的相关者进行干预。舆情发生、发酵第四阶段，事实上负面影响已基本无可挽回，但不能任其发展，因为在这个时期若对一些无底线的舆情干预不力，就会不断出现与此舆情相关的"舆情搭车"现象，这就需要对其中利用舆情热点进行恶意营销的账号及维护者采取举报、打击、管控等有效干预。

四、科普市场治理

市场治理是国家治理体系的重要组成部分，市场主体是创造就业、创造财富的源泉，是构建现代化经济体系的基本细胞和微观基础。科普具有公益性和经营性双重属性，科普市场治理旨在建立起有效的机制，动员市场主体有效解决科普服务产品供给不足、效能不高的难题。

（一）科普产品

科普产品是指能够供给市场，被人们使用和消费，以满足人们对获取科学知识、科学思想、科学精神和科学方法，并创造财富、提供就业机会、促进公民科学素质提高等需求的服务或物品。科普产品包括有形的科普物品、无形的科普服务、组织、观念或它们的组合。科普市场治理，必须把科普作为产业部门来建构，形成科普的产业链或产业集群，用日益丰富的科普产品来满足人民群众日益增长的科普需求和科学文化需要，为更多的社会大众提供丰富多彩、形式各异的科普活动。

第一，坚持科普事业与科普产业融合发展。繁荣科普事业，发展科普产业，必须把社会效益放在首位。应当根据科普事业和科普产业的不同属性，采取分类指导和不同的政策措施，不断加大对公益性科普事业的投入，保障人民群众享有基本的科普权利；要克服单纯依赖政府投入办科普事业的倾向，大力发展科普产业，丰富科普产品，不断满足广大人民群众对科普的多样化需求。

第二，促进科普产品市场繁荣发展。改革传统的科普事业发展方式，走符合社会主义市场经济体制要求的科普产业发展道路。出台科普产业政策，培育充满生机和活力的科普企业；充分考虑科普内容产品的生产和科普服务的特点，尊重其自身发展的规律，加大科普产业扶持力度，增强科普产业的造血功能；要坚持加快发展与加强管理并举，着力培育科普产业主体，促进科普产业持续健康发展。

第三，制定和颁布实施科普产业发展规划。组织编制颁布实施科普产业发展规划，加强组织协调完善科普产业发展统筹，加强科普产业发展组织协调，形成科普产业发展的协同推进局面。科学布局科普产业，充分利用市场机制的力量，优化配置科普资源，细分和繁荣科普服务市场，丰富科普产品和服务，提高科普产品和服务品质。遵循科普产业发展规律，打造和建设科普产业链，扩展科普产业发展的深度和广度。

（二）科普市场

推进科普市场治理，就是要加快完善社会主义的高标准科普市场体系，为科普产业的发展提供切实有力保障。

一是健全的产权制度。产权制度是科普市场治理的基石，亦是科普市场体系有效运行的基础性制度。只有厘清科普市场主体财产权利的边界，用制度来保障科普主体对客体的既是法定又是排他专属的所有权、占有权、使用权、收益权、处置权，才能减少科普活动的不确定性，形成对科普市场经济的预期。科普产权制度是激发科普市场活力、促进科普市场竞争、规范科普市场秩序、稳定科普市场预期的重要保障。科普产权制度包括两个方面，一方面是所有制经济产权制度，另一方面是以公平为原则的产权保护制度。

二是一致性的要素市场制度。科普市场是一个统一开放、竞争有序的市场体系，由于科普生产要素的属性不同，以及"分兵把守"的管理制度，导致我国不同科普生产要素的市场化差异性特别大，影响科普要素的协同高效配置。科普要素市场制度的一致性体现为三方面：一是一致性的科普要素价格市场决定机制，要不断减少、缩小政府定价范围，规范政府指导价，充分实现市场决定价格；二是一致性的科普要素流动规则，充分体现要素主体的权利和权能，实现要素流动的自主性、规范性；三是一致性的科普要素配置机制，通过市场竞争、引导供求，对各种所有制主体、对各个领域、对城乡各种经济主体公平对待、一视同仁，平等使用科普生产要素，实现市场决定价格、流动自主有序、配置高效公平。

三是建立科普产业准入制度。制定和发布科普产业投资指导目录，明确鼓励、允许、限制和禁止投资的科普项目，放宽市场准入条件和领域，鼓励非公有资本进入科普产业。制定科普产品标准体系和科普产业认定、认证制度的研究，建立对科普产业集聚区、重点科普企业、科普产业人才培养基地、科普教育基地、科普企业、科普产品、科普活动、科普传媒等的规范的认定制度，并推动制定和实施相关优惠政策，形成与科普产业发展相适应的规范有序的市场准入制度。

四是支持科普机构和科普企业研发。支持科普企业和服务机构开展科普研发工作，鼓励科普企业和服务机构开展科普创新。加大对科普企业自主创新投入的所得税前抵扣力度；支持有条件的科普企业设立企业技术中心或工程技术中心。加强科普产业发展战略研究，建立完善科普产业统计制度及统计指标体系，发布科普产业发展报告，引导科普产业发展。

五是加大政府购买科普服务力度。加大财政资金支持力度，拓宽融资渠道，设立科普产业发展专项资金，对符合政府重点支持方向的科普产品、服务和项目予以扶持。加大对科普产业园区基础设施建设投入，建立和完善科普类中小企业融资担保机制。为科普企业在国内外资本市场融资创造条件。积极支持符合条件的科普企业改制上市。扩大对科普产品和科普服务的政府采购范围，支持和鼓励科普教育基地、科普场馆等在采购科普产品和科普服务时，优先采购经过认定的科普企业生产的产品和提供的科普服务。鼓励和支持有创意、有自主知识产权的科普产品和科普服务开拓国际市场。对科普产品和科普服务业绩突出的企业予以奖励和支持。充分发挥科普组织的网络优势，培育辐射国内外的科技界、科普界和全社会科普产业营销网络体系。鼓励经营性科普设施打破分割，发展新兴科普业态，发展科普产品和科普服务的现代市场营销系统。

（三）科普监管

科普市场监管是科普市场治理的重要内容，是保障科普市场体系各类主体平等竞争的内在要求。要对满足人民群众对高质量科普的需求，必须加强科普市场监管，努力做到依法管理、科学管理、有效管理。

一是建立完善科普市场综合执法体制。深入推进科普产业市场综合执法改革，推动科普与文化、广电、新闻出版等部门融合，以保护科普的知识产权、净化科普的社会文化环境、维护科普消费者合法权益和国家文化安全为重点，全面履行科普产业市场监管职责。

二是加强科普的知识产权保护。要强化对科普创新和科普创作的知识产权激励，有效利用知识产权的权利界定机制，分解不同的科普创新、创作主体，界定其权利内容和权利形式，并通过其特殊的权利登记系统，搭建科普资源数据库和科普知识产权数据库，以避免科普资源分散、整合集成效率低，以及避免重复研制、开发和加工等现象。采取有力措施建立科普知识产权许可和利益共享机制，保护科普人才创新、科普创作的合法权益，建立科普知识产权的援助机制。

三是建设科普市场技术监管体系。积极利用信息网络技术，创新科普市场管理手段。编制科普市场技术监管规划和标准规范，逐步建成统一高效的科普市场技术监管系统，承担科普市场的宏观决策、市场准入、综合执法、动态监管和公共服务等核心应用。

五、科普国际治理

冷战结束后，两极格局瓦解，全球治理兴起。经过近 40 年的发展，当今全球治理体系正在发生自冷战结束以来最为深刻的变化，为世界谋大同，为人类创未来，贡献关乎人类未来的"中国方略"，是当今科普的价值追求。

（一）科普对外开放

人类社会正处在一个大发展大变革大调整时代，世界多极化、经济全球化、社会信息化、文化多样化深入发展，国际和平发展的大势日益强劲，变革创新的步伐持续向前，全球一体化将对科普服务提出新的更高要求。开放是当代科普的鲜明标识，要托举起开放中国的科普新高度，让更加自信的中国科普进一步融入世界、拥抱世界、贡献世界，与世界各国一道，共同构建人类命运共同体、开创人类更加美好的未来。

一是要积极推进科普全球化。我国一直坚持对外开放的基本国策，在科技全球化背景下，科普"引进来""走出去"的双向开放、互利多赢，是新时代科普强国的必然选择。在科技全球化背景下，呈现出科学研究的全球化、科普服务的全球化、科技人才流动的全球化、科学承认与评估的全球化的趋势。强大的科普服务能力是我国建设创新型国家、提高综合国力与国际地位的重要一环。科学的知识性和技术的实用性决定科普服务产品没有国界，而技术存在着国际保护壁垒。从科学家、科学成果交流的角度来看，科学本身就是全球化的，但科普服务能力在世界上的分布是不均衡的，不同国家之间的科普服务能力的悬殊，导致其在创新能力上的巨大差距。

我国科普要积极"引进来""走出去"。科普"引进来"，就是积极利用和参与科普的国际分工，分享世界最新的科普成果和服务产品，加快提升我国科普服务能力，缩小我国与发达国家之间科普服务的距离。科普"走出去"就是积极主动把我国的科普服务产品投放国际市场，让世界分享我国最新的科普成果和服务产品，促进世界各国科普服务的共荣发展。

二是主动开展科普国际合作。我国对科普服务的投入还不能充分满足社会经济发展的需要，在一定程度上限制了科普服务的规模和深度，尤其是一些需要依靠较大投入、先进的技术手段开展的科普服务产品开发，如科幻影视等，与世界一些先进国家还有一定差距。因此，我国应当积极地开展全方位多层次的科普合作，在合作中，寻找和把握世界科学前沿的科普选题，使国内的科普资源与国际科普资源更好地结合，发挥我国科普服务的比较优势，充分利用国际上的资金、设备、信息和人力资源，来提升我国的科普服务能力、国际影响力和世界话语权。

三是发挥中国科普独特优势。要凭借我国独有的国家优势和区域特色，将国际科普合作的智慧与资源注入我国科普创新驱动发展中。要积极搭建国际科普交流与创新合作平台，拓展渠道；积极利用国际国内"两种资源""两个市场"，全力推进对外科普服务合作与交流，为我国科普服务创新注入新元素、为科普服务创新驱动开启新引擎、为科普服务发展添加新动力、为科普服务腾飞插上新翅膀。

（二）参与全球治理

参与全球治理是开展民间国际科技交流，促进国际科技合作，发展全球科技伙伴关系，融入全球科技创新网络，深度参与全球科技治理，贡献中国智慧，服务人类命运共同体发展。

一是深度参与全球科普治理。拓展民间国际科普交流合作渠道，充分利用国际科普创新资源，统筹国内国际两个大局，围绕服务民族复兴、促进人类进步的主线，构建合作共赢的全球科普伙伴关系网络。深度参与全球科普治理中的规则制定、议程设置、舆论宣传、统筹协调，积极参与引领全球科普治理体系改革。加强国际科普组织任职后备人选的推选和培养。

二是支持发起国际科普计划。鼓励支持我国科学家主动设置、积极参与、牵头倡导国际科普行动、制订国际科普计划，共同应对未来发展、科学教育、科技传播、人类健康、持续发展等人类共同面临的挑战，促进公民科学素质建设。积极争取在华举办高水平国际科普会议，鼓励参与、承办和发起国际科普计划。积极拓展和建立双边科普交流合作新渠道新机制。加强与发达国家科普战略交流合作，推动与新兴经济体国家科普产业交流合作。

三是推动国际科普组织建设。大力支持和推动在华建立国际科普组织，聚焦全球科学教育、科技传播、科技普及等领域关键主题，运用国际规则，吸引国际同行搭建国际交流平台。积极引导新建国际科普组织，为国际科普组织发展创造新的机遇和条件。

四是促进全球科普市场繁荣。科普产品属于知识类产品，涉及政治和意识形态相对较少，可以突破国界，实现跨文化的合作、交流和交易。要促进全球科普产品的贸易、技术转移、服务合作，把全世界连接成统一的科普大市场，让各国在其中发挥自己的独特优势，实现科普资源在世界范围内的优化配置。改变少数大国一手操纵、独霸科普产品市场的局面，构筑平等互利的全球科普市场环境。

（三）参与区域治理

科普区域治理是指政府、非政府组织、私人部门、公民及其他利益相关者，为实现科普的最大化区域公共利益，通过谈判、协商、伙伴关系等方式对区域科普公共事务进行集体行动的过程。

一是把"一带一路"作为科普区域治理重点。"一带一路"涉及 65 个国家，总人口约 46 亿（超过世界人口的 60%），GDP 总量达 20 万亿美元（约占全球的 1/3），90% 以上人均 GDP 在 1 万美元以下，仅为世界人均 GDP 的 50%。这些国家的地域非常广阔，但科普的人才储备、政策配套、基础支撑等不足，科普的沟通交流和协调不足。大力推进"一带一路"科普治理，可以增进这些国家人民对世界科技发展的了解，增进彼此之间科技发展的理解和互信，增进对我国高速发展的科技成就的了解和理解，为促成务实的科技合作奠定坚实的民心基础。例如，中国的高铁、北斗导航、航天航空、数字经济、人工智能、纳米技术、量子计算机、大数据、云计算、智慧城市建设、电子商务、现代农业生产技术等取得巨大成就，与"一带一路"国家有巨大的应用合作、技术流动转移空间和潜力。科技合作、技术流动转移建立在对其理解和了解基础上，通过科普展览、科技传播、科普培训等方式，可以促成"一带一路"国家官员、技术人员、普通民众对这些科技成果、先进技术及其应用的了解、理解、支持，从而更好地促成其合作。

二是建立完善科普对话协商机制。科普区域治理是多元主体形成的科普组织间网络或网络化治理，强调发挥科普非政府组织与公民参与的重要性，注重多元弹性的协调方式来解决区域的科普问题。要建立完善与"一带一路"沿线主要国家和地区的高层科普人士的对话机制，拓宽科普领域合作渠道，建立多边、双边科普交流合作机制。开展共建科技园、科普教育基地，科普技术转移等行动。开展与重要对口科普组织或机构深度对接，推动科普伙伴关系深入发展。

三是开展务实的科普项目合作。我国在农村实用技术普及推广、青少年科技教育、科技馆体系建设、科普信息化建设等方面取得了较大成就，具有中国特色，并在国际上有一定影响。在"一带一路"的科普人文交流中，可以让"一带一路"国家的人民来分享中国科普成果。例如，组织中国各地农技协与"一带一路"国家农民的对口技术交流和生产合作；组织中国流动科技馆到"一带一路"国家巡展；将"科普中国"内容翻译成多国文字进行分享；联合"一带一路"国家开展科学传播论坛，分享经验等。通过科普人文交流的方式，不断增进"一带一路"国家人民的理解和互信，夯实多边和双边人文交流基础，推动实现我国与沿线国家民心相通的战略目标。

主要参考文献

一、图书

［1］杨文志，吴国彬．现代科普导论［M］．北京：科学普及出版社，2004．

［2］杨文志．科普供给侧的革命［M］．北京：中国科学技术出版社，2017．

［3］丁邦平．国际科学教育导论［M］．太原：山西教育出版社．2002．

［4］全民科学素质行动计划纲要（2006 - 2010 - 2020 年）［M］．北京：人民出版社，2006．

［5］国际技术教育协会．美国国家技术教育标准：技术学习的内容［M］．黄军英，等，译．北京：科学出版社，2003．

［6］本书编写组．科学技术普及概论［M］．北京：科学普及出版社，2002．

［7］任福君，翟杰全．科技传播与普及概论［M］．北京：中国科学技术出版社，2012．

［8］武衡．抗日战争时期解放区科学技术发展史资料：第 3 辑［M］．北京：中国学术出版社，1984．

［9］郅庭瑾．为思维而教［M］．北京：教育科学出版社，2007．

［10］任福君，等．中国公民科学素质报告（第一辑）［M］．北京：科学普及出版社，2010．

［11］全民科学素质行动计划制定工作领导小组办公室．全民科学素质行动计划课题研究论文集［C］．北京：科学普及出版社，2005．

二、期刊论文

［1］刘兵，宗棕．国外科学传播理论的类型及述评［J］．高等建筑教育，2013，22（3）：142 - 146．

［2］程东红．关于科学素质概念的几点讨论［J］．科普研究．2007（3）：7 - 12．

［3］刘嘉麒．科学性是科学普及的灵魂［J］．科普研究，2014（5）：7 - 8 + 15．

［4］武向平．浅析"科学家与科学普及"之若干问题［J］．中国科学院院刊，2018，33（7）：663 - 666．

［5］刘晓毛．中央苏区科普工作特点及其启示［J］．党史文苑（学术版），2008（24）：13 - 14．

［6］吴晶平，钟志云，朱才毅．香港科普教育工作的调研与思考［J］．中国科技纵横，2018（13）：229 - 230．

［7］吴晶平，罗婉艺．澳门科普教育工作的调研与启示［J］．课程教育研究，2019（16）：252 - 253．

[8]李正银,卞宪贞.台湾科学教育的特点及其对我们的启示[J].天津师范大学学报(基础教育版),2001(1):63-66.

[9]龚剑,潘文.浅论中国台湾科技博物馆的科学教育[J].中国科技纵横,2016(12):238-238.

[10]李正银,卞宪贞.台湾科学教育的特点及其对我们的启示[J].天津师范大学学报(基础教育版),2001(1):63-66.

[11]王铁成.英国科技强国发展历程[J].今日科苑,2018(1):47-55.

[12]王德林,俞佳慧.美国"2061计划"新进展及其对我国科学教育的启示[J].教育与教学研究,2019,33(4):49-56.

[13]赵晋阳.让科学思想成为社会前进的动力[J].民主,2003(11):46.

[14]郭戈.关于兴趣教学原则的若干思考[J].教育研究,2012(3):119-124.

[15]袁维新.好奇心驱动的科学教学[J].中国教育学刊,2013(5):66-69.

[16]林洪.初中科学学习兴趣培养的思考[J].产业与科技论坛,2009,8(1):199-200.

[17]肖雪梅.激发低成就感学生的生物学学习动机[J].福建基础教育研究,2015(2):90-91.

[18]朱诗勇.科学根本动力:理论兴趣还是实用精神?——兼论中国古代科学的文化之根[J].陕西行政学院学报,2009,23(2):88-91.

[19]薛海平,胡咏梅,段鹏阳.我国高中生科学素质影响因素分析[J].教育科学,2011(5):70-80.

[20]黄家亮.当前我国农村社会变迁与基层治理转型新趋势基于若干地方经验的一个论纲[J].社会建设,2015,2(6):11-23.

[21]黄体茂.世界科技馆的现状和发展趋势[J].科技馆,2005(2):3-11.

[22]张开逊.中国科技馆事业的战略思考[J].科普研究,2017(1):5-11.

[23]张超,何薇,任磊.中国公民获取科技信息的状况及新趋势[J].科普研究,2016,11(3):22-27.

[24]张海荣,王立.浅论微传播时代的对外军事宣传[J].军事记者,2013(11):53-54.

[25]谭霞,关利平,刘芳.新媒体对公民科学素养影响研究[J].山东理工大学学报(社会科学版),2015(2):84-89.

[26]王刚.谣言传播的话语机制研究——以日本大地震中的谣言传播为例[J].今传媒,2012(3):49-50.

[27]李艳艳.浅析网络社群对公共领域的影响[J].新闻传播,2014(5):139-140.

[28]陈昭锋.我国区域科普能力建设的趋势[J].科技与经济,2007,20(2):53-56.

[29]佟贺丰,刘润生,张泽玉.地区科普力度评价指标体系构建与分析[J].中国软科学,2008(12):59-65.

[30]任嵘嵘,郑念,赵萌.我国地区科普能力评价——基于熵权法-GEM[J].技术经济,2013(2):61-66.

[31]王刚,郑念.科普能力评价的现状和思考[J].科普研究,2017(1):29-35+109-110.

[32]张慧君,郑念.区域科普能力评价指标体系构建与分析[J].科技和产业,2014(2):

128 – 133.

[33]胡咏梅,杨素红,卢珂.青少年科学素养测评工具研发及质量分析[J].教育学术月刊,2012(3):16 – 21.

[34]刘克文,李川.PISA 2015 科学素养测试内容及特点[J].比较教育研究,2015(7):100 – 108.

[35]周立军,李亦菲,赵红.基于"九要素模型"的青少年科学素养指标体系建构[J].中国软科学,2013(3):71 – 82.

[36]徐善衍.关于当代科普的人文思考[J].科普研究,2010,5(3):5 – 7.

三、报纸文章

[1]程萍,宁学斯,康世功.新时代科普工作的新理念[N].科普时报,2019 – 09 – 13(1).

[2]张泽.肩负起科学普及的责任[N].人民日报,2018 – 06 – 08(20).

[3]张超.中国科学社在中国现代科学发展中的作用[N].光明日报,2008 – 11 – 30(7).

[4]王渝生.让百姓享受更多科普红利[N].中国科学报,2018 – 03 – 16(3).

[5]颜实.70 年,由科普爱上科学——记新中国科普出版 70 年[N].光明日报,2019 – 10 – 04(8).

[6]范春萍.科技伦理研究与教育的时代使命[N].光明日报,2019 – 08 – 26(15).

[7]李真真.推进科研伦理治理体系建设:大国的责任与担当[N].光明日报,2019 – 03 – 21(16).

[8]付杰锋.用工匠精神塑造新时代劳动者[N].湖南日报,2018 – 09 – 29(10).

[9]成励.科学与娱乐的界限——兼谈科普的困境[N].中国科学报,2014 – 11 – 28(2).

[10]本报编辑部.科幻专刊首发:科幻"热"的"冷"思考[N].文艺报,2019 – 09 – 02(5).

[11]张明敏,留守老人是公益领域的边缘性议题[N].公益时报,2018 – 12 – 11(2).

[12]左焕琛,王小明.新形势下博物馆集群化运营的探索[N].中国文物报,2015 – 06 – 23(6).

[13]刘立.国际科技博物馆和科学中心的发展阶段、趋势及对我国的启示[J].科学教育与博物馆,2015,1(6):401 – 404.

[14]高宏斌.平衡发展是科普和科学素质工作的关键[N].科普时报,2017 – 11 – 24(1).

[15]孟环.大科学家拥有一颗科普心[N].北京晚报,2019 – 04 – 08(12).

[16]赵鲁.治理科普乱象须多管齐下[N].中国科学报,2014 – 08 – 08(13).

[17]程萍,宁学斯,康世功.新时代科普工作的新理念[N].科普时报,2019 – 09 – 13(1).

[18]李惠国.创新文化是科技创新的重要元素[N].人民日报,2016 – 09 – 25(5).

[19]本报评论员.科学理性是此时最紧缺的良药[N].科技日报,2020 – 02 – 01(1).

四、电子文献

[1]王大鹏.让公众更好地参与科学[EB/OL].(2017 – 05 – 26)[2019 – 12 – 20].http://

kepu. gmw. cn/2017 - 05/26/content_24611060. htm.

[2]周程,秦皖梅. 17 年 17 人诺奖:日本科学为何"井喷"？[EB/OL]. (2016 - 10 - 05)
[2019 - 12 - 20]. http://news. sina. com. cn/pl/2016 - 10 - 05/doc - ifxwkzyh4231591. shtml.

[3]刘大椿. 论科学精神[EB/OL]. (2019 - 05 - 01)[2019 - 12 - 20]. http://www. qsthe-
ory. cn/dukan/qs/2019 - 05/01/c_1124440789. htm.

[4]张双南. 科学的目的、精神和方法是什么？[EB/OL]. (2016 - 10 - 26)[2019 - 12 -
20]. http://www. sohu. com/a/117294677_465226? _f = v2 - index - feeds.

[5]中共中央办公厅国务院办公厅印发《关于进一步弘扬科学家精神加强作风和学风建
设的意见》[EB/OL]. (2019 - 06 - 11)[2019 - 12 - 20]. http://www. xinhuanet. com/politics/
2019 - 06/11/c_1124609190. htm.

[6]羽生. 不能让算法决定内容[EB/OL]. (2017 - 10 - 05)[2019 - 12 - 20]. http://
www. xinhuanet. com//zgjx/2017 - 09/18/c_136617994. htm.

[7]陈杰. 腾讯科学周:"科技向善"企业助力提升公民科学素养[EB/OL]. (2019 - 10 -
23)[2019 - 12 - 20]. http://www. cdfuke. cn/ts/qw/48950. html.

[8]关于印发《青少年科技辅导员专业标准(试行)》和《青少年科技辅导员培训大纲(试
行)》的通知[EB/OL]. (2017 - 07 - 07)[2019 - 12 - 20]. http://www. cacsi. org. cn/Home/In-
dex/articleInfo/articleId/265237/categoryId/3.

[9]教育部. 教育部关于印发《3—6 岁儿童学习与发展指南》的通知[EB/OL]. (2012 -
10 - 09)[2019 - 12 - 20]. http://www. moe. gov. cn/srcsite/A06/s3327/201210/t20121009_
143254. html.

[10]教育部. 义务教育小学科学课程标准(2017 版)[EB/OL]. (2017 - 02 - 06)[2019 -
12 - 20]. http://www. moe. gov. cn/srcsite/A26/s8001/201702/t20170215_296305. html.

[11]教育部. 教育部印发普通高中课程方案和课程标准(2017 年版),落实立德树人根
本任务[EB/OL]. (2018 - 01 - 16)[2019 - 12 - 20]. http://www. moe. gov. cn/jyb_xwfb/gzdt_
gzdt/s5987/201801/t20180116_324668. html.

[12]王学健. 企业创新主体地位有赖员工科学素质[EB/OL]. (2007 - 05 - 24)[2019 -
12 - 20]. http://news. sciencenet. cn/sbhtmlnews/20075242234356718180405. html? id = 180405.

[13]中国科学技术协会. 农村中学科技馆公益项目实施方案[EB/OL]. (2012 - 08 -
30)[2019 - 12 - 20]. http://gongyi. hexun. com/2012 - 08 - 30/145298461. html.

[14]中商产业研究院. 我国网民规模已达 8. 54 亿人[EB/OL]. (2019 - 08 - 30)[2019 -
12 - 20]. https://baijiahao. baidu. com/s? id = 1643402131605336971&wfr = spider&for = pc.

[15]王大鹏,重大疫情面前如何做好科学传播[EB/OL]. (2020 - 02 - 06)[2020 - 02 -
18]. https://baijiahao. baidu. com/s? id = 1657779337523692765&wfr = spider&for = pc.

[16]段战江. 痛中思痛的十个战"疫"思考和建议[EB/OL]. (2020 - 02 - 09)[2020 -
02 - 18]. https://weibo. com/ttarticle/p/show? id = 2309404470754061189139.

[17]艾媒咨询. 2016 年中国网络社群经济研究报告[EB/OL]. (2016 - 11 - 13)[2019 -
12 - 20]. https://www. iimedia. cn/c400/46077. html.

[18]李述永. 当前媒体融合发展的实践与思考[EB/OL]. (2016 - 05 - 08)[2019 - 12 -
20]. http://ex. cssn. cn/xwcbx/xwcbx_zhyj/201608/t20160805_3151397_2. shtml.

[19]全民科学素质行动纲要实施工作办公室.关于印发《科技创新成果科普成效和创新主体科普服务评价暂行管理办法(试行)》的通知[EB/OL].(2017 - 06 - 14)[2019 - 12 - 20].http://www.cast.org.cn/art/2017/6/14/art_459_73801.html.

[20]习近平.为建设世界科技强国而奋斗——在全国科技创新大会、两院院士大会、中国科协第九次全国代表大会上的讲话[EB/OL].(2016 - 05 - 31)[2019 - 12 - 20].http://www.xinhuanet.com/politics/2016 - 05/31/c_1118965169.htm.

[21]刘延东.实施创新驱动发展战略为建设世界科技强国而努力奋斗[EB/OL].(2017 - 01 - 13)[2019 - 12 - 20].http://www.qstheory.cn/dukan/qs/2017 - 01/13/c_1120305357.htm.

[22]高宏斌,朱洪启,赵立新,等.治理现代化视角下社区科普的功能、职责和履职方式[EB/OL].(2018 - 11 - 28)[2019 - 12 - 20].http://www.kedo.gov.cn/c/2018 - 11 - 28/958923.shtml.

[23]张成岗.区块链技术与国家治理现代化[EB/OL].(2019 - 10 - 30)[2019 - 12 - 20].https://www.jinse.com/blockchain/507525.html.

[24]秦川.面对舆情热点,不能拖更不能躲[EB/OL].(2020 - 02 - 16)[2020 - 02 - 18].https://baijiahao.baidu.com/s? id = 1658693224842212230&wfr = spider&for = pc.